건강가정론 5판

조희금 김경신 정민자 송혜림 이승미 성미애 이현아 공저

Introduction to Healthy Families

신정

건강가정론 다섯 번째 판을 내며

제5판

건강가정기본법이 국회 본회의에서 통과되었다는 소식에 감격했던 때가 2003년 12월 29일이니, 벌써 20년 전 일이다. 당시 가족업무 주무 부처인 보건복지부가 2004년 2월 7166호로 공포하고, 2005년 1월부터 시행함으로써 건강가정기본법은 우리나라 최초의 가족정책에 관한 명시적인 법률이 되었다. 건강가정기본법 제정은 가족, 가정이 가지는 어려움을 개별 가족의 책임으로만 돌리지 않고 국가 사회의 지원을 명시한 점과 그때까지 주로 사후적, 잔여적 개념으로 시행되던 복지가 예방적, 보편적 개념의 복지로 바뀌었다는 점, 나아가 법적 지원의 대상이 개인에서 가족 단위로 확대되었다는 점 등에서 가족정책의 획기적 변화였다.

건강가정기본법의 제정이 논의되던 우리 사회의 상황은 이혼율의 증가와 혼인율 및 출산율의 저하, 고령화 및 결혼이주여성의 증가 등 전환기적인 가족의 변화가 심화하던 때였다. 전통적으로 가정은 사적이고 개별적인 공간으로 공적인 개입이나 지원이 어려웠다. 그러나 1997년 시작된 IMF 경제위기를 겪으면서 개별 가정만으로는 감당하기 어려운 여러 문제에 직면하게 되었고, 가정의 문제는 바로 개인과 가족의 문제를 넘어 사회적, 국가적인 문제가 되었다. 이에 가정과 가족의 문제를 연구하는 학자와 전문가들이 힘을 모아 요보호가정뿐만 아니라 모든 가정이 겪는 어려움을 국가 사회가 지원해야 함을 역설하며 이를 실천하기 위해 노력하였고, 그 결과 건강가정기본법이 제정될 수 있었다.

2005년 1월부터 시행된 건강가정기본법은 개인, 가정, 국가 및 지방자치단체가 건강한 가정생활의 영위와 가족의 유지 및 발전을 위해 해야 할 역할 및 지원을 규정하고 있다. 나아가 건강가정기본계획 등의 수립과 시행을 위한 건강가정정책, 또 구체적으로 가정을 지원하는 건강가정사업, 그리고 이런 역할을 수행할 건강가정 전담조직과 전문인력인 건강가정사에 대한 규정을 담고 있다.

2005년 3월 우리나라 최초로 가족업무를 전담하는 중앙의 부처가 생기게 되었는데, 이는 건강가정기본법을 근거로 여성부가 여성가족부로 확대된 것이다. 건강가정사업을 담당할 건강가정지원센터는 2004년 3개의 시범사업을 거쳐 전국의 기초자치단체에 설치되기 시작하였다. 또 2005년 1월부터 건강가정사업 및 건강가정지원센터를 총괄하는 중앙건강가정지원센터도 업무를 시작하였고, 전담인력인 건강가정사를 양성하였다.

건강가정기본법이 제정되고 시행된 지난 20년 동안에도 우리 사회는 많은 변화를 겪고 있다. 혼인율 및 출산율은 더 감소하고 고령화율 및 1인가구 비율은 더 빠르게 증가하였으며, 다문화가정, 한부모가정, 맞벌이가정, 공동생활가정, 1인가구 등 가족의 형태가 다양해졌다. 가족은 함께 생활하며 구성원이 서로 소통하고 지지가 되는 장기적인 관계를 맺는 집단으로, 그 형태보다는 역할과 기능이 더 중요하게 되었다. 이런 변화는 건강가정사업의 내용이나, 건강가정지원센터의 활동에도 많은 변화를 가져왔다. 건강가정지원센터는 2007년 다문화가족지원법에 의해 사업을 시작한 다문화가족지원센터와 2014년부터 병렬적인 통합센터 형태로, 2022년부터는 통합센터의 이름을 가족센터로 변경하여 사업을 하고 있다. 그간 중앙건강가정지원센터도 준공공기관인 한국건강가정진흥원으로 승격되었으며, 다수의 광역자치단체 그리고 거의 대부분의 기초자치단체에 건강가정지원센터 및 다문화가족지원센터가 설치되어 가족사업을 실시하고 있다. 그러나 가족센터는 여성가족부의 사업안내에 따른 지침일 뿐 아직 법적인 근거를 가지는 명칭은 아니며, 건강가정사는 아직도 국가자격증이 되지 못한 아쉬움이 있다.

2005년 9월, 그동안 건강가정기본법 주요 내용의 이론적 근거를 마련하고 건강가정기본법이 가지는 가치의 확산을 위해 노력했던 전문가들이 모여 전공 서적인 「건강가정론」을 출판하였다. 그 후 사회 및 가족정책의 변화에 부응하여 개정판을 내었고, 이번이 5번째 개정판이다.

제5판에서는 내용을 전면적으로 개정하였다. 제1장 건강가정의 등장배경, 제3장 건강가정기본법, 제4장 건강가정정책, 제5장 건강사업, 제7장 건강가정지원센터의 내용을 상당부분 수정하였다. 즉, 제4판에서 다문화가정 지원사업을 별도로 다루었던 장을 삭제하고, 각 장의 내용에 다문화가정 관련 내용을 보완하였다. 이는 현장에서 건강가정지원센터와 다문화가족지원센터의 통합이 이루어지고 있음을 반영하는 것이다.

「건강가정론」을 통해 많은 독자가, 가족과 가정이 어떤 형태를 가지고 있든 간에 그 가정의 건강성을 향상하는 것이 구성원 개인의 행복과 사회의 건강성에 중요한 기여를 한다고 생각하는, 저자들의 견해를 이해해 주기 바라며 나아가 이 책을 통해 우리나라의 가족정책 및 건강가정사업을 이해할 수 있기를 바란다.

그동안 매번 성실하게 책을 만들어 주신 신정출판사의 최용구 사장님과 직원분들께 감사를 드린다.

2023년 2월

저자 일동 드림

차/례/

PART 01 건강가정이란 무엇인가?

CHAPTER 01 건강가정의 등장배경과 개념

1. 건강가정의 등장배경 16
  1) 건강가정기본법 제정 당시 가족의 현상과 변화 18
  2) 한국 가족의 전환기적 특성과 가족정책의 패러다임 변화 그리고 건강가정기본법 제정 25
2. 건강가정의 개념 32
  1) '건강'이라는 용어가 가지는 보편성과 긍정성 32
  2) 건강가정의 개념 34
  3) 가족실태조사를 통해 본 우리나라 가정의 건강성 정도 44
  4) 가정의 건강성 측정 49

CHAPTER 02 건강가정론과 관련된 이론적 접근

1. 가족생태학적 접근 58
  1) 이론의 발달 58
  2) 주요 개념 59
  3) 건강가정론에의 적용 62
2. 상호작용적 접근 64
  1) 이론의 발달 64
  2) 주요 개념 65
  3) 건강가정론에의 적용 67

3. 생애과정적 접근 70
1) 이론의 발달 70
2) 건강가정론에의 적용 71
4. 가족발달적 접근 72
1) 이론의 발달 72
2) 건강가정론에의 적용 76
5. 여성주의적 접근 78
1) 이론의 발달 78
2) 건강가정론에의 적용 81
6. 경제학적 접근 82
1) 경제학적 이론으로 바라본 가정: 인적자본 형성의 장 82
2) 가계재무관리를 통한 경제적 안정성 확보 84
3) 건강가정론에의 적용 85
■ 1부 참고문헌 88

PART 02 건강가정의 제도, 정책 및 사업

CHAPTER 03 건강가정기본법

1. 건강가정기본법의 제정과정 96
2. 건강가정기본법이 지향하는 이념 98
1) 가정의 건강성 증진 98
2) 생활공동체로서의 가정과 통합적인 서비스 99
3) 민주적이고 평등한 가족관계, 그리고 생활과 문화의 통합 102
4) 가정의 자립과 협동, 그리고 국가의 지원 105
5) 가정에 대한 사전적, 예방적 지원 107
3. 건강가정기본법의 체계와 내용 108
1) 건강가정기본법의 체계 108
2) 건강가정기본법의 성격 109

3) 건강가정기본법의 변화 109
4) 건강가정기본법의 내용 112
4. 건강가정기본법의 특징 및 제정 의의 124
1) 건강가정기본법의 특징 124
2) 건강가정기본법의 제정 의의 126
5. 다문화가족지원법과 가족 관련 법 129
1) 다문화가족지원법 129
2) 가족 관련 법들 132

CHAPTER 04 건강가정정책

1. 가족정책의 개념과 정책 전개 138
2. 가족정책의 변화와 현황 144
1) 가족정책의 변화 144
2) 가족정책의 현황 145
3. 가족정책 전달체계 153
1) 가족서비스 전달체계 153
2) 가족정책 공적 전달체계 현황 154
4. 가족정책을 위한 제언 160

CHAPTER 05 건강가정사업

1. 건강가정사업의 개념과 특성 166
1) 건강가정사업의 개념 166
2) 건강가정사업의 특성 167
2. 건강가정사업의 목적과 기능 169
1) 가정기능의 강화와 자원개발 170
2) 가정문제의 감소와 위기치료 172
3) 다양한 가족에 대한 대응 173
4) 지역사회에 적합한 지역사회 중심의 서비스 제공 174
3. 건강가정사업의 내용 175
1) 기본법에 근거한 사업내용 175

2) 건강가정사업의 접근방법별 사업내용 182

4. 건강가정사업의 추진단계 및 전략 190

1) 추진 단계 190

2) 추진 전략 191

5. 전달체계 개편에 따른 건강가정사업의 내용과 변화 195

1) 건강가정지원센터를 중심으로 196

2) 다문화가족지원센터를 중심으로 202

3) 통합센터를 중심으로 210

■ 2부 참고문헌 217

PART 03 건강가정 실천

CHAPTER 06 건강가정사업 프로그램

1. 프로그램의 개념과 개발 원리 222

1) 프로그램의 개념 222

2) 프로그램 개발의 기본 원리 224

2. 건강가정사업 프로그램의 개발 225

1) 프로그램의 준비 및 설계 227

2) 프로그램 운영 · 관리 236

3) 프로그램의 평가 239

CHAPTER 07 건강가정사업의 전달체계

1. 건강가정사업 전달체계의 개념 249

2. 건강가정사업 전달체계의 조직과 사례 253

1) 건강가정기본법에 근거한 건강가정사업 전달체계 1 254

2) 건강가정기본법에 근거한 건강가정사업 전달체계 2 255

3. 건강가정지원센터/가족센터의 세부사항 261
1) 전달체계도 261
2) 조직과 역할 262
3) 건강가정지원센터/가족센터의 운영관리 272

CHAPTER 08 건강가정사의 역할과 직무

1. 건강가정사의 역할 296
2. 건강가정사의 직무 및 자격 303
1) 건강가정사의 직무 304
2) 건강가정사의 자격 311
3. 건강가정사의 직업윤리와 자세 319
1) 건강가정사의 직업윤리 319
2) 건강가정사의 자세 321
4. 건강가정사가 협력해야 하는 주요 관련인 323
1) 건강가정사업정책가 및 행정가 324
2) 건강가정연구자 및 교육자 324
3) 아이돌보미 325
4) 가족상담 관련 인력 325
5) 방문교육지도사 326
6) 사회복지사 326
7) 자원봉사자 327

CHAPTER 09 건강가정사의 실천기술 및 현장실습

1. 건강가정사업의 실천과정 330
1) 문제 파악 331
2) 계획 331
3) 구체적인 서비스의 제공 334
4) 평가 및 피드백 334
2. 건강가정사업 요구도 조사기술 335
1) 요구도 조사분석 기준 335
2) 요구도 조사방법 336

3. 의사소통 및 상담기술 339
1) 분위기 조성기술 340
2) 적극적 경청기술 342
3) 질문기술 343
4) 관찰기술 344
5) 효과적인 피드백 방법 345

4. 건강가정사업 및 센터 업무기술 345
1) 기록기술 346
2) 정보처리기술 347

5. 건강가정현장실습 348
1) 건강가정현장실습의 목적 348
2) 건강가정현장실습의 과정 및 태도 349

■ 3부 참고문헌 359

PART 04 건강가정의 미래

CHAPTER 10 건강가정을 위한 과제와 전망

1. 건강가정을 위한 과제 366
1) 가족의 과제 366
2) 사회의 과제 371
3) 국가의 과제 375

2. 건강가정의 전망과 미래를 위한 제언 381

■ 4부 참고문헌 386

APPENDIX 부록

[부록 1] 건강가정기본법 388
[부록 2] 건강가정기본법 시행령 399
[부록 3] 건강가정기본법 시행규칙 402
[부록 4] 다문화가족지원법 405
[부록 5] 건강가정사업 프로그램 예 414
[부록 6] 실습일지 420

■ 찾아보기 421

01 PART

건강가정이란 무엇인가?

CHAPTER 01 건강가정의 등장배경과 개념

CHAPTER 02 건강가정론과 관련된 이론적 접근

1부에서는 건강가정이란 무엇인가에 대한 논의를 통해 건강가정론의 전반적인 내용의 이해를 돕고자 한다. 이를 위한 기초적인 토대로서 건강가정의 등장배경과 건강가정의 개념에 대해 살펴보고, 건강가정론을 설명하고 있는 이론적 배경들에 대해 살펴본다. 우리나라는 건강가정기본법의 제정으로 비로소 명시적 가족정책을 가지게 되었고, 그 이후 가족 및 가정과 관련된 많은 법과 제도가 정비되었다.

01 CHAPTER 건강가정의 등장배경과 개념

1장에서는 건강가정의 등장배경과 그 개념을 살펴본다. 건강가정의 등장배경에서는 건강가정기본법 제정 당시의 가족의 변화와 이에 따른 가정의 건강성에 대한 관심 증가를 파악하고, 건강한 가정이 무엇을 의미하는지 그 개념을 건강가정의 구성요소를 중심으로 이해한다.

1. 건강가정의 등장배경

2. 건강가정의 개념

CHAPTER

01 건강가정의 등장배경과 개념

1. 건강가정의 등장배경

건강가정론을 구성하는 다양한 주제를 알아보기에 앞서 1부 1장에서는 건강가정의 등장배경을 먼저 살펴보고자 한다. 이 책 2부 3장에서 건강가정기본법의 자세한 내용을 다루는데, 그에 앞서 건강가정론과 건강가정기본법의 관계를 먼저 알아볼 필요가 있기 때문이다. 가정생활의 변화 그리고 가정을 둘러싼 환경의 변화와 함께 가정생활에 대한 통합적 정책 그리고 제도적 지원에 대한 필요에 따라 건강가정기본법이 제정되었다. 건강가정기본법이 시행됨에 따라 법에 근거하여 건강가정정책 수립, 건강가정지원센터 설치, 건강가정사업 수행, 건강가정사 양성과 배출 등이 이루어지고 있다. 건강가정지원센터와 건강가정사업 그리고 건강가정사는 건강가정론에서 다루는 실제적인 주제이며, 이 주제와 관련된 이론과 개념, 기본적인 토대 역시 건강가정론에서 다루는 내용이다. 따라서 건강가정기본법의 제정은 곧 건강가정론의 본격적 출발과 맥을 함께 한다.

물론 건강가정기본법 제정 이전에도 건강가정, 가정의 건강성, 가족정책 등에 대한 연구가 지속적으로 수행되어 왔지만, 건강가정기본법 제정을 계기로 가정의 건강성과 관련된 여러 이론들의 통합, 개념과 범주에 대한 적극적 논의, 세부 주제의 구성 그리고 무엇보다 가정의 건강성 증진과 관련된 현장(센터, 전담인력, 사업)이 구축되었다는 점에서, 건강가정기본법 제정은 건강가정론의 본격적 출발을 위한 계기를 마련하였다고 볼 수 있다. 그런 의미에서 건강가정의 등장배경에 대한 이해는 건강가정론의 체계와 세부 내용을 이해하기 위해 필요하다. 따라서 이 책을 시작하는 처음 단계에서 건강가정의 등장배경을 다루고자 한다.

건강가정기본법 제정 당시 가정의 구조와 형태, 기능, 가치와 인식 등의 차원에서 가족 및 가정생활의 역동적 변화가 진행되고 있었으며, 이는 일상성에 대한 관심과 함께 가정 그리고 가정의 건강성과 관련된 학문적 연구와 정책 설계 등에 영향을 미쳤다. 예를 들어 건강가정이나 가정의 건강성은 생활과학 분야에서 이미 오래 전부터 연구되던 주제인데, 가족의 역동적 변화는 건강가정이나 가정의 건강성에 대한 연구의 활성화 그리고 가정의 건강성이 정책의 아젠다로 포함되는 계기가 된 것이다. 또한 물질만능주의와 치열한 경쟁, 시간빈곤, 양극화 등 여러 사회적 문제와 함께 삶의 질, 행복, 웰빙, 워라밸 등이 중요해지는 맥락 속에서 가정의 건강성이 일상생활을 살아가는 사람들에게, 연구자들에게, 정책설계자들에게, 행정가들에게 중요한 이슈로 부각되었다.

바로 이러한 과정에서 건강가정기본법이 제정되었다. 그리고 법 제정과 함께 우리 지역사회에는 그동안 없었던 건강가정지원센터라는 새로운 기관이 설치되고, 현재는 건강가정지원센터, 가족센터, 건강가정 · 다문화가족지원센터라는 명칭으로 운영되고 있다. 주민들은 센터를 방문하여 건강가정사업 프로그램에 참여하고 건강가정사의 전문적 지원을 받게 되었다. 바로 이러한 내용이 건강가정론에서 다루는 주요 주제들이라는 점에서, 건강가정의 등장배경은 곧 건강가정론이라는 이론과 틀이 부각된 등장배경과 맥을 같이 한다. 그러므로 건강가정의 등장배경을 잘 정리함으로써 건강가정론의 의미 그리고 전체 체계와 세부적인 구성요소들을 잘 이해할 수 있게 될 것이다.

1) 건강가정기본법 제정 당시 가족의 현상과 변화

건강가정의 등장배경을 이해하기 위해 먼저 건강가정기본법이 제정되는 시점의 가족, 가정생활을 간략히 살펴볼 필요가 있다. 이를 통해 가족, 가정의 건강성에 대한 관심이 증가하였고, 무엇보다 가족과 가족의 삶이 명시적인 정책의 아젠다로 부각되면서 가족정책이 활성화되었다는 점을 함께 강조하고자 한다. 가족정책 활성화에 대한 요구는 건강가정기본법 제정이라는 성과와 맞닿으며, 동시에 건강가정기본법 제정은 가족정책 활성화의 계기를 마련하였다는 점에서 합의점을 도출할 수 있을 것이다.

산업화와 함께 우리 사회는 많은 변화를 겪어 왔고 또 현재도 변화 중이다. 우리의 일상적인 삶의 기본이 되는 생활의 단위인 가정 역시 예전과는 많이 달라졌고, 가정을 둘러싼 환경의 변화도 매우 빠르다. 2004년 건강가정기본법이 제정되었던 당시의 가족 그리고 가정의 일상을 되돌아보면 그 당시 역시 가족은 구조와 형태 그리고 기능 및 가치 등의 차원에서 빠른 속도로 변화되는 중이었다. 구체적으로는 저출산, 고령화, 여성취업의 증가, 가족형태의 다양화, 가족 및 가정생활 관련 가치와 인식의 변화 등이며, 이러한 특성은 현재에도 지속되고 있는 가족 관련 주요 트렌드 및 현상이기도 하다. 아래에서는 가족 관련 여러 현상의 변화가 부각되면서 가족 그리고 가정의 건강성 그리고 가족정책에 대한 관심이 높아졌고, 가족정책 패러다임 변화의 필요성에 직면하게 되었는데, 바로 이러한 시대적 요구에 따라 건강가정기본법이 제정된 맥락을 살펴보고자 한다.

먼저 저출산 관련 현상을 살펴보자. 현재 우리나라는 세계 최저출산국가의 범주에 있는데, 이미 1983년부터 시작된 저출산현상이 그 후로도 지속되어 왔고(TFR: total fertility rate, 합계출산율 2.1명 이하), 초저출산현상(TFR 1.3명 이하로 진입)은 2002년 이후 현재까지 계속되고 있다(관계부처합동, 2020).

[그림 1-1]에 나와 있듯이 1990년대 이후 출산율은 빠른 감소를 보였다. 특히 우리나라의 출산율 추세는 다른 나라와 달리 지속적인 감소 추이라는 점을 확인할 수 있다.

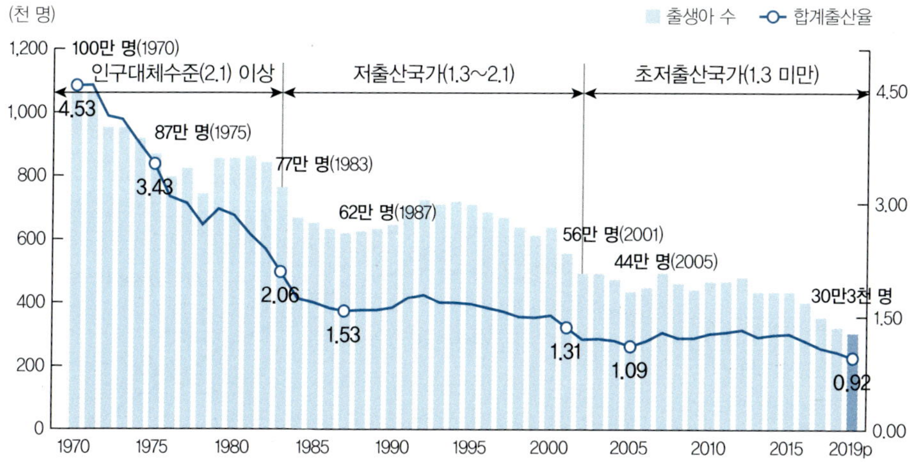

❖ **그림 1-1** 연도별 출생아 수 및 합계출산율

출처: 통계청(2020). 2019년 출생사망통계 잠정결과, 관계부처합동(2020) 재인용.

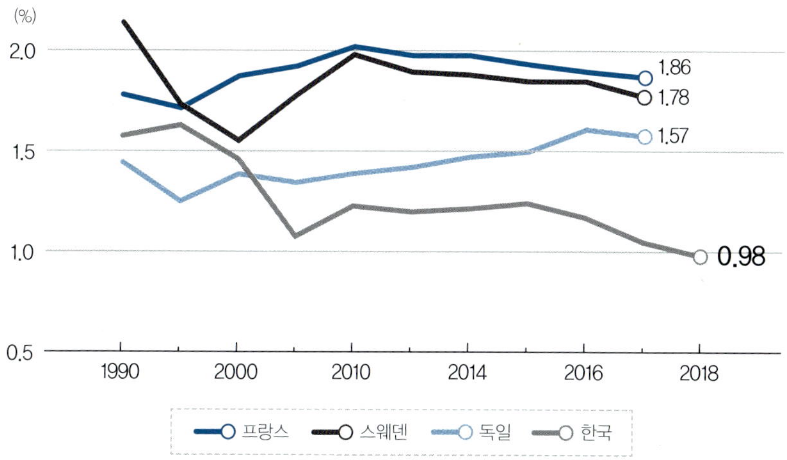

❖ **그림 1-2** OECD 주요 국가별 합계 출산율 추이

출처: OECD; 중앙일보(2020.12.24).

우리나라의 인구증가/감소 추세는 베이비붐 세대가 태어난 시기를 전후하여 팽창기를 거쳐 1990년대 중반 이후 정체기로 전환되어, 정체기 이후 수축기로 진행되지 않도록 사회적으로 인구와 출산 관련 정책의 패러다임 변화가 필요하게 되었다.

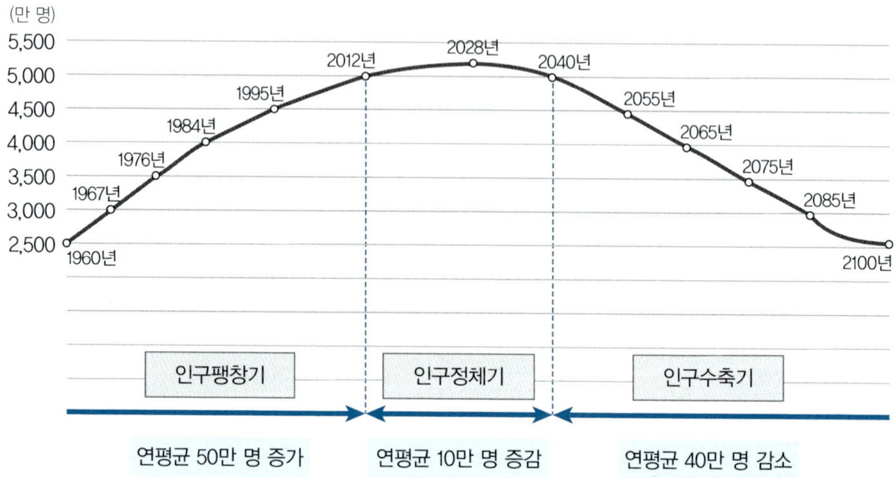

❖ **그림 1-3** 우리나라 인구규모 변화(증가/감소 추세)

출처: 이삼식 외(2019); 관계부처합동(2020) 재인용.

즉, "딸 아들 구별 말고 둘만 낳아 잘 기르자"가 회자되던 1970년대, "하나만 낳아 잘 기르자"를 중심으로 출산억제를 모색하던 1980년대를 지나 1990년대까지 "아들 딸 구분 말고 낳자"를 추진하던 인구 및 출산 관련 정책은 2000년대로 들어오면서 저출산 심화로 인한 국가적 위기에 직면, 정책 패러다임의 전환이 필요하게 되었다. 이 과정에서 2005년 저출산 · 고령사회기본법이 제정되었고 대통령 직속 '저출산 · 고령사회위원회'가 발족되었다.

이처럼 정책적인 맥락에서 저출산은 고령화와 함께 분석할 필요가 있다. 이제 고령화에 대해 살펴보자.

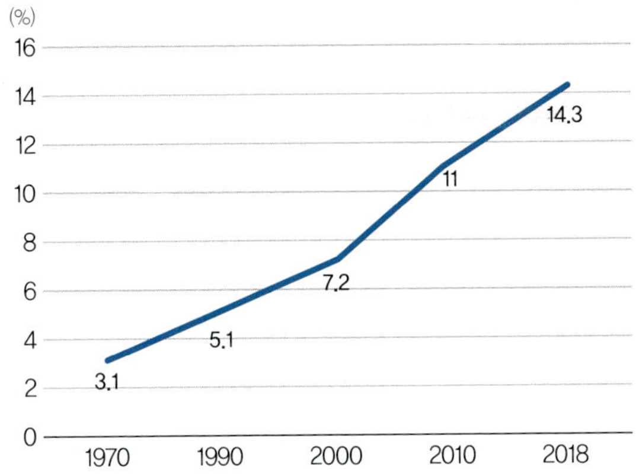

❖ **그림 1-4** 연도별 65세 이상 고령인구비율

출처: 통계청.

우리나라의 경우 고령인구비율이 계속 높아지면서 2000년을 지나 고령화사회(고령인구비율이 7% 이상인 사회)로 진입하였음을 알 수 있다. 특히 우리나라는 고령화속도가 가장 빠른 국가라는 점에 주목할 필요가 있다. 통계청의 자료를 분석해 보면, 우리나라는 고령사회로 진입하기까지 17년이 소요되었는데, 프랑스의 경우 115년, 미국은 73년, 독일 40년, 일본 34년에 비해 매우 빠르다. 추정치를 통해 그 이후 초고령사회 진입 속도를 예측해 보면 우리나라는 9년으로 산정되는데, 프랑스 39년, 미국 21년, 독일 37년 그리고 일본 12년에 비해 속도가 빠르다(중앙일보, 2021). 우리나라는 2000년대 고령사회로 진입하는 시점을 전후하여 고령화사회 그리고 그 이후 고령사회(고령인구 비율이 14% 이상인 경우, 우리나라의 경우 2018년에 고령사회로 진입) 대응을 위해 개인과 가족 차원에서 길어진 노후생활에 대한 준비와 계획 그리고 사회적 차원에서는 고령(화)사회에 대응하는 정책설계 등이 긴급히 필요한 상황이었음을 알 수 있다. 이러한 긴급성과 필요성에 따라 2004년 2월 대통령 자문 '고령화 및 미래사회위원회'가 구성되었다. 이처럼 2000년대로 진입하면서 우리 사회는 저출산과 고령화를 정책적 과제로 보고 적극적인 대응을 시작하였다. 이는 2004년 건강가정기본법 제정을 전후로 저출산과 고령화라는 현상에 대한 관심

이 높아졌다는 것을 의미한다.

다른 한편으로 이 시점, 즉 건강가정기본법 제정 당시 가족트렌드에서 부각되는 주요 현상으로 가족형태의 다양화를 강조할 수 있다. 먼저 맞벌이가구를 보면, 1980년대 중반 이후 기혼여성의 취업이 상당한 규모에 이르러 1990년 맞벌이가구 비율은 14.9%로 나타났다. 2000년에는 23.2%로 증가하였고 그 이후 2003년 36.1%로(손경국 · 김윤수, 2021) 전체 가구의 1/3 이상이 맞벌이가구로 나타나, 맞벌이가정의 보편화가 진행되어왔음을 알 수 있다. 맞벌이가구 비율의 증가는 가정 내 가사와 돌봄 역할의 평등한 분담, 모성보호, 가족친화제도 마련 등 다양한 가족정책의 아젠다를 부각시켰다.

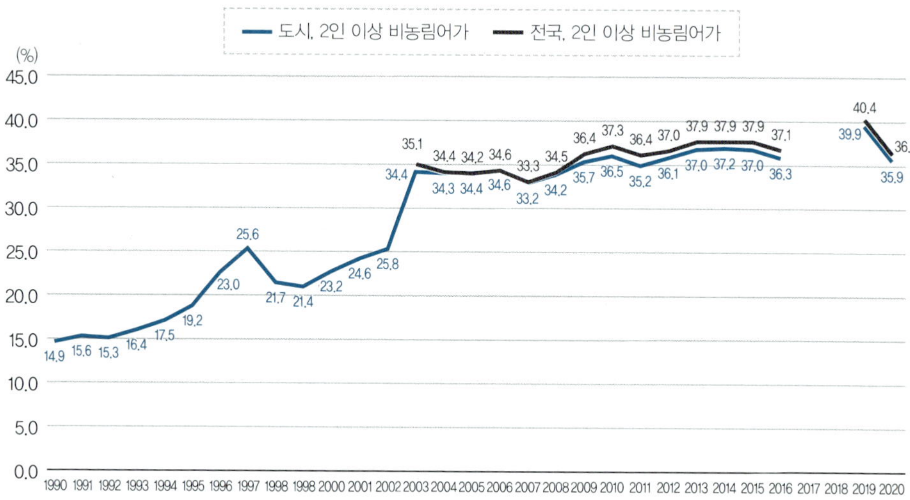

주: 2017~2018년 가계지출조사는 조사방식, 표본 체계 등에서 2016년 이전 및 2019년 이후 가계동향조사와 유의미한 차이가 있어 분석결과에 포함하지 않음

❖ **그림 1-5** 전체 가구 중 맞벌이가구 비율

출처: 손경국 · 김윤수(2021) 재인용.

또한 다양한 가족형태 중 다문화가족이 부각되었다. 1988년 88서울올림픽 이후로 글로벌 환경 속에서 국제교류가 많아졌고, 외국인 근로자나 결혼이민자 등의 증가와 함께 국내에 체류하는 외국인 수가 많아졌다. 법무부 통계에 따르면 국내 체류 외국인은 1997년 38만7천 명에서 2001년 56만7천 명, 2003년 67만9천 명으로 계속 증가하였다(법무부). 이 중 상당한 비중은 결혼이민자가족이라고 볼 수 있다. 다문화가족지원법에는 결혼이민자와 대한민국 국민으로 이루어진 가족을 다문화가족이라고 정의하고 있으며, 외국인과의 혼인건수를 통해 다문화가족의 비율을 대략적으로 파악할 수 있다.

외국인과의 결혼은 1995년 이후 계속 증가하였고, 특히 한국인 남성과 외국인 여성과의 결혼이 2000년 이후 빠른 속도로 증가하였음을 알 수 있다. 다문화가족의 증가는 우리 사회가 다양성을 포용하면서 다양한 가정의 건강성 증진을 위해 정책적으로도 적극 지원이 필요함을 의미한다.

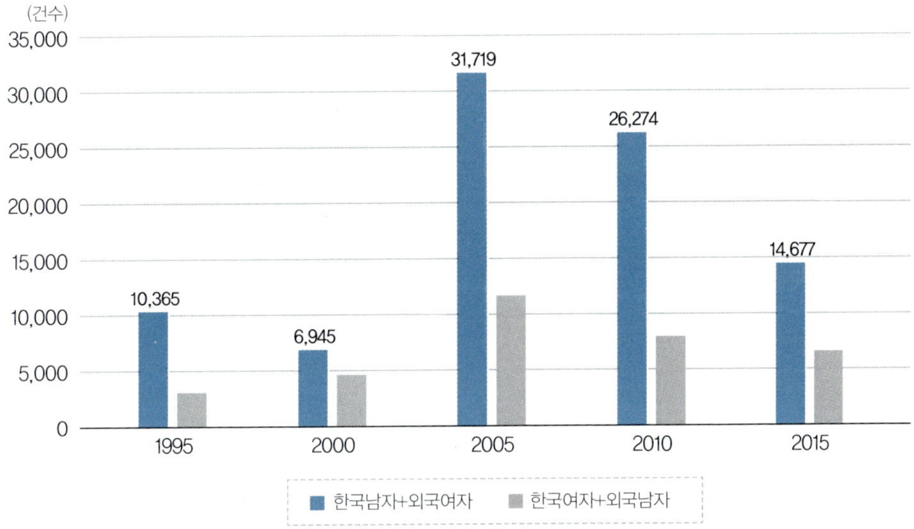

❖ 그림 1-6 외국인과의 혼인

출처: 통계청, 인구동향조사.

다음으로 한부모가구는 [그림 1-7]을 보면 주로 사별과 이혼에 의한 것으로 나타났다. 배우자가 있는 가구가 감소하는 경향을 보이는 것과 반대로 한부모가구는 증가추세를 보여왔고, 특히 그 안에서 이혼으로 인한 한부모가구 비율이 더 많아지고 있음을 알 수 있다. 전체 가구에서 한부모가구는 지속적으로 일정한 비율을 차지하고 있음을 함께 확인할 수 있다.

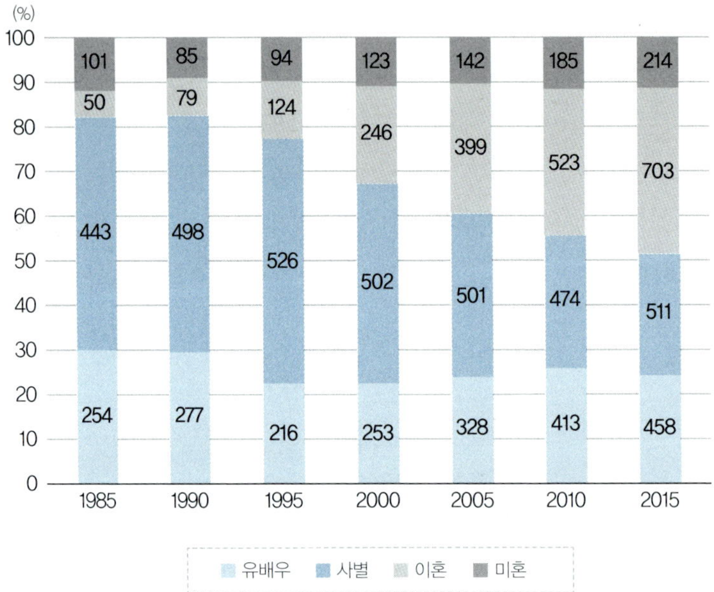

❖ **그림 1-7** 부(모)자녀가구 가구주의 혼인상태별 가구

출처: 통계청, 인구주택총조사.

한편, 현재 가구형태 중 가장 비율이 높은 1인가구는 [그림 1-8]에서와 같이 1980년대 이후 꾸준히 증가하여 1990년대에는 전체 인구 중 9%를 차지하였고, 1995년에 12.7% 그리고 2000년에 15.5%로 나타나 인구통계학적 차원에서 1인가구의 지속적이면서도 빠른 증가를 확인할 수 있다.

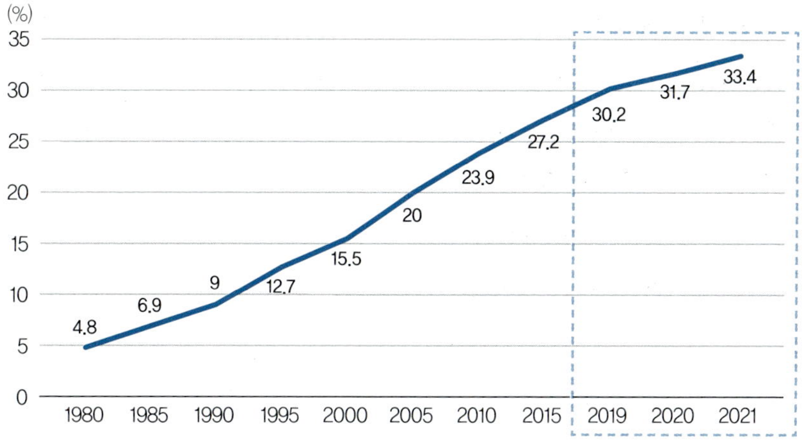

❖ 그림 1-8 연도별 1인가구 비율

출처: 통계청 (각년도). 인구주택총조사; 통계청 (2022). 통계로 보는 1인가구.

1인가구는 그 이후에도 계속 증가하고 있어, 공시된 통계청(2022) 자료에 따르면 2021년도 기준 전체 가구 중 33.4%가 1인가구로 전체 가구유형 중 가장 큰 비중을 차지하고 있다. 국내 10가구 중 3가구가 1인가구임을 알 수 있고, 국내 1인가구 비중은 2019년을 기점으로 30%를 넘은 이후 계속 증가 추이를 보이고 있다.

2) 한국 가족의 전환기적 특성과 가족정책의 패러다임 변화 그리고 건강가정기본법 제정

이와 같이 건강가정기본법 제정 시점을 전후로 우리나라 가족의 변화현상을 저출산과 고령화, 가족형태의 다양화 등 몇 가지 대표적인 지표를 통해 살펴보았다. 가족, 가정생활 관련한 역동적 변화는 가족, 가정은 과연 무엇이고, 어떤 요소가 그 변화를 이끌어내고 있으며 그래서 우리 사회는 무엇을 필요로 하는가에 대한 고민과 직결된다고 할 수 있다. 일정한 연령이 되면 결혼을 하고 아이를 낳아 기르며 사는 가족의 삶 자체에 많은 변화가 일어나고 있다는 점은 이 사회의 구성원들로 하여금 가족을 다시 들여다보게 하고 새롭게 분석해야 할 필요성을 제기하고 있다.

한편, 여러 연구자들은 한국 가족이 변화하는 빠른 속도와 그 역동성을 가족의 전환기적 특성으로 규정하고 있다(이승미 외, 2012). 선행연구에서 분석한 한국 가족의 전환기적 특성[1] 중 건강가정에 대한 관심 그리고 건강가정기본법 제정에 직접적인 영향을 미친 주요 강조점을 도출하면 크게 세 가지로 정리할 수 있다.

첫째, 돌봄의 공백이다. 여성의 취업 증가와 함께 맞벌이가정이 많아지면서 가정 내 가족돌봄을 전담하던 전통적인 여성의 역할에 공백이 생긴 것이다. 자녀돌봄에서의 공백뿐 아니라 노인돌봄에서도 여러 가지 논의가 필요한 상황이었음을 알 수 있다. 최근에는 백세시대가 화두로 등장하고 있지만 1990년대 그리고 2000년대 초반까지 아직은 우리 사회가 백세시대를 본격적으로 거론하기 전부터 고령화와 저출산, 맞벌이가족의 증가 등 다양한 가족현상과 함께 돌봄의 공백문제에 대해서는 지속적인 논의가 있었다는 것을 알 수 있다. 가족원 돌봄을 개별 가정에만 맡겨놓을 것이 아니라 국가사회적 차원에서 분담이 필요하며, 그러므로 가족돌봄에 대한 국가사회의 적극적 지원을 위한 제도적 기반이 필요하다는 논의가 부각되는 시점이었다고 할 수 있다. 이러한 논의는 건강가정기본법의 내용에 반영되어 부모역할에 대한 지원, 자녀돌봄 지원 등의 조항을 확인할 수 있다.

둘째, 가족형태의 다양화는 앞에서도 강조한 것처럼 맞벌이가정, 한부모가족, 다문화가족, 조손가족, 분거가족, 1인가구의 증가 등을 사례로 생각할 수 있다. 가족형태의 다양화는 건강가정기본법 제정 당시 활발하게 논의되던 주제였으며, 그 결과 건강가정기본법에 다양한 가족의 욕구충족을 통한 건강가정 구현, 모부자가정/노인단독가정/장애인가정/미혼모가정/공동생활가정/자활공동체가정 등에 대한 지원 등을 명시하는 데 영향을 미쳤다고 볼 수 있다.

---

1) 이승미 · 송혜림 · 이완정 · 성미애 · 진미정 · 이현아(2012)가 2012 한국가정관리학회 주최 통합학술대회기조강연에서 제시한 한국 가족의 전환기적 특성은 두 가지로 요약할 수 있는데, 돌봄의 공백과 사회적 통합의 부재, 도구주의적 특성과 이중가치체계로 정리할 수 있다.

셋째, 한국 가족의 전환기적 특성 중 세 번째로 주목할 수 있는 것은 가족, 가정생활과 관련된 가치의 변화라고 할 수 있다. 저출산은 물론이거니와 결혼의 감소, 이혼의 증가 그리고 다양한 형태의 가족이 출현하고 또 확장되고 있다는 것 자체는 결혼과 가족 그리고 부모됨, 노후생활 등 가정생활과 관련된 근본적인 요소들에 대한 인식과 가치가 변화하고 있음을 나타내는 지표라고 볼 수 있다. 양성평등하고 민주적인 가족관계, 가족친화적 환경의 조성, 가족문제의 예방, 가정의 역량과 잠재력 개발, 다양한 형태의 가족에 대한 존중과 사회적 통합, 일과 가정의 양립 등 가족과 가정생활을 지원하는 가치와 인식이 새롭게 조망되고 있었으며 이는 곧 건강가정기본법의 각 조항에 반영되어 있다.

여기에서, 한국 가족의 전환기적 특성에 영향을 미친 핵심적인 요소로 여성의 취업률 증가를 꼽을 수 있다. 여성의 사회활동이 많아짐에 따라 가정에서 가사노동과 돌봄의 수행이 다른 방식으로 전환되어야 할 필요성이 부각되었고, 가정에서 남성과 여성 간 평등한 역할분담이 필요한 시대가 되었다. 여성취업의 증가는 가족형태의 다양화와 관련하여 우선은 맞벌이가정의 보편화현상으로 연결된다. 여성취업이 증가하면서 여성에게 직업은 남편의 가족부양을 보조하는 수동적 의미에서 벗어나 그 자체로 생계수단이면서 자아실현을 위해 중요한 의미를 갖게 되었다. 여성의 경제적인 독립은 1인가구나 한부모가족의 증가와도 맞물리면서 결혼과 이혼, 출산과 부모됨 등 여러 가족 관련 가치와 인식에도 영향을 미쳤다. 동시에 출산율 감소나 가족 관련 가치 · 인식의 변화가 여성의 취업에도 영향을 미치는 방식으로 상호적인 영향을 분석할 수 있다. 자녀수가 적어지면서 여성취업이 활성화된 측면도 있고, 양성간 평등한 돌봄분담문화의 확산 역시 여성의 사회진출을 증가시키는 요인이 되기도 하였다.

이제 여성의 취업률 향상과 돌봄의 공백, 가족형태의 다양화 그리고 가족 관련 가치와 인식의 변화를 종합하면서 건강가정의 등장배경을 정리해 보자. 결혼과 출산, 부모됨의 생애사건들이 가족과 직결되는 우리나라의 경우, 출산율 감소로 인한 정책지형의 변화는 가족정책의 변화와 맞물리며, 그런 맥락에서 가족정책의 위상 역시 달라졌다고 볼 수 있다. 출산율 감소의 원인으로 주목할 수 있는 경제적 부담, 맞벌이가정의 일 · 생활 불균형, 가족돌봄의 공백, 기혼 취업여성의 경력단절, 양성 간 불평등한 돌봄분담 등은 곧 결혼과 부모됨을 중심으로 가족가치와 인식 등에 영향을 미쳤고, 이로 인한 결혼의 연기와 포기가 곧 저출산현상과 직결된다. 이러한 분석은 가족이 처해 있는 상황 그리고 가족 안에서의 관계와 역할분담, 가족을 둘러싼 제도와 정책환경 등에 대한 사회적 · 정책적 관심이 높아지게 된 계기와 맞물린다. 즉, 출산율의 감소는 결혼과 가족, 부모됨을 정책 아젠다로 보아야 할 계기를 가져다준 것이라 할 수 있다.

이러한 환경과 상황은 가족 관련 법과 제도의 필요성에 영향을 미쳤고, 폭력이나 빈곤 등 어떤 문제가 있을 때 이에 개입하는 협소한 가족정책이 아니라 개인의 행복과 가정의 건강성을 담보하는 지속가능하고도 보편적인 정책에 대한 요구로 이어지게 되었다. 가족문제의 해결뿐 아니라 가족문제의 예방까지 포괄하는 가족정책에 대한 요구와 함께 가족정책의 전환이 이루어졌다고 할 수 있다. 결국 가족의 전환기적 특성은 가족정책의 패러다임 전환으로 이어지게 된 것이다. 이로써 평등하고 민주적인 가족관계, 맞벌이가정의 일 · 생활 균형, 가족친화적인 지역사회/직장문화 구축, 건강한 부모역할, 가족의 생애주기를 고려한 생활설계, 일상적인 가사노동수행과 가족자원관리, 다양한 가족의 건강성 증진 등 보편적 가족정책을 위한 근거와 기반이 필요한 시점에 제정된 법이 바로 건강가정기본법이다.

한편 1990년대 이후 사회경제적으로 먹고사는 생존의 단계에서 벗어나 삶의 질을 추구하기 시작하면서 화목한 가족, 가정의 건강성이 행복에 미치는 영향에 대한 관심 또한 높아지게 되었다. 행복의 조건에서 가족은 늘 우선순위로 등장하지만, 그 가족의 역동적 변화, 결혼의 감소와 출산율 저하, 준비 없이 맞이하는 불안한 노후 등 가족에 대한 기존의 패러다임을 다시 생각하면서, 행복한 삶을 위해 가족은 무엇을 필요로 하는가에 대한 모색도 함께 이루어졌다고 할 수 있다. 특히 가족의 다양화와 관련하여 사회정책의 주요 방향 중 하나로 가족 다양성에 대한 포용이 강조되고 있다.

한편, 가정학/생활과학 차원에서 가정복지의 실천에 대한 관심에서 출발하여 건강가정기본법 제정에 이르기까지의 과정을 보면, 이러한 실천과 관심을 표명한 결과물의 하나로 가정의 건강성 증진을 위한 정책개발 연구(이기영 외, 2004)에 주목할 수 있다. 이 연구에서는 한국 사회 가족의 현상(다양한 형태의 가족 증가, 가치와 인식의 변화 등)에 대응할 수 있는 통합적 가정정책의 부재라는 문제를 제기하며, 가정문제 해결뿐 아니라 예방을 위해 사회정책의 패러다임 전환이 필요하다고 강조하고 있다. 그리고 건강가정기본법 제정을 통해 이를 해결할 수 있다는 전제 아래 가정기능 강화 및 잠재력 개발, 가족공동체문화 조성, 다양한 가정의 욕구충족, 가정친화적 사회환경 조성, 민주적 가족관계 및 양성평등적 역할분담, 가족의 양육/부양부담 완화, 사회부담 절감, 위기가족에 대한 긴급지원, 가족의 건강증진 대책 등을 건강가정정책영역으로 제시하고 있다. 바로 이러한 내용들은 2004년 제정된 건강가정기본법에 모두 반영되었다.

이와 같이 건강가정기본법 제정 이전 한국 가족의 역동적 변화와 강조점을 분석하였다. 이러한 과정을 통해 우리 사회구성원들은 가족, 가정생활을 다시 들여다보게 되었고 이는 곧 건강가정, 가정의 건강성에 대한 연구의 활성화를 이끄는 계기가 되었다. 동시에 가족, 가정생활을 명시적인 정책 아젠다로 규정하고 가족과 가정생활을 지원하는 법과 제도의 필요성, 이를 실현하는 전달체계, 전담인력 등에 대한 요구로 연결되었으며, 이로써 건강가정기본법 제정이라는 성과와 맞닿게 되었다고 할 수 있다. 역동적 변화 속에 있는 한국 가족의 전환기적 특성은 가족이나 일상적인 가정생활에 대한 새로운 관심을 불러일으키고 있으며 가정의 건강성을 증진시키고 삶의 질을 향상시켜 나가기 위한 방안을 모색하는 계기가 되었다. 이것이 바로 건강가정의 등장배경이다. 즉, 학문적으로 오래된 역사를 갖고 연구해 오던 건강가정 그리고 가정의 건강성을 새롭게, 그러나 다시 보기 시작한 배경에는 한국 가족의 빠른 변화와 역동성, 전환기적 특성이 자리잡고 있으며, 이러한 변화에 부응하기 위한 제도적·정책적 대안의 모색 그리고 실천적 차원에서 가정의 건강성 증진을 위한 사업이나 프로그램의 개발, 이러한 사업과 프로그램을 보급하고 수행하는 전달체계의 구축 등과 같은 과제를 모색해야 할 필요성 앞에서 건강가정기본법이 탄생하였다.

지금까지 가족의 현상과 변화 그리고 전환기적 특성과 함께 건강가정기본법의 등장배경을 살펴보았다. 건강가정기본법 제정을 계기로 우리의 일상생활을 들여다보면서, 다음과 같은 질문을 제기할 수 있다.

- 왜 사람들은 이전보다 아이를 덜 낳고 있는가?
- 왜 결혼은 덜 하고 이혼은 더 하는가?
- 우리는 가족과 함께 식사하고 여가를 보내기에 충분한 시간을 확보하고 있는가?
- 맞벌이가정이 많아지면서 어떤 상황이 발생하는가? 우리 사회는 여전히 '집에는 엄마가 있다'는 패러다임으로 진행되고 있지는 않은가? 남녀 간 돌봄을 평등하게 분담하고 있는가?
- 일하는 부모는 일 · 생활에서 균형을 취하고 있는가?
- 출산과 돌봄으로 인한 취업여성의 경력단절 문제는 해결되고 있는가?
- 남성이 가족역할을 충분히 할 만큼의 시간이 보장되어 있는가?
- 백세시대가 도래하고 있는데, 오래 살게 된 것이 과연 기쁜 일인가?
- 고령화에 대한 준비는 제대로 되어 있는가?
- 우리 자녀들, 잘 쉬고 잘 놀고 잘 자고 잘 자라고 있는가?
- 그리고 무엇보다, 미래에 우리는 지금보다 더 행복할 수 있을까?

이러한 질문에 답하기 위해 현실을 다시 돌아보자. 부모들은 맞벌이가족 체제에서 장시간 노동에 시달리며, 자녀들은 과도한 사교육과 입시경쟁 앞에 무방비로 노출되어 가족원이 함께할 시간 자체가 절대적으로 부족하다. 기혼 취업여성의 경력단절은 여전히 해결되지 않고 있다. 돌봄과 교육, 여가 등에서 양극화가 진행되고 있으며, 예전보다 먹고사는 걱정은 줄었지만 그리 행복하지 않다고 말한다. 백세시대는 다가오는데 오래 사는 것이 그리 축복으로 여겨지지 않는다고도 한다.[2)]

무한경쟁으로 대표되는 치열한 현실, 경제적 · 사회적 구조의 불안정, 자녀들을 위한 긍정적 미래를 낙관할 수 없는 상황 속에서 우리는 전보다 더 행복한 가족, 가정의 건강성에 관심을 갖는다. 편안함과 휴식의 상징, 정서적 지원, 애정과 신뢰를 주고받는 생활단위로서 가정에 대한 기대, 살면서 의지가 되는 대상, 집과 배우자 중심의 노후생활 기대, 자녀돌봄의 긍정적 가치 등 핵심적인 결과가 이를 지지하고 있다. 경쟁이 치열할수록 경쟁에서 벗어나 편안하게 휴식할 수 있는 공동체, 협력하고 양보하며 배려하는 공동체에 대한 요구도 그만큼 증대되고 있다. 그리고 이는 바로 가족 그리고 가정이 갖는 본연의 기능이라고 할 수 있기 때문에, 사람들은 가족, 가정에 더 관심을 갖게 되었다고 볼 수 있다. 그러나 맞벌이가정의 보편화체제가 갖고 온 돌봄의 공백문제해결, 다양한 형태의 가족이 편견과 차별 없이 행복하게 살 수 있는 환경 조성, 가족친화적인 직장문화를 통한 일 · 가정 양립 실현, 남녀 간 양성평등한 역할 분담 실천, 가족 공유시간과 활동의 증가 등 다양한 과제 역시 함께 도출되었다고 할 것이다. 따라서 우리가 가족에 대해 갖고 있는 기대와 가치, 일상적인 가정생활을 통해 누리고 싶은 안전과 행복, 삶의 질 향상 등을 위해 무엇을 어떻게 해야 하는가에 대한 논의가 도출될 수 있다.

결과적으로 2004년 건강가정기본법 제정은 전 사회적으로 가족에 대한 관심 그리고 가정의 건강성 증진을 위한 적극적 지원의 표현이라고 할 수 있으며, 이로써 우리 사회는 가정의 건강성을 증진시킬 수 있는 다양한 제도적 서비스의 근거를 갖게 되었다. 이전까지 빈곤이나 폭력 등 가족에 문제상황이 발생할 때 사후적으로 이를 해결하기 위한 단편적 법과 제도가 있었다면, 건강가정기본법 제정을 계기로 다

2) 송혜림(2015). 100세 시대 가족정책의 과제. 2015 한국가정관리학회 한국가족복지학회 한국가족자원경영학회 한국부모교육학회 공동춘계학술대회 "100세 시대 가정과 돌봄" 제2세션 '100세 시대 가족자원경영전략' 구두발표 자료에서 재인용.

양한 형태의 가정에 대해 문제해결뿐 아니라 문제 예방, 삶의 질 향상, 가정의 자원화 등을 위한 지원의 근거를 갖게 되었다. 실제로 사회환경 변화에 따른 가족규모 축소와 가족기능의 변화, 다양한 가족형태의 출현과 저출산현상 등 가족 관련 현상이 사회적 관심사로 부각되면서 보편적·예방적 지원 요구가 높아졌고, 건강가정기본법 제정을 계기로 모든 가족을 정책 대상으로 하는 보편적 가족정책이 시행되었다고 할 수 있다. 이는 거시적 차원에서 볼 때 협소한 복지적 지원을 중심으로 한 우리나라 사회정책의 기조를 획기적으로 전환시켰다는 점에서 중요하다.

우리나라 가족은 지금도 계속 변화 중이다. 따라서 가족정책, 건강가정기본계획 등에서 이러한 가족의 변화를 반영할 필요가 있다.

2. 건강가정의 개념

건강한 가정이란 어떠한 가정인지, 건강가정의 개념에 대한 논의가 건강가정기본법 제정을 전후하여 활발하게 진행되었다. 그러므로 이 절에서는 건강가정의 개념을 살펴보기 위해 먼저 우리가 일상적으로 사용하는 건강이라는 용어의 의미를 짚어보고, 건강가정의 개념을 그 구성요소들을 중심으로 살펴본다. 나아가 우리나라 가정의 건강성은 어느 정도인지 2차, 3차 및 4차 가족실태조사를 통해 파악해 보고, 가정의 건강성을 어떻게 측정할 수 있는지 소개한다.

1) '건강'이라는 용어가 가지는 보편성과 긍정성

원래 건강이란 용어는 신체의 상태를 나타낼 때 적합하고 익숙한 개념이다. 건강의 사전적인 의미는 정신적으로나 육체적으로 아무 탈이 없고 튼튼함(국립국어연구원, 2017)을 의미하나, 세계보건기구의 건강에 대한 정의는 좀 더 포괄적이다. 즉, 건강이란 단순히 질병이 없거나 허약하지 않은 상태만이 아니라 신체적 · 정신적 및 사회적 안녕(well being)의 완전한 상태를 이른다(유영주, 2004a: 538). 더 나아가 인간만이 아니라 어떤 조직이나 기관, 사회현상, 동식물에도 두루 건강의 개념을 사용하고 있다.

건강을 신체적인 개념에서 다룰 때 건강은 질병과 대립되는 개념으로 흔히 쓰이나, 이 경우도 건강과 질병의 2차원적 분류가 아니라 건강과 질병을 두 축으로 하여, 그 사이 다양한 스펙트럼을 갖는 다차원적 접근이 합당한 것으로 설명된다. 또 '건강'이 사회적으로 어떻게 쓰이는지를 광범위하게 분석한 송혜림(2005)은 건강이 매우 다양한 사회 영역과 환경, 상황에서 쓰이고 있으며, 그때의 보편적인 의미는 '토대가 굳건하여 안정됨, 기능적, 도덕적, 성숙한 삶의 질을 담보하는 올바른' 등으로 쓰이고 있어서 그 의미가 매우 긍정적이고 사회적으로 강한 수용성을 가지므로, 사람들이 편견 없이 '좋은' 가치와 문화로 수용하여 왔다고 주장한다.

그러므로 '건강한 사람'이란 반드시 신체적인 건강함만을 나타내는 것이 아니라 신체적, 정신(서)적, 관계적인 여러 측면의 건강성을 의미하기 때문에 완벽하게 건강한 사람과 그렇지 않은 사람으로 나눌 수 있는 개념은 아니다. '건강한 가정' 역시 다양한 구성요소를 가지는 개념이므로 건강한 가정과 건강하지 않은 가정이라는 이분법으로 나누는 것은 어렵다. 이런 예는 '건강한 도시'라는 개념에서도 볼 수 있는데, 건강도시 프로젝트에서 조무성(2005)은 건강도시는 물리적 환경과 사회적 환경을 계속적으로 조성하고 개선하여 사람들이 삶의 모든 기능을 수행하고 최대한의 잠재력을 개발할 수 있도록 그 지역사회의 자원을 확장하는 도시라는 개념으로 정의하고 있다.

우리가 일반적으로 '건강'이라는 수식어를 붙여 사용할 수 있는 개념들을 생각해 보면 '건강'의 의미를 더 명확히 파악할 수 있다. 예를 들면, 건강한 문화, 건강한 회사, 건강한 학교, 건강한 밥상, 건강한 도시, 건강한 사회, 건강한 신문 등 다양한 수

식어로 사용되고 있으며, 우리는 이들 용어가 보편적으로 긍정적인 내용을 의미하고 있음을 알 수 있다. 즉, 건강이라는 수식어를 사용할 때, 건강과 비건강으로 이분하여 나누는 의미보다는 연속적인 의미에서 사용할 수 있고, 건강하지 않은 상태에서 건강한 상태로 나아갈 수 있다고 하는 향상의 의미를 내포하고 있다.

이런 의미에서 개인의 신체적·정신적 건강은 가정의 건강성을 향상하거나, 건강한 사회의 지표로서 중요하고, 나아가 가정의 건강성이나 사회의 건강성은 개인의 건강성 향상이나 삶의 질 향상에 중요한 영향을 미치는 상호적인 관계임을 알 수 있다.

2) 건강가정의 개념

유영주(1995)는 건강한 가정의 의미를 개인의 건강함에 비유하여 설명하고 있다. 즉, 개인이 건강하다 함은 외부의 환경변화에 적응력이 강한 것을 의미하는 것과 같이, 가정이 건강하다 함은 외부의 자극이나 변화에 긍정적으로 대처해 나아가는 가정을 의미한다. 건강한 가정이란 서로 협동하고 인내하며 그리고 타협해서 공동체로서의 유대감을 다져가는 그러한 가정으로, 가족구성원들이 서로의 인격을 존중하고 가족구성원의 상호작용이 잘 이루어지는, 가족이 하나의 공동체로서 균형이 잘 유지되고 있는 가정이라고 정의한다.

건강한 가정은 건강한 개인을 만들어 내는 토양이며 건강한 사회의 기초가 된다. 인간이 성장하면서 정체성을 확립해 나가기 위해서는 제1의 준거집단이며 미시적 환경인 가정의 영향을 많이 받는다. 그러므로 건강한 개인으로 성장하기 위해서는 건강한 가정이라는 토양이 중요한 역할을 하게 된다. 또 건강한 사회를 구성하는 중요한 요소인 사회적 자본을 형성하는 토대는 가정이며, 건강한 사회는 사회구성원들이 상호 간에 기본적으로 신뢰하고 다양한 가치와 삶의 양식을 존중하는 그런 사회를 의미한다.

건강한 가정은 주어지는 것이 아니라 만들어지는 것으로, 건강한 가정이란 가정을 형성한 것만으로 자연스럽게 이루어지는 것이 아니라 그 가정에 속한 가족구성원들의 의식적인 노력을 통해 이루어지는 것이다. 그러므로 건강한 가정을 위해서는 우선적으로 개인 및 가정 차원의 노력이 필요하다. 이와 함께 건강한 가정이 사회적으로 지지받고, 건강성을 유지할 수 있도록 사회적 차원의 지원, 예를 들면 국가의 법적 · 제도적인 뒷받침과 다양한 가족지원사업, 기업의 가족친화적인 경영문화, 그리고 가족친화적인 지역 및 시민사회공동체의 확립 등이 필요하다.

건강가정의 개념을 구체적으로 살펴보기 위해 가족을 건강가족적 관점에서 연구하기 시작한 배경과 건강가정이 어떤 구성요소들로 이루어지는지를 소개하고, 이를 바탕으로 건강가정의 개념을 제시하고자 한다.

(1) 건강가족적 관점

가족을 연구하는 한 방법인 건강가족적 관점은 1970년대 미국에서 시작하였다. 건강가족적 관점(family strength perspective)이란 '가족이 어떻게 성공하는가'에 대한 답을 찾고 이를 제시하는 긍정적인 관점의 연구를 말한다. 1970년대의 미국은 이혼율이 높아지고 가족해체현상이 심각했던 시기인데, 그동안 해체되는 가족에 대한 연구가 주로 '가족이 왜 실패하는가'를 규명하는 데 초점을 맞춘 연구였던 것에 반해, 연구의 관점을 바꾸어 성공하는 가족이 되기 위해 필요한 가족의 역할과 기능이 무엇인가를 규명하는 연구로 전환한 것이다. 이때 연구자들은 건강가족(healthy family), 강한 가족(strong family), 균형잡힌 가족(balanced family), 기능적인 가족(optimally functioning family), 탄력적인 가족(resilient family) 등 다양한 명칭을 사용하였다(옥선화, 2004: 83). 우리나라에서도 '건전가정', '건강가족' 등의 용어로 사용되었는데, 이들 관점이 가지는 기본적인 의미는 가정이 안정되고, 잘 기능하며, 위기를 잘 극복할 수 있는 가정, 그리고 서로의 관계에 만족하는 가족을 의미하였다. 여기서는 이상의 건강가족적 관점에서 사용하는 다양한 용어를 '건강한 가정'으로 통일하여 사용한다.

(2) 건강한 가정의 구성요소

건강한 가정은 그 가정이 속한 사회의 건강성과 밀접한 관련이 있고, 그 가정이 속한 사회문화적인 맥락 속에서 파악될 수 있다. 건강한 가정의 의미를 설명하는 좋은 방법 중 하나로 건강한 가정의 구성요소를 살펴보는 것이다. 무엇이 건강한 가정을 구성하는지 선행연구를 통해 제시된 것들은 다음과 같다.

① 한국 연구의 건강가정 구성요소

먼저 우리나라의 경우, 건강가정의 구성요소에 대해 유영주(2004b: 19-23)는 건강가족의 의미를 개인적 차원, 관계적 차원, 체계적 차원으로 대별하고 개인적 차원에서 가족 개개인의 건강한 성장발달을 도모하고, 관계적 차원에서 가족 간의 상호작용(의사소통, 역할관계, 의사결정)이 균형을 유지하며, 체계적 차원에서 가족체계를 잘 유지하여 사회, 국가와의 긴밀한 유대관계를 유지하는 가족이라고 정의한다. 유영주가 2004년 실태조사를 통해 분석한 우리나라 건강가족의 아홉 가지 요인은 다음과 같다.

1. 가족구성원에 대한 존중
2. 가족구성원 간의 유대의식(우리 의식)
3. 감사와 애정, 정서적 안식처
4. 긍정적 의사소통
5. 가치관, 목표 공유
6. 가족구성원의 역할 충실
7. 문제해결능력
8. 경제적 안정과 협력

9. 사회와의 유대

유영주가 분석한 건강가족을 구성하는 요소들은 서양의 경우와 차이가 있다. 서양 사람들이 건강가족의 요소를 주로 가족체계 내적인 요인인 가족 간의 응집성, 적응성, 의사소통에 큰 비중을 두는 것에 비해, 우리나라의 경우는 그것과 함께 가족구성원 간의 유대의식, 가족구성원의 역할충실, 가족구성원의 신체적 건강, 경제적 안정과 협력 등이 건강가정을 구성하는 중요한 요소임을 밝히고 있다.

허봉렬(1996)은 가족체계가 각종 내적 · 외적 스트레스에 직면했을 때 이에 대처하여 건강한 가족을 유지하기 위해서는, 첫째 사랑, 둘째 규율, 셋째 관용, 넷째 적응력, 다섯째 자유로운 대화가 있어야 함을 그 요건으로 들고 있다.

최선희(1999)는 일반인이 생각하는 가족의 건강성 영역은 애정 · 사랑 영역을 가장 중시하고 신뢰 · 지지, 의사소통, 자율성, 역할수행, 유연성, 문제해결능력의 순으로 중시하고 있으며, 가족생활과 관련해 가장 많이 기대하는 것은 경제적인 안정과 가족구성원들의 신체적 건강이라 하였다. 한편 건강한 가족의 장애요인으로는 자율성 부족이나 권위주의를 가장 큰 장애요인으로 들고 있다.

김성희(2007)는 비영리조직의 경영평가에 유용한 감마모델을 도입하여 가정생활의 각 경영 영역을 건강한 가정을 만들기 위한 자가진단척도로 개발할 수 있음을 제시하면서, 그 영역으로 가정철학, 가족활동(가사노동), 가정구성원의 능력 향상, 가정구성원 간 의사소통, 가정의 조직문화, 가정의 사회적 관계망, 가정의 시각적 이미지, 가정의 사회적 매력 등 여덟 가지를 들었다.

② 미국 연구의 건강가정 구성요소

미국에서 건강가정을 연구한 학자들은 건강가정의 구성요소를 다양하게 제시하였는데, 시기별로 나누어 살펴보면 다음과 같다(유영주, 2001 참조).

스티넷과 사우어(Stinnett & Sauer, 1971)는 가족학자들을 조사하여 '강한 가정'에 대한 특성을 다음의 여섯 가지로 밝혔다. 즉, 애정과 감사에 대한 표현능력, 가족구성원들이 함께 시간 보내기, 가족에 몰입하는 정도나 책임감, 긍정적 의사소통능력, 종교적 태도, 문제나 위기에 대처하는 능력 등이다.

엡스타인(Epstein, 1979) 등은 가족이 제대로 기능하고 있는가를 측정하는 맥매스터(McMaster) 모델을 개발하였는데, 이 모델은 가족의 기능을 다음의 여섯 가지 측면에서 평가한다.

1. 문제해결: 모든 가족이 유사한 범위의 문제에 부딪히게 되지만, 대처하고 해결하는 능력은 차이가 있다. 건강한 가족은 가족구성원이 새로운 문제상황에 직면하게 되면 체계적으로 접근하여 그 문제를 해결하려는 노력을 보인다.
2. 의사소통: 정보가 가족 내에서 어떻게 교환되는가 하는 것이다.
3. 가족의 역할: 개인이 가족기능을 충족시키기 위하여 반복적으로 하는 행동 유형이다. 건강한 가족일수록 가족기능이 대부분의 가족역할을 충족시킬 수 있으며 역할분담과 책임도 명백하다.
4. 정서적 반응성: 가족이 주어진 자극에 따라 적절한 내용과 적절한 양의 감정으로 반응할 수 있는 능력을 의미한다. 건강한 가족은 적절한 강도와 지속성을 가지고 다양한 정서로 반응할 수 있는 능력을 가지고 있다.
5. 정서적 관여: 가족 서로에 대한 관심과 배려의 양과 질의 문제로 가족 전체가 각 개인의 관심사, 활동, 가치관에 얼마나 관심을 보이는가를 의미한다. 관여의 정도는 제일 낮은 정도인 무관심에서 가장 높은 정도인 공생적 관여의 수준이 있는데, 가장 효과적이지 못한 관여는 양극단의 것이다.
6. 행동 통제: 가족구성원은 지금의 상태를 유지하거나 어떤 새로운 상황에 적응하기 위하여 다른 가족구성원에게 영향을 주게 된다. 이 과정에서 가족구성원의 행동을 통제하는 방법이 필요하며, 이에는 경직 · 유연 · 방임 · 혼돈이 있다.

큐란(Curran, 1983)은 건강가정의 특징을 규명하기 위해 열다섯 가지 속성을 지적하였는데, 앞의 항목일수록 응답 비율이 높은 것이다.

1. 의사소통이 잘되고 상대방의 말을 잘 들어준다.
2. 서로 긍정적이며 협조적이다.
3. 타인에 대하여 존경심을 갖는다.
4. 서로 신뢰한다.
5. 놀이와 유머에 대한 감각이 있다.
6. 공동의 책임의식을 갖는다.
7. 옳고 그름에 대한 인식을 가르친다.
8. 의식과 전통을 존중하는 가족 관념을 가지고 있다.
9. 구성원들 간에 균형 잡힌 상호작용이 있다.
10. 공통적인 종교가 있다.
11. 서로의 개인생활을 존중해 준다.
12. 타인에게 봉사하는 것을 귀하게 여긴다.
13. 가족들이 같이 식사하는 시간과 이야기하는 시간을 갖는다.
14. 여가시간을 같이 즐긴다.
15. 문제가 생기면 이웃끼리 서로 도와주고 도움을 받는다.

올슨(Olsen, 2004: 23-24)은 건강한 가족, 건강한 결혼을 설명하는 주요 변수는 응집성, 융통성, 의사소통 등의 내적인 특징과 확대된 가족체계, 신념체계, 그리고 사회적 지원체계 등의 외적인 특징을 포함한다고 설명한다. 이들은 건강하고, 행복하고, 생산적이며 성공적인 개인을 위해 건강한 결혼의 중요성을 주장했다. 나아가 건강한 가정의 기본 역시 건강한 결혼에 있음을 강조했다. 올슨과 드프레인(Olsen & DeFrain, 1999)은 가족기능의 세 가지 차원인 응집, 적응, 의사소통과 가족의 기능성에 건강성을 연결시켜 건강가족의 특성을 다음과 같이 설명한다.

1. 응집성: 가족구성원 간의 헌신성(신뢰, 정직성, 신빙성, 성실성)과 가족구성원이 얼마나 함께 시간을 보내는가(질적인 시간, 좋은 여가활동, 가족구성원의 친구들과의 교류, 휴식시간, 오락시간)의 정도
2. 융통성: 가족이 스트레스를 다루는 능력(적응력, 위기를 도전과 기회로 봄, 위기를 통해 함께 성장함, 탄력성의 변화에 개방적임)과 정신적인 안녕(희망, 신념, 동정심, 윤리적 가치관의 공유, 인간에 대해 개방적임)의 정도
3. 의사소통: 가족구성원 간 긍정적인 의사소통(감정의 공유, 칭찬을 함, 비난하지 않음, 협상이 가능함, 불일치를 인정함)의 정도와 서로 간의 감사와 애정(상호 간의 보살핌, 우정, 개성의 존중, 쾌활함, 유머)의 표현 정도 등이다.

올슨이 2000년 결혼한 21,501쌍의 부부를 실태조사하여 행복한 결혼과 불행한 결혼의 가장 중요한 특징을 분석했을 때, 행복한 결혼은 더 높은 수준의 의사소통, 유연성, 결속력(closeness)과 갈등해결력을 갖는다고 제시하였다. 이 연구에서 분석한 건강한 가정의 다섯 가지 중요 강점은 다음과 같다.

1. 의사소통: 서로 터놓고 자주 이야기하고, 감정을 나누며, 관계를 계속 가지는 것을 포함한다.
2. 시간을 함께 나누기: 서로 시간을 가진다는 의미는 가족으로서 무언가를 함께하는, 즉 저녁식사를 함께하고, 함께 생일과 명절을 축하하는 것을 의미한다.
3. 지지: 지지는 서로 의지할 수 있고 가족을 우선적으로 지키는 것을 의미한다.
4. 영성: 영적인 신념은 가족구성원들을 묶도록 도와주고 스트레스를 이기도록 도와준다.
5. 신체적 · 정신적 건강: 신체적이고 정신적인 건강은 건강한 가족의 가장 중요한 강점이다.

③ 일본 연구의 건강가정 구성요소

일본 가정학회는 1979년부터 변화하는 사회에서 개인들이 편안하게 살 수 있는 조화로운 '새로운 가정상'이란 무엇인가에 대한 답을 얻기 위해 가정생활의 건전도를 측정하였다. 여기서 가정생활의 건전도는 다음과 같이 포괄적으로 정의한다. 즉, 국가의 경제적 · 사회적 변화 가운데 생활면에서는 종래의 생활양식의 붕괴, 또는 생활분해라고도 할 수 있는 현상이 일어났지만, 가정은 이러한 사태에 대처하기 위해 다양한 노력을 하고 있다. 여기서 가정생활에서 나타나는 여러 문제들에 대처하여 가정생활을 유지하고 발전시키고자 하는 방향으로 나아가는 강약의 정도를 가정생활의 건전도라고 부른다. 따라서 병리도는 이에 대해 가정생활의 붕괴 · 분해에 대처하는 기능 상실의 강약을 가리킨다. 그러므로 우리는 가정생활을 둘러싼 상황이 변화한 경우 가족구성원의 협력과 상호 보완에 의해 그 변화에 대응하는 유연성이 높고, 가정생활의 안전성을 지키는 요소가 증가하는 경우, 또는 문제에 따라서는 한 가정의 울타리를 넘어 지역사회 단위에서 그 대처나 상호 보완이 가능하도록 방향을 잡아나가는 가정의 자세(사회성)의 강약을 건전도로 파악한다. 즉 가정의 건강성이란 '가정 내적으로나 사회에 대해 문제해결에 유연하게 대응하는 역량을 어느 정도 가지고 있는가를 말한다'(일본가정학회, 1980: 151-152)고 하여 가정의 기능적인 측면을 강조하고 있다.

④ 건강가정의 개념

건강가정의 개념은 위에서 살펴본 건강가족 혹은 건강가정에 대한 연구에서 밝혀진 건강가정의 구성요소들과 그동안 건강가정에 대해 논의된 내용(대한가정학회, 2003)을 바탕으로 다음과 같이 정의하고자 한다.

건강한 가정, 가정의 건강성이란 다양한 측면의 구성요소를 가지는 것으로, 가족구성원이 기본적인 의식주생활을 할 수 있도록 경제적인 물적 토대가 갖추어져야 하고, 양성평등하고 민주적인 가족관계가 전제되어야 하며, 가족구성원 간 필요한 가족의 역할을 잘 수행하여야 하고, 또 가정은 사회 속의 기초단위로서 지역사회 생활공동체의 일원으로 사회와의 관계를 맺어야 하며, 나아가 건강한 생활문화의 형성에도 기여할 수 있어야 한다.

즉, 기본적인 토대로 가정의 경제적인 안정과 안정적인 의식주생활을 영위할 수 있어야 하고, 가족 간에는 민주적이고 양성평등한 관계를 가지며, 열린 대화가 가능하고 휴식과 여가를 공유할 수 있을 때, 가정 내적으로는 자녀의 성장발달을 지원하고, 합리적인 자원관리가 이루어지며 가족역할을 공유할 때, 그리고 사회적으로는 일과 가정을 조화시키면서 건강한 시민의식과 자원봉사활동 참여 등을 통해 지역사회와 연결될 때, 나아가 건강한 가정생활문화를 유지하고 창조할 때, 우리는 그 가정이 건강성을 가지고 있다고 할 수 있다.

따라서 건강한 가정은 건강–비건강의 단순한 이분법적인 분류가 아니라 통합적이고 복합적인 개념으로, 여러 요소들의 조합을 고려한 연속선의 개념으로 보아야 한다. 또 가정의 구조나 형태에 따라 가정의 건강성이 결정되는 것이 아니라 어떤 형태의 가정이든 위의 구성요소를 어느 정도 충족하는가에 따라 가정의 건강성 정도를 말할 수 있다. 그러므로 모든 형태의 가정은 어느 정도의 건강성을 가지고 있으며, 또 모든 가정은 어느 영역에서 건강성이 부족할 수 있다.

위에서 살펴본 건강가정의 개념을 구성하는 요소를 다섯 가지 영역으로 나누어 요약하면 다음과 같다.

1. 기본적인 토대: 가정의 경제적인 안정과 안정적인 의식주생활
2. 가족관계: 민주적이고 양성평등한 가족관계, 열린 대화, 휴식과 여가의 공유
3. 가족역할: 자녀의 성장발달 지원, 합리적인 자원관리, 가족역할 공유
4. 사회와의 관계: 일과 가정의 조화, 건강한 시민의식과 자원봉사활동, 지역사회 활동 참여
5. 가정문화: 건강한 가정생활문화의 유지 및 창조(조희금 · 박미석, 2004)

건강한 가정을 구성하는 요소들의 특성을 그림으로 나타내면 [그림 1-9]와 같다.

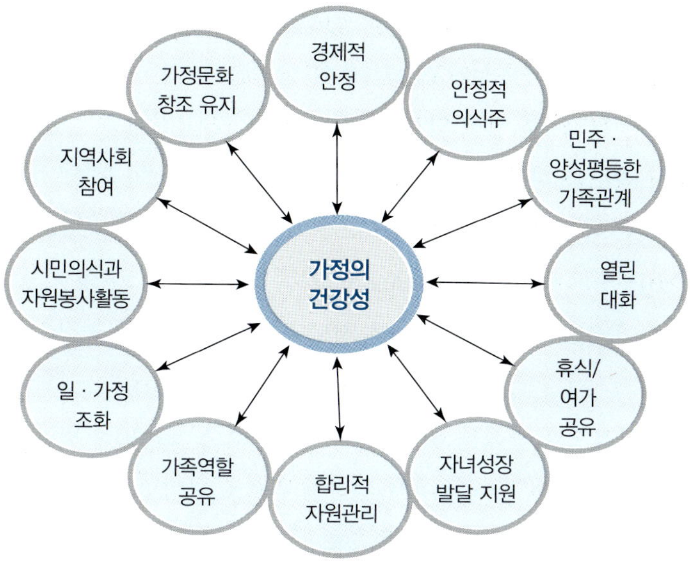

❖ **그림 1-9** 건강가정의 구성요소

건강가정의 구성요소를 다음의 건강가정선언문에서도 찾아볼 수 있다.

우리 가정은:

1. 살림, 자녀양육을 포함한 모든 가정생활 운영에 가족원이 함께 참여한다.
1. 하루에 한 번 이상 서로를 칭찬한다.
1. 아들 · 딸을 차별하지 않고 남녀 간 · 세대 간 서로 신뢰하고 존중한다.
1. 시가 · 친가 · 본가 · 처가와 동등한 관계를 맺는다.
1. 소비 · 가정의례 · 여가생활을 간소화하여 건강한 가정문화를 정착시킨다.
1. 다양한 형태의 가정과 연대하여 건강한 가정, 건강한 사회를 만들어간다.
1. 가정 안팎의 모든 폭력에 대항하여 가정과 사회의 평화를 지킨다.
1. 가정의 건강성을 위협하는 유해환경을 근절하도록 한다.
1. 나누고 참여함으로써 더불어 사는 공동체 문화를 창조한다.
1. 건강가정, 건강사회가 뿌리내리도록 국가가 적극 지원할 것을 촉구한다.

출처: 건강가정 지킴이 발대식(2004. 2. 17).

3) 가족실태조사를 통해 본 우리나라 가정의 건강성 정도

실제 우리나라 가정의 건강성은 어느 정도일까? 우리나라 가정의 건강성 정도를 전 국민을 대상으로 한 가족실태조사를 통해 살펴본다. 가족실태조사는 2005년 건강가정기본법이 시행된 후 법에 의해 5년에 한 번씩 조사가 이루어졌다.[3] 그 가운데 가정의 건강성 정도를 다양한 측면에서 측정한 조사는 제2차 가족실태조사(여성가족부, 2010)이므로 이 실태조사를 중심으로 한국 가정의 건강성 정도를 파악하고, 제3차 조사인 2015년과 제4차 조사인 2020년 가족실태조사(여성가족부, 2015, 2021) 결과와 비교하여 가정의 전반적인 건강성 정도와 각 구성요소별 건강성 정도의 변화를 살펴본다.

응답자가 주관적으로 인식한 전반적인 가정의 건강성은 10점 만점 척도에 2010년은 평균 7.2점으로 보통보다 높아서 건강한 편으로 나타났으나, 2015년 조사에서는 평균 6.0점으로 중간 수준이었으며, 2020년에도 6.2점으로 2015년보다 약간 높아졌으나 2010년에 비해 낮아진 것으로 나타났다.

건강한 가정을 구성하는 열두 가지 요소들이 가족실태조사 결과에서 어떻게 나타났는가를 개별적으로 살펴보면 다음과 같다.

① 경제적 안정: 가계의 안정도를 측정한 주관적 경제상태에 대해 2010년 응답자의 36.4%가 어렵거나 매우 어렵다고 인식하였고, 2015년 37.2%, 2020년 36.5%가 나쁜 편이라고 인식하여, 가계의 재정상태가 안정적이지 않음을 알 수 있으며 연도별 변화는 크지 않다. 한편 주관적 계층의식을 조사한 2015년, 2020년의 결과를 비교하면, 2020년은 2015년에 비해 주관적 계층의식이 조금 더 상승했는데, 자신을 하층·중하층라고 답한 비율이 2015년 50.7%에서

3) 가족실태조사는 2020년 건강가정기본법 개정에서 3년마다 실시하는 것으로 변경되었으나, 가장 최근의 조사는 2020년에 실시되었다.

2020년 46.8%로 감소하였다.

② 안정적 의식주생활: 2010년 조사에서 전체 가구의 87.1%인 대부분의 가족이 하루 한 끼 이상 2인 이상의 가족과 함께 식사를 하며, 84.1%의 응답자가 식생활에 대해 보통 이상의 만족도를 나타냈다. 주생활 만족도도 항목별로 대부분 보통을 다소 상회하는 수준으로 나타났으며, 주거환경 전반적인 만족도는 5점 만점에 3.4점이었다. 2015년, 2020년은 조사되지 않았다.

③ 민주적이고 양성평등한 가족관계: 2010년 조사에서 성역할 태도는 부모의 동등한 자녀양육 책임, 여성의 가족부양에 대한 책임과 맞벌이부부의 가사분담 등에 대해 5점 만점에 평균 3.5점 이상으로, 평등함을 지향하는 방향으로 나타났다. 2015년, 2020년 조사 역시 남녀의 동등한 가정 내 역할에 대한 동의수준이 높아져, 성역할태도에 대한 의식은 더 양성평등한 방향으로 나아가고 있음을 알 수 있다.

2010년 부부간 의사결정방식은 부부가 함께 결정한다는 비율이 50% 이상으로 높고, 대체로 아내가 결정하는 비율이 대체로 남편이 결정하는 비율보다 높았으나, 2015년 조사는 부부가 함께 결정하는 비율이나 대체로 부인이 결정하는 비율이 2010년보다 낮아진 반면, 대체로 남편이 결정하는 비율이 약간 증가하였다. 2020년 조사에서는 문항에 따라 차이가 있었는데, 자녀교육, 생활비 지출, 가사 등 집안일은 아내가 결정하는 비율이 높고, 가족여가, 취업이나 직장이동은 남편과 아내가 같이 결정하는 비율이 높았으며, 투자 및 자산관리 등은 남편의 결정비율이 상대적으로 높은 편으로 나타났다. 그러나 젊은 층일수록 부부가 같이 결정한다는 비율이 높았다. 2020년 조사에서 가족관계 만족도 중 부부관계 만족도는 57%가 대체로 만족하고 있으며, 청소년자녀와의 관계도 67.4%가 대체로 만족하는 것으로 나타났으며, 배우자와의 가장 큰 갈등은 두 사람 간의 성격 및 사고방식의 차이라고 응답하였다.

④ 열린 대화: 2010년 조사에서 부부간 의사소통에 대해서는 51.2%가 만족한다고 응답하였으나, 2015년 조사는 부부간의 의사소통 만족도는 보통이라는 응답

비율은 증가한 반면 대체로 만족한다는 비율은 다소 감소하였다. 2020년 조사에서는 2015년보다 부부가 의사소통에 만족한다는 비율이 높아졌으며, 남성보다 여성, 젊은 연령층, 교육수준이 높을수록 배우자와 의사소통 만족도가 높았다. 2020년 조사에서 대화시간은 1시간 이상 대화가 41.5%이고, 대화가 없다는 가정은 1.8%였다.

2010년, 2015년, 2020년 조사 모두 청소년기 자녀를 둔 부모들은 대체로 자녀와의 의사소통이 긍정적이라고 응답하였다. 부모와 청소년자녀 간의 대화는 아버지보다는 어머니와 대화를 많이 하는 편이고, 만족도도 높았다. 이는 부모 쪽이나 청소년 쪽의 응답이 같은 방향이어서, 청소년자녀와 부모 간의 의사소통은 어머니 중심으로 이루어지고 있음을 나타냈다.

⑤ 휴식 및 여가의 공유: 2010년 조사에서 가족구성원의 여가생활 만족도는 만족(32%) 정도가 불만족(19.9%) 정도보다는 높은 편이며, 가족여가가 가지는 긍정적 측면에 대한 인식이 부각되고 있다. 2015년 조사에서는 가족과 함께한 여가시간이 충분했는가에 대해 56.2%가 충분하지 않다고 응답하여, 가족여가가 부족함을 나타낸 데 비해, 2020년 조사에서 여가시간이 충분하지 않다는 응답은 38.1%로 감소했다. 가족여가는 주로 TV시청이 이루어지고 있었으며, 평일에 비해 휴일의 경우는 가족여가에서 집단 간의 차이가 있었다. 즉 가족소득수준이 높을수록 가족과 함께 적극적인 여가에 보내는 시간이 길었다.

가족여가를 제약하는 가장 큰 요인에 대해서는 2010년 '가족이 함께하는 시간을 낼 수 어렵다'는 응답이 가장 많았으며 남성보다 여성이 더 그렇게 느끼고 있었으나, 2015년에는 31.0%가 '일이 너무 바빠서'라고 응답하여 24.6%가 '가족 공동의 시간을 가지기 어려워서'라고 응답한 것보다 많았다. 2020년에는 시간이 부족하다는 응답이 66.1%를 차지했다.

⑥ 자녀의 성장지원: 2010년, 2015년, 2020년 조사 모두에서 부모의 자녀양육 어려움은 가계경제적 측면에서 자녀양육과 교육비의 부담이 매우 큰 것으로 나타났다. 자녀를 키우는 것이 인생의 큰 즐거움으로 생각하지만(65.2%), 경제적

부담 등으로 어려움도(63.2%) 느끼고 있어서 자녀양육에서 오는 부담과 부정적 인식이 증가했다. 부모들은 자녀양육에서 경제적 어려움, 학업성적, 진로문제 등에서 어려움이 크다고 응답하였다. 청소년자녀와 부모 간 상호작용은 긍정적인 편으로 보이지만, 아버지의 역할이 소외되고 어머니 중심의 관계가 크게 부각되는 문제를 함께 지적할 수 있다.

⑦ 합리적 자원관리: 매 조사마다 소득의 충분도나 주관적인 경제적 만족도가 높지 않고, 가족공유 여가의 영역에서 시간제약, 경제적 부담 등 자원의 문제가 부각되므로 합리적인 자원관리의 필요성을 강조할 수 있다.

⑧ 가족역할 공유: 2010년, 2015년, 2020년 조사에서 모두 가사와 육아, 돌봄의 부담이 여전히 여성에게 집중되는 불공평한 현상을 나타냈다. 식사 준비, 집안 청소 등 모든 항목 가사의 대부분(60% 이상)은 여성이 수행하고 있으며, 남성 참여가 높은 영역은 2010년에는 쓰레기 분리수거와 시장보기, 2015년에는 집안 청소와 쓰레기 분리수거 정도였다. 2015년 조사에서 64.8%가 가사/돌봄 분담이 아내에게 불공평한 편이라고 인식하지만, 가사/돌봄노동 분담의 만족도 자체는 그리 낮지 않아서 남편과 아내의 분담 만족도는 48.6%가 만족한다고 응답하였으나, 2020년에는 42.6%가 만족하는 것으로 나타나서 자녀돌봄 분담에 대한 만족도가 낮아졌다.

⑨ 일 · 가정의 균형: 일과 가정의 균형은 2010년 5점 만점에 3.1점으로 보통 정도로 나왔으며, 여성이 불균형하다고 느끼는 비율이 약간 높았으나, 2015년에는 2010년에 비해 일 · 가정 양립의 어려움이 다소 감소한 것으로 나타났다. 2020년 조사에서는 일 · 가정의 양립에 크게 어려움을 느끼지 않은 것으로 나타났다. 여성보다는 남성이 직장일 때문에 가족과의 약속을 지키지 못하거나 가족행사에 참여하지 못한다는 응답이 높았다.

⑩ 건강한 시민의식: 2010년 조사에서 응답자의 56.3%가 이웃과 함께하는 활동에 참여해 본 경험이 없는 등 이웃과의 교류가 그리 활성화되지 않고 있으며, 특히 전통성이 여전히 지속되는 가족 가치와 인식으로 인해 외국인과의 결혼이

나 다양한 가족형태에 대해 동의하는 정도가 5점 만점에 평균 3.0 이하를 나타내서 공동체의식이나 다양성의 수용 등은 상대적으로 아직 미흡한 것으로 보인다. 2015년, 2020년에는 조사되지 않았다.

⑪ 지역사회 활동 참여: 2010년 조사에서 이웃과 함께 하는 봉사활동은 2.6%에 불과하여 아직 미흡한 것으로 나타났으나, 희망하는 가족여가활동에 대한 조사에서 '영화관람/문화예술공연'(27.5%) 다음으로 '가족봉사활동'(21.7%)을 선호하는 것으로 나타나 앞으로 지역사회에서 기회를 많이 만들 경우 자원봉사활동 참여가 늘어날 것으로 보인다. 2015년, 2020년에는 조사되지 않았다.

⑫ 가정문화 창조 유지: 2010년 조사에서 가정의례와 문화 관련하여 여전히 남성/가장/부계 중심의 양식과 행태가 부각되고 있다. 62%의 응답자가 남자쪽 가계에서 명절을 보내며, 명절에 일을 하는 사람들은 주로 여자(어머니/며느리/딸)들인 것으로 나타났다. 앞으로 양성평등하고 건강한 가정문화를 창조 및 유지 · 발전시켜야 하는 과제가 있다. 2015년에는 조사되지 않았다. 2020년에는 다양한 가족의례 및 문화에 대해 조사하였다. 문항 중 결혼식을 당사자 중심으로 치른다(60.2%)거나, 장례식을 가족 중심으로 치르는 것(58.9%)에 대한 동의수준은 높으나, 가부장적 가족호칭의 개선(46.7%), 제사를 지내지 않는 것(45.7%)에는 중간 정도의 동의를 보였으며, 부부가 각자의 가족과 명절을 보내는 것(29.9%)에 대한 동의는 낮게 나타났다. 이들 문항은 성별, 연령별 차이가 뚜렷해서 여성과 젊은 연령층의 동의가 높은 것으로 나타났다.

위와 같이 가정의 건강성 요소를 중심으로 2010년과 2015년, 2020년에 조사된 가족실태조사의 결과를 재구성한 결과, 경제적 안정성, 양성 간/부부간 불평등한 역할 분담(가사와 돌봄), 자녀의 성장지원을 위한 경제적 지원, 평등한 가정생활문화 등을 위한 지원 등의 정책적 과제가 도출될 수 있다.

4) 가정의 건강성 측정

(1) 가정건강성 척도

건강한 가정이란 연속적이고 복합적인 개념이기 때문에 개별 가정의 건강성이 어느 정도인가를 측정해 볼 수 있다. 가정의 건강성을 정의하는 개념이나 가정의 건강성을 구성하는 요소를 어떻게 보는가에 따라 척도 구성에 차이가 있으므로 이를 측정하는 척도는 연구자에 따라 다양하다.

외국의 경우 가족의 적응 건강성 및 복지를 측정하는 척도는 가족의 실패보다는 성공, 가족의 잠재력 개발과 성장에 주목하여 가족의 신체적, 정신적 건강과 웰빙의 개념들을 포함한다. 또 건강한 가정은 그 가정이 기능을 잘 수행할 때 이루어지므로 가족의 기능을 평가하는 척도가 된다. 이들 척도는 주로 가족의 관계적인 측면을 강조하여 그 정도를 측정하고 있다.

건강가정에 대한 관심이 증가한 이후 우리나라에서도 가정의 건강성을 측정하기 위한 척도가 개발되었다. 어은주 · 유영주(1995)가 개발한 '가족의 건강성 척도'에서 어은주 등은 기존의 외국 척도를 기초로 각 척도에서 공통적으로 측정하고 있는 개념들을 통합하여 건강가정을 '가족 간의 의사소통(family communication)', '가족 간의 몰입(family commitment)', '가족구성원의 적응(family adaptation)'의 세 하위 영역으로 나누고 개방형 질문을 통해 얻은 자료로 '가족가치관(family value)'을 하위 영역으로 추가하였다. 그 후 하위 영역에 대한 이해를 돕기 위해 각각의 하위 영역 명칭을 '가족구성원 간의 의사소통', '가족구성원 간의 유대', '가족구성원 간의 문제해결 수행능력', '가족구성원 간의 가치체계 공유'로 재명명하였다.

이소우 등(2003)은 한국 문화에 적합한 가족의 건강성 개념을 도출하고자 일반 가족과 임상 가족을 대상으로 양적인 연구에 질적 연구를 보완하여 한국형 가족건강성 척도를 개발하였다. 이들이 개발한 한국형 가족건강성 척도는 세 가지의 하위 요인으로 구성되어, '관계상의 규범', '가족 간의 상호작용', '의사소통'으로 명명하였으며, 각 문항에 대해 '거의 그렇지 않다', '때때로 그렇다', '자주 그렇다', '거의 항상 그렇다'의 4점 리커트 척도로 구성하였다.

지영숙과 이영호(1998)는 가정의 건전도를 측정하기 위해 가족생활의 심리적·사회적 측면뿐만 아니라 경제적·가정관리적 측면까지를 포함하는 개념을 측정하고자 한다. 가정의 건전도 척도는 52개 문항으로 구성되어 있으며 이를 '가정분위기 영역', '부모자녀관계 영역', '부부관계 영역', '경제생활 영역', '공공질서 영역', '친척·형제자매관계 영역'의 여섯 가지 하위 영역으로 나누고 있다. 각 문항은 5점 리커트 척도로 측정한다. 한국 가정의 건전도 척도는 가족관계에만 초점을 둔 척도보다는 경제생활 영역이나 공공질서 영역 등을 포괄하고 있으나, 부부관계 영역, 부모자녀관계 영역 등을 측정하고 있어서 모·부자가정이나 무자녀가정 등 다양한 형태의 가족건강성을 측정하는 데 한계가 있다.

정영금 외(2010)의 가정건강성 평가도구 연구는 건강가정지원센터의 사업과 연결하여 개발되었다. 즉, 건강가정사업을 통해 가정의 건강성이 어느 정도 향상되었는가를 측정할 수 있도록 척도를 구성하였다.

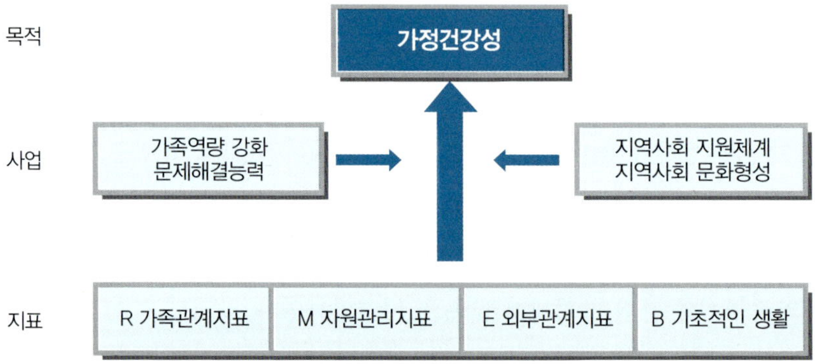

❖ 그림 1-10 가정건강성과 건강가정사업과의 관계

출처: 정영금 외(2010). 가정건강성 평가도구 개발에 관한 연구. 중앙건강가정지원센터.

[그림 1-10]에서 보면, 가정의 건강성은 가족관계지표, 자원관리지표, 외부관계지표 및 기초적인 생활을 척도로 하여 측정할 수 있고, 이들 지표는 건강가정지원센터의 건강가정사업을 통해 가족역량과 가족의 문제해결능력을 강화하고, 지역사회의 지원체계와 지역사회의 건강가정문화를 형성함으로써 향상시킬 수 있음을 제시하고 있다.

여기서 제시하는 가정의 건강성을 측정하기 위한 평가지표는 다음의 <표 1-1>과 같이 구성된다. 먼저 기본적인 가정생활의 경향성을 파악하는 기초적인 생활(B)에 관한 문항들과 가족관계, 자원관리, 외부관계 영역으로 구성된다. 가족관계지표(R)는 가족구성원 간 소통 영역과 친밀감 영역을 측정하는 10개의 문항들로 구성되며, 자원관리지표(M)는 가족들이 구체적인 목표의식을 갖고 계획성 있는 생활이 필요하다는 인식과 실천하는 정도를 의미하는 것으로 가치 영역과 가족자원관리 영역의 10문항으로 구성된다. 외부관계지표(E)는 외부관계와의 균형을 나타내는 것으로 일·가정의 균형과 지역사회나 사회적 문제에 대한 관심과 적극적인 참여 등을 포함하는 10문항으로 구성된다.

❖ **표 1-1** 가정건강성 평가도구

지표	문항
R 가족관계 지표	우리 가족은 서로 말이 잘 통한다.
	우리 가족은 서로 사랑한다, 믿는다는 표현을 자주 한다.
	우리 가족은 서로 편하게 이야기를 할 수 있다.
	가족 간에 문제가 생겼을 때 솔직하게 말할 수 있다.
	우리 가족은 힘들 때 서로 도와달라고 말한다.
	우리 가족은 서로의 일상생활과 고민을 알고 있다.
	우리 가족은 함께 상의해서 문제를 해결한다.
	우리 가족은 서로의 시간을 소중하게 생각한다.
	우리는 가족들 각자의 차이와 개성을 알고 서로 존중한다.
	우리 가족은 힘들 때 서로 위로하고 격려해 준다.

M 자원관리 지표	우리 가족은 서로 공유하는 규범이나 규칙이 있다
	우리 가족은 서로 중요하게 생각하는 것이 비슷하다.
	우리 가족은 함께 계획을 세우고 생활한다.
	우리 가족은 누구도 희생하지 않고 서로 평등하다.
	우리 가정은 여자나 주부가 없어도 집안일이 잘 이루어진다.
	우리는 가정생활에 필요한 정보를 다양하게 수집하고 활용한다.
	우리 가족은 장기적으로 필요한 일을 계획하고 준비한다.
	우리 가족은 미래에 큰돈이 들어갈 일에 대한 준비가 되어 있다.
	우리 가족은 질병이나 예측하지 못한 일이 발생할 때를 대비하고 있다
	우리 가족은 중요한 일이 무엇인지 합의가 잘 된다.
E 외부관계 지표	우리 가족은 일, 가정, 여가의 균형을 잡고 산다.
	일이나 학업으로 아무리 바빠도 가족과 함께 할 시간을 만든다.
	우리 가족이 함께 하는 취미생활이나 여가시간이 적당하다고 생각한다.
	우리 가족은 각자의 일과 가족공동의 일을 똑같이 중요하게 여긴다.
	우리 가족은 직장일이나 집안일이 서로 많아도 잘 조절한다.
	우리는 우리 동네의 현안(선거후보, 축제, 다른 지역과의 차이 등)에 대해 관심을 갖고 참여한다.
	외국인을 차별하거나 편견을 가지면 안 된다고 자녀나 이웃에게 이야기하고, 이를 실천한다.
	우리 가족은 도움을 부탁하고 받을 수 있는 친한 이웃이 있다.
	우리 가족은 사회문제(환경, 폭력 등)에 관심을 갖고 잘 알고 있다.
	우리 가족은 이웃을 기꺼이 도와준다.
B 가정의 기초적인 생활	우리 가정은 생활하는 데 경제적으로 별 문제가 없다.
	우리 집(주택)은 생활하는 데 별 문제가 없다.
	우리 가족은 육체적, 정신적으로 별 문제가 없다.
	우리 가족은 직장생활을 하는 데 별 문제가 없다.
	우리 가족 중에는 크게 문제되는 사람이 없다.
	우리가정은 다음 문제로 크게 고민되지 않는다. - 알코올, 폭력, 이혼, 대화단절, 학업중단, 자살충동, 우울증 등

출처: 정영금 외(2011). 가정건강성 평가도구 개발에 관한 연구. 한국가족자원경영학회지.

이상의 가정건강성을 측정하는 척도를 통해 정영금 · 박정윤 · 송혜림(2011)은 각 문항을 5점 척도로 측정하여 3개 영역의 중간값을 기준으로 상하로 나눈 조합으로 가정을 여덟 가지 유형으로 분류하였다. 예를 들면 3개 영역 모두 중간값 이상이면 '소통하며 자원관리가 이루어진 균형잡힌 가족(RME형)'으로, 3개 영역 모두 중간값 이하인 가정은 '소통과 자원관리 균형성을 더 힘써야 하는 가정(rme형)'으로 분류하였다. 이런 유형화는 각 가정이 갖는 특성과 보완사항 및 실천전략 등을 파악하여 가정의 건강성을 향상하기 위한 프로그램을 개발하고 적용하는 데 활용될 수 있다.

(2) 가정의 형태에 따른 건강성 척도

정영금 등(2011)의 연구가 일반가정을 대상으로 하여 건강성을 측정한 것이라면, 지속적으로 증가하는 다양한 가족형태에 맞는 건강성을 진단하는 척도가 필요하다. 그러므로 1인가구, 한부모가정, 맞벌이가정, 노인가정 등 다양한 가족형태에 따라 그들의 건강성을 측정할 수 있는 척도가 요구되고 있으며, 이런 점을 고려하여 다양한 가정의 건강성을 측정할 수 있는 척도들이 개발되고 있다.

지금까지 개발된 다양한 형태 가정의 건강성 척도를 소개하면 다음과 같다.

① 1인가구 건강성 척도

1인가구의 건강성은 일상생활을 영위할 수 있는 자기돌봄역량, 떨어져 사는 가족과의 균형적인 관계, 타인과의 소통과 나눔 등과 함께 논의되어야 한다는 점을 토대로 척도를 구성한다. 송혜림 등(2021)이 개발한 1인가구 건강성 척도는 기본토대(18문항), 일 · 생활 균형(9문항), 가족관계(12문항), 사회참여(10문항)의 영역들로 구성되어 있다. 각 영역별 구성을 보면, 기본토대는 장기적 계획, 경제적 여건, 주거, 합리적 소비의 4개 소영역으로, 일 · 생활 균형 영역은 생활시간, 건강, 스트레스로, 가족관계 영역은 단일영역으로 12개 문항, 그리고 사회참여 영역은 사회적 관계망, 공동체 참여, 사회적 관심 등의 소영역으로 구성되어 있다.

② 한부모가정의 건강성 척도

한부모가정의 건강성을 측정하기 위해서는 부모 중 한 사람이 부모역할을 수행하면서 갖게 되는 부모자녀 관계의 특성, 자녀돌봄 상황에서 긴급한 상황이 발생했을 때 이웃의 도움을 받을 수 있는가와 관련한 사회적 관계, 부모역할과 자녀돌봄 그리고 경제적인 역할을 혼자서 해야 하는 점에서 느끼는 일 · 생활 균형의 특성, 나아가 기본적인 생활영역에서의 어려움 등이 중요한 영역으로 측정될 필요가 있다(송혜림 외, 2022). 한부모가정의 건강성 척도는 경제생활, 식생활 및 주거생활 관련 기본적 토대 영역 13문항, 양육태도와 양육효능감 관련한 부모역할영역 10문항, 시간사용, 여가와 관련한 일 · 생활 균형 영역 8문항, 지역사회에 대한 관심, 지지자원, 실천활동 등과 관련한 사회적 네트워크 영역 11문항, 라이프스타일 영역 4문항, 가정경영과 생애설계 영역 2문항 등 6개 영역의 48개 문항으로 구성되어 있다.

③ 맞벌이가정의 건강성 척도

우리 사회에서 맞벌이가정은 보편적인 형태로 자리잡고 있다. 맞벌이가정의 경우 가정 내 평등한 역할분담과 각자의 일 · 생활 균형이 중요한 영역이므로 이 부분을 고려하여 맞벌이가정의 건강성을 측정할 수 있는 척도를 개발하였다(송혜림 외, 2022). 이 척도는 기본토대, 가족관계, 사회적 관심과 참여, 일 · 생활 균형 등의 4개 영역의 49개 문항으로 구성되어 있으며, 각 영역별 구성은 다음과 같다.

- 기본토대(10항목): 기본생활, 경제생활, 자원관리
- 부모역할(12항목): 나의 부모역할, 나의 배우자 부모역할
- 사회적 관심과 참여(16항목): 시민의식과 자원봉사, 여가 공유, 지역사회 네트워크
- 일 · 생활 균형(11항목): 일 · 가정 조화, 가족역할 공유와 평등한 역할분담

(3) 가정의 건강성 영역별 건강성 척도

위에서 살펴본 바와 같이 가정의 형태에 따라 건강성을 측정할 수 있고, 나아가 각 구성요소별 건강성을 측정할 수 있다. 예를 들면, 가정건강성의 중요한 구성요소인 가족관계, 특히 부부관계의 건강성을 측정하는 것은 가정의 건강성을 측정하는 기본이 된다고 할 수 있다.

가족센터에서 진행하는 프로그램에 많은 부부들을 연계시키기 위해서 부부상담으로 접근이 어려운 부부들에게 다가갈 수 있는 결혼검진(marriage checkups)을 통해 부부의 관계 건강성을 측정하는 방법이 제시되고 있다(박우철, 2022). 부부의 결혼검진은 결혼만족도를 성과지표로 하고 자기보고식 측정도구인 정신건강 증상검사, 관계강점 측정을 위한 검사, 관계약점 측정을 위한 검사로 구성되어 있다.

(4) 가정건강성 척도의 활용

가정의 건강성이란 가정을 건강하다거나 건강하지 않다로 단순하게 구분할 수 있는 것이 아니라 다양한 영역의 구성요소를 갖는 복합적인 개념이므로, 각 가정의 건강성이 어느 정도인가를 평가하는 평가도구는 개별 가정의 가정건강성을 평가할 수 있을 뿐 아니라 가정 간 건강성을 비교할 수 있다. 평가도구의 활용성을 살펴보면 다음과 같다.

첫째, 평가도구를 통해 대상 가정의 가정건강성 전체를 평가할 수 있고, 각 영역별 지표값을 통해 각 가정이 어느 영역에 강점이 있으며, 어느 영역을 보완해야 하는지를 살펴볼 수 있다.

둘째, 가정의 건강성을 평가함으로써 각 가정의 건강성을 비교할 수 있는데, 먼저 한 가정의 건강성을 시차를 두고 평가하면 그 가정의 종단적인 변화를 비교할 수 있고, 나아가 다른 가정들과 집단 간 비교가 가능하고, 각 가정의 다양한 특성에 따른 차이(예를 들면 연령, 맞벌이-비맞벌이 등)를 비교분석할 수 있으며, 우리나라 전체의 가정건강성에 대한 종단적 분석도 가능하다(정영금 외, 2011).

셋째, 현장의 사업수행에 필요하다. 건강가정지원센터(가족센터)에서는 현장을 방문한 가족을 대상으로 건강성 척도를 이용하여 건강성을 측정함으로써 대상 가정의 강점과 취약점을 발견할 수 있고, 컨설팅과 사례관리, 교육/상담/자조모임 등 프로그램과의 연계를 통해 맞춤형 사업을 진행할 수 있다(송혜림 외, 2022)는 점에서 근거에 기반한 가족서비스를 제공할 수 있다.

생각해 볼 문제

1. 우리나라 가족 트렌드 중 가장 부각되는 것은 무엇인지, 두 가지만 선택하여 그 원인을 분석해 보고 향후 트렌드를 예측해 보시오.
2. 맞벌이가정의 보편화로 인한 돌봄의 공백이 무엇인지 간략히 설명하고, 이를 해결하기 위한 대안을 세 가지 이상 제시해 보시오.
3. 우리 사회가 건강가정, 가정의 건강성에 더욱 관심을 갖게 된 배경은 무엇인지 정리해 보시오.
4. 경험적 차원에서 현재 한국 가족의 트렌드 중 부각되는 몇 가지 현상을 제시해 보시오.
5. 건강한 사회와 건강하지 않은 사회가 가지는 여러 모습들을 예로 들어 이야기해 보시오.
6. 건강가정의 구성요소를 바탕으로 자신이 생각하는 건강한 가정이란 어떤 것인지 그 요소들의 중요도를 비교해 보시오.
7. 가정의 건강성 척도를 이용하여 다양한 가정의 건강성을 측정해 보고, 평가해 보시오.

02 CHAPTER 건강가정론과 관련된 이론적 접근

2장에서는 건강가정을 이해하기 위해 기초가 되는 이론들을 살펴본다. 가족생태학적 접근, 상호작용적 접근, 생애과정적 접근, 가족발달적 접근, 여성주의적 접근, 경제학적 접근 등의 이론을 간단히 설명하고 이런 이론이 건강가정론에 어떻게 적용되는지 파악한다.

1. 가족생태학적 접근
2. 상호작용적 접근
3. 생애과정적 접근
4. 가족발달적 접근
5. 여성주의적 접근
6. 경제학적 접근

CHAPTER

02 건강가정론과 관련된 이론적 접근

1. 가족생태학적 접근

1) 이론의 발달

생태이론은 인간의 생물학적 특성을 기본으로 하되, 사회적 존재로서의 인간과 환경의 상호작용에 초점을 두고 있는 대표적인 이론이다. 생태학(ecology)이란 용어는 독일의 동물학자이자 진화론의 초기 주창자인 헤켈(Haeckel)과 에른스트(Ernest)에게서 빌려온 것이다. 이들은 개인 유기체는 환경과 유전이 상호작용한 산물이라고 주장하면서, 환경 안에서 유기체를 연구하는 학문이 개발되어야 한다고 하였다. 헤켈이 생태과학을 제안하던 당시, 미국 학자인 리차드(Richards)는 가정과 가족에 초점을 맞춘 환경과학을 제안하면서, 사람들의 행동, 건강과 환경의 질 간에는 밀접한 관계가 있다고 하였다.

이처럼 가족을 연구하는 데 생태이론이 접목된 시기는 사회개혁과 도시화 및 산업화의 진행, 그리고 공교육의 확대와 가족보건 및 복지에 대한 관심이 팽창하던 19세기 후반이다. 이후 1960년대를 거치면서 인간행동과 환경과의 상호의존성에 대한 관심이 보다 활발해지고 이러한 현상을 전체주의적, 체계론적 입장에서 접근하면서 생태학적 이론에 대한 논의가 본격적으로 이루어졌다.

가족에 대한 생태학적 관점은 원래 가정학에서 발달한 것으로 인간세계, 즉 개인과 집단, 그리고 사회 전체와 환경과의 상호작용, 그리고 그 상호의존성에 초점을 맞추어 인간의 환경에 대한 적응과정을 강조한 것이다. 이 과정에서 인간과 가족의 생존, 그들의 삶의 질, 환경보호 등의 개념이 주요 관심사가 되었다. 이와 관련하여 가정학, 가족학, 보건의료, 가족치료학자들, 사회복지, 그리고 사회학에 의하여 의식, 가치관, 의사결정 그리고 적응을 위한 인간행동 등의 개념에 대한 논의가 다학제적(interdisplinary)으로 이루어졌다.

2) 주요 개념

가족생태학적 관점에서 보면, 가족은 물리 · 생물학적 환경과 인간환경, 그리고 사회문화적 환경 간의 유기적 관계를 유지 · 발전시켜 나갈 수 있도록 하는 전환체계(transformation system)로 간주된다. 따라서 가족생태이론에서 강조되는 주요 개념은 개인과 가족의 생성과 작용, 자원관리와 적응, 인간발달, 그리고 환경유지 등으로 집약된다.

브론펜브레너(Bronfenbrenner, 1979)는 생태이론을 가족과 인간발달에 적용시키는 데 중요한 역할을 하였다. 그는 개인이 생명을 유지하고 발전해 나가는 생활의 장(場)을 4대 생활체계, 즉 미시체계(microsystem), 중간체계(mesosystem), 외체계(exosystem), 거시체계(macrosystem)로 구분하였다. 이들 체계는 출생에서 사망에 이르는 인간발달의 과정에서 개개인이 얼마나 그 대상이나 환경을 가까이 경험하는가, 즉 생활의 직접성(immediacy)의 정도에 따라 분류하였으며, 개인의 관점에서 보면 가족은 대표적인 미시체계이다.

미시체계는 가족, 학교, 이웃처럼, 개인이 경험하는 일차적 물리적 환경 내에서 이루어지는 활동과 역할 및 대인관계 유형 등을 포함한다. 다음으로 중간체계는 개인 또는 가족이 적극적으로 참여하는 둘 이상의 환경들 간의 상호관계(interaction)로 이루어진다. 일례로 아동의 경우 부모와 학교와의 관계, 가족과 이웃 간의 관계는 중간체계가 되며, 성인의 경우는 가족, 직장, 사회참여집단 사이의 관계를 중간체계로 볼 수 있다. 또한 외체계는 개인이나 가족이 적극적 참여자로 관여하지는 않으나 이들 환경에서 일어나는 변화에 영향을 주거나 영향을 받는 하나 또는 그 이상의 환경을 의미한다. 예를 들면, 아동의 경우에는 부모의 직장, 손위 형제가 다니는 학교, 부모의 친구관계, 매스미디어, 사회복지기관 등이 포함될 수 있다. 마지막으로 거시체계는 사회문화가치관이나 공공정책 등과 같이 하위체계들(미시체계, 중간체계, 외체계)에 공통적으로 나타나는 특정한 문화나 사회적 제도, 이념 등을 포함하고 있다([그림 2-1]). 이러한 생태학적 환경의 네 가지 수준에 대해 브론펜브레너는 어린 시절의 경우 미시체계가 중요한 사회환경이지만, 성장하면서 외체계나 거시체계가 점점 더 중요한 영향을 미친다고 하였다. 건강가정정책은 거시체계의 일부분인 공공정책으로 기능하므로 하위체계의 속성들을 결정짓는다는 측면에서 매우 중요한 의미를 갖는다.

한편 이들 4대 체계를 관통하는 또 다른 체계가 바로 시간체계인데, 시간체계를 생태이론에 도입함으로써 이들 체계 간의 상호작용은 정체된 것이 아니라 인간의 성장·발달과 함께 연속적으로 이루어진다는 지속성이 강조된다.

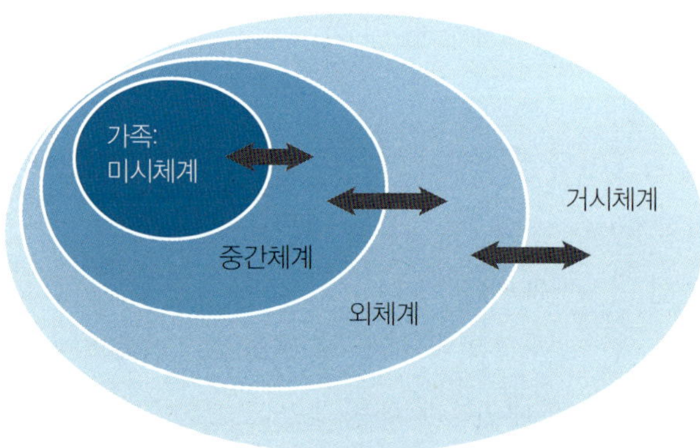

❖ **그림 2-1** 가족을 둘러싸고 있는 4대 체계

생태이론은 본래 가족과정(family process)이나 가족의 발달을 설명하는 이론적 모델은 아니지만 가족을 둘러싼 외부환경과의 상호작용 및 가족 내 과정을 분석할 수 있는 유용한 분석틀을 제시했다는 점에서 중요하다. 즉, 인간발달을 설명하는 생태이론이 가족의 발달과정을 설명할 수 있는 이론이 될 수도 있는데 이는 개인의 성장과 발달을 가족과 분리하여 이해할 수 없기 때문이다.

생태이론에서는 개인과 가족, 그리고 이들이 상호작용하는 환경을 설명하기 위하여 체계이론의 주요 개념을 응용하고 있다. 체계란 다수의 개체들이 집합체 안에서 상호 영향을 주면서 동시에 하나의 통일적 전체를 구성하는 모습을 말하는데, 이들은 밀접하게 상호 관련되어 있으므로 체계의 한 요인이 변화하면 다른 요인들도 그로 인해 변화하며 그 변화가 다시 처음의 변화 요인에 영향을 준다. 따라서 가족을 하나의 생태체계로 규정하게 되면 가족체계를 구성하는 각 개인과 전체 가족집단, 그리고 가족과 환경과의 상호작용성을 존중해야 한다. 이러한 과정에서 가족은 개별 가족구성원의 물리적 · 생물학적 존속 및 가족자원의 관리와 심리사회적 보호를 위한 기능을 수행하는데, 가족단위로 또는 사회의 다른 집단과 상호작용하여 그 역할을 수행한다. 이때 가족구성원과 가족 전체의 삶의 질은 이들을 둘러싼 환경의 질과 상호의존적 관계를 유지하고 있기 때문에 가족의 삶의 질은 전체 생태체계의 질과 분리하여 이해할 수 없다. 따라서 가족생태이론은 가족이 전체 생태체계에 통합되고 협력하면서 동시에 개별 구성원의 자유와 자율을 어떻게 존중할 것인가를 다루고자 한다.

이와 같이 가족생태학적 접근은 생태이론과 체계이론의 주요 개념과 논리를 포괄하는 이론으로서, 인간발달과 가족관계를 가족체계 및 가족자원의 관리적 차원에서 바라보고 있다. 즉, 개별 가족구성원뿐만 아니라 가족을 하나의 전체 체계로 접근하면서, 가족을 둘러싼 환경과 일상생활을 영위하는 일련의 생활 전체를 포함하여 접근함으로써 가족연구 및 가족정책을 입안하기 위한 유용한 분석틀로서 평가받고 있다.

이러한 가족생태이론의 주요 이론적 전제는 다음과 같다.

첫째, 가족은 인간조직으로서 인간 생활체계의 집합체이며 가족 외부환경과 상호작용을 끊임없이 수행한다.

둘째, 가족과 가족을 둘러싼 환경, 그리고 생태체계의 내적 작용 및 이들 간의 상호작용은 상호의존성의 원칙에 근거하여 설명되어야 한다.

셋째, 가족은 에너지 변환체계로서 자원의 관리, 상호작용 그리고 적응을 위한 창조적 역할을 중요시한다.

넷째, 가족은 부분적으로 외부환경에 대해서 개방되어 있으며, 목표지향적이고, 역동적으로 외부환경에 적응하는 체계이다. 따라서 가족의 적응과정은 가족체계 내에서 끊임없이 지속적으로 이루어지며, 이러한 과정을 통해서 외부환경의 변화를 이끌어낼 수도 있다.

다섯째, 가족은 외부환경과의 상호작용과정에서 다양한 조정과 자율의 권한이 있다.

여섯째, 가족의 의사결정은 목표를 달성하기 위한 각종 조정 역할을 수행하며, 가족뿐만 아니라 사회와 문화 그리고 자연환경에도 영향을 준다.

일곱째, 가족과 환경의 상호작용을 지배하는 2대 원칙은 물리적 · 생물학적 원칙과 사회적 관습 같은 규칙들이다.

여덟째, 다양한 외부체계는 상호 연결되어 있거나 영향을 주고받는다. 또한 물리적 · 생물학적 환경은 인간생활의 기본적인 자원을 제공하고 사회문화적 환경 및 인간환경과도 끊임없이 상호작용을 진행한다.

아홉째, 외부환경은 가족을 위한 가능성과 기회를 창출하며, 인간행동을 결정하지는 않지만 행동을 제약할 수 있다.

3) 건강가정론에의 적용

가족생태학적 접근은 가족을 환경과 상호작용하는 하나의 생태체계로 파악함으로써 다양한 환경과의 상호관련성 속에서 가족생활의 질을 파악할 수 있는 거시적이고 통합적인 관점을 제공해 주며, 체계이론과의 접목을 통해 가족 내 과정의 역동성을 밝히는 데 많은 기여를 하고 있다. 즉, 가족생태학적 접근은 가정이 환경과 어떻게 상호작용하고 영향을 주고받는가, 그리고 가정의 건강성 증진을 위해 가족 내 과정은 어떻게 이루어지는가를 보여주고 있다. 나아가 가정의 복지 증진과 건강성 증진을 위한 외부 프로그램이 어떻게 개입되어야 하는지, 또한 가족정책과 같은 거시체계가 가족에게 어떤 역할을 할 수 있는가를 구체화하는 데 많은 도움을 줄 수 있다. 즉 가족생태학적 접근을 통해 건강가정에 기여할 수 있는 대안들은 다음과 같은데, 이는 가정의 건강성 증진을 위한 방안 모색에 중요한 원천과 해답을 제공해 줄 수 있다.

첫째, 가족생태학적 접근을 통해 가족과 환경과의 관계의 성격을 총체적으로 어떻게 규정할 것인지에 대한 접근이 가능하다. 가족의 생존과 삶의 질을 향상하기 위해서 가족체계 내의 그리고 외부체계와의 상호작용의 과정이 어떻게 진행되는가, 인간 유전자와 외부환경의 유기적 관계는 어떠한 방식으로 인간발달에 영향을 주는가, 가족은 외부환경을 어떻게 인지하고 받아들이며 자원을 변형하여 환경에 적응하는가 등을 규명할 수 있다.

둘째, 가족의 체계는 다양한 가족의 특성을 이해하는 데 매우 유용한데, 가족체계적 접근을 통해 다양한 형태의 외부환경의 변화가 가족체계 자체에 어떠한 영향을 주는가, 가족구성원의 일부가 새로운 외부환경에 적응할 때 가족체계는 어떠한 적응기제를 활용하는가 등을 규명할 수 있다.

셋째, 가족의 체계적 변화과정에 영향을 미치는 주요 요인은 무엇이며 이들이 인간발달에 주는 영향 및 효과는 무엇인가, 이러한 과정에서 가족의 연령, 성역할 구조, 가족구조 등의 변수는 어떻게 영향을 미치는가 등을 규명할 수 있다.

넷째, 개별 가족구성원과 가족 전체의 목표를 달성하기 위하여 가족은 가용자원을 어떠한 방식으로 활용하는가, 또한 이러한 가족자원의 활용 형태는 가족생활의 질과 외부환경의 질에 어떤 영향을 주는가 등을 규명할 수 있다.

다섯째, 삶의 질을 향상하기 위하여 환경을 관리하고 창조하는 방식은 무엇이며 어떻게 외부환경체계를 변화시킬 것인가, 환경을 보존하기 위한 가족의 역할은 무엇인가, 삶의 질을 향상시키기 위한 변화를 위해 가족체계뿐만 아니라 외부환경체계가 이루어야 할 과제는 무엇인가 등을 규명할 수 있다.

여섯째, 개인, 가족 그리고 사회적 가치관 간의 관계는 무엇이며, 어떠한 과정을 거쳐서 이들 간의 상호작용이 이루어지는가, 또한 어떻게 가족의 의사결정이 외부환경, 특히 사회문화적 환경을 변화시키고 영향을 줄 수 있는가 등을 규명할 수 있다.

일곱째, 가족의 삶이 윤택해지기 위해서 정치, 경제, 사회, 문화제도의 역할은 무엇이며 이들 체계가 어떠한 역할을 유지해 나가야 하는가 등을 규명할 수 있다.

2. 상호작용적 접근

1) 이론의 발달

사회학 이론들은 19세기 말엽에 개인들이 사회를 어떻게 창조하고 유지하며 변동시키는가 혹은 이러한 과정에서 인간은 다른 인간을 어떠한 방식으로 보는가에 관심을 기울였다. 짐멜(Simmel)과 베버(Weber), 뒤르켕(Durkhiem) 등 유럽 사회학의 거장들은 초기 사회학자들의 거시적 관심과 달리, 개인의 인성과 상호작용에 관심을 기울이고 이것은 타고난 것이 아닌 집단의 특별한 형태로부터 출현하고 또 그에 의해 특정된다고 하였다. 이들의 시각은 이후 제임스(James), 듀이(Dewey), 쿨리(Cooley)의 공헌을 토대로 미드(Mead)에 의해 비로소 상호작용론으로 체계화되었다. 또한 이후 블루머(Blumer)와 쿤(Kuhn) 등이 제창한 상징적 상호작용이론을 형성하는 데 토대를 마련해 주었다.

2) 주요 개념

상호작용이론가들은 국가, 제도, 계급 등 사회의 거시적 구조들 배후에는 실제 인간들 사이의 의미 있고 상징적인 상호작용들이 있다고 인식했다. 인간이란 무엇인가 하는 것은 집단에 의해 규정되며, 행위자들은 나름대로 자기 주위의 현실을 해석하고 의미를 부여하며 이러한 의미에 입각해서 행동한다는 것이다. 베버(Weber)는 모든 인간의 행위는 개인이 주관적인 의미를 부여할 때 '사회적 행위'가 되며, 개인은 다른 사람들의 행동을 고려하여 자신의 행동 방향을 결정하곤 한다고 하였다. 그러므로 모든 인간의 행동은 본질적이고 유전적으로 결정되거나 해석되는 것이 아니라, 그것에 대해 본인이나 사회 집단의 다른 구성원들이 어떻게 인지하고 의미를 부여하느냐에 따라 사회적인 기능을 가진다. 즉 다른 사람들의 행동이 상대적으로 영향을 미칠 수 있다는 점에서 동일한 행위에 대해서도 사회 집단에 따라 전혀 다른 평가와 해석이 가능하다.

쿨리(Cooley)는 자아는 집단 맥락 속의 상호작용으로부터 나온다고 하여 '영상자아(looking glass self)'라는 개념을 사용하였는데, 타인의 행위는 거울 속에 비친 자신의 모습과 같다는 것이다. 특히 가족처럼 사사롭고 친밀한 결속이 있는 원초적 집단일수록 인간의 자아와 태도를 형성하는 데 중요한 영향을 미친다고 하였다.

또한 미드(Mead)는 두 가지 기본적 가정으로부터 이론을 펼치고 있는데, 인간 유기체는 생물학적으로 유약하기 때문에 생존하기 위해서는 집단 속에서 협동해야만 하고, 이러한 협동을 촉진하는 행위들은 생존력을 가지고 강화되고 지속될 것이라고 하였다. 미드는 한 유기체가 다른 사람의 역할을 보며 인습적 행동특성을 이해하고 자신의 대응능력을 개발시켰을 때 그 유기체가 드디어 '정신'을 갖게 된다고 믿었다. 미드는 이 단계에서 개인이 한 공동체의 전반적인 시각을 인지하기도 하고 집단에서 통용되는 여러 가지 상호작용 영역들의 신념, 가치, 규범들을 내면화할 수 있다고 하였다. 그래서 자아의 발전단계를 특징짓는 것은 바로 이 능력, 즉 타자(他者)들과 더불어 살아가면서 역할을 취득해 가는 능력인 것이다.

미드에게 있어 '사회' 혹은 '제도'라는 것은 다양한 개인들 사이에 용인되어 조직화되고 유형화된 상호작용을 말한다. 그러한 상호작용의 조직화 정도는 정신적 능력에 달려 있다. 역할을 취해 보고 대안적 행위 노선을 상상으로 시연해 보는 정신적 능력이 있어야 개인들은 자신들의 행위를 조직화하고 조정할 수 있다는 것이다.

미드는 이처럼 사회와 그 제도들이 정신과 자아의 능력에 의해 어떻게 유지되고 지속되는가에 관심을 가졌지만, 또한 이러한 개념들 때문에 그는 사회를 끊임없이 유동하고 잠재적인 변동이 큰 존재로 보았다. 사회란 행위자 간의 또는 행위자 내부의 상징적 상호작용에 의해 유지되고, 그것을 통해서 변동되는 특성을 나타낸다. 이러한 사회의 유지와 변동은 모두 정신과 자아의 과정을 통하여 일어난다. 따라서 사회는 정신과 자아의 개념들이 나타내는 새로운 과정들을 통해서 변형되거나 재구성될 수 있다. 그러므로 집단 내 인간 행위에 대한 해석은 얼마든지 변화할 수 있고, 다만 이러한 변화가 왜, 어떻게 일어나는지 관찰되어야 한다.

미드가 정신, 자아 및 사회가 서로 밀접하게 관련되어 있음을 강조했던 것처럼 오늘날의 상호작용론자들 역시 개인과 집단 내 상호작용 유형 간의 관계를 강조한다. 각 개별 인간에게 독특한 특성이 있는 것은 사회에서의 상호작용의 결과이며, 역으로 사회를 가능하게 해주는 것은 인간이 그 사회에서 행위의 의미를 부여받고 성장하며 성숙해질 수 있기 때문이다. 이러한 상호작용과정에서 상징이 만들어지고(예를 들어 '어머니는 ~해야 한다'는 것은 어머니라는 상징이 갖는 사회 내 의미이다), 이는 역할이라는 개념을 낳게 되며 이러한 역할 개념은 어떤 사회적 행위에 다른 사람이 어떻게 반응할 것인가 예상하게 한다.

특히 가족구성원들은 인간의 가장 중요한 소속집단인 가족 안에서 태어나 성장하는 과정 속에서 수많은 사회적 의미를 학습하며, 동시에 가족과 사회는 개인에게 사회적 인간으로서의 개념을 부여한다. 가족의 건강성에 대한 해석은 이러한 상징적 사회구조 속에서 발생하므로, 사회의 건강성은 개인의 건강성과 불가분의 관계를 가지며, 동시에 가족구성원의 건강한 행위 패턴을 인식하게 하고 만들어주는 것도 사회가 해야 할 일이다.

3) 건강가정론에의 적용

가족 내에서 일어나는 가족구성원 간 상호작용은 가족의 본질을 규정하는 가장 중요한 요소 중의 하나이다. 그러한 의미에서 상호작용이 가장 밀접하게 일어나는 집단인 가족 내 행위에 대해 상호작용론을 적용해 보는 것은 매우 의미 있고 유용한 일이다. 특히 상호작용적 접근은 부부관계, 부모자녀관계 등 가족구성원 간 관계의 기본적 특성을 탐색하는 것뿐만 아니라, 가족의 형성과 발달의 전 과정에 적용될 수 있다. 배우자 선택, 세대 갈등, 역할과 권력, 가족 스트레스, 의사소통 등 다양한 가족의 핵심 개념에 접근할 수 있으며, 실제로 가족 연구에서 본질적인 통찰을 가능하게 해준다.

가족체계 내에서 개인 및 관계적 측면을 강조한 유영주(1994)는 건강가족을 "개인적 차원에서는 가족구성원 개개인의 성장과 발달을 도모하고, 가족관계 차원에서는 가족구성원 간의 상호작용이 기능적이고 원만하며, 가족체계가 잘 유지되면서 가족가치관을 지속적으로 발전시키고 있는 가족"이라고 정의하였다. 이처럼 가정의 건강성은 가정의 기능수행과정에서 평가되는 것이므로, 기능적 상호작용에 대해 어떻게 해석하고 접근하는가에 따라 건강가정에 대한 이론적 명제 도출이 가능하다. 특히 건강한 가족을 "가족구성원 상호 간의 규칙적이고 다양한 상호작용을 통하여 가족의 공동체적, 정서적, 도덕적 관계 향상을 도모하는 가족"이라 개념화(어은주 · 유영주, 1995)할 때, 상호작용의 성격은 매우 중요하다.

상호작용적 관점에서 건강가정에 접근할 수 있는 유용한 대안들을 구체적으로 살펴보면 다음과 같다.

첫째, 가족의 주요 기능인 사회화의 과정을 탐색하는 데 상호작용적 관점은 매우 유용하다. 사회화는 역할 취득의 과정으로, 타인의 관점을 이해하고 타인의 요구와 일치된 행동을 유발하도록 하는 과정이다. 가족의 역할구조는 가족의 상호작용과정 속에서 발생하며 이것이 모든 가족구성원의 행동을 규정하고 외부 사회체계와의 상호작용도 규정한다. 상호작용적 접근은 가족 내 사회화 과정을 통해 이러한 역할 취득이 어떻게 일어나는지 탐색하게 해 준다.

이처럼 상호작용론적 개념은 역할의 기대나 인지, 수행 또는 이와 연관되는 자아나 행동 특성 등 포괄적 준거 등을 이해하는 매우 중요한 기재이다. 인간들은 상호관계를 읽고 서로의 반응을 예상하여 서로에 적응할 수 있게 된다. 상호작용론에서 이러한 기본적인 능력은 바로 '역할취득'의 과정이다. 다만, 이것은 가족구성원이나 사회의 변화에 따라 수정되며, 그 과정에서 가족의 안정성이나 갈등 유형도 파악된다(김경신, 1993).

둘째, 상호작용적 접근을 통해 문제가족이나 적응문제에 대한 접근이 가능하다. 역할에 대한 반응과 해석이 집단 상호작용적인 관점에서 도출된다면, 가족 간의 거래 유형이 왜곡되었을 때 가족구성원은 부적응과 일탈의 범주에 속하게 될 수 있다. 예를 들어 가족 내에서 '건강한 부모자녀 관계'에 대한 인식이 왜곡되어 있다면 이러한 가족에서 성장한 자녀들은 사회적 적응에 어려움을 겪게 될 수 있다. 따라서 개별 구성원의 인성과 모습은 '가족'이라는 집단적 해석에 따라 잘못 판단될 수 있으며, 이들이 사회와 같은 다른 상호작용 체계에 들어섰을 때 적응의 문제를 발생시킬 수 있다. 따라서 가족문제나 가족구성원의 부적응에 대한 해석은 상호작용적 관점에서 해석해 볼 필요가 있다. 그러한 의미에서 인간의 기본을 형성해 주고 깊은 영향을 주는 가족은 개인이 '건강성'을 개념화하고 이를 실현하는 데 매우 중요한 기초터전이 된다.

셋째, 현대사회에서 이슈화되고 있는 가정의 기능성 약화에 대한 접근이 가능하다. 가족은 오랜 시간 함께하면서 집단적으로 기능성이 약화될 수도 강화될 수도 있는데, 결국 어떠한 형태로의 적응 양식도 개인에게 견고하게 정착되기 위해서는 이러한 기능성을 유지하려는 가족 단위의 노력이 필요하다. 가족에서 취득한 건강한 상호작용 개념들이 개인의 발달과 적응의 근거가 된다는 가족의 상호작용론적 사회화 과정을 이해해야만 가족의 일탈, 스트레스, 폭력, 가족 위기 등의 부정적 상호작용과정을 파악하고 그 대안을 마련해 나갈 수 있다. 따라서 개인이 사회환경과의 상호작용을 통해 가치를 파악하고 적응해 나가는 데 있어 주도적 매개 역할을 하는 가족의 기능은 상호작용론적 관점에서 매우 중시될 수밖에 없다.

넷째, 상호작용적 접근은 미시적 측면에서 행위 교정에 용이하게 응용될 수 있으므로 개별 가족구성원의 교육과 훈련, 상담 등에 적용될 수 있다. 이러한 상호작용적 접근을 건강가정사업에 대입해 볼 때, 가족구성원 간의 상호작용이나 역할관계를 중시하고 가족의 전체성이나 체계성을 고려하는 노력이 이들 사업의 실시 단계에 필수적이라 할 것이다. 또한 이러한 사업을 시행하는 건강가정사들의 경우에도 가족구성원들의 문제가 개인의 상황이나 개인적 원인으로 발생한다고 해석해서는 안 될 것이다. 가족상호작용의 특성이나 사회적 패러다임에 대한 이해를 전제로, 가족구성원의 삶의 과정과 문제인식을 바라볼 필요가 있다. 많은 가족구성원들은 자신의 문제를 단지 자신만의 문제로 파악하는 경우가 많은데, 이는 가족 안에서 어떠한 상호작용과정을 거쳐 이러한 결과에 이르는지에 대한 연관성을 깨닫지 못하기 때문이다. 따라서 가족구성원들은 새로운 의식화를 통하여 자신의 문제에 대한 자신의 해석방법에 주목해야 하며, 건강가정사업은 이러한 해석의 출발이 가족으로부터 시작했음을 이해하게 해주어야 한다.

다섯째, 급속히 변화하는 현대사회 속에서 상호작용적 접근은 가족의 건강성을 유지, 발전시켜 나가는 데 매우 유용한 기재가 된다. 상호작용론에서는 사회조직을 구조라기보다 하나의 변화하는 과정으로 본다. 사회는 행위자들의 상징적 해석, 평가, 적응 등에 의해 이루어지고 변화하므로, 이러한 변화에 대한 유연한 대처는 가족 건강성을 유지, 발전시켜 나가는 데 매우 중요하다. 그러한 의미에서 가족탄력성이라는 개념도 주목받고 있다. 따라서 변화하는 사회 속에서 건강가정의 의미를 탐색해 나가는 데 이러한 변화를 수용하고 대처해 나갈 수 있는 탄력적인 속성을 가진 상호작용적 접근은 매우 유용하다 할 것이다.

3. 생애과정적 접근

1) 이론의 발달

사람이든 조직이든 시간이 흐르면 구조나 기능 면에서 질적인 변화가 나타나기 마련이다. 가족이나 가족구성원도 예외는 아니다. 시간이 흐름에 따라 가족구성원도 인간발달 단계에 맞게 맡는 역할이 변하며, 이에 따라 가족관계도 변화한다. 또한 가족을 둘러싼 사회적 맥락이나 의미 등도 달라진다.

가족에 대한 이론 중에서 이러한 시간의 변화에 주목하는 이론은 가족발달이론과 이 절에서 살펴보는 생애과정적 접근(life course perspective)이다. 생애과정적 접근은 역사적, 사회경제적 맥락 속에서 개인의 삶을 분석한다. 즉, 개인의 생애과정을 사회와 무관한 개인의 사적인 삶으로 보는 것이 아니라 역사적, 사회경제적 의미를 갖는 것으로 인식한다.

생애과정적 접근을 적용한 초기 연구로 토마스와 즈나니에키(Thomas & Znaniecki)의 '미국과 유럽에 있는 폴란드 농민에 대한 연구'(1918~1920)를 들 수 있다. 이 연구에서 저자들은 당시 폴란드와 미국에서 일어난 사회경제적 변화와 농부 개인의 미국 이민이라는 생애과정을 연결해서 설명하였다. 이들은 생활사, 편지, 신문기사, 재판기록, 종교기관이나 정당에서 발간한 팸플릿 등을 분석하면서, 폴란드 농민이 미국으로 이민을 하게 된 사회경제적 배경과 이민자의 개인적 삶을 연결해서 살펴보았다. 그 결과 폴란드 농민은 프러시아의 지배하에서 식량난과 빈곤 때문에 미국 이민을 결정한 사회경제적 배경이 있었다. 이들은 미국 이민이라는 생활사건을 통해 농민의 삶에서 벗어나 대도시, 주로 시카고를 중심으로 육체노동자의 삶을 살게 되는 등 삶의 궤적이 달라지는 양상을 보였다.

생애과정적 접근을 적용한 연구에서는 어린 시절에 경험한 생활사건이 이후 인생을 살면서 해야 하는 결정이나 선택, 생활사건(예: 결혼이나 이혼 등)에 어떤 영향을 미치는지를 개인의 생활사를 토대로 살펴보고자 하였다. 엘더(Elder, 1974)와 엘더와 콘저(Elder & Conger, 2000)는 미국의 대공황기(the Great Depression)와 아이오와주 농장 위기(Iowa Farm Crisis)라는 경제적 위기상황에서 경제적 곤궁과 아동학대 간 관련성을 살펴보았다. 그 결과 경제적 위기라는 역사적 사건이 부모의 양육태도를 부정적으로 바꾸면서 아동의 삶에도 부정적인 영향을 미친다는 것을 밝혀냈다.

이처럼 생애과정적 접근은 인간발달과 가족의 삶에서 시간, 맥락, 과정, 의미의 중요성을 강조한다(Bengtson & Allen, 1993). 생애과정적 접근에서 중요한 개념은 궤적(trajectory), 전이(transition), 그리고 전환점(turning point) 등이다. 궤적은 발달과정에서 보이는 변화의 경로를 말한다(Van Geert, 1994: 31). 전이는 궤적 내에서 새로운 지위를 부여받거나 새로운 역할을 맡는 것을 말한다(Hagestad, 2003). 일반적으로 이직을 하거나 결혼을 해서 기혼자의 지위를 갖게 되거나 자녀의 출생으로 부모가 되는 것을 삶의 전이라고 할 수 있다. 전환점은 한 상태에서 다른 상태로 실제적인 변화를 하는 지점을 말한다(Cairns & Rodkin, 1998).

2) 건강가정론에의 적용

생애과정적 접근은 실증적 연구를 통해 이 관점에서 주장하는 가정이나 명제가 입증된 이론이기보다는 개인의 삶을 역사적 · 사회경제적 맥락과 연결해서 살펴봐야 한다는 새로운 관점을 제공했다는 점에서 의의가 크다. 따라서 건강가정사업 현장에서도 생애과정적 접근에 입각해서 참여자 코호트의 특성 및 생애전이 과정과 시기 등을 고려해서 맞춤형 사업이나 프로그램을 실시하는 것이 필요하다. 미시적인 차원에서는 개인의 인간발달 단계에서 나타나는 특성에 대한 이해를 바탕으로 건강가정사업 및 프로그램을 기획해야 할 것이다. 거시적인 차원에서는 참여자를 코호트로 보면서 인간발달의 어느 시기에 어떤 역사적, 사회적 경험을 하였는지 파악해서 건강가정사업과 프로그램을 기획하는 것이 필요하다.

실제 건강가정지원센터의 프로그램을 살펴보면, 생애주기별 가족교육과 남성대상 교육이 가족교육 영역에 포함되어 실시되고 있고, 다양한 가족을 대상으로 가족상담이 실시되고 있다. 이러한 프로그램을 기획할 때 참여자가 경험한 역사적 배경이나 성장해온 환경과 생활사건 등을 고려해서 변화된 사회에 잘 적응할 수 있도록 가치나 태도 관련 내용도 포함해야 한다. 또한 생애과정적 접근에 따르면, 특정 시기에 경험한 역사적 사건이 한 개인의 이후의 삶에도 영향을 미치는 만큼, 가정문제 예방교육이나 가족상담 및 치료를 할 때에도 이러한 측면을 고려해서 프로그램을 기획하고 접근해야 한다.

4. 가족발달적 접근

1) 이론의 발달

가족발달적 접근은 사람이 전 생애를 거쳐 발달하는 것과 마찬가지로 가족도 단계별 발달과업을 수행하면서 발달한다고 전제하는 관점으로, 시간에 따른 가족의 변화과정을 설명하고자 한 이론이다. 가족발달이론은 미국의 대공황기 때 농촌사회학자와 경제학자들이 '가족발달'이라는 용어를 처음 사용하면서 시작되었고, 1950년대부터 본격적으로 체계화되었다. 이러한 체계화 과정에는 힐(Hill)과 그의 제자들, 특히 한센(Hansen), 듀발(Duvall), 로저스(Rodgers), 올더스(Aldous), 밀러(Miller), 마테스키(Mattessich), 화이트(White) 등의 연구가 많은 영향을 미쳤다(한국가족관계학회, 2002: 63-64). 가족발달이론의 주요 개념으로는 규범, 지위, 역할, 단계, 전이, 타이밍 등이 있다.

규범(norm)은 인간이 사회생활을 할 때 준거하도록 강요되는 일정한 행동양식으로(두산백과), 일반적으로 한 집단의 구성원들에 의해 보편적으로 수용되는 것이다(Bates, 1956: 314). 따라서 규범은 가족을 포함한 모든 집단의 기대나 행동에 영향을 미친다. 지위(status)는 사회적 집단에서 연령이나 젠더, 또는 직업이나 소득 등에 따라 결정되는 개인의 위치로, 지위에 따라 명성이나 재산, 생활양식 등에서 차이가 나며, 여기에서 계층적인 구별이 생긴다(두산백과). 역할(role)은 사회관계에서 개인이 차지하는 위치에 맞게 행동하고 수행하도록 사회적으로 기대되고 요구되는 행동양식을 말한다(이상섭, 2009). 단계(stage)는 일의 차례를 따라 나아가는 과정(곽호완 외, 2008)을 말한다. 올더스(Aldous, 1996)는 단계를 가족의 생애를 구분할 때 뚜렷이 구분되는 기간으로 정의하였다. 그리고 이 단계에서는 이전과 이후의 상호작용 유형들이 분명히 구분되는 질적 변화를 수반한다고 보았다. 전이(tansition)는 물질이 하나의 상태에서 다른 상태로 변화하는 현상으로(화학용어사전편찬회, 2017), 한 가족이 질적으로 구분되는 한 단계에서 다음 단계로 옮겨가는 것을 말한다. 타이밍(timing)은 시간, 상태, 박자 등을 맞추는 것으로, 시간적 조화를 말한다(이태신, 2000). 타이밍에는 규범적 타이밍, 연령의 타이밍, 사건 및 단계의 순서, 단계의 지속 등의 개념이 있다(유계숙 외, 1999).

가족발달이론에서 가장 중요한 연구문제는 가족을 시간에 따라 분석하는 것이다. 즉, 내적으로는 가족구성원들의 생물학적, 심리학적, 사회적 요구에 따라 나타나는 변화를, 외적으로는 사회적 기대 및 생태학적 환경에 의하여 결정되는 가족시간을 분석한다(정현숙 외, 2001: 60-61). 이러한 측면에서 가족발달이론은 다른 가족이론과 구별되며, 개인의 생애주기를 분석하는 생애과정이론과 유사점이 있다.

일반적으로 가족발달단계의 시작은 결혼을 통해 새로운 가족을 형성하는 것이다. 여기서부터 가족구조와 가족구성원의 생활이 유형화된 단계를 따르게 된다. 그리고 본인과 배우자의 죽음으로 가족이 소멸된다. 이러한 가족의 생활주기는 가족발달의 척도로 간주된다. 한국 사회에서 보이는 가족생활주기의 대표적 모형으로는 유영주(1984)의 연구 모형을 들 수 있다. 이 모형에서 제시하는 가족생활주기와 그 대략적인 시기는 다음과 같다.

- 가족형성기: 결혼부터 첫 자녀 출산 전까지
- 자녀 출산 및 양육기: 첫 자녀 출산부터 첫 자녀가 초등학교에 입학할 때까지
- 자녀 교육기: 첫 자녀의 초등학교, 중학교, 고등학교 교육 시기
- 자녀 성년기: 첫 자녀가 대학에 다니거나 취업, 군복무, 가사를 협조하는 시기
- 자녀 결혼기: 첫 자녀의 결혼부터 막내 자녀의 결혼까지
- 노년기: 막내 자녀의 결혼부터 배우자가 사망하고 본인이 사망할 때까지

한편, 가족과 가족구성원들은 가족이 처한 가족생활주기에 따라 어느 정도 예견되는 발달과업을 수행해야 한다. 가족이 수행해야 하는 발달과업은 가족생활주기에 따라 계속 변화된다. 그리고 한 단계에서 발달과업이 성공적으로 수행되지 않으면 다음 단계에서 어려움을 겪게 된다는 프로이트의 견해를 차용하였다.

가족발달이론에서 전제하는 가족에 대한 가정을 힐과 한센(Hill & Hansen, 1960), 올더스(Aldous, 1996)는 다음과 같이 제시하였다(한국가족관계학회, 2002: 168-170에서 재인용).

- 가족의 행위는 가족이 처한 과거와 현재의 사회환경과 개인의 조건이 관련되어서 이루어진다. 즉, 가족의 행동은 현재뿐만 아니라 과거에 가족구성원이 경험한 것이 축적되어 나타난다.
- 연령에 따라 가족구성원에게 요구하거나 부여하는 가족 내 역할이 상이하기 때문에 가족구성원의 행위는 인간발달단계와 분리해서 이해할 수 없다.
- 가족을 체계로 보는 것은 중요하지만 인간은 자발적인 행위자인 동시에 다른 사람의 행위에 반응하는 주체이기 때문에 가족구조 내에서는 개인인 가족구성원을 중심으로 보아야 한다. 한편, 인간은 성숙해감에 따라 타인과의 상호작용에서 행동을 주도하기도 하고, 환경의 자극에 적절히 반응하기도 한다.
- 가족구성원들은 가족의 발달단계에 따라 정해진 발달과업을 수행해야 한다.
- 가족은 시간에 따라 변화한다.

• 사회환경에서 개인은 가장 기초적인 자율체계이다.

가족발달이론은 가족생활주기에 따른 생활수준, 결혼만족도, 역할분담의 변화 등 시간에 따른 가족의 변화과정을 설명하고 기술하는 데 중요한 기여를 하였다. 또한 이 이론은 인간의 생애를 통해 경험하게 되는 정서적인 문제들을 이해하는 데 중요한 정보를 제공해 준다는 점에서 가족상담 및 치료에도 이용되고 있다.

그러나 가족발달이론이 제시하는 일련의 단계들이 전통적인 성역할 분담체계를 유지하고 있고, 자녀가 있는 중산층 핵가족에 준거를 두고 있기 때문에 다양한 가족 형태에 적용하기 어렵다는 지적을 받는다. 1980년대 이후부터 이러한 문제점을 극복하려는 많은 노력들이 이루어졌다. 실제 가족생활주기를 사용하는 학자들은 다양한 가족 형태에 주목하여 이혼과 재혼을 가족생활주기의 한 단계로 고려하기도 하고, 가족생활주기의 순서에서도 자녀출산 후에 결혼을 할 수 있음을 인정하는 등 가족의 변화를 수용하기 위해 다각적으로 노력하고 있다(Aldous, 1996).

이러한 시도 중 하나로 올더스(1996)는 이혼한 부모의 가족경로[1]를 이혼과도기와 한부모가족의 형성 단계, 부모역할 수행과 직업생활의 지속 혹은 새로운 시작 단계, 초등학교 자녀가 있는 가족 단계, 청소년기 자녀가 있는 가족 단계, 청년이 된 자녀가 집을 떠나는 가족 단계, 중년의 부모 단계, 직업에서 은퇴하거나 노부모 부양 책임을 가지는 단계라는 일곱 단계로 설명하였다.

카터와 맥골드릭(Carter & McGoldrick, 1988)도 미국의 가족생활주기를 집을 떠남(젊은 독신), 결혼을 통해 가족 형성(새로운 부부), 어린 아동이 있는 가족, 청소년 자녀가 있는 가족, 자녀들이 떠나고 들어오는 시기, 말년의 가족 등 여섯 단계로 제시하였다. 또한 이혼과 재혼이 가족생활주기를 변형시키는 가장 중요한 요소라고 지

1) 올더스(1996)는 '가족생활주기' 개념이 부부관계에서 가족이 형성되어 부모자녀관계, 형제관계 등의 체계가 첨가되는 과정을 설명하는 것이라면, 같은 사건이 반복되는 것을 의미하는 '주기(cycle)'라는 개념은 적절하지 않으며 '가족경로(family career)'로 명명하는 것이 바람직하다고 주장하였다.

적하면서, 재혼가족의 경우 새로운 관계의 형성, 새로운 결혼과 가족에 대한 개념화와 계획 세우기, 재혼 및 가족 재구성이라는 세 단계 틀을 제안하였다. 이밖에도 슬레이터와 멘처(Slater & Mencher, 1991)는 레즈비언 커플의 가족생활주기를 제안하였으며, 하잘과 로젠베르그(Hajal & Rosenberg, 1991)는 입양가족의 가족생활주기를 제안하는 등 다양한 가족의 생활주기를 설명하려는 노력이 계속되고 있다.

가족발달이론의 또 다른 과제는 가족생활주기의 검증이 어렵다는 점이다. 이러한 문제점을 해결하기 위해서는 전체 가족구성원들의 전 생애사를 종단적으로 연구해야 한다. 그러나 전 가족구성원을 대상으로 하는 종단적 연구를 수행하기 위해서는 많은 시간과 비용의 부담이 들기 때문에 현실적으로 어렵다.

그러나 이러한 한계점에도 불구하고 가족발달이론은 다양한 가족체계에 적용할 수 있는 가족생활주기 모형을 계속 개발하고 있다. 그리고 분석하는 수준도 개인, 가족관계, 가족집단, 가족제도로 구분하는 등 이론을 재개념화하는 작업을 지속하고 있다(정현숙 외, 2001: 64).

2) 건강가정론에의 적용

가족의 잠재력을 최대화하여 건강성을 증진하기 위해서는 가족시간에 대한 인식이 중요하다. 즉, 시간에 따라 가족이 변화, 발달된다는 것을 인식한다면, 발달단계에서 직면하게 되는 잠재적인 스트레스나 긴장을 미리 예측해 볼 수 있다. 따라서 시간에 따른 가족의 변화과정을 설명하는 가족발달이론은 가족문제를 미리 예측하고 예방하는 데 기여한다. 그리고 현장에서 가족문제를 예방하는 건강가정 교육이나 건강가정 문화운동을 기획할 때 근거 이론이 될 수 있다.

실제 다문화가족지원센터에서는 가족을 입국 전 결혼준비기, 입국 초 가족관계 형성기, 자녀양육 및 정착기, 역량 강화기, 다문화 역량 강화로 구분하고, 전 단계에 걸쳐서 다문화사회 이행을 위한 기반을 구축해야 함을 강조하고 있다. 세부적인 지원 내용을 살펴보면, 입국 전 결혼준비기에는 국제결혼과정의 인권보호와 교육 프로그램 지원, 입국 초 가족관계 형성기에는 결혼이민자 조기적응 및 다문화가족의 안정적 생활지원, 한국어 교육, 위기개입 및 가족통합교육을 실시하고, 자녀양육 및 정착기에는 다문화가족 자녀의 양육·교육 지원, 역량 강화기에는 다문화가족의 경제·사회적 자립을 지원하고 있다(한국여성정책연구원, 2016).

건강가정지원센터에서도 가족 내에서 발생하는 문제를 예방하고 가족구성원의 역량을 강화시키기 위해 부모, 부부, 조부모, 자녀 등 가족을 대상으로 한 생애주기별 다양한 가정생활교육을 활성화하고 있다. 구체적으로 예비/신혼기, 중년기, 노년기 부부교육 및 예비부모교육, 영유아기, 아동기, 청소년기 자녀를 둔 부모교육 등을 실시하고 있다. 또한 가족상담과정에서도 가족생활주기에 근거해서 가족을 사정하고 가족 내 다양한 갈등과 문제를 해결할 때 가족생활주기별 발달과업에 기초를 두고 있다.

이처럼 가족발달이론은 가족생활주기와 발달과업, 그리고 시간에 따른 가족구성원의 역할 변화 등 가족의 삶을 분석하고 진단, 평가할 수 있는 다양한 개념을 제공해 준다는 점에서도 기여도가 높다. 그러므로 다양한 형태의 가족에도 적용할 수 있는 가족생활주기 모형들을 개발하여 그 모형에 맞는 발달과업을 예측해 보고, 역할 변화를 인식할 수 있는 가정생활 매뉴얼을 마련할 필요가 있다.

5. 여성주의적 접근

1) 이론의 발달

(1) 여성주의적 접근의 다양한 관점

우리 사회에서 문제가 되고 있는 남성 중심적인 제도, 문화, 가치관에 대해 성에 따른 차별과 불평등을 제기하는 것이 여권론적 관점이다. 여권론적 관점은 여성문제의 성격을 보는 입장의 차이에 따라 크게 자유주의, 마르크스주의, 급진주의, 사회주의 여권론 등 네 가지로 나뉜다.

자유주의 여권론은 자유주의 사상의 영향을 받아 여성운동으로 표출되었다. 여성도 남성과 동등한 권리를 가지고 있으므로 여성들에게도 직업과 교육에서 동등한 기회가 주어져야 하며, 이를 위해 사회제도와 관습, 법을 개혁해야 한다고 주장하였다. 자유주의 여권론은 여성들의 교육 기회를 확대시키고 참정권을 획득하는 데 기여하였다. 여성들에게 차별적인 관행이나 제도가 불합리하므로 바꾸어야 한다고 주장했으나, 그 원인이 어디에 있는지를 밝히려고 하거나 그 원인이 되는 사회구조를 바꾸어야 한다는 근본적인 문제는 도외시하였다.

마르크스주의 여권론은 19세기 이후 노동계급 여성들이 사회운동에 진출하면서 생겨났다. 이들은 여성문제를 경제적 억압구조와 연결시켜 파악하였다. 즉, 사회의 모순이 계급의 모순에서 온다는 마르크스주의의 전제를 인정하면서 여성 억압도 그 궁극적인 원인이 사유재산제도 혹은 자본주의 체제 자체에 있다고 본다. 사유재산제도의 모순으로 나타나는 남녀 간의 지배관계는 공적 영역과 사적 영역의 분리, 성별 노동분업, 일부일처제 가족제도 등을 통해 구체화되고 이것이 여성 억압의 근원이 된다. 또 취업여성의 이중노동 수행이나 여성을 저임금의 산업예비군으로 활용하는 것이 자본주의 체제에 이익이 된다고 주장한다. 그러므로 여성 억압에 대한 해결은 먼저 사유재산제도에 기초한 자본주의 체제의 계급 모순이 해결되면 자연스럽게 해결된다고 주장한다.

급진주의 여권론은 여성 억압을 계급 억압의 부산물로 보는 마르크스주의 여권론과 달리 여성 억압의 근원적인 문제를 제기한다. 즉, 계급 모순을 해결했다고 보는 사회주의 국가에서도 여전히 남아 있는 여성 억압을 예로 들면서, 여성집단을 지배하고 여성을 종속시킴으로써 이득을 보는 집단은 자본이나 사회구조가 아니라 남성집단이라는 것이다. 여성 억압의 근원은 남성이 여성을 지배하는 가부장제도에 있다고 주장한다. 특히 급진적 여권론자들은 여성 억압이 나타나는 영역으로 사회구조나 법, 제도보다는 출산, 성애, 문화 등을 강조한다. 결혼이나 출산을 통해 여성이 남성에게 종속된다고 보기 때문에 이성애보다는 여성들 사이의 자매애를 강조한다.

사회주의 여권론은 마르크스주의 여권론과 급진주의 여권론이 제기하는 자본주의 체제와 가부장제에 대한 접근을 비판적이고 발전적으로 통합하여 여성문제를 설명하고자 한다. 즉, 사회주의 여권론에서는 여성 억압의 근원이 자본주의적 구조와 가부장적 구조 모두에 있다고 본다. 예를 들면, 성별분업은 생산 · 소유관계의 문제뿐만 아니라 여성 차별적인 문제이며, 따라서 성별분업이 가부장제를 낳고 유지하는 주요 기제라고 주장한다. 하트만(Hartman)은 가부장제를 '여성 노동력에 대한 남성의 통제'로 정의하면서, 여성 노동력에 대한 통제는 여성이 경제적인 자원에 접근하는 것을 막고 여성의 성(sexuality)을 제한함으로써 유지된다고 주장한다. 또 가부장제가 자본주의 노동시장에 작용되고 있는 대표적인 예가 노동시장에 나타나는 성별 직업분리라고 설명한다.

(2) 여성주의 시각에서 본 가족

가정이 가족구성원들에게 어떤 의미를 가지는가에 대해서는 크게 두 가지 견해가 존재한다. 첫째 파슨스(Parsons)를 대표로 하는 구조기능론자들이 가정을 안식처로 보는 입장, 둘째 여권론자들이 제기하는 불평등과 투쟁이 존재하는 장소로서의 가정이다.

구조기능론에서 핵가족은 경쟁적 원리가 지배하는 산업사회의 유일한 은신처이자 안식처라고 한다. 이에 따르면 가족구성원들은 공적 영역인 사회에서 받는 스트레스와 긴장으로 지친 몸과 마음을 사적 영역인 가정에 돌아와 휴식하고 정서적으로 만족을 얻게 된다. 따라서 가정은 노동력을 재충전하는 안식처이며 아늑한 공간이 된다. 여성(어머니)은 휴식처로서의 가정을 만드는 데 정서적 역할을 하며, 또 그렇게 하는 것이 바람직하다고 주장한다.

그러나 가정이 안식처라고 할 때, 가정은 가족구성원 모두에게 안식처인가, 아니면 가정이 특정인만을 위한 안식처가 되는가 하는 질문을 던질 수 있다. 예를 들어, 현재처럼 취업여성이 증가하고 있는 상황에 밖에서 노동력을 소모한 취업여성이 가정에 돌아와서도 가사노동을 해야 한다면 가정은 또 다른 노동의 장소이지 휴식처가 될 수 없다. 또 가족구성원들 간에 권력의 불평등이 전제될 때 가정은 긴장의 장소이기도 하다. 예를 들어, 매 맞는 아내의 입장에서는 가정은 쉼터가 아니라 폭력이 존재하는 매우 위험한 장소가 될 수 있다.

이런 의미에서 가정이 남성에게는 안식처 혹은 적어도 여가의 장소로 경험될 수 있지만 거의 모든 여성에게는(취업주부에게는 더욱더) 안식처가 될 수 없다고 주장한다.

여권론자들은 그 이유를 두 가지로 분석하였다. 첫째, 안식처로서 가정을 상정하는 것은 남성은 임금노동, 여성은 가사노동이라는 성에 따른 노동분업을 전제로 한다. 둘째, 안식을 주는 사적공간으로서만 가정을 바라보는 것이 가족구성원들, 특히 여성과 남성의 '경험'이 다르다는 사실을 깨닫지 못하게 한다는 점을 지적한다.

(3) 여권론적 시각과 무보수 가사노동의 가치평가

가사노동이 생산노동으로서 경제적인 가치를 가지는가에 대해 전통적인 경제학은 가사노동의 가치를 무시해 왔다. 이는 '여성(성차의 문제)'의 '가정(경계의 문제)'에서 '관찰되지 않는(측정의 문제) 활동'이 표준적인 경제적 정의에 따라 기술적으로 측정되지 않기 때문이라는 이유에서이다. 이러한 이유는 여성의 경제적 기여를 왜곡하는 도구로서 이용되었으며, 그로 인해 여성들은 남성들만큼 노동의 대가를 인정받지 못했다. 이처럼 가족구성원에 대한 돌봄노동을 포함한 가사노동의 가치를 경제적으로 인정하지 않고 가치 없는 것으로 취급하는 것은 노동시장에서 여성노동의 가치를 저하시키는 데 기여했다.

그러나 여권론적 관점은 여성의 가사노동 가치를 가시화하는 데 기여하였다. 가사노동의 가치를 평가하는 방법에 대한 개발과 함께 국민총생산에서 차지하는 가사노동의 가치를 산정한다.

2) 건강가정론에의 적용

건강한 가정은 가족 모두가 평등하고 행복할 때 달성될 수 있다. 가족 모두가 행복하기 위해서 가부장 중심의 권위적인 가족관계를 민주적이고 양성평등한 가족관계로 변화시키는 일이 필요하다. 또 여성의 경제활동 참가율이 높아지고 맞벌이가정이 보편화되면서 가족구성원이 일과 가정을 양립할 수 있도록 가족 내 돌봄노동을 지원하는 일 역시 요구된다.

유엔은 우리가 추구해야 할 미래 가정의 모습을 "… 개인의 정서적, 경제적 욕구가 충족되고, 가족구성원들 간의 평등하고 민주적인 관계가 유지되며, 공동체적 원리와 자율권이 보장"되는 가족으로 정의하였다(서선희, 2003: 100에서 재인용).

그러므로 양성평등한 관점을 강조하는 건강가정기본법에서는 가족구성원이 부양, 자녀양육, 가사노동 등 가정생활 운영에 함께 참여할 것을 가족가치로 제시하고 있으며, 양성평등한 육아휴직제의 확대를 통한 자녀양육 지원의 강화, 그리고 가사노동의 가치에 대한 사회적 인식을 제고하고 이를 관련 법·제도 및 가족정책에 반영하도록 규정하고 있다. 또 질환이나 장애로 가족 내 수발을 요하는 가족구성원이 있는 가정을 적극 지원하고, 돌봄노동의 사회화를 위해 필요한 경우 가정을 방문하여 가사, 육아, 산후조리, 간병 등을 돕는 가정봉사원을 지원하도록 하고 있다.

6. 경제학적 접근

건강가정론에서 경제학적 접근은 거시적 차원에서 출산과 돌봄이라는 가족의 기능과 관련하여 인적자본 형성의 장으로서 가정에 대한 경제학적 이론을 정리할 수 있다. 다른 한편으로 미시적 차원에서는 하나의 생활단위로서 가정이 수행하는 경제적 자원의 관리가 가정의 건강성과 어떤 관련을 가지는지, 가정의 건강성 증진을 위한 방안은 무엇인지에 초점을 둔다.

1) 경제학적 이론으로 바라본 가정: 인적자본 형성의 장

자원을 물적자원과 인적자원으로 분류할 때, 인적자원은 지속적인 개인의 특성으로서 인지적 통찰력과 신체적 기술, 정서적 특성, 건강, 에너지, 시간 등을 의미한다. 이러한 인적자원의 총체, 즉 사람들이 목표를 이루기 위해 사용하고 또 다른 자원들을 획득할 때 사용하는 모든 능력과 자질들의 총합을 곧 인적자본이라고 칭할 수 있다(조희금 외, 2008에서 재인용). 단순한 의미로 인적자본은 개인에게 내재하는 자원이나 역량이라고 이해할 수도 있다.

인적자본을 축적하고 향상시키기 위해서는 경제적 · 시간적 투자가 필요한데, 특히 아이를 낳아 기르는 1차적 생활단위인 가정은 그런 의미에서 인적자본의 축적에 직접적으로 기여한다. 그런 맥락에서 선행연구에서는 인적자본 투자의 한 단면을 보여주는 지표로 가계의 교육비를 분석하고 있다. 가정은 하나의 경제적 의사결정 단위로서 출산과 전반적인 돌봄에 투입되는 다양한 형태의 자원을 고려하여 출산 여부와 자녀수, 자녀돌봄의 형태와 방법 등을 선택하고 결정한다. 이 과정에서 가정은 어떤 자원을 투입하려 할 때 그에 따르는 비용과 이익을 비교하여 결정하게 될 것이다. 오늘날 자녀를 낳고 기르는 데 드는 비용적 측면은 증가했는데, 예를 들어 돌봄과 (사)교육에 투입되는 경제적 부담의 증가하였고 맞벌이가정 체제에서 일과 가정의 양립이 힘들다는 점 등(조희금 외, 2008)은 저출산이라는 현상에 영향을 미친 요인으로 분석할 수 있다. 그런 맥락에서 소득, 교육비 부담 등 경제적 요인을 통해 출산과 돌봄을 연구하고 분석한 선행연구들이 다수 있다(하준경, 2012).

2020년 여성가족부가 실시한 제4차 가족실태조사의 결과를 보면 자녀를 기르는 것과 관련하여 보람된 일이 1순위, 그 다음 2순위가 경제적 부담, 3순위가 돌봄의 힘듦 등으로 순으로 나타나 자녀돌봄과 관련되어 부담을 갖고 있다는 점을 확인할 수 있다. 미혼남녀가 인식하는 저출산 원인에서도 일 · 가정 양립의 어려움, 경제적 부담이 우선순위로 나타났다(파이낸셜뉴스, 2020.2.20). 청년층의 결혼관과 자녀관을 분석한 연구(송헌재 외, 2022)에 따르면 남학생보다 여학생이 결혼과 출산을 모두 기피하는 경향이 나타났는데 연구자들은 여학생의 경우 결혼과 출산으로 인한 경력단절을 우려하는 것으로 해석하였다. 또한 결혼 및 출산과 관련한 의사결정에 영향을 미치는 가장 중요한 요소는 경제적 요인(안정적인 소득, 일자리, 주거)으로 나타났다. 일본의 경우에도 저출산 극복법의 일환으로 '먹고살 만 해야 낳는다'는 맥락에서 자녀 출산과 돌봄에 대한 경제적 부담 감소방안을 강구하고 있다(한겨레, 2017.3.21). 경제학적 관점에서 저출산현상을 분석한 또 다른 연구는 소득이 높을수록 자녀에 대한 투자욕구가 더 커지기 때문에 둘을 낳아 비용을 나누기보다는 한 자녀에게 양질의 투자를 하고자 하는 경향을 보인다는 저출산의 경제학 보고서를 제시하고 있다. 따라서 소득을 높여주기보다는 양육비 감소정책이 출산율을 높이는 데 더 효과적일 것이라는 제안이다(Daum 뉴스, 2017.3.19).

한편, 자녀의 출산과 돌봄, 사회화, 교육 등 일련의 과정 속에서 자녀의 인적자본이 형성되고 개발되는데, 부모의 입장에서는 자녀출산과 돌봄에 필요한 직접적인 경제적 비용뿐 아니라 자녀돌봄에 필요한 시간 자원, 부모의 경력과 직업, 자아실현, 취미, 풍요로운 노후생활 등을 포기해야 하는 기회비용 등을 포괄적으로 고려하게 될 것이다. 그런 면에서 맞벌이의 증가, 여성의 취업률 증가 등은 인적자본의 형성과 축적에 직접적인 영향을 미치는 요인이라고 볼 수 있다.

2) 가계재무관리를 통한 경제적 안정성 확보

일상적인 생활에서 가정이 날마다 수행하는 다양한 활동 중 중요한 영역이 경제와 관련된 부분이다. 가족자원관리의 맥락에서 경제적 자원은 비인적자원으로 분류되는데(김외숙 · 이기영, 2010), 가정생활의 안정과 미래 준비라는 차원에서 매우 중요한 자원으로 주목받고 있다. 우리의 일상적인 생활을 돌이켜 볼 때, 경제적 자원이 필요하지 않은 순간은 거의 없으며, 직접적 혹은 간접적으로 경제적 자원은 늘 사용되는 주요 자원이라고 할 수 있다.

또한 경제적 자원은 다른 자원과 결합되거나 대체될 수 있다는 차원에서 관리의 중요성이 부각되는 자원이기도 하다. 자녀를 돌볼 시간이 부족한 일하는 아빠가 아이돌보미 서비스를 이용하거나, 바쁘게 사는 1인가구가 배달음식을 사먹거나, 건강이 취약한 노인가족이 유료 간병서비스를 이용하는 상황 등은 모두 본인 혹은 가족이 수행하는 가사 및 돌봄노동을 돈으로 대체하는 경우이다. 따라서 경제적 자원의 관리는 가족구성원의 일상적 욕구충족이라는 차원에서 중요한 계획과 의사결정 등을 포함한다고 볼 수 있다.

이와 같이 가정은 수입과 지출을 관리하며, 제한된 경제적 조건하에서 구성원의 욕구를 최대한 충족시키기 위해 자원관리 활동을 하는 관리 단위라 할 수 있다. 이 중에서 경제적 자원의 관리를 통례적으로 가계재무관리라고 하는데, 자원의 제한성이나 희소성을 고려할 때 장기적 차원에서 가계재무관리의 필요성이 부각된다. 이를 통해 개별 가정은 경제적 안정성을 확보해야 할 요구를 갖게 된다.

가정생활주기 차원에서 볼 때, 가정은 신혼기로부터 출발하여 육아기, 교육기, 중년기를 거쳐 노년기까지 지속되는 매우 긴 시간을 거치게 되며, 따라서 장기적 관점에서의 가계재무관리가 필요하다. 특히 현재와 같이 역동적인 변화와 각종 사건 및 사고 등 예측할 수 없는 상황에 대한 대응도 경제적 안정성 차원에서 매우 중요한 가계재무관리의 과제라고 볼 수 있다. 합리적 가계재무관리를 통해 가정의 경제적 균형과 안정성을 확보해야 하며, 이는 곧 국가경제의 건전성과도 직결된다는 차원에서 가정에 대한 경제적 접근의 주요 내용으로 부각되는 것이다.

3) 건강가정론에의 적용

먼저, 경제학적 관점에서 인적자본 형성의 장으로 가정에 접근할 때, 가정의 건강성 요소와 인적자본 형성 간의 직접적인 연계성을 확인할 수 있다. 가정의 건강성을 이루는 요소 중 자녀의 성장지원, 건강한 시민의식, 경제적 안정, 합리적 자원관리, 휴식 및 여가 공유 등은 인적자본 형성을 위해 가정의 건강성 증진이 얼마나 중요한가를 알려주고 있기 때문이다. 가정에서 형성되는 인적자본은 단지 개별 가정의 구성원이 얼마나 잘 양육되고 자라는가에만 국한된 사안이 아니라, 인적자본의 총체로서 국가의 경제적 경쟁력이나 사회의 생활철학, 도덕감 등과도 관련되는 이슈라고 할 수 있다. 따라서 가정과 사회의 통합 · 공동체문화의 형성 등과 같은 건강가정기본법이 지향하는 이념을 실현하기 위해서도 건강한 가정을 통한 인적자본의 형성이 중요한 사회적 이슈가 되어야 할 것이다.

그런 맥락에서 정책적으로 맞벌이가정을 위한 가족돌봄 지원, 일하는 부모의 일 · 가정양립, 가족 간 양성평등한 역할 분담, 자녀의 건강한 출산과 성장발달 지원 등의 과제를 도출할 수 있다. 이러한 제도적 지원을 통해 경제적 안정, 안정적인 의식주생활, 민주적 평등가족, 휴식 및 여가 공유, 가족역할 공유, 일과 가정의 조화, 자녀의 성장 지원 등과 같은 가정의 건강성 요소를 향상시킬 수 있을 것이다. 결국 이러한 정책적 과제는 건강가정지원센터와 같은 전달체계의 사업과 프로그램, 예컨대 아버지 교육, 부모교육, 가족상담, 가족친화문화조성 캠페인, 아이돌보미 파견 등을 통해 실현된다는 차원에서 건강가정에 대한 경제학적 접근이 갖는 유용성을 강조할 수 있다.

또한 가사노동을 통하여 구성원의 욕구를 충족시키는 기능을 고려할 때 건강한 가정의 요소가 되는 안정적인 의식주생활과 자원관리, 경제적 안정, 구성원의 욕구 충족 등은 일상적 · 세대적 가사노동의 수행을 통해 가능하다는 점에서, 가사노동과 관련된 가정의 경제적 기능은 가정의 건강성 증진 이슈와도 직결된다고 할 수 있다. 즉, 가정의 구성원들이 가사노동의 표준을 어떻게 설정하고 가사노동 수행수준을 결정하는가, 가사노동 분담을 어떻게 조정하는가, 노동과 여가 간의 균형을 어떻게 취하는가 등에 대한 자율적 의사소통과 결정, 그리고 이에 대한 정책적 지원 등은 가정의 건강성 증진에 필요한 요소라고 할 수 있을 것이다.

특히 가사노동의 사회화, 기계화, 공무화, 산업화 등과 관련된 이슈는 정책적 차원에서 야기되는 다양한 규제와 제도, 재화와 서비스의 생산, 광고 등과 밀접한 관계가 있기 때문에, 이에 대한 가정의 요구를 제시하고 주도해 갈 수 있는 시민의식도 필요하다고 할 수 있다. 또한 가사노동의 경제적 가치는 늘 그늘에 가려져 있으며, 계산과 평가가 불가능하다는 이유에서 가치평가과정에서 제외되어 왔다는 사실이 갖는 비합리성, 이로 인해 가사노동을 수행하는 가정 자체가 갖는 불이익, 가사노동 수행자의 부정적인 정체감, 그리고 사고 · 이혼 시 보상금 책정에 관한 구조적인 모순 등을 가시화하고, 정책적 · 제도적만이 아닌 의식적인 차원까지 가사노동의 가치를 정당하게 평가할 수 있는 조건을 형성하여야 할 것이다.

마지막으로 가정의 경제적 자원 관리와 관련하여, 가정의 건강성은 안정적인 경제를 기초로 하므로 가계경제의 안정과 균형이 깨질 때 가정의 건강성은 위협받게 되며, 이는 개별가정의 존속과 성장에도 영향을 미치지만 국가경제적 차원에서 빈곤층을 양산하거나 국가 재정의 부담을 초래하기 때문에 문제가 된다. 따라서 안정적인 경제에 기초하는 가정의 건강성을 지원하기 위해 정책적 · 제도적 차원의 관심과 실천이 필요하다고 할 수 있다.

특히 지금까지 가정에 대한 국가의 정책적 접근은 문제가 발생한 뒤 이를 해결하기 위한 지원에 초점을 두었기 때문에, 문제해결의 적절한 시점을 놓쳐 오히려 문제를 양산해 왔다는 지적을 받아왔다. 이는 경제적인 측면에서도 마찬가지로, 차상위계층에 대한 적극적 지원을 통해 빈곤층의 확산을 막아야 하며, 대상을 보다 확대하여 경제적인 문제의 예방에까지 정책적 지원이 확장될 필요가 있을 것이다. 건강가정기본법은 바로 이러한 점에 착안하여 문제해결과 치료뿐 아니라 예방과 보장, 삶의 질 향상 등 다양한 접근에 토대하고 있기 때문에, 가계의 경제적 안정과 균형을 위한 다양한 실천방식을 구체적으로 모색할 필요가 있을 것이다.

1부 참고문헌

(사)가정을건강하게하는시민의모임 (2011). 가족정책기초연구. 여성가족부위탁연구보고서.

곽호완, 박창호, 이태연, 김문수, 진영성 (2008). 실험심리학 용어사전. 서울: 시그마프레스.

관계부처합동 (2020). 제4차 저출산고령화기본계획.

국가통계포털. 가족실태조사.

김경신 (1993). 가족학의 이론적 관점과 적용. 대한가정학회지, 31(1), 137-151.

김외숙, 이기영 (2010). 가족자원관리학. 서울: 한국방송통신대학출판부.

김외숙, 이기영 (2016). 가사노동과 시간관리. 서울: 한국방송통신대학출판부.

김인철 (2014). 가족경제학적 관점에서 본 한국의 장기 출산율. 경제학연구, 62(1).

두산백과. https://www.doopedia.co.kr

박우철 (2022). 정례적 결혼검진의 가족센터 적용에 관한 효과성 연구, *Family and Environment Research*, *60*(1), 69-86.

서울특별시 건강가정지원센터 (2015). 희망서울 행복가족 서울의 가족은 변화 중.

서지원, 조영희, 송혜림 (2017). 비영리기관 운영관리. 서울: 한국방송통신대학출판부.

손경국, 김윤수 (2021). 맞벌이 가구의 씀씀이는 무엇이 다를까? 가계동향조사를 통해 본 맞벌이 가구의 소비지출. 통계청 통계프리즘 2021년 가을호.

송헌재, 윤다정, 이수성, 조하영 (2022). 결혼관과 자녀관을 통해 바라본 청년층의 현실 인식. *Journal of the Korean Data Analysis Society*, *24*(1), 229-239.

송혜림 (2015). 100세 시대 가족정책의 과제. 한국가정관리학회, 5, 101-108.

송혜림, 고선강, 강은주 (2022). 시민단체의 건강가정사업 사례-맞벌이 가정의 일생활균형을 위한 건강성 지표 개발. 2022 한국가족자원영영학회 온라인 추계학술대회 포스터 발표.

송혜림, 고선강, 강은주 (2022). 한부모가족 건강성 지표개발 연구. 가족자원과 정책, 26(2), 53-70.

송혜림, 박정윤, 진미정, 고선강 (2021). 1인가구 건강성 척도개발 연구. 가족자원과 정책, 25(3), 35-45.

양정선, 김순미(2003). 가계의 인적자본 투자에 관한 연구-사교육을 중심으로-. 대한가정학회지, 41(5), 221-232.

어은주, 유영주 (1995). 가족의 건강도 측정을 위한 척도개발에 관한 연구. 한국가정관리학회지, 13(1), 145-155.

여성가족부 (2015). 제 3차 가족실태조사.

여성가족부 (2016.2.4). 2015 가족실태조사 결과 발표.

여성가족부 (2016.4.25). 2015년 전국다문화가족실태조사 결과 발표.

여성가족부 (2021). 2020년 가족실태조사 분석 연구.

유계숙, 최연실 (1999). 가족학 이론의 현황과 쟁점: 근대성 논의를 중심으로. 서울: 하우.

유영주 (1984). 신가족관계학. 파주: 교문사.

유영주 (1994). 건강한 가족을 위한 가족원의 역할. 제16차 한국아동학회 추계학술대회자료집.

유진성 (2022). 소득분위별 출산율 변화 분석과 정책적 함의. KERI Insight 2022(4).

이삼식 외 (2019). 인구구조 변화에 따른 한국사회 대응전략.

이상섭 (2009). 문학비평용어사전. 서울: 민음사.

이승미, 송혜림, 이완정, 성미애, 진미정, 이현아 (2012). 한국 가족의 전환기적 특성과 가족정책. 가정과삶의질연구, 30(6), 183-199.

이진, 소순창 (2016). 한국 가족복지전달체계 개선방안에 대한 연구: 전달체계의 적절성·통합성·지속성을 중심으로. 지방정부연구, 20(1), 81-108.

이태신 (2000). 체육학대사전. 전주: 민중서관.

정현숙, 유계숙 (2001). 가족관계. 서울: 신정.

조희금, 고선강, 박정윤, 성미애, 송혜림, 이승미, 이현아, 장진경, 정민자 (2015). 건강가정기본법 백서. 서울: 대한가정학회.

조희금, 박미식 (2004). 건강가정기본법의 이해와 체계. 한국가정관리학회지, 22(5), 331-334.

조희금, 송혜림, 공인숙, 이승미, 이완정, 박혜인, 조재순, 김선미, 최연실, 진미정 (2008). 가정생활복지론(2판). 서울: 신정.

중앙일보 (2020.12.24). 육아휴직 땐 월 600만원. 돈 때문에 미뤘던 출산, 부담 덜어.

중앙일보 (2021.2.17). 고령화 속도 가장 빠른 한국… 노인빈곤율도 OECD 1위.

통계청 (2011). 장래인구추계.

통계청 (2014). 2014 고령자통계.

통계청 (2015). 2014년 다문화 인구동태 통계.

통계청 (2021). 가족실태조사. 국가통계포탈.

통계청 (2022). 1인가구비율(시도, 시군구).

통계청 (2022). 2022 통계로 보는 1인가구.

통계청 (각년도). 인구동향조사(혼인).

통계청 (각년도). 인구동향조사.

통계청 (각년도). 인구주택총조사.

통계청. e-나라지표

파이낸셜뉴스 (2020.2.20). 미혼남녀 3명중 2명 "저출산 문제 심각해". (듀오 2020 출산인식 보고서 재인용).

하준경 (2012). 저출산의 경제적 요인 분석: 소득불평등 및 교육비 부담과의 관계를 중심으로. 사회경제평론, 39, 137-174.

한겨레 (2017.3.21). 일본의 저출산 극복법 '먹고살 만 해야 낳는다'.

한국가족관계학회 (2002). 가족학 이론. 서울: 교문사.

한국여성정책연구원 (2016). 2015년 전국다문화가족실태조사 보고서. 서울: 여성가족부.

해럴드경제 (2017.3.20). 미혼남녀 77% '자녀 없어도 충분히 행복한 결혼생활 가능'.

화학용어사전 편찬회 (2017). 화학용어사전. 서울: 일진사.

Aldous, J. (1996). *Family Careers: Rethinking the Developmental Perspective*. London: Sage.

Bates, F. (1956). Position, Role, and Status: A Reformulation of Concepts. *Social forces*, *34*(4), 313-321.

Bengtson, V. L. & Allen, K. R. (1993). The Life Course Perspective Applied to Families over Time. In P. G. Boss, W. J. Doherty, R. LaRossa, W. R. Schumm, & S. K.

Steinmetz (Eds.), *Sourcebook of Family Theories and Methods: A Contextual Approach* (pp.469–504). New York: Plenum Press.

Bronfenbrenner, Urie (1979). The ecology of human development: Experiments by nature and design. Cambridge: Harvard University Press.

Carter, B. E., & McGoldrick, M. E. (1988). *The Changing Family Life Cycle: A Framework for Family Therapy*. New York: Gardner Press.

Daum 뉴스 (2017.3.19). 고소득 부부는 왜 둘째를 낳지 않을까? 저출산의 경제학 보고서.

Elder, G. H. (1974). *Children of the Great Depression: Social Change in Life Experience*. Chicago: University of Chicago Press.

Elder, G. H., & Conger, R. D. (2000). *Children of the Land: Adversity and Success in Rural America*. Chicago: University of Chicago Press.

Hagestad, G. O. (2003). Interdependent Lives and Relationships in Changing Times: A Lifecourse View of Families and Aging. In R. A. Settersen, Jr. (Ed.), *Invitation to the Life Course: Toward New Understandings of Later Life* (pp. 135–159). Amityville, New York: Baywood.

Hajal, F., & Rosenberg, E. B. (1991). The Family Life Cycle in Adoptive Families. *American Journal of Orthopsychiatry*, *61*(1), 78–85.

Hill, R., & Hansen, D. A. (1960). The Identification of Conceptual Frameworks Utilized in Family Study. *Marriage and Family living*, *22*(4), 299–311.

Slater, S., & Mencher, J. (1991). The Lesbian Family Life Cycle: A Contextual Approach. *American Journal of Orthopsychiatry*, *61*(3), 372–382.

Van Geert, P. (1994). *Dynamic Systems of Development: Change between Order and Chaos(the developing body and mind)*. New York: Harvester.

02 PART

건강가정의 제도, 정책 및 사업

CHAPTER 03 건강가정기본법

CHAPTER 04 건강가정정책

CHAPTER 05 건강가정사업

2부에서는 건강가정의 제도적 근거인 건강가정기본법과 건강가정정책 그리고 건강가정사업을 다룬다. 2005년부터 시행된 건강가정기본법은 우리나라 가족정책에 획기적인 변화를 가져온 법률로 가정에 관한 국가 등의 책임을 명시적으로 규정한 최초의 법률이다. 건강가정기본법이 구체적으로 지향하는 이념이 무엇인지, 법은 어떻게 구성되었는지 소개하고, 건강가정기본법에 근거한 현행 건강가정정책을 소개한다. 나아가 가정의 건강성 증진을 위해 실천현장에서 가장 핵심적인 내용이 되는 건강가정사업에 관해 소개하고자 한다.

CHAPTER 03 건강가정기본법

3장에서는 건강가정기본법에 관해 구체적으로 다룬다. 건강가정기본법의 제정과정과 건강가정기본법이 지향하는 이념들을 소개하고, 법의 구체적인 체계와 내용들을 분석함으로써 건강가정기본법의 이해를 돕는다. 또 건강가정기본법의 특징과 제정 의의를 살펴본다. 나아가 다문화가족사업의 기본이 되는 다문화가족지원법과 그 외 가족, 가정 관련 다양한 법들을 소개한다. 이 법들은 건강가정기본법 제정 이후 새롭게 부각된 가정 및 가족에 관한 사회적 관심의 증가와 이에 따른 제도적 뒷받침의 필요성에 의해 생겨난 것으로 볼 수 있다.

1. 건강가정기본법의 제정과정

2. 건강가정기본법이 지향하는 이념

3. 건강가정기본법의 체계와 내용

4. 건강가정기본법의 특징 및 제정 의의

5. 다문화가족지원법과 가족 관련 법

CHAPTER

03 건강가정기본법

1. 건강가정기본법의 제정과정

유범상(2012)은 정치의 삼각형을 설명하면서, 인간(특정 세력, 권력)은 자신의 생각(철학, 이념, 이데올로기)을 정책(제도, 법)을 통해 관철하려는 행위를 하는데 이것을 정치라고 하였다. 여기서 정책(제도, 법)은 특정 이념을 가진 사람들이 세력을 형성하여 그 이념을 실현하기 위해 정치적 행위를 통해 만들어 내는 것이라고 볼 수 있다. 건강가정기본법은 변화하는 사회에서 가정의 건강성을 증진하기 위해서는 국가의 지원이 필요하다는 이념을 가진 가정학계를 비롯한 각계의 다양한 요구들이 국회의 입법과정이라는 어려운 과정의 정치적 행위를 통해 제정된 법률이다.

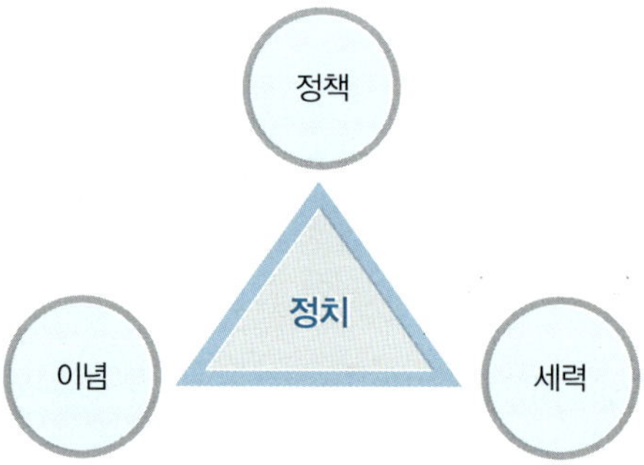

❖ 그림 3-1 정치의 삼각형

출처: 유범상(2012).

우리나라에서 법이 제정되는 과정은 법안의 발의 → 소관 상임위원회의 심의와 의결 → 법제사법위원회(법사위)의 심의와 의결 → 국회 본회의의 논의와 의결 순으로 이루어진다. 법안을 발의할 수 있는 권한은 두 군데뿐인데, 하나는 국회의원으로 10인 이상의 동의로 법안을 발의할 수 있고, 다른 하나는 소관 주무부처에서 발의할 수 있다. 발의된 법률안은 절차에 따라 본회의를 통과하고, 통과된 법률을 소관 주무부처에서 공표할 때 법으로 성립이 되고, 또 소관부처가 하위법령인 시행령과 시행규칙을 만들어서 통과시켜야만 법으로 시행될 수 있다.

건강가정기본법도 위와 같은 과정을 거쳐 법률로 제정되고, 시행될 수 있었다. 건강가정기본법은 가족과 관련한 우리나라 최초의 명시적인 법이다. 2004년 제정되어 2005년 1월 1일부터 시행되었다. 이 법에 의해 2001년부터 설치 · 운영 중이던 여성부가 여성가족부로 확대되었으며, 비로소 중앙부처의 명칭에 가족이 들어가게 되었다. 건강가정기본법은 1990년대 중반부터 국민이 건강하고 행복한 가정생활을 영위하기 위해 국가 사회의 지원이 필요함을 주장하고, 이의 구체적인 방안을 연구 · 실천하려 한 가정학계의 노력과 다양한 국민들의 요구가 정치적으로 결실을 맺은 결과이다. 건강가정기본법의 제정과정은 다음과 같다.

1. 2001. 2. 9.	가정복지기본법안 발의 → 2004년 제16대 국회 임기만료로 자동폐기
2. 2003. 7. 21.	건강가정육성기본법안 발의
3. 2003. 8. 22.	가족지원기본법안 발의
4. 2003. 8. 27.	건강가정육성기본법안 입법예고(보건복지부공고 제2003-97호)
5. 2003. 12. 29.	발의된 세 법안을 하나로 통합하여 건강가정기본법(대안)으로 국회 통과
6. 2004. 2. 9.	건강가정기본법 공포(07166호)
7. 2004. 12. 31.	건강가정기본법 시행령, 시행규칙 제정
8. 2005. 1. 1.	건강가정기본법 시행
9. 2005. 3.	정부조직법 개정(법률 제7413호), 보건복지부에서 여성가족부로 이관

2. 건강가정기본법이 지향하는 이념

건강가정기본법은 제2조(기본 이념)에서 가정은 개인의 기본적인 욕구를 충족시키고 사회통합을 위하여 기능할 수 있도록 유지 발전되어야 한다고 제시하고 있다. 이는 가정이란 개인의 기본적인 욕구를 충족시킬 수 있는 바탕을 제공함과 동시에 사회 유지의 기초가 됨을 명시하는 것이다. 기본 이념에서 법 전체를 대표하는 이념을 제시하고 있다면, 이와 함께 건강가정기본법의 실천을 통해서 궁극적으로 추구하는 이념이 무엇인가를 구체적으로 살펴볼 필요가 있다. 이는 법의 지향성을 가늠하는 것이며, 구체적으로 법에 담긴 정신을 분석하는 것이다.

본 절에서는 건강가정기본법이 추구하는 이념을 다음의 다섯 가지로 정리하여 이를 구현하는 법조문과 함께 살펴보고자 한다. 첫째, 개인의 행복과 건강한 사회의 기초가 되는 가정의 건강성 증진, 둘째, 생활공동체인 가정에 대한 강조와 가정 단위의 통합적인 서비스 제공, 셋째, 양성평등하고 민주적인 가족가치의 구현, 넷째, 가정의 자립과 협동 그리고 국가의 지원 강화, 다섯째, 가정문제에 대한 사전적 · 예방적 지원의 필요 등이다(조희금 · 박미석, 2004).

1) 가정의 건강성 증진

건강한 가정은 그 가정에 속해 있는 개인의 행복에 기여할 뿐만 아니라 건강한 사회, 건강한 국가의 기본이 된다. 건강가정기본법은 가정의 건강성 증진을 통하여 건강한 사회를 구현하는 것이 궁극적으로 개인의 행복과도 불가분의 관계를 가진다는 개인-가정-사회의 상호작용적인 관점을 가진다. 종종 개인은 가정이라는 공동체 안에서 자신의 자유와 권리를 제한받을 수 있다. 그러나 가정공동체의 해체가 아닌 존립이 궁극적으로 가족구성원의 행복으로 환원되기 때문에, 우리는 가정의 유지가 개인의 자유를 무시하는 것이 아닌 개인의 선택과 행복으로 귀결된다는 것을 안다.

즉, 개인의 행복은 개인의 자유와 함께 건강한 가정의 유지에 포함된 개념으로 받아들여야 한다. 나아가 가정문제의 증가로 인한 가족갈등과 가족해체는 사회비용을 증가시키고, 그 비용 부담 역시 가정의 몫이다. 이런 의미에서 사회적 자본의 중요성에 대한 인식은 건강한 가정이 어떻게 사회적 자본으로 기여하여 건강한 사회의 기초가 되는지 보여준다(이정전, 2003).

건강가정기본법에서 건강가정이란 가족의 모든 욕구가 충족되고 인간다운 삶이 보장되는 가정으로 정의한다(법 제3조). 나아가 모든 국민은 가정의 구성원으로서 안정되고 인간다운 삶을 유지할 수 있는 가정생활을 영위할 권리를 가지고 있다(법 제4조). 이는 헌법에서 보장하는 개인의 행복추구의 권리(헌법 제10조)와 인간다운 생활을 할 권리(헌법 제34조)를 구체적으로 반영하고 있는 것이다.[1)]

건강한 가정이 개인의 행복과 사회적 건강성을 담보할 수 있기 위해 국가와 지방자치단체는 가정이 최소한의 경제적 안정과 의식주생활의 안정을 유지할 수 있도록 지원해야 한다. 저소득, 실업, 가계부채의 증가, 신용불량 등으로 인해 해체되는 가정의 증가는 가정의 건강성이 심각히 위협받고 있음을 나타내는 지표이다. 이런 의미에서 저소득계층 및 사회적 약자, 그리고 차상위계층에 대한 지원을 비롯해 위기가정에 대한 지원 등은 더 확대되어야 한다.

2) 생활공동체로서의 가정과 통합적인 서비스

(1) 생활공동체로서의 가정 강조

건강가정기본법에서는 제도 및 관계로서의 가족과 생활 단위의 가정이라는 가족과 가정의 두 개념을 모두 사용하고 있지만, 법명에서도 나타나 있는 것처럼 생활공

1) 헌법 제10조: 모든 국민은 인간으로서의 존엄과 가치를 가지며, 행복을 추구할 권리를 가진다. 국가는 개인이 가지는 불가침의 기본적 인권을 확인하고 이를 보장할 의무를 진다. 헌법 제34조 ① 모든 국민은 인간다운 생활을 할 권리를 가진다. (하략)

동체인 가정을 그 기본 단위로 하고 있다. '가족'과 '가정'에 대한 정의는 학자에 따라 여러 견해가 있으나(유영주, 1999) 대체로 가족이 가족구성원에 초점을 둔 제도적인 단위를 강조하고 있으며, 가정은 생활을 포함하는 것으로 정의할 수 있다. 본 법에서는 '가족'을 혼인 · 혈연 · 입양으로 이루어진 사회의 기본 단위로(제3조 1) 정의하며, '가정'은 구성원이 생계 또는 주거를 함께하는 생활공동체로, 구성원의 일상적인 부양 · 양육 · 보호 · 교육 등이 이루어지는 생활단위(제3조 2)로 정의하고 있다.

그동안 주로 전통적 · 제도적 의미로 사용되어 가족구성원이나 가족구성원 간의 관계를 나타낼 때 사용된 '가족'이라는 용어는 그 개념이 확대되어 생활공동체의 의미를 포함하는 용어로 쓰이고 있어 현재는 '가족'과 '가정'의 용어가 혼용되고 있는 추세이다. 즉 통상적으로 영어의 'family'는 가족으로 번역되나, 가족의 의미에 생활공동체의 의미가 추가되면서 'family'는 '가족' 혹은 '가정'으로 번역되고 있다. 이는 현실적으로 '가족'의 개념 자체가 매우 다양해져서 한부모나 단독가구(1인가구), 무자녀가구나 그룹홈, 자활공동체 등 '전통적인' 가족 개념을 벗어나는 가족이 증가하고 그에 대한 사회적 관용성이 증가하면서 가족정책의 대상이 되는 '가족' 개념 자체가 불안정해지고 있기 때문이라고 지적한다(장혜경 외, 2002). 또 가족에 대한 이런 개념 적용은 미국의 사회사업가협회(NASW)가 가족에 대한 정의에서 가족과 유사한 기능을 수행하는 생활공동체를 강조하고 있는 것과 같이(윤홍식, 2004: 78에서 재인용), 제도적인 '가족'의 개념에서 생활의 개념을 강조하는 쪽으로 나아가고 있음을 볼 수 있다.

건강가정기본법에서는 생활공동체인 가정을 강조하고 있다. 즉, 건강가정기본법의 목적은 가족의 유지 및 발전과 함께 건강한 가정생활의 영위를 위한 것이며, 기본 이념으로 가정이 개인의 기본적인 욕구를 충족시키고 사회통합을 위하여 기능할 수 있도록 유지 발전되어야 함을 천명하고 있다. 구체적으로 '가정'이라 함은 가족구성원이 생계 또는 주거를 함께하는 생활공동체로서 구성원의 일상적 부양 · 양육 · 보호 · 교육 등이 이루어지는 생활 단위로 정의하고 있다. 여기서 생활공동체인 가정을 단위로 하는 것은 가족의 구조나 형태에 관계없이 생활을 영위하는 단위를 의미하는 것으로 다양한 가족 유형을 포괄한다. 생활 단위인 가정에는 점점 증가하는 한부모가정인 모부자가정, 재혼가정, (노인)단독가정, 장애인가정, 청소년한부모(미혼모)가정, 맞벌이가정은 물론 국제결혼의 증가에 따른 다문화가정, 그룹홈이나 자활공동체 등도 포함되는 개념이다.

생활 단위인 가정은 생활공동체이기 때문에 구성원의 노동력을 재생산하는 역할을 담당한다. 노동력 재생산은 두 가지 차원에서 수행되는데, 현재의 노동력을 유지하는 것과 미래의 노동력을 재생산하는 것으로, 일상적 차원과 세대적 차원에서 각각 수행된다. 즉, 가정은 가사노동을 통해 매일매일의 노동력을 일상적으로 재생산하며, 나아가 인간 그 자체를 생물학적으로 재생산하여 세대에 걸쳐 그들을 키우고 유지하며, 인간자원으로 지속적으로 사회화시키는 노동력의 세대적 재생산을 담당한다.

이처럼 국가와 사회가 유지될 수 있도록 기여하는 가정에 대한 국가의 지원은 당연한 것이라 하겠다. 나아가 모든 국민은 생명활동에 필요한 생활을 영위하고 노동력을 재생산하여 인간으로서의 존엄과 가치를 가지고 살아갈 권리가 있으며 국가는 이를 보장할 의무가 있다. 이런 의미에서 모든 국민은 생활을 통해 노동력을 재생산할 권리가 있으므로, 만일 어떤 가정이 노동력을 재생산하기에 자원이 충분하지 못하다면 국가는 이를 지원할 의무가 있다. 즉, 저소득계층 등의 요보호가정이거나 가정문제로 해체될 위기에 처한 위기가정에 대해 국가는 이를 지원해야 한다.

(2) 통합적 가족정책 서비스의 제공

건강가정기본법의 제정 이전, 우리나라의 가족이나 가정에 관한 정책들은 비체계적이어서 장기적이며 종합적인 시각을 갖지 못하였으며, 가족 관련 정책들은 최소한의 수준에서 취약계층을 대상으로 사후치료적인 차원에서 이루어졌다. 즉 가족정책의 주 지원대상은 가족을 통해 부양을 받을 수 없는 취약계층으로 장애인, 요보호노인, 요보호아동, 요보호여성 등으로 문제가 발생한 개인을 대상으로 하는 서비스 제공이 큰 비중을 차지하고 있어서 가정을 단위로 한 통합적인 서비스의 제공은 이루어지지 않았다(장혜경 외, 2002: 3-5).

건강가정기본법에서는 생활공동체인 가정을 단위로 가정이 원활한 기능을 수행할 수 있도록 지원할 것을 강조한다. 이제는 우리나라도 가정, 가족문제를 파악하는 패러다임을 변환시킬 때가 되었다. 지금까지 복지서비스의 제공이 개별 복지법을 통해 개인을 대상으로 하거나 요보호가정을 중심으로 이루어졌다면 앞으로는 생활의 단위인 가정을 중심으로 통합적인 서비스의 제공이 이루어져야 한다.[2)]

건강가정기본법은 국가가 제공하는 복지서비스의 대상을 일반 가정으로 확대시킨 최초의 법이다. 이 법을 통해 우리나라의 복지는 그동안 요보호 대상자에게 제공되던 지원서비스 중심의 잔여적 복지에서 일반 가정을 대상으로 하는 보편적 복지로 복지의 패러다임을 바꾸게 되었다(조희금, 2003).

3) 민주적이고 평등한 가족관계, 그리고 생활과 문화의 통합

(1) 양성평등하고 민주적인 가족관계

건강한 가정은 가족 내에서 민주적이고 양성평등한 관계를 전제로 하고 있다. 평등한 관계가 바탕이 될 때 열린 대화가 가능하며, 가족역할을 공유할 뿐 아니라 가족 간 휴식과 여가도 공유할 수 있으며 이럴 때 가정의 건강성은 증진된다.

헌법에서 규정하고 있는 가족생활의 양성평등정신(헌법 제36조)에 따라 본 법의

---

2) 개별 가족구성원을 대상으로 하는 법으로는 아동복지법, 노인복지법, 장애인복지법, 영유아보육법, 성매매방지 및 피해자보호 등에 관한 법률, 청소년기본법 등이 있으며, 국민기초생활보장법, 한부모가족지원법, 가정폭력방지 및 피해자보호 등에 관한 법률, 다문화가족지원법 등은 가정을 대상으로 하지만 그 대상이 보호가 필요하거나 특수한 상황에 놓인 가정으로 한정하고 있다. 건강가정기본법 시행 이후 제정된 저출산고령사회기본법이나 가족친화사회환경조성촉진에 관한 법률 등이 보편적인 가족과 관련한 법률이다.

총칙에서 민주적인 가정형성, 가정친화적 환경조성, 양성평등한 가족가치 실현 및 가사노동의 정당한 가치평가를 위하여 노력할 것을 국가와 지방자치단체의 책임으로 규정(제5조 3항)하고 있으며, 특히 각 조문에서 양성평등한 가족관계를 전제로 하여 강조하고 있다(제26조 민주적이고 양성평등한 가족관계의 증진).

취업여성이 직장과 가정을 양립하여 일과 가정의 조화를 이룰 수 있는가는 양성평등의 중요한 기준이다. 이들이 일과 가정을 양립하기 위해 무엇보다 중요한 것은 자녀의 양육에 관련된 것이다. 자녀를 가진 취업여성이 일과 가정을 양립하기 위한 투쟁은 이미 한계 상황에 달해 있으며, 이는 자녀출산 기피로 이어지고 있음은 주지의 사실이다. 여성들은 직장과 가정 중 하나를 선택하도록 강요받게 되므로, 이에 대처하기 위해 결혼을 늦추거나 결혼 후에도 자녀출산을 주저하게 된다. 더욱이 자녀출산이 여성 개인이나 자녀를 가진 개별 가정의 문제가 아니라 국가와 사회의 문제라는 것은 노동력의 세대적 재생산을 통해 사회가 유지 발전될 수 있다는 관점에서 볼 때 명백한 것이다. 이러한 자녀양육의 어려움은 가장 중요한 여성의 취업 중단 이유로 작용하고 있다(서지원 · 이기영, 1997; 장지연 · 김지경, 2001). 또 자녀양육 지원은 가정의 건강성 증진에 필요할 뿐 아니라 여성의 사회권인 재생산권과 노동권을 확보하기 위해서도 필수적이다(조형 외, 2003).

본 법에서 특히 강조하는 일과 가정의 양립이란 취업기혼여성의 노동권뿐만 아니라 남성의 부모권도 보장하는 것이며, 본 법의 시행 이후 이런 취지가 확산되고 이에 관련한 법과 제도가 마련되고 있다.[3]

헌법에 보장된 노동할 권리(헌법 제32조)[4]와 모성보호에 대한 국가의 의무(헌법 제36조)로서 일과 가정을 양립하기 위해서는 자녀양육뿐 아니라 여성의 돌봄노동에 대한 적극적인 지원이 필요하다. 본 법은 가족부양을 지원하도록 명시하고 있다.

---

3) 일 · 가정 양립을 도와주는 법으로는 2008년 6월부터 시행에 들어간 가족친화사회환경의 조성촉진에 관한 법률과 그간의 남녀고용평등법을 개정하여 2008년 6월부터 시행한 남녀고용평등 및 일 · 가정 양립지원에 관한 법률이 있다.

4) 헌법 제32조 ① 모든 국민은 근로의 권리를 가진다. (하략)

가사노동 가치에 대한 사회적 인식의 확산과 정당한 가치평가는 양성평등의 관점에서 본 법이 특히 강조하고 있는 내용이다. 가사노동은 가정을 생활 단위로 파악할 때 생활이 가능토록 하는 기본으로, 가사노동을 통해 노동력 재생산이 이루어진다. 자녀양육이나 가족구성원에 대한 보살핌 노동을 포함한 가사노동의 사회경제적인 가치에도 불구하고 가사노동의 무보수성은 가정 내 여성의 지위를 의존적으로 만들고 노동시장에서도 열악한 노동 조건을 감수할 수밖에 없도록 한다. 그러므로 가사노동의 정당한 가치평가는 무보수 가사노동의 생산성을 인정하여 이를 수행하는 수행자(대부분 여성)의 노동 가치를 정당하게 평가하는 데 기여한다. 이를 통해 가사노동 담당자의 사회경제적 지위에 영향을 주고 그들의 삶의 질을 개선시키는 데 기여함과 동시에 가사노동을 그늘 경제에서 벗어나 올바른 복지지표체계에 포함시키게 한다(문숙재 외, 2002). 본 법은 국가와 지방자치단체의 책임으로 가사노동의 정당한 가치평가를 위한 노력을 명시하고 있으며, 가사노동 가치에 대한 사회적 인식을 제고하고 이를 관련 법 · 제도 및 가족정책에 반영하도록 노력할 것을 규정하고(제5조 3항) 있다.

(2) 생활과 문화의 통합

1970년대 중반 이후 우리나라에 본격적으로 도입된 여성주의적 관점과 이를 실천하기 위한 여성계의 노력은 강고한 가부장적 가족제도의 틀과 가부장적 가치관을 양성평등의 가치관으로 전환시키는 데 지대한 공헌을 하였다. 따라서 앞으로도 우리 가정 안에 남아 있는 가부장제적 가족제도를 양성평등적 관점의 가족제도로 바꾸어 나갈 수 있도록 지속적으로 노력해야 한다. 그러나 21세기 가족은 양성 간의 평등한 관계뿐만이 아니라 세대 간에 민주적이고 평화로운 관계를 확립해야 하며, 나아가 일상의 의식주생활과 소비생활, 자녀출산 및 양육, 여가, 가족구성원의 부양 및 지역사회 내 시민적 역할 수행과 자원봉사, 공동생활문화의 창조 등 생활과 문화의 개념이 중요한 시대이다.

우리는 삶에서 일상생활과 문화의 중요성이 이데올로기나 정치경제 등 거대담론의 영향보다 우선하는 시대에 살고 있다. 그러므로 앞으로의 가족은 성과 세대, 생활과 문화를 통합하는 가족정책으로 나아가야 한다. 건강가정기본법은 양성평등한 가족관계를 강조할 뿐만 아니라 세대 간의 민주적인 관계를 강조하고 일상생활 및 문화의 중요성을 명시하는 통합적인 가족정책을 제시하고 있다.

4) 가정의 자립과 협동, 그리고 국가의 지원

자원이 부족했던 경제개발 시기의 복지서비스는 요보호대상에 대한 지원만으로는 부족했고, 국가는 이를 감당하기에도 힘에 겨웠다. 앞으로도 지원이 필요한 요보호가정에 대해 제공되는 국가의 복지서비스 지원은 더 확충되어야 한다. 그러나 해체 위기에 있는 가정, 스트레스와 문제를 가지고 있는 일반 가정에 대하여도 국가의 적극적인 지원이 필요하다. 문제가 있는 일반 가정이 붕괴하지 않도록 국가는 모든 필요한 노력을 기울여야 하며, 이렇게 함으로써 가정 붕괴로 예상되는 보다 많은 사회적 비용을 줄일 수 있다.

이제 국가는 선진국으로 들어선 시점에서 모든 국민이 가정생활문화를 향유하면서 건강하게 생활할 수 있도록 일반 국민 및 가정에 대해서도 복지서비스를 확대해야 한다. 요컨대, 개발도상국 단계에서 요보호가정에 주어지던 복지서비스를 일반 가정까지 확대함으로써 우리나라도 복지를 가정에 의존하던 '가정에 의한' 복지사회가 아니라 '가정을 위한' 복지사회의 단계로 나아가야 한다. 본 법의 건강가정사업은 요보호가정을 포함한 일반 가정에 대한 교육, 상담 등을 통한 사전 예방적 서비스의 제공, 가정의 기능강화 및 잠재력 개발을 통한 가정 중심의 통합적 · 보편적 서비스의 제공을 제시하고 있다(제21조).

자립과 협동은 건강성의 또 다른 척도이다. 개인의 자립은 생활에 필요한 전반적인 능력의 균형 있는 발전과 그러한 기회의 보장을 요구한다. 가정의 자립은 가정생활의 주체성 확보와 자생력을 의미한다. 가정의 자립을 지원하기 위해서는 가정자원화, 즉 가정이 가진 자원을 충분히 활용하여 가정의 자생력을 살리고 증진시키는 것을 의미한다. 또 가정은 사회와 유기적인 관련을 맺고 있는 유기체이므로 사회와의 상호작용을 통해 지역사회 내에서 공동체를 형성하고, 이웃과 함께 소외되지 않고 더불어 살아갈 수 있을 때 가정의 건강성은 증진될 것이다. 협동은 자립을 보완하면서 어떻게 서로 도우면서 자원을 공유하여 살아갈 것인가 하는 차원에서 고려된다. 여기서 협동은 가정 간의 협력, 공공기관이나 공적인 시설, 지역사회의 다른 체계들과의 협력관계를 포함하는 넓은 개념의 협동이다. 결국 가정이 가족이기주의를 극복하고 공동문화의 창조라는 궁극적인 목표를 달성하기 위해서는 가정의 자립과 협동이 요구된다(조희금 외, 2002: 136-138). 이런 의미에서 국가나 지방자치단체의 가정에 대한 지원은 가정을 능동적인 주체로 인정한 바탕 위에서 이루어져야 한다. 즉, 국가가 가정에 대해 일방적인 개입 차원의 지원서비스를 제공하는 것이 아니라 가정의 자율성과 자립성을 증진시킬 수 있는 지원을 제공하는 것이 필요하다. 이는 가정이 국가나 사회의 영향을 받기만 하는 수동적인 존재가 아니라 사회와 상호작용하는 능동적인 존재라는 점을 인정하는 것이다(조희금, 2003).

자율과 자립성을 가진 능동적 주체로서의 가정의 역할은 본 법이 국가나 지방자치단체의 책임 및 의무(제5조 국가 및 지방자치단체의 책임)와 함께 개인 및 가정의 의무와 노력을 규정한 것에서 볼 수 있다(제4조 국민의 권리와 의무). 개별 가정의 노력과 함께 국가와 지방자치단체 역시 가정의 기능을 지원하고 강화함으로써 가정이 자립할 수 있도록 하는 것이 필요하다. 그러므로 본 법에서는 가정복지의 향상을 위해 국가가 책무를 가짐과 동시에 개별 가정 스스로도 건강한 가정을 영위하기 위한 권리와 의무가 있음을 함께 언급한다. 이는 개인과 가정 그리고 국가와 사회 쌍방 간의 상호작용적 관계가 중요함을 강조하는 것이다.

협동에 대한 필요는 가정이 가족이기주의적인 시각에서 벗어나 지역사회 공동체 내에서 이웃이나 다른 체계와 연대할 수 있어야 함을 의미한다. 그러므로 본 법은 가족이 시민으로서의 역할을 증진할 수 있는 기회와 서비스를 갖도록 하며, 나아가

가족단위의 자원봉사 참여가 확대되도록 노력할 것을 명시하고 있다(제27조 가족단위의 시민적 역할 증진).

5) 가정에 대한 사전적, 예방적 지원

가정에서 발생하는 문제는 한 번 발생하면 그 해결과 치료에 많은 시간과 재정적 비용이 들며 완벽한 치료도 어렵다. 그러므로 가능하면 문제가 발생하기 전에 지원함으로써 문제의 발생을 예방하고, 되돌릴 수 있는 상태에서 문제를 해결 또는 치료하는 것이 가정의 건강성도 회복하고 가정문제 해결에 드는 사회적 비용도 절감할 수 있다. 가정문제가 있는 가정이 아무런 지원도 없이 해체된 후 국가가 개입하여 지원하는 사후치료적 서비스의 제공은 가정에 속한 개인의 행복을 보장한다는 측면이나 국가의 비용 면에서 매우 비효율적인 정책임을 알 수 있다. 지금까지 우리나라 가족정책과 복지서비스의 지원은 대부분 사후치료적 지원이 중심이었다. 즉, 문제 발생을 예방하기보다는 문제가 발생한 후 많은 비용을 치르면서 대책을 강구하였다(김승권, 2004: 24). 그러나 이러한 사후치료적 지원의 한계는 아무리 비용이 증가하여도 가정문제의 발생을 줄일 수 없다는 데 있다.

이제까지 한국의 가정 관련 정책은 문제가 발생한 후 사후치료하는 방식을 취해왔다. 그러나 가정을 둘러싼 환경의 변화 속에서 점차 가정은 자신에게 부과된 과도한 책임을 수행할 능력을 상실해 가고 있으며, 그에 따라 가정의 책임에 대한 사회적 연대 및 책임 분담이 필요해지고 있다. 이러한 변화와 더불어 가정정책의 변화 또한 요구되는데, 건강가정기본법의 기본 이념이나 관련 정책들이 이러한 변화를 수용하고 있다. 즉 건강가정기본법에서는 이전까지의 문제 치료적인 방식에서 벗어나 문제 예방적인 측면을 매우 강화하고 있으며, 이를 뒷받침해 줄 제도적 지원 또한 명시하고 있다.

독일, 프랑스, 일본 등 선진국의 경우에도 가족정책 시행 초기의 잔여적 성격에서 탈피해 점차 보편주의적 방식으로 정책의 방향을 수정해 가고 있는 추세이다. 이와 같은 가정문제에 관한 예방적 접근의 중요성은 각 나라들마다 마련하고 있는 정책들에도 나타나는데, 이를 통해 가족기능 강화를 위한 정책이 세계적인 추세임을 알 수 있다. 예컨대, 타이완은 지자체 가족교육센터에서 미혼남녀가 결혼 전 교육을 받도록 의무화하고 있으며, 미국의 오클라호마 주 등에서는 결혼준비 및 유지에 관한 법안과 결혼 전 교육 법안을 입법화하였고, 영국도 결혼준비교육 및 이혼 전 상담실시를 의무화했다. 또 캐나다 역시 가족위원회 부서를 법제화하여 가족상담교육을 명문화하고 있다(정현숙, 2003: 2).

건강가정기본법은 문제 예방적 측면을 매우 강조하고 있어 가정문제의 발생으로 인한 가족기능 약화, 가족갈등, 가족해체 등을 사전에 방지할 수 있는 기제를 강조하고 있다. 건강가정교육(제32조), 이혼 예방을 위한 교육 및 이혼가정을 위한 지원(제31조), 건강한 가정생활문화를 고취하기 위한 노력(제28조) 등을 본 법에서 다루고 있다.

3. 건강가정기본법의 체계와 내용

다음에는 건강가정기본법의 체계와 내용을 살펴본다. 건강가정기본법의 체계, 법의 성격, 법의 변화, 그리고 법의 구체적인 내용을 조문과 함께 살펴본다.

1) 건강가정기본법의 체계

건강가정기본법은 본 법과 건강가정기본법 시행령, 건강가정기본법 시행규칙으로 구성되어 있으며, 건강가정기본법은 총 5장의 본칙과 부칙으로 되어 있다. 제1장은 총칙으로 법의 총론적인 성격을 규정하고, 제2장은 건강가정정책으로 기본계획의 수립에 관한 내용을 제시하고, 제3장은 건강가정사업으로 가정의 건강성 증진을 위한 구체적인 사업들을 다루고 있으며, 제4장은 건강가정전담조직 등으로 전문인력에 관한 내용을, 그리고 제5장은 보칙으로 보조금과 과태료 등에 대한 내용을 규정하고 있다.

2) 건강가정기본법의 성격

건강가정기본법은 다른 법률과 마찬가지로 헌법의 하위 법률이면서 기본법의 성격을 갖는다. 우리나라에는 건강가정기본법 이외에도 다수의 기본법이 있다. 건강가정기본법은 가정 및 가족에 관련된 기본법의 성격과 함께 이 법을 통해 구체적인 실천이 가능하도록 하기 위해 사업법적인 성격을 포함시키고 있다. 건강가정기본법은 기본법이기 때문에 가정복지와 관련된 사업들, 예를 들면 가정폭력이나 성폭력 관련 사업들처럼 이미 다른 법으로 규정되어 시행되고 있는 경우에는 해당 사업법을 통해 실시 가능하도록 하고, 건강한 가정생활을 영위하기 위해 필요한 내용들과 이를 실현하기 위해 개발되어야 할 사업 영역들을 주로 규정하는 법체계를 가지고 있다(정민자, 2003: 25).

3) 건강가정기본법의 변화

2005년 1월 1일부터 시행된 건강가정기본법은 정부조직의 변화, 사회의 변화 및 법의 효율적인 실행을 위해 필요에 따라 법의 조문이 일부 개정되었다. 법의 중요 내용이 추가되거나 삭제된 개정과정을 통해 그동안의 변화를 살펴본다.

(1) 법 주관부처 변화

법의 제정 당시 보건복지부에서 시작한 건강가정기본법의 주관부처는 그동안 정부가 변화함에 따라 주관부처가 보건복지부(2005.1) → 여성가족부(2005.3) → 보건복지가족부(2008.2) → 여성가족부(2010.3) 등으로 변경되었다. 이처럼 법을 맡아서 실행해야 하는 주관부처가 자주 변경된 것은 법의 실행 및 가족정책의 일관성을 유지하고 발전시키는 데 부정적인 영향을 미쳤다고 할 수 있다.

(2) 2011년 일부 개정

2011년 일부 개정되어 2012년부터 시행된 법은 자녀양육지원사업의 법적 근거를 마련하고 건강가정위원회의 폐지, 건강가정지원센터의 유사명칭 사용을 금지하였다. 건강가정기본법은 자녀를 양육하는 가정에 대한 국가 및 지방자치단체의 자녀돌봄 지원을 강조하고 있다(제22조). 이러한 법의 취지에 따라 2006년부터 각 건강가정지원센터에서는 '아이돌보미' 사업을 시행하였고 주민들로부터 큰 호응을 받아왔다. 이에 아이돌보미 사업에 관한 법적 근거 마련을 위해 제22조(자녀양육지원의 강화)를 개정하였다. 또 2008년부터 시작한 새 정부는 각종 위원회가 과다함을 들어 정부의 각종 위원회를 폐지하면서 건강가정기본법 제13조, 제14조에 명시된 건강가정정책위원회를 폐지하였다. 이와 함께 건강가정기본법에 따른 센터가 아니면 건강가정지원센터라는 유사명칭을 사용할 수 없도록 규정하고(제35조의 2), 이를 어길 경우 과태료를 부과할 수 있도록(제37조) 개정하였다.

(3) 2014년 일부 개정

2014년 일부 개정하여 2015년부터 시행된 개정안은 한국건강가정진흥원의 설립에 관한 것이다. 건강가정지원센터는 건강가정기본법 제35조에 중앙, 시 · 도 및 시 · 군 · 구에 설치하도록 되어 있어서, 2005년 1월 중앙건강가정지원센터가 설립되었다. 중앙건강가정지원센터는 여성가족부의 지휘감독을 받으며, 민간단체에서(사단법인 가정을건강하게하는시민의모임) 운영을 맡고 있었으나, 그 법적 지위를 보장하기 위해 한국건강가정진흥원의 설립과 사업을 규정하는 법을 추가 신설하였다(제34조의 2).

(4) 2016년 일부 개정

2016년에는 다양한 형태의 국가적인 재난에 의해 가족의 기능이 현저하게 저하된 가족이 원활한 가족기능을 수행할 수 있도록 지원하는 법의 개정이 이루어졌다. 위기가족긴급지원(제21조의 2), 위기가족긴급지원에 관한 정보의 이용(제21조의 3), 위기가족긴급지원에 대한 비용의 지원(제21조의 4)에 관한 내용을 신설하여 위기가족에 대한 아이돌봄 지원 등 가족돌봄, 그리고 가족상담 등을 통한 가족의 심리 · 정서 지원 및 법률구조와 의료구조 등을 지원하도록 개정하였다.

(5) 2018년 일부 개정

2018년 개정에서는 증가하는 1인가구의 지원에 대한 조항을 추가하였다. 1인가구를 1명이 단독으로 생계를 유지하는 생활단위로 정의하고(제3조 2항의 2), 건강가정기본계획에 1인가구의 복지 증진을 위한 대책(제15조 2항의 10)을 추가하였다

(6) 2020년 일부 개정

2020년 일부 개정은 가족실태조사의 실시 주기를 5년에서 3년(제20조 1항)으로 단축하여 변화하는 가족실태를 빠르게 파악할 수 있도록 하였고, 건강가정기본계획을 국회 소관 상임위원회에 보고하도록 하였으며(제15조 4항), 한국건강가정진흥원

에 관련된 내용을 정비하였다(제34조의 4항-10항). 중요한 것은 건강가정지원센터의 설치 및 운영에 필요한 비용의 전부 또는 일부를 국가 및 지방자치단체가 지원하는 조항을 신설하여(제34조 6항), 센터에 대한 재정지원을 명백하게 하였다.

(7) 건강가정기본법 시행령 및 시행규칙의 변화

건강가정기본법의 개정에 따라 시행령 및 시행규칙을 개정하여 법의 구체적인 실행이 가능하도록 하고 있다.

4) 건강가정기본법의 내용

건강가정기본법의 체계에 따라 그 내용을 살펴보면 다음과 같다.

(1) 제1장 총칙

법령의 총칙이란 법령 전체에 관한 원칙적 · 기본적인 사항을 말하며, 총칙적 규정으로서는 목적 규정, 정의 규정, 해석 규정 등과 이념 규정이나 책무 규정 등을 둘 수 있으나, 총칙에서 어떤 사항을 규정할 것인가는 실제 법령을 제정할 때 정할 수 있다(박영도, 1997: 122).

건강가정기본법의 제1장 총칙(제1조~제12조)은 다음과 같이 구성되어 있다.

제1조 목적	제7조 가족가치
제2조 기본 이념	제8조 혼인과 출산
제3조 정의	제9조 가족해체 예방
제4조 국민의 권리와 의무	제10조 지역사회 자원개발 활용
제5조 국가와 지방자치단체의 책임	제11조 정보 제공
제6조 다른 법률과의 관계	제12조 가정의 날

① 제1조(목적)

본 법의 제1조는 입법 목적을 밝히고 있는데, 일반적으로 목적 규정에서는 법명과 함께 그 법령의 목적을 명확히 하며 또한 그 법령 규정의 운용 · 해석 지침을 제시하는 역할을 한다(박영도, 1997: 122). 제1조 목적은 건강한 가정생활의 영위와 가족의 유지 및 발전을 위한 국민의 권리 및 의무와 국가의 책임을 명시하고 있다. 이는 법이 지향하는 이념에서도 밝힌 바와 같이 건강한 가정을 유지하기 위해서는 국가의 지원과 함께 국민의 노력도 필요함을 명시한 것이다. 또 건강가정의 실현을 위한 수단으로 가정문제의 적절한 해결방안을 강구하고 가족구성원의 복지증진에 이바지할 수 있는 지원정책의 강화를 통해 건강가정 구현에 기여하는 것을 이 법의 목적으로 함을 밝히고 있다.

② 제2조(기본 이념)

총칙에서 이념 규정이란 법령의 기본 원리를 지시하는 것으로서 법령 제정의 이념이나 방침을 강조하려는 경우에 규정된다. 본 법의 제2조에서는 기본 이념으로 가정이 개인의 기본적인 욕구를 충족시키고 사회통합을 위해 기능할 수 있도록 유지 발전되어야 한다고 규정하고 있어서 가정이 우선적으로 구성원 개인의 욕구를 충족할 수 있어야 함을 천명하고 있다. 이는 헌법 제10조에서 국민이 인간으로서의 존엄과 가치를 인정한 것이나 제36조에서 혼인과 가족생활이 개인의 존엄과 양성평등을 기초로 성립되고 유지되어야 한다고 규정한 헌법의 개인 존중 정신을 기본 바탕으로 하고 있는 것이다.

③ 제3조(정의)

정의 규정은 그 법령에서 사용되는 기초적인 중요한 용어의 의의를 명확히 하거나 또는 그 법령에서 일반적인 의미와는 다소 다른 의미로 사용할 필요가 있을 경우에 그 용어의 해석상의 의의를 명백히 규정할 필요가 있기 때문에 설치하게 된다(박영도, 1997: 127). 법 제3조는 이 법에서 사용하는 용어인 가족, 가정, 건강가정 그리고 건강가정사업에 대한 정의를 하고 있다.

제3조 1항에서 가족은 혼인 · 혈연 · 입양으로 이루어진 사회의 기본 단위로 정의하고 있다. 가족의 정의는 그동안 지속적인 논란을 불러일으킨 조항으로, 건강가정기본법이 제정되던 당시(2003년)에는 이 정의가 민법에 규정된 가족의 정의였으므로, 국회에서도 민법의 가족 정의를 그대로 옮긴 것이었다. 그러나 그 후 2005년 민법이 개정되었고, 민법에서는 가족의 정의를 가족 범위에 대한 조항으로 개정하였다.[5] 건강가정기본법은 이 조항을 민법의 개정과 함께 가족의 범위를 정하는 것으로 개정했어야 하나, 그러지 않은 채 지금에 이르고 있다.

용어의 정의에서 가족과 함께 중요한 용어는 가정이다. 제3조 2항에서 가정은 구성원의 일상적 부양 · 양육 · 보호 · 교육 등이 이루어지는 생활 단위로 정의하고 있다. 즉, 가정은 1인으로 구성된 단독가정이나 비혈연 구성원으로 이루어진 가정을 포함한다. 가족이 2인 이상의 구성원을 전제로 한다면 가정에서는 1인 가정도 포함할 수 있는데, 왜냐하면 생활 단위인 가정이란 인간이 생명활동을 유지하는 생활에 초점을 두고 있기 때문에 1인의 가정도 생활을 영위한다고 볼 수 있다. 건강가정은 구성원 모두의 욕구가 충족되고 인간다운 삶이 보장되는 가정을 의미하는데, 이는 헌법에서 보장하고 있는 행복추구권(제10조)과 인간다운 생활을 할 권리(제34조)에 따른 것이다.

④ 제4조(국민의 권리와 의무), 제5조(국가와 지방자치단체의 책임)

법에서 책무 규정은 국가 또는 지방자치단체, 사업자, 주민 등의 책무를 제시하는 것이 법령의 목적을 달성하기 위해서 이들에게 일정한 책무가 있음을 강조하려는 경우에 규정된다(박영도, 1997: 145). 본 법에서는 제4조와 제5조에서 국민의 권리와 의무 그리고 국가와 지방자치단체의 책임을 규정하고 있다. 즉, 모든 국민은 헌법에서 보장하고 있는 인간다운 삶을 유지할 수 있는 가정생활을 영위할 권리를 가짐과

---

5) 민법 제779조(가족의 범위) ① 다음의 자는 가족으로 한다.
   1. 배우자, 직계혈족 및 형제자매
   2. 직계혈족의 배우자, 배우자의 직계혈족 및 배우자의 형제자매
   ② 제1항 제2호의 경우에는 생계를 같이 하는 경우에 한한다.[전문개정 2005. 3. 31.]

동시에 가정의 복지 향상을 위해 노력해야 함을 규정하고 있다. 나아가 국가와 지방자치단체는 건강한 가정을 위하여 필요한 제도와 여건을 조성하고 이를 위한 시책을 강구하여 추진하여야 한다고 하여 국민의 노력보다 훨씬 강력한 국가의 책무를 규정하고 있다. 즉, 본 법에서는 가정복지 향상의 1차적인 책임이 국가와 지방자치단체에 있음을 천명하면서 동시에 복지 상태를 향유할 국민들의 노력을 주문하고 있다. 이는 국민들을 수동적인 복지수급의 대상자로만 보는 것이 아니라 복지에 대한 능동적인 주체자임을 강조하여 가정의 자율성을 확보하는 것이다.

특히 국가와 지방자치단체가 시책을 강구함에 있어 가족구성원의 특성과 가정유형을 고려할 것을 주문하고 있다. 즉, 가족구성원의 성, 가정생활주기, 계층, 지역 등의 특성을 고려함과 동시에 모부자가정, 미혼모가정, 1인가정, 비혈연가정 등 다양한 유형의 가정을 고려해야 함을 책무로 규정하고 있다. 특히 3항에서 민주적인 가정형성, 가정친화적인 환경조성, 양성평등한 가족가치 실현 및 가사노동의 정당한 가치평가를 위하여 노력할 것을 주문하고 있어서, 본 법이 지향하는 이념들이 헌법에서 보장한 양성평등의 원칙을 구현하고자 한 것임을 구체적으로 밝히고 있다.

법의 책무 규정은 제1조 목적에서 제시한 내용을 제4조, 제5조에서 명확하게 하고, 이를 더 구체적인 내용으로 확대하여 규정하고 있다. 제7조 가족가치, 제8조 혼인과 출산, 제9조 가족해체 예방에서는 국민과 국가의 책임을 함께 제시하고 있으며, 또 제10조 지역사회 자원개발 활용과 제11조 정보 제공에서는 건강한 가정의 구현을 위해 국가와 지방자치단체의 역할을 명확히 규정하고 있다. 나아가 5월을 가정의 달로, 5월 15일을 가정의 날로 규정하여 가정의 중요성을 고취하고 건강가정을 위해 개인 · 가정 · 사회의 적극적인 참여 분위기를 조성할 수 있도록 하고 있다.

⑤ 제6조(다른 법률과의 관계)

헌법을 제외한 국회에서 제정한 모든 법률은 동등한 효력을 가지는 것이 원칙이다. 다만 일반 원칙상 신법 우선의 원칙과 특별법 우선의 원칙이 적용될 뿐이다. 적용 범위에 관한 규정은 법령 전체 또는 법령 중의 일정한 조항을 어떤 범위에 한정하거나 또는 어떤 범위의 것을 제외하여 적용하여야 할 경우에 사용하는 규정이다.

본 법에서는 제6조에서 건강가정사업과 관련되는 다른 법률을 제정 또는 개정하는 경우에는 이 법에 부합되도록 하여야 한다고 규정하고 있다. 즉, 본 법이 제정되었기 때문에 모든 건강가정 관련 법령은 건강가정기본법을 정점으로 체계화되어야 한다. 장차 관련 법령이 제정됨에 있어 이 체계는 존중되어야 한다. 건강가정기본법과 모순되는 상황이 발생한 경우 이를 개별법의 제정으로 해결할 것이 아니라 건강가정기본법을 먼저 개정하고 이에 기초하여 내용에 부합되도록 새로운 법령이 따라주어야 한다는 것을 의미한다(조은희, 2004: 32).

(2) 제2장 건강가정정책

입법 형식에서 실체 규정이란 법령의 본칙에 규정되는 조문 중 총칙에 이어 규정되는 것으로, 당해 법령이 달성하고자 하는 입법 목적을 구체적으로 실현하기 위한 가장 기본적인 내용을 규정하게 된다. 본 법의 실체 규정은 제2장 건강가정정책, 제3장 건강가정사업, 제4장 건강가정전담조직으로 이루어져 있다.[6)]

각 장별 내용은 다음과 같다.

제2장(제13조~제20조) 건강가정정책은 다음과 같이 구성되어 있다.

- 제13조 2011. 09. 15. 개정안에서 삭제
- 제14조 2011. 09. 15. 개정안에서 삭제
- 제15조 건강가정 기본계획의 수립
- 제16조 연도별 시행계획의 수립 시행 등
- 제17조 시도별 시행계획의 조정 등
- 제18조 계획 수립의 협조
- 제19조 교육 · 연구의 진흥
- 제20조 실태조사

6) 제2장 건강가정정책과 제4장 건강가정전담조직 등을 분리한 것에 대해 조은희(2004: 34)는 법의 구성상 위원회를 다룬 2장과 전담조직을 다룬 4장을 한 장에 구성하는 것이 더 좋을 것 같다는 의견을 제시한다.

① 건강가정 기본계획(건강가정 기본계획의 수립, 시행, 조정, 협조)

본 법의 제15조는 여성가족부장관이 관계 중앙 행정기관의 장과 협의하여 건강가정 기본계획(기본계획)을 5년마다 수립하도록 규정(제15조 1항)하고 있다. 또 이 항에 의해 수립된 기본계획은 국무회의 심의를 거쳐 확정(제15조 3항)하고, 확정된 기본계획은 여성가족부장관이 지체 없이 국회 소관 상임위원회에 보고하고, 관계 중앙행정기관의 장 및 시 · 도지사에게 통보하여야 한다(제15조 4항)고 규정하고 있어서 국가 및 지방자치단체는 건강가정과 관련된 정책의 계획 및 실행이 의무임을 천명하고 있다.

여성가족부장관이 5년마다 수립해야 하는 건강가정과 관련된 사항은 다음과 같다(제15조 2항).

1. 가족기능 강화 및 가정의 잠재력 개발을 통한 가정의 자립 증진 대책
2. 사회통합과 문화 계승을 위한 가족공동체문화의 조성
3. 다양한 가족의 욕구충족을 통한 건강가정 구현
4. 민주적인 가족관계와 양성평등적인 역할 분담
5. 가정친화적인 사회환경의 조성
6. 가족의 양육 · 부양 등의 부담 완화와 가족해체 예방을 통한 사회비용 절감
7. 위기가족에 대한 긴급지원책
8. 가족의 건강증진을 통한 건강사회 구현
9. 가족 지원정책 추진과 관련한 재정조달 방안

여성가족부장관 및 관계 중앙행정기관의 장 및 지방자치단체의 장은 수립된 기본계획에 따라 매년 건강가정 시행계획을 수립 · 시행 및 평가하고 관계 중앙행정기관의 장 및 지방자치단체의 장은 그 시행계획 및 추진실적을 여성가족부장관에게 제출해야 한다(제16조 1항). 여성가족부장관은 시 · 도별 시행계획을 조정하고 그 이행 상황을 점검하여야 하며(제17조 1항), 이 계획이 기본계획 및 중앙행정기관의 시

행계획에 위배되는 경우에는 이를 변경하도록 요구할 수 있다(제17조 2항). 기본계획의 수립 및 시행을 위해 필요한 경우 여성가족부장관 등은 관계 공공기관, 사회단체, 기타 민간기업체의 장에게 협조를 구할 수 있고(제18조 1항), 협조 요청을 받은 자는 특별한 사유가 없는 한 이에 응할 의무가 있음(제18조 2항)을 규정하고 있다.

② 교육 · 연구의 진흥과 실태조사

본 법의 제19조는 국가와 지방자치단체가 건강가정과 관련된 연구를 진흥하고 전문가를 양성하며(1항), 건강가정을 위한 교육 프로그램을 지속적으로 개발 · 제공하여야 함(2항)을 규정하고 있다. 이는 국가와 지방자치단체의 역할이 단순히 지원이 필요한 대상 가정에 서비스를 제공하는 수준에서 벗어나 적극적으로 가정의 건강성을 증진시키는 데 필요한 연구를 하고 전문가를 양성하며, 나아가 교육 프로그램을 개발 · 제공할 것을 요구하고 있다.

교육, 연구 및 프로그램 개발과 관련하여 국가와 지방자치단체는 건강가정을 구현하고 가정문제를 예방하는 데 필요한 서비스 욕구와 수요를 파악하기 위하여 3년마다 가족실태조사를 하도록(제20조 1항) 규정하고 있다.

(3) 제3장 건강가정사업

제3장 역시 제2장과 마찬가지로 본 법의 실체 규정에 해당하는 장이다. 건강가정사업이란 국가와 지방자치단체가 건강가정의 구현을 위해 수행해야 하는 역할들을 규정하고 있는데, 크게 두 가지 측면으로 나눌 수 있다. 첫째는 건강가정을 저해하는 문제(가정문제)의 발생을 예방하고 해결하기 위한 여러 가지 조치, 둘째는 가족의 부양 · 양육 · 보호 · 교육 등의 가정기능을 강화하기 위한 사업들이다. 법 제21조부터 제33조에 걸쳐 규정하고 있는 건강가정사업의 내용은 다음과 같다.

제21조 가정에 대한 지원	제27조 가족단위의 시민적 역할
제21조의 2-4 위기가족긴급지원	제28조 가정생활 문화발전
제22조 자녀양육 지원 강화	제29조 가정의례
제23조 가족단위 복지증진	제30조 가정봉사원
제24조 가족의 건강증진	제31조 이혼예방 및 이혼가정 지원
제25조 가족부양 지원	제32조 건강가정교육
제26조 민주적이고 양성평등한 가족관계 증진	제33조 자원봉사활동 지원

① 가정문제 예방과 해결을 위한 가정 단위 지원사업

건강가정사업에서는 가정문제 예방을 위한 지원과 이미 발생한 가정문제 해결을 위한 사업들을 가정 단위로 지원할 것을 명시하고 있다. 제21조(가정에 대한 지원)는 국가와 지방자치단체가 가정이 원활한 기능을 수행할 수 있도록 경제적 지원을 비롯한 다양한 지원을 하도록 규정하면서, 특히 사회적 보호가 필요한 다양한 형태의 가정을 적극 지원하도록 강조하고 있다. 제23조(가족단위 복지증진)에서는 각종 사회보장제도의 운영에서 가족을 지지하고 우대하는 가족단위 지원 방안을 강구하도록 규정하고, 제26조(민주적이고 양성평등한 가족관계 증진)는 가족갈등이 있는 경우 이를 예방할 수 있도록 가족 지원 서비스를 확대하고 가정폭력이 있는 경우 전문가의 체계적 개입과 서비스가 이루어지도록 하며, 제31조(이혼예방 및 이혼가정 지원)에서는 이혼하고자 하는 가족의 이혼조정 내실화 및 이혼 의사가 정해진 가족, 그리고 이혼한 가정에 대해 자녀양육을 비롯한 제반 문제에 대한 적극적인 지원을 명시하고 있다. 나아가 가정문제 예방을 위한 가장 적극적인 방법의 하나는 교육을 통해 접근하는 것이다. 제32조(건강가정교육)에서는 결혼준비교육, 부모교육을 비롯한 가정생활 관련 교육을 실시하도록 하고 있다.

② 가정기능 강화를 위한 지원사업

가정기능 강화를 통한 가정의 자립성의 증진은 가정의 건강성을 증진하는 기초가 된다. 제3장 건강가정사업에서는 이러한 내용을 규정하고 있다. 2016년 개정된 건강가정기본법은 제21조 2, 3, 4에서 위기가족의 긴급지원에 관해, 국가의 재난에 의해 가족의 부양 · 양육 · 보호 · 교육 등 가족기능이 저하된 가족을 지원하며, 이를 위해 관련 정보를 이용하며, 비용을 지원하도록 규정하고 있다. 제22조(자녀양육지원 강화), 제25조(가족부양 지원), 제30조(가정봉사원)에서는 자녀를 가진 가정이나 부양 지원을 요하는 가족구성원이 있는 가정에 대한 지원을 강구하도록 하고 있으며, 그 바탕이 되는 가족의 건강증진 대책을 마련하도록 하고 있다(제24조 가족의 건강증진). 특히 제22조(자녀양육지원 강화)에서는 아동양육지원사업(아이돌보미 서비스 포함) 시책을 수립, 시행하고 이에 예산을 지원할 수 있도록 규정하고 있다. 나아가 건강가정사업은 가정이 사회 속에서 고립된 존재가 아니므로 가정 간, 지역사회 내의 협동을 중시한다. 제27조(가족단위 시민적 역할), 제33조(자원봉사활동 지원)에서는 국가와 지방자치단체가 가족의 결속과 성장을 위해 그리고 시민으로서의 역할을 증진할 수 있도록 가족단위 자원봉사활동을 할 수 있는 지원과 서비스를 제공하도록 규정한다. 또 현대사회의 구성원들이 가정에 기대하는 가장 중요한 기능의 하나는 가족여가 등 가정생활문화의 기능이다. 즉 가정생활문화의 발전을 통해 가정의 건강성 증진을 위한 가정적, 사회적 분위기를 만들어 갈 수 있다. 이를 위해 본 법의 제28조(가정생활문화 발전), 제29조(가정의례)는 양성평등한 가족문화를 비롯한 다양한 가정생활문화를 고취하도록 지원정책을 수립할 것을 제시하고 있다.

(4) 제4장 건강가정전담조직 등

법 제4장은 건강가정의 전담조직에 관한 규정으로 공적 전달체계의 건강가정사업의 전담 수행(제34조)과 건강가정지원센터의 설치(제35조), 민간단체의 지원(제36조) 등이다.

현재 건강가정에 관련된 사항은 중앙행정기구인 여성가족부 가족정책관(국)이 수행하고 있으나, 지방의 시행 주체가 되는 시 · 도 및 시 · 군 · 구에는 전담 부서가 없어서 중앙에서 내려오는 관련 업무의 효과적인 수행이 어려운 실정이다. 건강가정사업과 관련된 제반 시책들을 효과적으로 수행하기 위해서는 이에 관한 업무를 전담하여 수행하는 것이 필요하며, 이런 의미에서 제34조 건강가정사업의 전담 수행은 이 사업에 관한 공적 전달체계의 정비를 의미하는 것으로 매우 중요하다.

2014년의 개정에서는 제34조의 2(한국건강가정진흥원의 설립 등)를 신설하여 그간 민간단체에 위탁하여 운영하던 중앙건강가정지원센터를 법인격인 한국건강가정진흥원으로 설립하여 다양한 가족의 삶의 질 제고 및 가족역량 강화를 위한 가족정책을 효율적이고 체계적으로 지원하도록 하고 있으며(제34조 2의 1항), 필요한 사업을 하도록 규정하고 있다(제34조 2의 5항). 2020년 개정에서는 한국건강가정진흥원의 정관 포함 사항 및 사업 등을 구체화했다(제34조 2의 4-10항).

본 법 제35조 건강가정지원센터의 설치는 건강가정사업을 직접 수행하는 중요한 주체인 건강가정지원센터의 설치에 관한 것으로, 법에서는 가정문제의 예방, 상담 및 치료, 건강가정의 유지를 위한 프로그램의 개발, 가족문화운동의 전개, 가정 관련 정보 및 자료제공 등을 위하여 건강가정지원센터(센터)를 둘 것을 규정하고 있으며(1항), 센터의 운영은 민간에 위탁할 수 있다(5항). 나아가 2020년 개정에서 국가 및 지방자치단체는 센터의 설치 · 운영비용의 전부 또는 일부를 지원하도록 규정하고 있다(제36조 6항).

센터는 건강가정사업 수행을 위해 관련 전문가(건강가정사)를 두며(2항), 이들은 대학 또는 이와 동등 이상의 학교에서 가정학 · 사회복지학 · 여성학 등 관련 교과목을 이수하고 졸업한 자로 규정한다(3항). 건강가정사에 관한 조항은 본 법에서 자격부여 법규에 해당하는데, 자격제도란 일정한 업무 수행에 필요한 전문적 지식 및 기능의 보유를 설정 · 공증하는 제도를 말한다. 건강가정사에 필요한 관련 교과목은 여성가족부령으로, 건강가정사의 자격 및 직무에 관한 사항은 대통령령으로 정하고 있다(부록의 건강가정기본법 시행령과 시행규칙 참조).

2011년 개정된 법률에서 제35조의 2(유사명칭의 사용금지)를 신설하여 이 법에 따른 센터가 아닌 자는 건강가정지원센터 또는 이와 유사한 명칭을 사용하지 못하도록 규정하고, 이를 위반한 경우 300만원 이하의 과태료를 부과하도록 하고 있다(보칙 제37조 과태료를 신설).

(5) 보칙

보칙은 법령의 본체를 이루는 실체적 규정의 전제로서 그 전반에 걸쳐 공통적으로 적용되는 사항으로, 총칙적 규정으로 삼기에는 적합하지 않은 절차적, 기술적인 사항을 벌칙에 앞서 규정하는 것이다(박영도, 1997: 240). 본 법의 보칙은 제36조(민간단체 등의 지원), 제37조(과태료)로 되어 있다. 제36조는 민간단체에 대한 지원으로, 건강가정 관련 단체에 대하여 필요한 경비의 전부 또는 일부를 지원하거나 업무수행에 필요한 지원을 할 수 있다. 이는 공적 전달체계나 건강가정지원센터뿐만 아니라 민간단체도 가정문제의 예방 및 치료, 가정의 기능강화를 위한 다양한 건강가정사업에 참여할 수 있음을 제시하고 있다.

(6) 부칙

법령의 본칙이 본체적인 사항을 규정하는 부분이라면 부칙은 부수적이고 경과적인 사항을 규정하는 부분이다. 부칙에서는 통상 시행일, 유효기간, 시행을 위한 준비행위, 적용례, 경과 조치, 기타 법령의 개정 및 폐지에 관한 것으로 구성된다. 시행일에 관한 규정은 지금까지 미발동의 상태에 있던 법령의 효력이 현실로 발동하고 규율하려는 사실관계에 대해 작용하는 것을 의미한다. 본 법의 부칙은 시행일에 관한 것인데, 제정 당시 이 법은 2005년 1월 1일부터 시행한다고 규정하였으며, 법의 개정에 따라 시행일을 공포한다.

(7) 건강가정기본법 시행령

시행령은 대통령령으로 건강가정기본법에서 위임된 사항과 시행에 관하여 필요한 사항을 규정하고 있다. 대통령령인 시행령은 주무부처의 입법절차를 거쳐 국무회의를 통과하고 대통령의 재가를 얻으면 법제처에서 공포한다(법제처, 2009). 그러므로 건강가정기본법 시행령은 본 법의 개정에 따라 필요한 사항을 규정하고 있다. 건강가정기본법 시행령은 첫째, 건강가정기본계획의 연도별 수립 및 평가 등을 규정하고 있다. 즉 건강가정기본계획 시행계획의 수립을 위한 지침 통보일, 각 부처의 시행계획 제출일 및 전년도 추진실적 통보일 등을 정하고 있다. 둘째, 2016년 법 제21조 2(위기가족긴급지원)에서 명시된 재난의 범위를 정하고(제2조의 2), 위기가족긴급지원의 절차 및 방법(제2조의 3)을 구체적으로 정하고 있다. 또 시행령에서는 건강가정지원센터의 조직(제3조), 그리고 건강가정사의 직무(제4조)에 대해 구체적으로 규정하고 있다. 나아가 법 제37조(과태료)에 따른 과태료의 부과 · 징수(제5조) 기준을 마련하고 이를 2년마다 검토하도록(제4조의 2) 하고 있다.

(8) 건강가정기본법 시행규칙

시행규칙은 주무부처의 부(장관)령으로, 건강가정기본법 시행규칙은 여성가족부령이다. 부령인 시행규칙은 주무부처의 입법절차를 결쳐 법제처의 승인을 얻으면 주무부처가 행정안전부의 관보에 게재함으로써 효력이 발생한다(법제처, 2009). 건강가정기본법 시행규칙은 건강가정기본법과 시행령에서 위임된 사항과 시행에 필요한 사항을 규정하는 것으로, 가족실태조사의 실시와 가정봉사원의 교육, 건강가정교육계획의 수립 및 건강가정사의 이수교과목, 그리고 건강가정지원센터의 위탁운영 등에 관해 규정하고 있다. 2016년 개정에서는 건강가정지원센터를 위탁운영할 수 있는 민간기관의 범위를 확대하고 있다.

4. 건강가정기본법의 특징 및 제정 의의

건강가정기본법은 2003년 12월 국회를 통과하여 2004년 2월 공포되었고, 2005년 1월 1일부터 시행되고 있다. 건강가정기본법은 앞에서 설명한 바와 같이 기본법적인 특징으로 가정, 가정생활에 관한 총론적 특성을 규정하고 이를 위한 국가 · 사회와 국민의 역할 등을 규정하고 있으며, 나아가 국가 및 지방자치단체가 가정을 지원하기 위한 사업들을 제시하는 사업법적인 특징을 함께 가지고 있다. 이 법에 따라 전국에서 건강가정기본법의 전달체계인 '건강가정지원센터'가 건강가정사업을 수행하고 있다. 그러므로 이 절에서는 우리나라 가족정책을 명시적으로 제시하고 있는 건강가정기본법의 특징 및 제정 의의는 무엇인지 살펴본다. 마지막으로 끊임없이 제기되어 온 건강가정기본법에 대한 문제 제기를 통해 그 오해와 진실을 파악해 본다.

1) 건강가정기본법의 특징

① 통합적 가족정책

건강가정기본법의 특징은 대부분 법이 개인을 대상으로 하는 데 비해 개인이 아니라 생활공동체인 가정 · 가족을 그 대상으로 한다는 점이다. 즉, 건강가정기본법은 통합적 가족정책을 통해 가정의 건강성을 증진함으로써 개인의 행복 및 삶의 질 향상에 기여하고 나아가 건강한 사회에 이바지하고자 하였다.

② 생활공동체인 가정의 강조

생활공동체로서의 가정을 강조한다는 것은 혈연 중심의 가족관계를 강조하는 것이 아니라, 그 구성원들이 가정의 기능을 잘 수행할 수 있는 생활공동체를 중시한다는 의미이다. 가정은 의식주생활을 영위함으로 인간의 노동력 재생산이 이루어지는 장소이기 때문에 인간노동력의 재생산을 통해 개인의 성장 발전뿐만 아니라 사회의 지속가능성이 담보될 수 있다(조희금, 2021).

③ 보편적 가족정책

건강가정기본법은 요보호를 필요로 하는 개인을 넘어 모든 가정에 대한 국가와 지방자치단체의 지원을 강화함으로써, 잔여적 개념의 복지를 넘어선 보편적 복지를 명실상부하게 규정하고 있다. 이는 복지를 한 단계 업그레이드시킨 것으로, 그 후 초・중・고등학교의 급식 등 보편적 복지의 확대로 복지에 대한 패러다임을 변화시키는 시작점이 되었다.

④ 가정의 자립성과 지역사회 공동체 강조

건강가정기본법의 또 하나의 특징은 가족 서비스의 대상이 되는 가정의 능동성을 강조한다는 것이다. 가정은 수동적 지원대상이 아니기 때문에, 직접적인 금품의 지원이 아닌 가정의 역량을 강화할 수 있도록 지원한다. 즉, 가정의 자립을 위한 교육, 상담, 기타 가족 활동을 통해 가족 스스로 건강성을 증진할 수 있다. 나아가 자립적인 가정은 그 가정이 이웃과 지역사회의 자원으로 활동할 수 있고, 가족단위로 시민 역할 증진이나 가족단위 자원봉사 등 이웃과의 협동을 통한 지역공동체와의 네트워크를 구축한다. 지역사회 공동체와의 협동은 사회적 자본인 신뢰의 바탕이 된다.

⑤ 예방적 가족정책

건강가정기본법은 사후 치료가 아닌 사전적, 예방적 차원의 가족지원을 강조한다. 가족문제가 발생하기 전에 이를 예방할 수 있도록 가정에 대한 다양한 지원을 명시하고 있다. 가족문제는 한 번 발생하면 그 치료에 시간과 비용이 많이 들고, 또 완전한 치료도 불가능하기 때문에 예방이 매우 중요하며, 문제 발생 후 들어가는 개인적, 사회적 비용을 감소시킬 수 있다. 가정에 대한 예방적 지원의 효과를 단순히 산술적으로 계산하기는 어려우나, 우리가 신체적인 건강을 지키기 위해 평소에 건강한 식사와 운동을 꾸준히 하는 것이 병을 예방하기 위해 필요한 것과 같다. 예를 들면, 2019년 발생하여 인류에게 큰 고통을 준 코로나 감염증에서 보듯이 미리 백신을 맞고, 마스크를 착용하고, 손을 잘 씻는 등 예방을 하는 것이 코로나에 걸렸을 때의 개인적, 사회적 비용을 줄일 수 있는 것과 유사하다.

2) 건강가정기본법의 제정 의의

① 명시적 가족정책

건강가정기본법의 제정으로 가족 관련 정책이 명시적인 법적 근거를 가질 수 있게 되고, 중앙정부 및 지방자치단체에 가족 관련 전담부서가 배치되었다.

② 가족정책 전달체계의 확대

국가의 가족정책은 전달체계를 통해 실행될 수 있다. 독립적인 가족정책의 전달체계를 가지고 있으므로 모든 가정은 가정생활과 관련한 다양한 문제들을 상담하고, 교육받으며, 가족이 함께할 수 있는 기회를 제공받을 수 있다. 건강가정기본법에 따른 각 지역의 건강가정지원센터는 가정문제 예방과 상담 및 교육, 가족친화적인 환경을 만들기 위한 가족문화운동의 전개 및 가정생활을 위한 정보 및 자료제공 등을 하면서 건강가정사업을 수행하고 있으며, 정부가 가족정책을 국민에게 직접 전달하는 일선 전달체계의 역할을 수행하고 있다. 건강가정지원센터는 2004년 세 개의 시범센터에서 시작하여 매년 증가하였으며, 2014년 다문화가족지원센터와의 통합 등을 시작으로 전국 거의 모든 기초자치단체에서 가족지원서비스를 지원받을 수 있도록 확대되었다. 건강가정지원센터에는 가정의 건강성 증진을 목표로 가정·가족 관련 전문가로 훈련받은 건강가정사가 종사자로서 역할을 수행함으로써 사업의 효율성을 증대시키고 있다.

③ 가족 관련 법과 정책의 확대

건강가정기본법이 제정된 이후 가족 관련 다양한 법들의 제정 및 개정이 이루어졌다. 다문화가족지원법, 한부모가족지원법, 아이돌봄지원법, 남녀고용평등과 일·가정 양립지원에 관한 법률, 가족친화사회환경조성 촉진에 관한 법률 등이다. 이런 법들이 제정 혹은 개정됨으로써 다양한 형태 가정의 다양한 요구에 부응할 수 있게 되었다. 예를 들면, 아이돌보미의 파견으로 자녀돌봄 지원이 가능해졌으며, 다문화가족, 한부모가족, 1인가구 등 다양한 가족들을 위한 맞춤형 서비스를 제공할 수 있게 되었다.

나아가 국제적으로도 영향을 미쳐서, 일본은 우리의 건강가정기본법과 건강가정사를 벤치마킹하여 가족 관련 법률을 제정하려 노력하고 있고, 2018년부터 일본가정학회가 인증하는 자격증인 '家庭生活アドバイザー'(가정생활어드바이저, www.kateiseikatsu.com)를 전공자들에게 제공하고 있다.

3) 건강가정기본법에 대한 오해와 진실

건강기본법의 제정 당시부터 건강이라는 개념이나 가정이라는 용어에 대한 반대 의견이 있었고, 이런 의견들을 바탕으로 지속적인 건강가정기본법의 전면개정을 요구하였다. 다음에서 이들 건강가정기본법에 대해 문제를 제기하는 내용들을 간단히 소개하고자 한다.

① 건강가정기본법이 가정을 건강 대 비건강으로 이분하여 비건강한 가정을 낙인찍는다는 문제제기를 지속적으로 하였다. 즉, 법명에 들어 있는 '건강'이라는 용어가 건강하지 않음을 상정하게 되고, 비건강한 가정을 낙인찍는다는 주장이다. 그러나 앞 장에서 설명한 것처럼 건강이라는 개념은 건강-비건강의

이분법적인 개념이 아니라 연속적인 개념이며, 가정의 건강성 역시 연속적인 개념으로 그 구성요소라고 설명할 수 있다. 모든 가정은 어떤 요소에서 어느 정도의 건강성이 있고, 또 어떤 부분에서는 건강성이 떨어질 수 있으므로, 건강한 가정이란 모든 형태의 가정이 도달하고자 하는 지향점이다.

② 핵가족 중심의 정상가족 이데올로기로 다양한 가족을 인정하지 않는다는 문제제기를 하였다. 이 법의 어디에도 정상가족이라는 용어를 쓰거나 그런 개념을 상정하고 있지 않다. 오히려 법에서 다양한 가족을 명시하여 각각 가족들에 맞는 지원을 할 것을 규정하고 있다. 건강가정기본법의 제3조 1항 '가족'의 정의에 대한 문제제기일 수 있다. 그러나 앞에서도 설명한 바와 같이 가족의 정의는 당시 민법의 정의에 준한 것으로 그 후 민법의 개정과 함께 개정이 필요했던 부분이다. 건강가정은 가족의 형태를 말하는 것이 아니라 가정의 기능과 삶의 내용에 초점을 둔다.

③ 변화를 위기로 해석하며, 가족위기 담론을 재생산하여 개별가족에게 책임을 돌린다는 문제제기가 있어 왔다. 이러한 문제제기는 건강가정기본법의 조문을 제대로 파악하지 못한 것으로, 건강가정기본법은 다양한 가족이 능동적인 존재로서의 가정의 자원을 개발하고, 이를 통한 가정의 자립과 공동체와의 협동을 중시하며, 국가와 지방자치단체가 요보호 가정만이 아닌 보편적인 가정에 대한 지원과 책임을 가질 것을 명시한 최초의 가족 관련 법이다.

④ 이기적인 가족중심주의라는 문제 제기 역시 건강가정기본법에 대한 오해에서 비롯된 것이다. 건강가정기본법은 개별 가정에 대한 지원뿐만 아니라 생활공동체로서의 가정이 지역사회와 협동하는 것을 가장 중요한 가치로 제시하고 있다. 즉, 개인-가족-사회의 균형을 통해 가정의 건강성을 증진하고, 가정의 건강성은 개인의 행복과 삶의 질을 향상시키며, 나아가 사회의 건강성을 높일 수 있음을 강조하고 있다.

5. 다문화가족지원법과 가족 관련 법

건강가정기본법이 제정, 시행된 이후 가족 · 가정문제에 관련한 다양한 법들이 제정되거나 개정되어 시행되고 있다. 이는 가족문제, 가정생활의 다양성에 비추어 볼 때 가정에 대한 제도적, 정책적인 지원을 더 촘촘하게 할 수 있다는 점에서 매우 의미 있는 일이다. 이들 법의 특징은 가족에 대한 지원이 잔여적이고 요보호대상을 중심으로 한 개별 구성원 중심의 복지적 지원에서 벗어나 보편적이고 일반적이며 가정에 대한 통합적인 지원 개념으로 나아가고 있다는 것이다. 여기서는 센터의 사업에서 많은 비중을 차지하고 있는 다문화가족지원사업을 이해하기 위해 다문화가족지원법에 대해 파악하고, 기타 가족 관련 법들을 살펴본다.

1) 다문화가족지원법

한국인과 외국인과의 결혼은 오랜 역사를 가지고 있으나 최근의 다문화가족에 대한 논의는, 1990년대 말 농촌 총각의 결혼을 위해 조선족 중국인과의 결혼으로 시작된, 결혼이민자 여성들의 입국과 국제결혼의 증가로 외국인과 결혼하여 형성된 가족들이 급격히 증가하면서 활발해졌다.

(1) 다문화가족지원법의 제정

다문화가족지원법은 다문화가족구성원들이 안정적인 가족생활을 영위하고 사회구성원으로서의 역할과 책임을 다할 수 있도록 함으로써 이들의 삶의 질 향상과 사회통합에 이바지함을 목적으로(제1조 목적), 2008년 3월 제정되어 동년 9월부터 시행되었다.

여기서 다문화가족이라 함(법 제2조 정의)은 '재한 외국인 처우 기본법'의 제2조 3항에서 정의한 결혼이민자와 '국적법' 제2조-제4조에서 정의하는 우리나라 국민과 이루어진 가족으로 정의하고 있다.[7)]

(2) 다문화가족지원법의 주요 내용

다문화가족지원법은 장의 구분 없이 본문 제17조로 이루어졌으며, 주요 내용을 살펴보면 다음과 같다.

① 다문화가족 정책

국가와 지방자치단체는 다문화가족이 안정적인 가족생활 영위와 사회구성원으로 역할과 책임을 다할 수 있도록 필요한 제도와 여건을 조성하고, 시책을 수립 시행하도록 규정한다(제3조). 이에 따라 다문화가족 정책에 관한 기본계획을 5년마다 수립하도록 하고(제3조의 2), 이에 필요한 여러 사항을 조정하기 위해, 국무총리 소속으로 다문화가족정책위원회를 설치하여(제3조의 4) 다문화가족 관련 사항을 심의 조정하는 기능을 하도록 하였다. 나아가 다문화가족의 현황 및 실태를 파악하기 위해 3년마다 다문화가족 실태조사를 실시하고 이를 다문화가족 지원을 위한 정책 수립에 활용하도록 하였다(제4조).

② 다문화가족에 대한 차별 예방

다문화가족에 대한 사회적 차별 및 편견을 예방하고 문화적 다양성을 인정하고

7) 재한외국인 처우 기본법 제2조(정의) 3항에서 "결혼이민자"란 대한민국 국민과 혼인한 적이 있거나 혼인관계에 있는 재한외국인을 말한다. 국적법 제2조-제4조에 의하면, 대한민국 국민이 될 수 있는 요건인 국적을 취득하는 방법은 세 가지가 있다. 첫째 대한민국 국민인 부모에게서 태어나 출생에 의해 국적을 취득했거나, 둘째 대한민국 국민인 부모가 인지할 때, 부모의 인지에 의해 국적을 취득하거나, 또는 셋째 외국인으로 우리나라 국민으로 귀화하여 승인을 받은 경우의 귀화에 의한 국적 취득이 있다.

존중할 수 있도록 다문화 이해 교육 실시, 홍보 등을 하도록 하고(제5조), 특히 2015년 개정에서는 홍보를 위해 홍보영상 등을 제작하고, 이를 방송사업자가 방송할 수 있도록 하였다.

③ 다문화가족에 대한 지원

다문화가족에 대한 지원은 생활정보 제공 및 교육 지원(제6조), 평등한 가족관계의 유지를 위한 조치(제7조), 가정폭력 피해자에 대한 보호 · 지원(제8조), 의료 및 건강관리를 위한 지원(제9조), 아동 · 청소년의 보육 · 교육 지원(제10조)을 규정하고 있으며, 이들 지원 및 서비스의 제공은 결혼이민자 등의 의사소통을 고려하여 다국어에 의한 서비스를 제공하도록 하고 있다(제11조). 이런 지원을 통합적으로 하기 위해 다문화가족지원센터의 설치 · 운영을 규정하고(제12조), 센터에서는 다음의 업무를 수행하도록 하고 있다.

1. 다문화가족을 위한 교육 · 상담 등 지원사업의 실시
2. 결혼이민자 등에 대한 한국어교육
3. 다문화가족 지원서비스 정보제공 및 홍보
4. 다문화가족 지원 관련 기관 · 단체와의 서비스 연계
5. 일자리에 관한 정보제공 및 일자리의 알선
6. 다문화가족을 위한 통역 · 번역 지원사업
7. 다문화가족 내 가정폭력 방지 및 피해자 연계 지원
8. 그 밖에 다문화가족 지원을 위하여 필요한 사업

센터에는 관련 분야에 학식과 경험을 가진 전문인력을 두도록 하고(제12조 5항), 국가와 지방자치단체는 센터가 업무를 수행하는 데 필요한 비용을 지원하도록 정하고 있다.

④ 다국어 서비스

다문화가족을 위한 지원 서비스를 다국어로 하기 위한 다문화가족 종합정보 전화센터의 설치 · 운영을 법 제11조의2에서 규정하고 있으며, 현재는 한국건강가정진흥원을 중심으로 다국어 서비스를 위해 통합번호인 1577-1366으로 다누리 콜센터를 운영하고 있다.

(3) 다문화가족지원법 시행령과 시행규칙

시행령에서는 다문화가족 정책 기본계획의 연도별 시행계획의 수립, 시행, 추진실적 평가에 관련한 사항과 다문화가족 정책위원회의 구성 및 회의 또 실무위원회의 구성 및 운영에 대해 규정한다. 공무원 교육에 다문화 이해교육 관련 연수를 하도록 규정하고, 다문화가족 지원을 위한 다문화가족지원센터의 위탁에 관련한 사항, 그리고 다문화가족 종합정보 전화센터의 설치에 관한 사항도 시행령에서 밝히고 있다.

시행규칙에서는 다문화가족 실태조사의 대상, 방법과 조사에 포함되어야 하는 사항을 명시하고 있으며, 다문화가족지원센터 전문인력의 기준 및 계약에 관한 사항들도 규정하고 있다.

2) 가족 관련 법들

다문화가족지원법 이외에 건강가정기본법 제정 이후 제정되거나 개정된 가족 관련 법들을 소개하면 다음과 같다.

(1) 저출산 · 고령사회기본법

- 법의 제정 또는 개정 연도: 2005년 5월 제정, 동년 9월부터 시행
- 법의 목적: 저출산 · 고령사회정책의 기본 방향을 수립하고, 이를 통해 국가의 경쟁력을 높이고, 국민의 삶의 질을 향상시키며, 국가의 지속적인 발전에 이바지하는 것
- 법의 주요 내용: 보건복지부장관은 저출산 대책과 고령사회 정책의 기본방향을 설정하고 중요 정책을 심의하는 저출산고령사회위원회를 두며, 5년마다 저출산고령사회 기본계획을 세우고 이를 시행하도록 규정하고 있다.

(2) 한부모가족지원법

- 법의 제정 또는 개정 연도: 1989년 4월 제정, 7월부터 시행한 모자복지법을 2002년 12월 모부자복지법으로 개정, 2003년 3월부터 시행, 그 후 다시 2007년 10월 한부모가족지원법으로 개정, 2008년 1월부터 시행
- 법의 목적: 한부모가족이 건강하고 문화적인 생활을 영위할 수 있도록 함으로써 한부모가족의 생활 안정과 복지 증진에 이바지하는 것
- 법의 주요 내용: 한부모가족의 복지 증진을 위한 국가 등의 책임과 한부모가족의 권리와 책임을 규정하고, 법에 따른 보호대상자 및 한부모가족에게 지원되는 복지의 내용을 밝히고, 모자가족복지시설 등 한부모가족복지시설에 대해 규정하고 있다.

(3) 가족친화 사회환경의 조성 촉진에 관한 법률

- 법의 제정 및 개정 연도: 2007년 12월 제정, 2008년 6월부터 시행
- 법의 목적: 가족친화 사회환경의 조성을 촉진함으로써 국민의 삶의 질 향상과

국가 사회의 발전에 이바지하는 것

- 법의 주요 내용: 여성가족부장관은 가족친화 사회환경 조성 기본계획을 5년마다 수립 · 시행하고, 가족친화 사회환경 조성 정책의 수립 · 시행을 위하여 3년마다 기업 · 공공기관 및 마을의 가족친화 사회환경 조성 실태에 관한 조사를 하며, 가족친화 사회환경 조성사업과 가족친화기업 등에 대한 가족친화인증에 대해 규정하며 가족친화지원센터를 지정할 수 있음을 규정하고 있다.

(4) 남녀고용평등과 일 · 가정 양립 지원에 관한 법률

- 법의 제정 및 개정 연도: 1987년 12월 남녀고용평등법 제정, 1988년 4월부터 시행, 2007년 12월 남녀고용평등과 일 · 가정 양립 지원에 관한 법률로 개정하여 2008년 6월부터 시행
- 법의 목적: '대한민국 헌법'의 평등이념에 따라 고용에서 남녀의 평등한 기회와 대우를 보장하고 모성 보호와 여성 고용을 촉진하여 남녀고용평등을 실현함과 아울러 근로자의 일과 가정의 양립을 지원함으로써 모든 국민의 삶의 질 향상에 이바지하는 것
- 법의 주요 내용: 남녀고용평등법의 주요 내용에 일 · 가정 양립 지원에 관한 내용인 육아휴직제도 등 근로자의 육아 지원에 대한 것, 직장보육시설의 설치 그리고 근로자의 가족돌봄을 위한 지원 등과 일 · 가정 양립 지원을 위한 기반 조성을 더하여 규정하고 있다.

(5) 민법(친족편), 가족관계의 등록 등에 관한 법률

- 법의 제정 및 개정 연도: 1958년 제정된 민법 가운데 친족편은 2005년 3월 개정, 2008년 1월부터 시행하고 이의 시행을 위해 가족관계등록에 관한 법률이 2007년 7월부터 시행

- 법의 목적: 가족관계의 등록 등에 관한 법률은 국민의 출생 · 혼인 · 사망 등 가족관계의 발생 및 변동사항에 관한 등록과 그 증명에 관한 사항을 규정하는 것
- 법의 주요 내용: 오랫동안 민법이 규정하고 있던 양성불평등한 호주제에 관한 내용을 삭제하고, 개정된 민법은 가족의 범위를 배우자, 직계혈족 및 형제자매, 그리고 생계를 같이하는 직계혈족의 배우자, 배우자의 직계혈족 및 배우자의 형제자매로 새롭게 규정하였다. 또 혼인은 가족관계의 등록 등에 관한 법률이 정한 바에 따라 신고함으로써 효력이 발생하므로 이와 같은 가족관계의 형성 및 변동을 등록하기 위해 동 법률이 제정되었다.

(6) 아이돌봄지원법

- 법의 제정 연도: 2012년 2월 1일 제정, 2012년 8월 2일부터 시행
- 법의 목적: 건강가정지원센터에서 실시하고 있는 '아이돌보미' 서비스의 법적 근거를 마련한 건강가정기본법의 개정에 따라 이의 구체적인 내용을 담고 있으며, 법의 목적은 가정의 아이돌봄을 지원하여 아이의 복지증진 및 보호자의 일 · 가정 양립을 통한 가족구성원의 삶의 질 향상과 양육친화적인 사회환경을 조성하는 것
- 법의 주요 내용: 국가 등의 아이돌봄 지원의 원칙을 밝히고, 아이돌보미의 직무, 자격, 교육 등 아이돌보미의 직무에 관한 내용과 아이돌보미 서비스 제공기관의 지정 등에 관한 내용, 공동육아나눔터의 운영에 대한 양육친화적인 사회환경의 조성, 아이돌봄서비스 비용의 지원 및 이들의 지도, 감독 등에 대한 내용을 포함하고 있다.

(7) 가사근로자의 고용개선 등에 관한 법률

- 법의 제정 연도: 2021년 6월 15일 제정, 2022년 6월 16일부터 시행

- 법의 목적: 가사근로자의 근로조건과 가사서비스 제공기관의 인증 등에 관한 사항을 정함으로써 가사서비스와 관련하여 양질의 일자리를 창출하고 가사근로자의 고용안정과 근로조건 향상을 도모하는 것을 목적으로 함.
- 법의 주요 내용: "가사서비스"란 가정 내에서 이루어지는 청소, 세탁, 주방일과 가구 구성원의 보호・양육 등 가정생활의 유지 및 관리에 필요한 업무를 수행하는 것을 말하며, 이 법에서는 가사서비스 제공기관의 인증, 가사서비스의 이용계약 등에 관한 내용과 가사서비스 근로자의 근로조건에 관한 내용, 그리고 가사서비스의 추진에 관한 내용 등을 포함하고 있다.

생각해 볼 문제

1. 건강가정기본법의 각 조문들 가운데 특히 의미 있다고 생각하는 조문은 어느 것이며, 왜 그렇게 생각하는지 설명해 보시오.
2. 건강가정기본법과 이 법의 시행 이후 제정되거나 개정된 가정 및 가족 관련 법률들은 어떤 관련이 있는지, 각각의 법률들과 건강가정기본법의 법조문을 연결시켜 생각해 보시오.
3. 앞으로 가정 및 사회의 변화를 고려할 때, 건강가정기본법의 관련법으로 더 필요한 법률들은 어떤 것이 있을지 생각해 보시오.
4. 현대사회의 변화를 고려할 때, 건강가정기본법에 더 필요한 내용들은 무엇일지 제시해 보시오.

04 CHAPTER 건강가정정책

4장에서는 건강가정정책에 대해서 살펴보고자 한다. 먼저 기본적으로 가족정책의 개념에 대해서 이해하고 가족정책의 주체로서 중앙정부, 지방자치단체, 공공 사회기관, 관련 단체 및 가정들 간의 네트워크에 대해 살펴본다. 그리고 한국 가족정책의 현황과 가족정책의 전달체계에 대해 다룬다. 한국 가족정책의 현황은 4차 건강가정기본계획(2021~2025년)을 중심으로 정책의 비전과 과제를 살펴보고, 가족정책의 전달체계 현황은 가족서비스 전달체계와 가족정책 공적 전달체계로 나누어 학습해 본다. 마지막으로 건강가정정책 실천을 위한 제언으로 마무리한다.

1. 가족정책의 개념과 정책 전개
2. 가족정책의 변화와 현황
3. 가족정책 전달체계
4. 가족정책을 위한 제언

CHAPTER

04 건강가정정책

1. 가족정책의 개념과 정책 전개

세계적으로 가족정책은 국가의 인구조절과 국가경쟁력의 기초단위로서 매우 중요한 요인 내지 단위로 인식되어(노동, 경제활동, 자녀출산 및 양육 의료 및 복지 대상으로 국가 부양 및 부담), 여성과 가족문제의 범위를 넘어서 사회정책의 중요한 대상으로서 사회 전반에 대한 가족영향분석을 하고 있다. 미래 한국 사회의 투자이자 인적 자본으로서 가정과 가족의 가치 인식과 함께 국가경쟁력을 위해 가정과 가족에 대한 새로운 패러다임과 정책 개발의 필요성은 더욱 증대되고 있다.

특히 지속가능한 발전은 가정의 건강성과 인재 개발의 기초가 되는 가족의 안녕(wellbeing)과 가정의 평화를 통해 가능하며 이는 곧 이혼율의 저하, 자녀출산의 증대, 가정을 통한 부양과 보호, 가정을 통한 자녀양육 가치 등이 일정 부분 지속되도록 '가정과 지역사회 기반 지원 및 역량강화 제도화'가 정책적으로 필수가 되었다.

1990년대 초만 해도 중앙정부의 가족정책은 한 명의 행정사무관이 전담하였으나, 현재는 1국(局)의 3~5개의 과(課)에서 수십 명의 공무원에 의하여 추진되고 있다. 1990년대 말에 가정폭력업무와 가정의례를 포함하여 가족정책을 확대하는 데 그쳤던 것과 비교하면 지금의 가족정책은 괄목할 만한 발전을 하였다. 이렇게 미미했던 가족정책은 시대적 상황을 반영하여 현재와 같은 시스템으로 발전하게 되었다. 즉 건강가정기본법(2004년 제정), 입양특례법(1976년 제정), 가정폭력특별법(1998년 제정), 건강가정의례의 정착 및 지원에 관한 법률(1999년 제정), 가족친화사회환경 조성촉진에 관한 법률(2008년 제정), 결혼중개업관리에 관한 법률(2007년 제정), 다문화가족지원법(2008년 제정), 모부자복지법에서 전면 개정된 한부모가족지원법(2007년 개정), 아이돌봄지원법(2012년 제정), 양육비 이행 확보 및 지원에 관한 법률(2015년 제정) 등이 근간이 되어 건강가정정책의 기본 계획을 수립하게 되었고, 특히 다양한 가족의 욕구를 반영한 다양한 가족 서비스 지원, 즉 가족원의 돌봄, 자녀양육의 가정 내 돌봄, 가족문화운동, 가족친화정책, 일과 가정의 균형, 여가정책, 가족상담과 교육, 다문화가족의 지원, 한부모가족 지원, 1인가족 지원 등을 명시적으로 실시하게 된 것이다.

다양한 정책의 사업 내용을 구체적으로 언급하기 전에, 우선 가족정책의 기본적 개념을 이해하고, 이를 토대로 가족정책의 주체와 한국 가족정책의 현황 및 가족정책의 전달체계 현황에 대해 전반적으로 살펴보고, 건강가정정책 영역에 대해 다루어 보고자 한다.

여기서 가족정책이라 함은 정부가 가족을 위해 실시하는 정책을 모두 포괄하는 개념으로 정의하였다. 한편 건강가정기본법 제정 이후 보다 구체적으로 명시된 가족정책을 '건강가정정책'이라고 규정하였다. 건강가정기본법 제정으로 그동안 개별 대상적 접근으로 분산되어 있던 우리나라 가족정책이 개인 및 가족의 전체성을 고려한 가족(가정) 단위의 포괄적 건강가정정책으로 한 단계 발전하였음을 확인할 수 있다.

우선 '정책'이라 함은 '다양한 사회문제에 대응하기 위하여 고안된, 실제로 나타나거나 잠재되어 있는 정부의 계획이나 활동'으로서 정책의 주체는 정부 혹은 공공기관이다(노시평 외, 2003: 6). 가족정책은 문제가족에 대한 문제해결을 넘어 사건의 예방적 관점을 가지고 사회의 구조적인 문제에 대해 제도적 · 환경적 · 거시적으로 접근할 수 있다. 그러므로 가족정책은 정부가 가족을 위해 실시하는 모든 사항으로서 일반적 · 통일적 · 총합적 관점에서 개인 및 가족생활의 유지 강화를 도모하는 여러 시책이라고 할 수 있다. 즉 가족정책은 정부가 가족에게, 가족을 위해 베푸는 시책으로서 특히 아동이 있는 가족 상황 또는 가족 대 개인의 역할 상황에 명백한 영향을 주도록 계획되며, 가족을 위해 반드시 의도하지만은 않았던 결과들을 낳는 공공정책으로 정의되기도 한다(Kmerman & Kahn, 1978).

또한 가족의 안녕과 복지를 다른 가치보다 최우선적인 목적으로 선택하는, 가족과 관련시켜 정책을 바라보는 하나의 관점이며 모든 가족 관련 프로그램들을 포함하는 하나의 영역으로 본다. 이러한 의미에서 가족정책은 개별 가족구성원에 대한 대책이기도 하고 집단으로서의 성격을 지닌 가족을 의미하는 '가족의 전체성'을 고려한 정책이라 할 수 있다.

한편, 가족정책은 사회정책이나 여성정책이 다루는 분야와 부분적으로 중복되기도 하고 구별되기도 한다. 특히 사회정책은 국민이 기본적으로 보장받아야 하는 권리인 시민권이 중요한데, 이를 가족정책과 연관하여 볼 때 행복한 결혼, 배우자 선택의 자유와 기회 보장, 자녀양육과 출산을 통한 세대 간의 관계 유지 등을 국민의 기본권으로 강조할 수 있다. 즉, 가정생활을 영위할 수 있는 기본적인 권리를 보장하는 사회문화 및 제도적 지원과 맥락을 함께한다(송혜림, 2007). 특히 건강가정정책이라 했을 때는 가족정책의 목표를 더욱 구체화하고 강력한 메시지를 포함한다고 볼 수 있다. 즉, 앞에서 언급한 건강가정(가족)의 특성과 기능을 정책을 통해 구현하려는 의지를 나타내고 있다.

그런데 최근에는 거버넌스(Governance, 기업가적 정부)[1]에 대한 국가, 사회, 기업, 가족(가정) 간에 개입의 정도를 어떻게 보고 활동하느냐에 따라 지금까지 가족(가정)에 대한 정책의 입장을 정리하고 정책의 방향성을 결정지을 수 있다. 전통적인 행정(관련 정부) 마인드를 갖고 있는 경우에는 정부의 정책 관련 활동이 직접적이고, 서비스를 독립적으로 공급하며, 투입 중심의 예산제도와 관료 중심적이고, 지출 중심

1) 사전적인 의미로는 통치의 행위, 과정, 권력이나 정부 또는 통제나 권위를 적용 대상에 행사하기 위해 필요한 통치의 행위나 규범 체제 방식을 말한다. 스토커(Stoker)는 거버넌스를 상호의존성, 자원의 교환, 게임의 규칙과 국가로부터 상당한 자율성을 가진 조직 간의 네트워크로 정의한다.

적이며 사후치료적인 성격이 강했다. 그 반면에 거버넌스는 관료주의적 형식주의에서 벗어나 국민을 고객으로 하고, 역량강화와 업무 중심으로 서비스 제공에도 경쟁원리를 도입하며, 업적 중심의 예산제도, 수익창출과 예방과 예측의 가치를 갖는다. 즉, 참여와 팀워크, 협의의 네트워크를 통한 행정을 수행한다(김석준 외, 2000: 66).

기존의 가족복지서비스는 정부가 중심이 되어 획일화된 기준에 따라 문제 중심적이고 잔여적인 복지서비스로 일관되어 왔기 때문에, 한국의 가족정책이란 아주 미약하고 분열된 수준이었다. 가정문제에 대한 최소한의 국가 개입과 사회로부터 무관심한 일부 가족원(개인)들은 전통적인 가족가치 또는 제도에 희생되었거나, 격동하는 사회에서 가정을 잃는 혼란을 겪거나 매몰되면서 가족(가정)을 혐오하거나 가족(가정)에 대해 몰가치적인 입장을 취하기도 하였다.

이러한 현상은 가족(가정) 자체를 극단적으로 부정하거나 가족원의 일탈(청소년 가출, 주부 가출, 노숙자), 가족 갈등과 불화의 결과물(이혼, 유기, 가정폭력, 아동학대, 노인 유기 및 부양기피, 자녀 유기, 가족 동반자살, 가족원 간 정서적 거리 유지, 친족 간의 결별 등) 등의 사회문제로 이슈화되어 국가와 사회의 부담 요인이 되므로 새로운 패러다임의 정책이 요구될 수밖에 없다.

따라서 가족정책은 기본적으로 관료적인 정부가 아닌 거버넌스 시대에 맞는 사회정책의 패러다임에서 구현되어야 한다. 어떠한 거버넌스가 유용한지는 논쟁이 될 수 있지만, 사회 중심 거버넌스의 기본 원리인 참여주의와 공동체주의를 지향하면서 사회구성원들의 자율적인 참여와 응집력 있는 공동체의 존중, 민간 부분과 국가부분의 일을 적절히 분담하는 작은 정부, 시민의식이 있는 사회구성원들의 신뢰와 협동을 통한 수평적인 조직으로 네트워크를 구축하는 입장에서 정책의 주체로서 정부를 받아들이고 가족정책의 방향이 진행되어야 한다(정민자, 2003).

관료적인 정부의 경우에는 정부가 정책의 주체로서 국민을 위한 서비스 공급의 규칙을 제정하고 직접적인 서비스를 해주었지만, 사회 중심 거버넌스에서는 서비스 내용 결정과 서비스를 실현하는 과정에 다양한 네트워크를 참여시키고 역할을 분담할 수 있다.

정책의 주도권은 적당히 분배되고 수평적이며 민주적인 결정 체계를 가지게 되는데 기본적으로 중앙정부(국가), 지방정부(지방자치단체), 공공사회기관, 관련 단체, 가정들 간의 적절한 네트워크를 구성하게 된다. 비록 정부가 정책의 주체가 된다고 할지라도 작은 정부의 역할을 담당하게 된다.

지방자치행정에서 자치단체장들은 선출직인 관계로 지역주민의 복지와 욕구를 충족시키는 정책을 우선적으로 해야 하기 때문에 중앙정부의 기본적인 업무 매뉴얼을 받고 지역사회의 단체들과 지역기업(직장)들 간의 유대를 통한 지역 사정에 맞는 가정(가족)정책을 입안하고 실행하게 된다. [그림 4-1]에서 보듯이 지역사회에서 일어나는 가정(가족)문제는 지역의 현안문제로 인식하고 서로가 협조하여 해결해야 하는데, 아직까지 우리의 가족정책 수준은 여기에 접목되지 못하고 있다. 복지서비스를 실현할 수 있는 전달체계(조직), 재정적인 면, 활동의 수준, 통합적인 시스템의 구축이 동시에 이루어져야 현실적인 지원 구도가 될 것이다. 국가와 지방자치단체가 주 업무를 기획하고 정책을 실현해야 하지만 개인이나 가족, 가정, 민간단체, 공공기관 등에서도 업무를 위탁받거나 공동으로 노력함으로써 사회 중심 거버넌스적인 분담 체계를 가져야 한다.

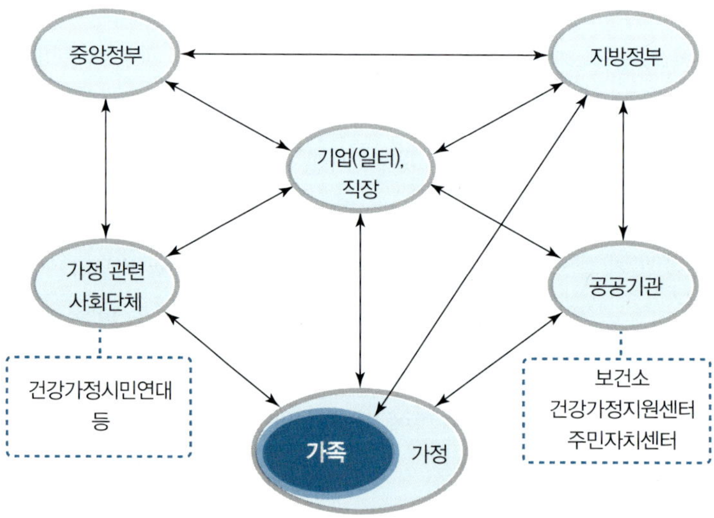

❖ 그림 4-1 가족정책 주요 주체들의 네트워크

화살표가 쌍방향인 것은 서로의 협조가 유기적으로 이루어져야 함은 물론, 가정은 수혜자인 동시에 자생력을 갖게 되면 사회와 정부, 기업, 국가 등에 새로운 협조세력으로 활동할 수 있는 수평적인 네트워크의 위치에 설 수 있다는 의미이다.

2005년 이후 전국적으로 확대한 건강가정지원센터, 다문화가족지원센터, 아이돌보미사업 등을 중심으로 이루어낸 주요 사업성과를 구체적으로 살펴보았을 때, 부처들의 협조를 바탕으로 괄목할 만한 가족정책의 성과를 이루어냈다. 이는 최근에 전달체계로서 건강가정지원센터와 다문화가족지원센터가 통합가족센터로 거듭났는데, 그 배경은 가족의 다양성을 수용하고, 다문화가족이 한국 가족으로 편입되면서 보편적인 지원과 문제해결이 가능한 점이 동의되었기 때문이다.

특히 보육의 사각지대이기도 하고, 아동 인권과 부모권적 측면에서 가정 내 자녀양육지원을 받을 수 있도록 한 '아이돌봄서비스'는 어머니의 관심을 받으며, 사회서비스 우수사례로 지정되기도 하였다. 아이돌봄의 전문성과 관리가 더욱 필요한 정책으로 인식되어 아이돌봄지원법을 제정하여 별도의 아이돌봄센터를 구축하였다.

최근에는 워라벨(work and life balance)이 사회현상으로 정착되면서 일과 가정의 병행을 위한 국가적 노력이 시행되고 있다. 이는 가족친화 조성 촉진을 위한 가족친화기업 인증제의 확산, 가족휴가제의 시행, 배우자 출산휴가제 도입, 육아휴직, 육아기 근로단축 등이 시행되고 있다. 즉, 한국기업과 사회에서 일·가족 양립 문화에 따른 명시적 가족정책으로 전환되고 있다.

사회정책의 일부로서 건강가정이 중요한 영역이 된 것은 현재 한국 사회에서 나타나고 있는 초저출산과 만혼, 1인가구의 증가, 다양한 가정의 증가, 경제적 불안과 가정폭력, 아동학대 등의 문제들이 어느 정도의 가정의 안정 및 복지와 긴밀히 관련되고 있음을 인식하여 가정정책이 필수적임을 수용하게 된 것이다.

특히, 가족 형태의 다양성이 더욱 증대되고 있어 다문화가정, 노인가정, 1인가정, 조손가정, 이혼가정, 한부모가정 등에 대한 더욱 세분화된 욕구를 진단하고 이에 대한 공적 시스템을 거버넌스 차원에서 구축할 필요가 있다. 지역사회에서 요구하는 가족정책은 지역마다 특수성이 있는데, 이는 지방정부의 가족정책 수립과 직접 서비스를 제공하는 노력이 필요함을 인식할 필요가 있다.

2. 가족정책의 변화와 현황

1) 가족정책의 변화

2005년 건강가정기본법 시행 이후 2006~2010년까지 제1차 건강가정기본계획이 실행되었다. 이어 2011~2010년까지는 제2차 건강가정기본계획, 제3차 건강가정기본계획은 2016~2020년 실행되었으며 제4차 건강가정기본계획이 2021~2025년까지 수행되고 있다. 그러면 이러한 기본계획이 수행되면서 가족정책의 기조는 어떻게 변화되었는지 살펴보자. [그림 4-2]에서 살펴보면 비전과 목표에 질적 변화가 있었다.

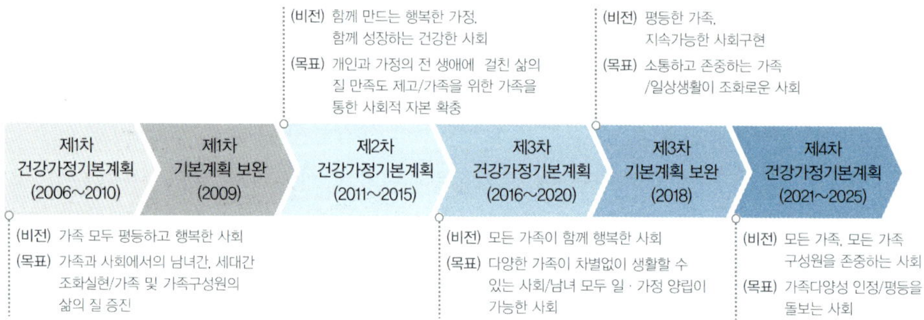

❖ **그림 4-2** 건강가정정책 기본계획 비전과 목표 변화

출처: 여성가족부(2022).

가족정책 비전의 변화를 살펴보면, 1차는 "가족이 모두 평등하고 행복한 사회"에서 2차는 "함께 만드는 행복한 가정, 함께 성장하는 건전한 사회", 3차는 "모든 가족이 함께 행복한 사회"(보완: 평등한 가족 지속가능한 사회구현, 2018년), 4차는 "모든 가족, 모든 구성원을 존중하는 사회 구현"으로 명명되었다. 여기서 가족의 정책 비전이 더욱 구체화되었으며, 협의의 가족의 범위를 넘어 다양한 가족공동체, 모든 사회

구성원에게 유익한 정책이 구현되기를 바라는 비전을 제시하고 있다. 이는 곧 정책의 목표에서 더욱 구체화되었고, 정책 개발 영역에도 질적 변화를 예고하고 있다.

가족정책의 목표 측면에서 살펴보면 다음과 같다([그림 4-2] 참고). 1차에서는 "가족과 사회에서의 남녀간, 세대 간 조화실현/가족 및 가족구성원의 삶의 질 증진", 2차의 경우는 "개인과 가정의 전 생애에 걸친 삶의 만족도 제고/가족을 위한 가족을 통한 사회적 자본 확충", 3차는 "다양한 가족의 차별 없이 생활할 수 있는 사회/남녀 모두 일과 가정 양립이 가능한 사회(보완: 소통하고 존중하는 가족/일 · 생활이 조화로운 사회, 2018)"로 점차 목표가 변경되었다. 4차에서는 "가족 다양성 인정/평등하게 돌보는 사회"로 명명되었다. 이 또한 다양한 가족에 대한 재정의와 범위의 확대를 통해 그들에게 보편적인 돌봄을 제공하는 사회를 위한 정책적 목표를 구체화하였다. 이는 정책 아젠다에서 보듯이 다양한 가족을 위한 법령 개혁과 가정폭력이나 아동학대, 위기가족 상황을 포용하고, 배려하는 돌봄과 사회기관과 지방정부의 네트워크를 통한 정책 구현을 하는 거버넌스적 전달체계를 구축해야 가능하다.

2) 가족정책의 현황

가족정책의 현황은 제4차 건강가정기본계획을 중심으로 살펴볼 수 있다. 제4차 건강가정기본계획은 2021년부터 2025년까지의 기간 동안 실행하며, 14개 중앙기관 및 지방자치단체가 참여하고, 4개 영역에서 11개 대과제, 28개 중과제, 67개 세부과제로 구성되어 있다.

지난 3차 건강가정기본계획 정책의 수립 방향은 다음과 같았다. 첫째, 생애주기와 가족 유형별 수요에 따른 맞춤형 가족정책을 강화하고, 둘째, 정부-가족-지역사회 연계를 통한 돌봄지원을 강화하며, 셋째, 남성과 기업의 참여를 기반으로 일 · 가정 양립 실천을 강화하고, 넷째, 가족정책 환경 변화에 대응하는 추진체계를 강화하여 보편적인 가족전달체계의 위상 강화와 효율적인 가족정책 서비스를 추진하는 것이었다.

그러나 4차 건강가정기본계획에서 가족정책의 추진 방향은 ① 변화하는 가족구성에 대한 다양성 포용, ② 한부모·다문화가족 등 맞춤형 지원 및 복지수준 강화, ③ 남녀 모두 일하고 돌보는 사회환경 조성을 위한 성평등 정책 기반 강화이다. 4차 건강가정기본계획의 정책 대과제와 중과제를 정리해 보면 〈표 4-1〉과 같다.

❖ 표 4-1 제4차 건강가정기본계획의 정책 대과제와 중과제

구분	대과제	중과제
정책비전	모든 가족, 모든 구성원을 존중하는 사회 구현	
정책목표	• 가족 다양성 인정 • 평등하게 돌보는 사회	
정책과제	1. 세상 모든 가족을 포용하는 사회 기반 구축	1-1. 가족 다양성을 수용하는 법·제도 마련 1-2. 가족 다양성 인식과 평등한 가족문화 확산 1-3. 가족폭력 대응 강화 등 가족구성원 인권 보호
	2. 모든 가족의 안정적 생활 여건 보장	2-1. 가족 변화에 대응하는 경제적 기반 강화 2-2. 가족 특성을 고려한 자녀양육 여건 조성 2-3. 지역 중심 통합적 가족서비스 체계 구축
	3. 가족 다양성에 대응하는 사회적 돌봄체계 강화	3-1. 지역 기반 다양한 가족의 돌봄 지원 확대 3-2. 안전하고 촘촘한 돌봄체계 구축 3-3. 가족돌봄 지원의 양적·질적 강화
	4. 함께 일하고 돌보는 사회환경 조성	4-1. 남녀 모두의 일하면서 돌볼 수 있는 권리 보장 4-2. 성평등 돌봄 정착 및 돌봄 친화적 지역사회 조성 4-3. 기업의 일·가정 양립 실천 촉진

이를 바탕으로 중과제에 따른 세부과제 내용을 정리하면 다음과 같다.

(1) 세상의 모든 가족을 포용하는 사회기반 구축

① 가족 다양성을 수용하는 법과 제도 마련

4차 건강가정기본계획에서 뚜렷한 변화는 가족의 범위를 확대하고 차별적 제도

를 개선하려는 법의 제정(가칭, 평등법 제개정)[2]과 출생신고 사각지대 개선, 민법 개정을 통한 새로운 유언방식 등을 통해 가족구성원의 보호 등을 실행할 계획이다.

② 가족 다양성 인식과 평등한 가족문화 확산

다문화가족지원센터가 가족센터로 통합됨에 따라 다문화 수용성 제고와 차별표현 금지의 근거 규정을 마련하고 상호존중하는 문화를 확산하기 위한 기반을 구축하고자 한다. 이를 위해 다문화교육의 이해 등의 교육을 확대한다. 가족 다양성 관점에서 콘텐츠 제작과 배포, 모니터링 등을 실시하여 '세상 모든 가족 함께' 등의 캠페인 운영을 지속한다. 특히 교육기본법 시행에 따른 학교에서의 양성평등교육 운영과 구축을 위해 시・도 교육청 별로 기반 마련을 지원하는 제도를 도입했다.

③ 가족폭력 대응 강화 등 가족구성원 인권보호

가정폭력・아동학대 피해자 보호를 위한 지역사회 유관기관의 협력과 신고 확대, 학교와의 공유체계를 마련한다. 대응체계로서 경찰청과 시・도지사의 정책협의회 등의 공동대응협의체를 구축하고, 제도 개선을 위해 해외입법 사례 등의 연구를 시행하고자 한다. 특히 피해아동과 부모를 위해 가족 회복을 지원하는 방문형 가족회복프로그램 등도 시행한다(〈표 4-2〉 참고).

❖ 표 4-2 핵심 추진과제 1: 세상 모든 가족을 포용하는 사회기반 구축

대과제	정책과제
가족 다양성을 수용하는 법・제도 마련	• 가족 유형에 따른 차별 해소 • 다양한 가족구성에 대한 정책적 지원 방안 마련
가족 다양성 인식과 평등한 가족문화 확산	• 가족 다양성에 대한 사회적 감수성 제고 • 가족과 개인이 공존하는 평등한 가족문화 조성
가정폭력 대응 강화 등 가족구성원 인권 보호	• 가족구성원 안전보장을 위한 법률 정비 • 가정폭력・아동학대 사건 발견 및 대응 강화 • 가정폭력・아동학대 피해에 대한 통합 지원 강화

2) 평등 및 차별금지에 관한 법률안(2021년 6월-12 법무부 의견 제출됨)

(2) 모든 가족의 안정적 생활 여건 보장

① 가족 변화에 대응하는 경제적 기반 강화

이 정책은 보건복지부 및 농림부 등과 연계하여 생계급여 지원을 확대함으로써 저소득 위기가정에게 지급되는 긴급복지 생계지원의 규모를 확대하였다. 또한 아동수당 대상 연령을 8세 미만으로 확대하였고, 2022년부터 영아수당제를 도입하여 영아수당을 현금으로 지원할 수 있도록 하였다. 또한 전 국민 직업능력개발 훈련을 실시하여 혜택을 통해 훈련비를 지급하는 제도를 도입하고, 국민연금 가입을 지원하기 위해 근로자의 월 소득기준 완화와 지역가입자 지원제도 등을 도입하였다.

② 가족 특성을 고려한 자녀양육 여건 조성

한부모가족법에 의한 한부모가족 · 조손가족 · 청소년부모가족 등 취약위기가족이 가진 복합적인 문제해결과 가족기능 회복지원을 주 정책 대상으로 하였다. 다문화가족을 대상으로 하는 정책으로는 자녀의 언어발달 지원을 위해 이중언어 환경조성사업을 지속적으로 운영하고 있다. 청소년의 경우는 위기청소년 발굴과 유관기관 간의 서비스 연계사업으로 '위기청소년통합지원정보시스템'을 구축한다. 이를 통해 산전관리가 취약한 청소년 임산부 및 산모, 2세 미만 영유아의 모든 의료비, 치료재료비 구입 등을 지원하고, 청소년부모의 아동양육비 지급 및 통합사례관리비(학습, 생활지원, 법률 등)를 지원하도록 한다. 또한 원가정과 분리된 아동 · 청소년의 원가정의 복귀 지원과 원가정 기능회복 지원 등의 정책 시행을 위한 시범사업 등을 확대한다.

③ 지역 중심의 통합적 가족서비스 체계 구축

거버넌스적인 네트워킹이 필요한 정책이다. 지역사회를 중심으로 주민과의 소통 및 참여를 위한 핵심공간인 '가족센터'를 건립하도록 하며, 다문화, 장애인, 미혼모 · 부가족에 대한 통합돌봄 및 상담 지원, 지역사회의 취약가족의 발굴 등 '가족역량강화 지원' 기관으로서 역할 수행 체계를 구축한다. 특히 청년, 중장년층, 노년층의 고립·고독 등을 방지하기 위한 사회관계망을 구축하여 1인가구를 지원하도록 한다. 그를 위해 가족상담전화(1644-6621) 설치를 통한 심리상담 지원, 24시간 전화상담 운영, 경찰(APO) 핫라인 연계 체계 운영과 고위험군 관리 모니터링을 운영하고자 한다. 특히 위기가족 지원으로는 중증장애아동가정의 돌봄서비스 소득지원 기준완화 및 발달재활서비스 바우처 대상 확대, 가정폭력, 이혼 등 위기상황 다문화가족의 체류자격이나 복지수당 등 다양한 문제해결을 위한 맞춤형 사례관리 서비스 확대 등을 중점적으로 하고자 한다(〈표 4-3〉 참고).

❖ **표 4-3** 핵심 추진과제 2: 모든 가족의 안정적 생활 여건 보장

대과제	정책과제
가족 변화에 대응하는 경제적 기반 강화	• 가족 변화를 반영한 생계비 등 급여 확대 • 아동양육 가족에 대한 경제적 지원 강화 • 가족 수요에 맞는 주거 지원
가족 특성을 고려한 자녀양육 여건 조성	• 한부모가족 자녀의 안정적 성장발달을 위한 지원 및 제도 강화 • 양육비 이행 실효성 제고를 위한 체제 정비 • 다문화가족 자녀의 동등한 출발점 보장 • 위기·취약 아동·청소년의 보호 및 자립 지원
지역 중심의 통합적 가족서비스 체계 구축	• 통합적 가족서비스 기반 조성 • 보편적 가족서비스 확대 • 지역사회 기반 취약·위기가족 지원 강화

(3) 가족 다양성에 대응하는 사회적 돌봄체계 강화

① 지역 기반 다양한 가족의 돌봄 지원 확대

'온종일 돌봄 원스톱서비스'를 목표로 '정부24'와 연계하여 수요자 편의성을 높이고자 하였다. 특히 초등돌봄교실, 학교돌봄터, 마을회관 돌봄 확충을 통해 다함께 돌봄센터를 운영하고, 시간연장 및 출퇴근시간 돌봄 수요를 확대하고자 하였다. 그

동안 지속해 왔던 공동육아나눔터의 설치 확대 및 추가시간제 등을 확대하여 촘촘한 돌봄정책이 여러 장소에서 활성화될 수 있도록 제시한다. 특히 돌봄친화적 환경조성 정책을 위해 주민이 주도할 수 있는 지역 환경조성과 지역사회 참여 활성화를 위해 시범사업과 전국 확산을 위해 '지역사회통합돌봄법' 제정을 추진한다. 특히 지역마다 1인가구의 대상 연령대나 욕구가 다를 수 있으므로 생애주기별 사회관계망을 형성하도록 지원하며, 특히 여성 1인가구가 밀집한 지역은 여성안심구역이 되도록 지자체별 CCTV를 연계 활용하도록 제안하고 있다.

② 안전하고 촘촘한 돌봄체계 구축

돌봄공백을 이해하고, 이에 대한 구체적 정책을 개발한다. 특히 공공돌봄체계인 아이돌봄센터의 운영 이외에도 민간돌봄을 포함하는 '돌봄통합지원 플랫폼'을 구축하고자 한다.

다자녀가정의 인정 범위를 확대하고, 아이돌보미의 휴게시간제도 도입 등을 위한 법령 정비를 하여 전달체계와 근거법을 마련한다. 지역단위로는 긴급돌봄체계 구축을 위해 '긴급돌봄지원단'을 확대하고, 감염병 확산 등으로 인한 어린이집 휴원 시 돌봄공백 방지를 위해 긴급 보육 지속 운영 및 돌봄공백 해소를 위한 보육프로그램 개발 등도 검토하고 있다. 지역사회 내의 재가노인들의 안전, 일상생활 지원 등을 통한 다양한 서비스 제공을 정책적으로 포함한다.

③ 가족돌봄 지원의 양적 · 질적 강화

가족돌봄을 지원하는 가장 큰 정책 지원 법률이 제정되었는데, 가사 근로자의 고용개선 등에 관한 법률이 2021년에 제정, 2022년 6월 16일부터 시행되고 있다. 이는 돌봄노동의 가치를 제고한 것이다.

돌봄의 공공성이 강화되는 정책은 국공립어린이집의 확충과 공공보육 및 국공립유치원 등이 확충되며, 공공치매전담 요양시설을 확충하여 가족돌봄의 부담을 국가가 부담하는 서비스와 민간위탁형으로 전환함으로써 거버넌스형 돌봄체계를 구축하는 정책을 입안하고 있다.

❖ 표 4-4 핵심 추진과제 3: 가족 다양성에 대응하는 사회적 돌봄체계 강화

대과제	정책과제
지역 기반 다양한 가족의 돌봄 지원 확대	• 지역사회 자녀돌봄 지원 확대 • 지역공동체 기반 일상 돌봄 지원
안전하고 촘촘한 돌봄체계 구축	• 믿고 맡길 수 있는 안전한 가정돌봄 지원 • 재난 · 재해 시 돌봄공백 대응
가족돌봄 지원의 양적 · 질적 강화	• 가족돌봄의 공공성 강화 • 돌봄노동의 사회적 가치 제고

(4) 함께 일하고 돌보는 사회환경 조성

① 남녀 모두가 일하면서 돌볼 수 있는 권리 보장

육아휴직을 활성화하고 육아휴직 후 직장 복귀를 위한 정책적 지원을 한다. 이를 위해 법률적으로 보장된 육아휴직의 사용을 장려하고, 자동육아휴직제 도입 및 육아휴직 대체 충원을 활성화하도록 한다. 또는 육아기 근로시간 단축의 이용을 확대한다거나 육아휴직 이후 온라인 과정, 또는 복귀 프로그램 등을 통해 복직 후 쉽게 적응할 수 있도록 한다. 특히 일 · 가정 양립 사각지대 해소 및 인식 개선을 위해 중소기업에 대한 육아휴직 지원을 확대하기 위한 육아휴직지원금의 인상 등을 통해 대기업뿐 아니라 중소기업에서도 육아휴직을 자유롭게 선택하도록 한다. 또한 일 · 가정 양립과 관련한 제도의 홍보와 상담 서비스를 제공하고, 가족친화인증을 통해 기업의 가족친화지수를 높이도록 한다.

기업의 일과 가정의 양립문화 정책은 고용노동부와 협력하여 진행하고 있는데, 장시간의 근로문화 개선의 일환으로 근로시간의 단축, 정시퇴근문화 확산 등의 정책을 시행하고 있다. 또한 기업의 가족친화경영 문화를 활성화하기 위하여 가족친화인증기업의 확산과 관련한 정책을 진행하고 있으며, 이와 관련하여 일하는 방식

을 개선하는 정책으로 다양한 근무형태의 활성화(재택근무, 유연근무제, 스마트워크, 시간제 일자리 등)를 적극적으로 지원하고 있다.

그와 함께 남성 휴직의 활성화뿐 아니라 배우자의 출산휴가를 의무화하도록 권장하고 있다. 남성이 육아에 참여할 수 있도록 육아교육을 위한 교육과정 개발 및 제공을 실시한다. 또한 '아빠를 위한 자조모임'이나 남성이 적극적으로 육아에 참여하는 문화조성을 위한 다양한 프로그램, 축제 등을 개발하도록 하고, 기업이 가족친화 인증을 받으면 가산점을 주는 제도를 도입하고 있다.

② 성평등 돌봄 정착 및 돌봄친화적 지역사회 조성

평등한 가사나 돌봄 문화를 정착시키기 위해서 워라벨 캠페인을 실시하고 사회적 공감대 확산을 위해 다양한 사업을 진행한다. 예를 든다면 SNS 국민참여 이벤트, 라디오, 전광판 등을 활용하여 평등가족실천 캠페인 등을 지원한다. 특히 양성평등 정책을 기본계획에 반영하고, 지역양성평등센터를 확대하여 기반을 강화할 계획이다. 또한 돌봄친화적 지역사회 조성을 위해 '가족친화문화 확산협의회' 등의 거점지역을 확대하고 기관이나 기업 등의 참여를 유도하여 거버넌스적인 정책활동을 전개한다. 또한 여성친화도시의 지정과 확대를 통해 지역사회 밀착형 성평등 정책을 추진하고자 한다(〈표 4-5〉 참고).

❖ **표 4-5** 핵심 추진과제 4: 함께 일하고 돌보는 사회환경 조성

대과제	정책과제
남녀 모두의 일하면서 돌볼 수 있는 권리 보장	• 일하는 사람의 돌봄권 보장을 위한 제도 강화 • 돌봄권을 보장하는 일터 조성
성평등 돌봄 정착 및 돌봄친화적 지역사회 조성	• 성평등 돌봄 정착을 위한 지원 및 홍보 • 가족 · 돌봄친화적인 지역사회 조성 • 가족친화 사회환경 조성을 위한 기반 정비

이에 따른 세부 과제들은 사업내용 등에서 구체적으로 성과에 대한 평가기준과 예산, 책임 부서, 관련 법률 및 제도 개선을 살펴볼 수 있다. 특히 급변하는 사회 흐름과 함께 가족환경 역시 변화하며, 새로운 형태의 가족이 등장함에 따라 다양한 가족형태를 수용하는 가족가치관을 정책에 반영하고(예: 1인가구의 증가, 한부모가족의 증가, 노인세대가정 등), 새로운 형태의 가정을 위한 연구와 지원을 위한 가족정책 개발을 추진하는 등 4차 건강가정정책 기본계획의 패러다임을 변화시키고 있다.

3. 가족정책 전달체계

다양한 가족정책을 실현하기 위해서는 가족정책사업을 서비스 형태로 전환하고, 전국 고속도로와 지방도로로 차가 달리듯이 전달체계를 갖추어야 한다. 이를 좀 더 구체적으로 논의하면 다음과 같다.

1) 가족서비스 전달체계

가족서비스 전달체계란 가족서비스의 공급자와 수요자를 연결시키기 위한 조직적인 장치로서, 가족정책의 과제와 사업을 구체적인 프로그램과 가족서비스로 전환하여 가정과 가족구성원에게 효과적으로 전달하기 위한 목적을 갖는다. 구체적으로 보면 중앙정부 또는 지방정부, 민간기관, NGO, 기업, 시장에 이르기까지 가족 관련 서비스를 제공할 수 있는 모든 시설이나 공급자들의 연계를 통한 서비스 전달망이다. 가족서비스의 성격이 공공재이든 민간재이든 가족을 위한 서비스와 프로그램의 형태로 지원가능할 경우 효과적이고 효율적인 조직 연결망을 통해 지원하는 것이 정부의 가족서비스 전달체계 구축방향이다. 기본적으로 가족서비스 형태로 갈 경우는 공공재의 성격을 기본으로 하지만, 통합적이고 포괄적인 일련의 가족서비스가 사회서비스의 형태로 전달될 경우는 전자바우처제도 등을 통해 기업이나 민간시장들이 전달체계의 새로운 파트너로 등장할 수 있다. 예를 든다면 인터넷 중독 치료상담, 가족상담, 아동양육지도, 아이돌보미의 일부 유료화, 아동인지능력개발 프로그램, 산모도우미, 노인요양보호사 등의 활동은 앞으로 전자바우처로서 새로운 사회서비스의 사회적 일자리 형태로 전달체계에 포함할 수 있다. 현재 관리체계로서 가족서비스 전달체계는 가족센터와 아이돌봄센터, 가족친화사업 위탁기관, 성 · 가족폭력상담소 등이 공식적인 전달체계이다.

2) 가족정책 공적 전달체계 현황

(1) 가족정책의 전달체계

현재 여성가족부에 소속된 가족정책관실은 [그림 4-3]에서 보듯이 가족정책과, 가족지원과, 가족문화과, 다문화가족과로 구성되어 있다. 여기에 아이돌봄사업이 규모가 커지고 관리가 필요한 정책으로 분류되어 '아이돌봄서비스관리체계 TF'팀이 개설되었다.

또한 시 · 도 광역권의 경우에는 보건복지여성국에서 가족정책과, 가족여성과, 여성가정과, 가족복지과, 여성가족과, 여성가족청소년과 등의 다양한 명칭으로 중앙정부에 비해 다소 통합적인 전달체계를 구축하고 있음을 알 수 있다. 이는 지방정부로 갈수록 전달체계가 휴먼서비스적으로 통합되어 효율적인 행정업무를 집행하고 있다는 의미이다. 여기에는 복지서비스와 의료보건서비스, 저출산 고령화 정책, 개별 사업법에 의한 아동 · 청소년 · 노인 · 여성 · 보육 등의 대상 중심 사업을 적절하게 연계하고 인력과 민간기관, 시설들의 적정한 관리체계를 구축하고 있다. 예산과 인력의 한계로 지역 특성을 반영한 통합되고 효율적인 전달체계가 요청되기 때

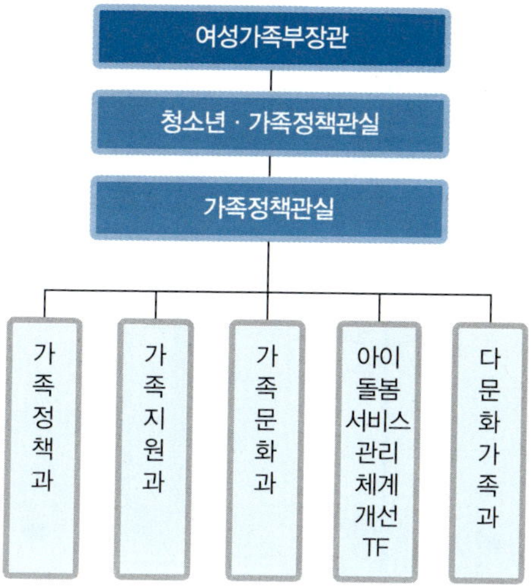

❖ 그림 4-3 여성가족부 가족정책 전달체계

문이다. 기초자치단체야말로 지역의 수준과 특성에 따라 가족정책의 업무가 통합되어 여러 팀에서 업무가 배분되고 조정되는 양상을 갖는다.

[그림 4-4]에서 보듯 여성가족부는 한국건강가정진흥원(재단)을 통하여 여성가족부의 주요 업무를 위탁 · 운영하여 전국의 건강가정 · 다문화가족지원센터(가족센터)의 업무 및 인력관리, 가족사업 관련 프로그램 개발과 평가, 전문가 양성, 종사자의 역량강화, 통합정보시스템의 운영, 전국 센터 네트워크 등을 지원하고 있다. 그에 비하여 시 · 도에서는 광역권 건강가정 · 다문화가족지원센터를, 시 · 군 · 구에는 시 · 군 · 구 건강가정 · 다문화가족지원센터를 설치하여 지역사회의 가족들에게 직접적인 서비스를 제공하고 있으며, 지역과 가족관련 단체나 기업, NGO, 공공기관 등과 협력하여 가족서비스를 제공하고 있다. [그림 4-4]와 [그림 4-5]는 건강가정 · 다문화가족지원센터로 통합되면서 대상별 또는 센터의 기능별로 하위 조직을 구성하는 방안을 제시하고 있는데, 지역의 특성이나 위탁기관의 사업 등에 따라 선택할 수 있는 유형을 제시하고 있다.

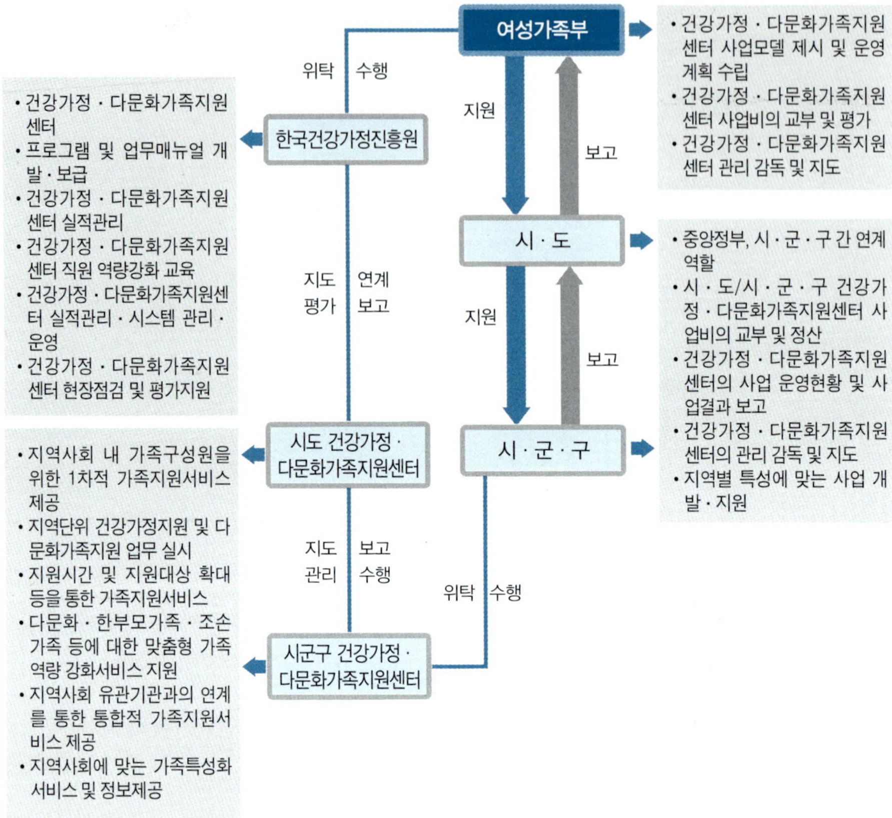

❖ **그림 4-4** 가족정책 공적 전달체계

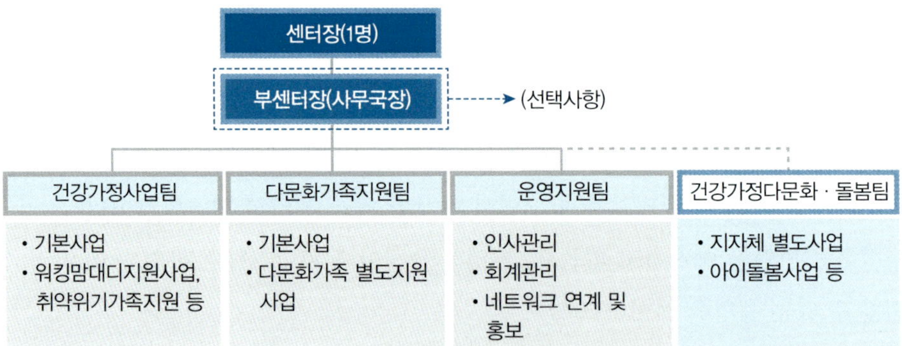

❖ **그림 4-5** 건강가정 · 다문화가족지원센터(대상별 분류형 조직도) 예시

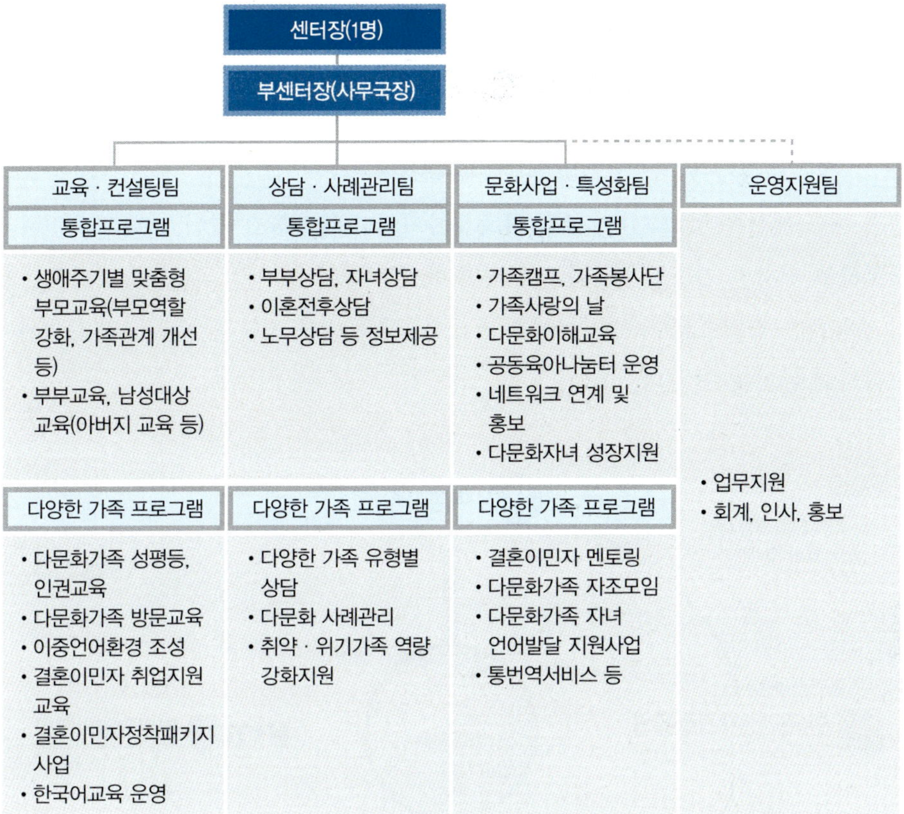

❖ **그림 4-6** 건강가정 · 다문화가족지원센터(기능별 분류형 조직도) 예시

(2) 가족친화지원사업(정책)의 전달체계

가족친화지원사업(정책)은 가족친화 사회환경 조성 촉진에 관한 법률 제19조에 의거한다. 다양한 일과 가정의 양립 지원에 대해 컨설팅 교육 · 운영을 통해, 근로자가 일과 가정생활을 조화롭게 병행할 수 있도록 하는 사업이다. 이 사업은 여성가족부가 한국건강진흥원과 한국경영인증원(KMR)에 위탁하여 가족친화정책을 실행하고 있다. 한국건강진흥원이 가족친화센터를 두고 가족친화정책의 홍보와 가족친화정책의 기획과 총괄, 기업인증 전후의 컨설팅, 직장교육, 상담 등을 제공한다. 이에

반해 한국경영인증원은 대기업과 중소기업, 공공기관 등의 가족친화인증을 위한 심사와 설명회, 평가 등을 담당한다. 이는 가족친화 사회환경을 조성하는 기업을 중심으로 워라벨을 실천하는 지름길이기 때문에 서로 상생작용을 하는 공적 전달체계를 맡고 있다. 여성가족부는 고용노동부와 협력하여 일과 가족, 일과 생활 균형을 위한 법적 제도 개선을 하고 있다. 매년 가족친화기업이 증가하고 있어, 가족친화정책은 행복하고 건강한 가족의 삶, 이른바 저녁이 있는 삶과 여가를 위한 시간, 가족관계가 소통하는 정책으로 가치가 높아지고 있다. 이에 대한 전달체계는 [그림 4-7]에서 요약하여 살펴볼 수 있다.

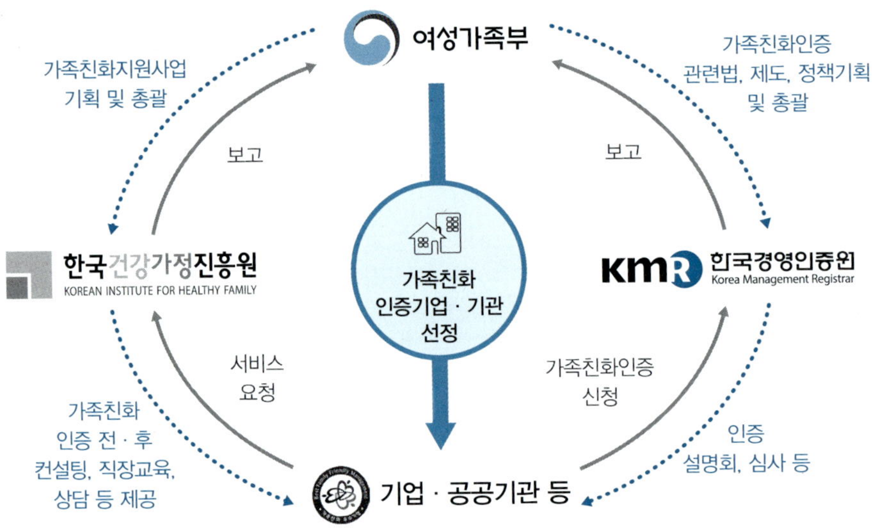

❖ **그림 4-7** 가족친화지원정책의 전달체계

출처: 가족친화지원사업 홈페이지(www.ffsb.kr).

(3) 아이돌봄서비스 공적 전달체계

아이돌봄서비스는 건강가정기본법에 의거하여 진행되어 왔으나, 대상자 가정이 매우 많고 예산의 규모 및 관리가 복잡한 점 등으로 인해 2012년 아이돌봄지원법이 제정되어 사업이 독립되고, 전달체계가 분리되었다. 이에 따라 지방자치단체에서는 아이돌봄센터가 자격요건이 되는 기관에 위탁하는 방식으로 운영하게 되었다. 건강

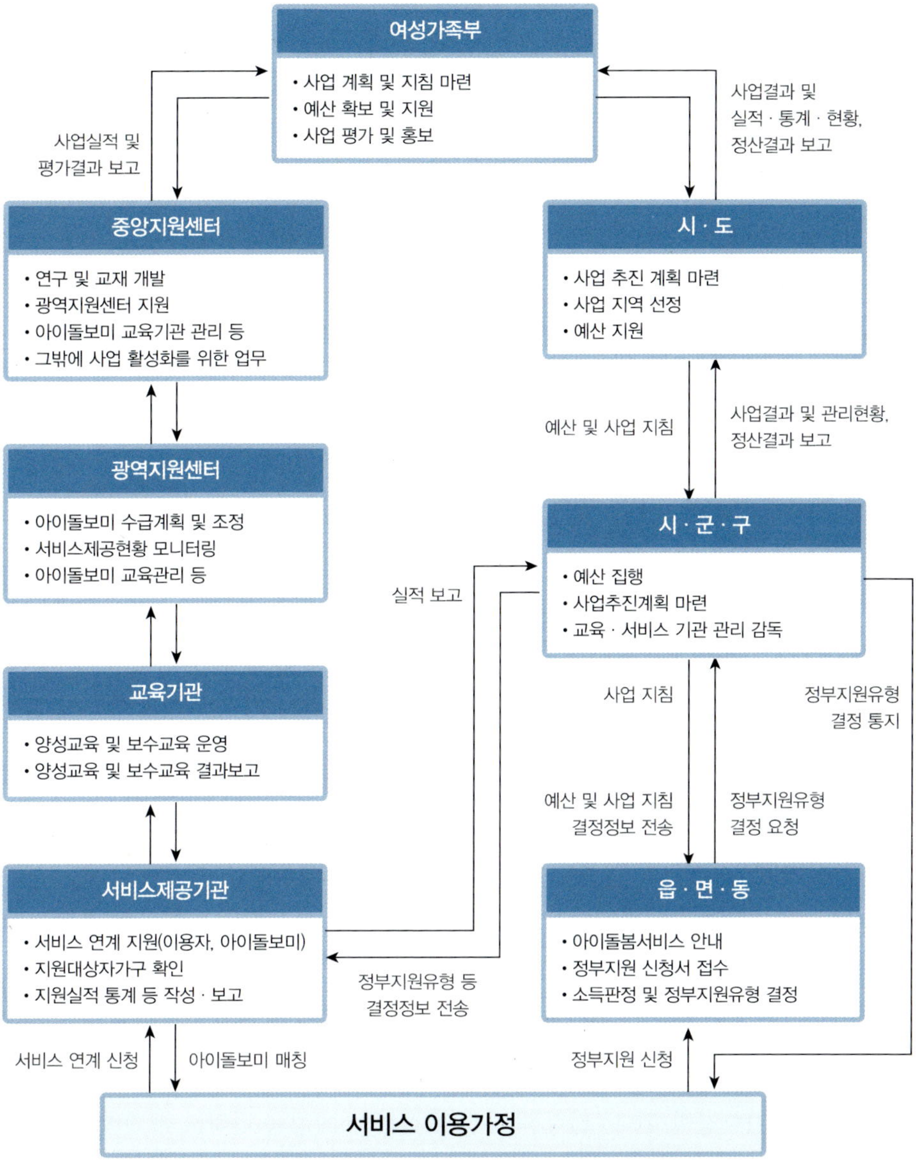

❖ 그림 4-8 아이돌봄서비스 공적 전달체계

출처: 아이돌봄서비스 홈페이지(www.idolbom.go.kr).

가정지원센터의 일부 사업으로 운영되다가, 전달체계를 독립하게 되어 소개하고자 한다. [그림 4-3]에서 보듯, 여성가족부는 아이돌봄서비스 관리체계개선TF팀을 갖고 있으며, [그림 4-8]과 같이 독립적 전달체계를 운영하여 돌봄의 서비스 전달체계로서 역할을 하고 있다. 이는 어린이집이나 유치원 전달체계와도 독립적이다. 중앙지원센터를 통하여 광역시도지원센터, 교육기관 운영, 서비스 제공기관으로서 서비스 이용 가정까지 운영체계를 가지고 있다. 공적 전달체계이고, 국가예산으로 운영되기 때문에 시 · 도, 시 · 군 · 구, 읍 · 면 · 동의 터미널까지 연결되어 있다. 전 지자체에서 모두 진행되는 서비스이기 때문에 홈페이지를 통하여 구체적으로 이용할 수 있고, 관련된 정보를 획득할 수 있다.

4. 가족정책을 위한 제언

제4차 건강가정기본계획의 패러다임은 과거에 비해 보편적이고, 모든 가족들을 포용하고, 평등성을 강조하며, 위기관리와 예방뿐 아니라 가정폭력과 아동학대 등의 문제까지 포함하고 있다. 아동수당법, 민법 등 다양한 법률적 제도 개선을 통해 평등성과 실효성을 실천하는 세부과제들을 제시하고 있다. 즉, 사회정책의 일부로서 자리매김하고 있어 매우 고무적인 일이다. 이에 가족정책의 중요한 가치 실현을 위한 몇 가지 제언을 하고자 한다.

첫째, 가족정책은 사회투자의 주요 핵심 분자인 가정(가족) 그리고 그 구성원들을 위한 적극적이고 계획적인 활동들이다. 특히 인력개발의 근원지이자 개발의 주체와 객체가 공존하는 가족과 가정을 정책의 대상으로 인식하였다는 점은 국가 경영에 매우 중요한 전환점이 된다. 건강한 가정은 신뢰와 애정을 바탕으로 가족원들에게 안심할 수 있는 안정적인 가족환경을 제공함으로써 가족원들의 건강한 성장과 발달을 지원하고, 가족돌봄과 자녀양육의 지원체계로서 사회복지 비용을 절감하는 파트너가 되기도 한다. 특히 행복한 부부가 가정을 지킴으로써 이혼에 따른 가족해체 비용을 줄이고 가족문제를 예방하기 때문에, 가정의 건강성을 위한 다양한 가족정책의 실현은 바로 사회적 비용을 감소시키고 사회적 자본을 형성하는 지름길이다.

둘째, 앞서 가족정책의 주체가 정부와 함께 기업, 시민사회단체, 가정들이 서로 협조해야 하는 거버넌스적 패러다임이라는 것을 강조하였다. 중앙정부와 지방정부의 업무 분담과 함께 NGO, 기업(일터), 가정, 가족 관련 유관기관(보건소, 주민자치센터, 가족보건복지협회, 사회복지회관, 여성회관 등)들이 서로 가정과 가족생활의 안녕과 복지 증진을 위해 수평적인 협력관계를 가져야 할 것이다. 이는 제3섹터로서 자원봉사적 가치와 시민정신을 통한 네트워크 가치가 실현될 때 국가는 정책 비용을 절감하면서 보이지 않는 정신적 · 사회적 인간관계를 통한 사회적 자본을 조달하는 새로운 통로이기도 하다. 인간의 친밀성과 이타성을 바탕으로 다양한 기관과 자원의 연계는 지역사회와 가족의 직접적인 서비스 효과를 느낄 수 있는 새로운 방안이기도 하다.

셋째, 지방자치 · 지방분권 사회에서 가족정책은 시민복지의 핵심 분야이다. 주민밀착형의 대표적인 정책과제이기 때문에 특히 지방정부의 역할이 중요하다. 여기에는 건강가정을 유지하려는 시민사회단체의 결성과 활동, 건강가정연대 모임, 직장, 기업, 지역의원들과의 네트워크가 중요하다. 즉, 홍보와 교육을 통하여 가정의 건강성을 유지하고 가족원의 행복을 지키는 데 함께 협조하는 시스템 구축이 중요하다.

넷째, 어떠한 정책이든지 행정적 · 재정적 지원이 없으면 정책 수행에 어려움이 따른다. 정책 주체자들은 자원을 개발하고, 전달체계를 구축하는 등 재정적인 뒷받침을 해야 할 것이다. 앞으로 건강가정을 위한 중요한 핵심은 행정 전달체계의 구축과 재정확보이며 이는 모두의 노력에 달려 있다. 특히 가족돌봄 부양, 일과 가족의 균형, 다양한 가족들의 다양한 요구와 지원 등은 법과 제도의 지원 속에서 가능하다. 기업의 목적과 가족의 가치는 다를 수밖에 없기 때문에 가치 공유를 위한 사회적 합의와 조정은 끊임없는 교육과 협의를 위한 전달체계의 노력이 수반되어야 한다.

다섯째, 다양한 생활양식의 등장, 다문화가족의 등장은 시대적 상황이다. 가족의 건강성을 위해 전달체계인 다문화가족지원센터와 건강가정지원센터의 상호기능화와 통합의 과정은 시기적절하다. 이는 가족지원과 교육, 가족 안정과 가족의 건강성, 가족의 레질리언스(resilience)를 위해 함께 노력하는 공유된 가치와 목표가 있기 때문이다. 다문화가족의 특수성이 있기는 하지만, 저출산 고령화사회에 가족의 유지와 건강한 자녀출산, 자녀양육의 문제는 국가의 중요 현안이며, 공통의 문제를 해결해야 하는 가족으로서의 보편성을 갖고 있다. 언어적 문제와 문화의 극복은 특수상황이지만 부부와 자녀로 구성되어 일상의 가족생활을 하는 것이 중요하기 때문이다. 즉 통합된 가족센터의 등장은 필수적이다.

가족은 삶의 근원이 시작되는 곳이며, 삶이 끝나는 마지막 장소이기도 하다. 그런 의미에서 생애의 대부분을 가정에서 보내는 이상, 건강하고 안정적인 가정환경과 친밀하고 의사소통이 제대로 되는 가족관계, 편안한 보금자리로서 의식주 문제를 해결하는 일상의 공간으로서 가정과 가족이 이루어지도록 가족정책이 디자인되어야 할 것이다.

여섯째, 가족정책은 국가 존속을 위한 인구의 생성과 가족제도를 통한 국가의 영원한 구성요인이기 때문에 장기적이고 보편적인 정책 아젠다(agenda)를 구성해야 한다. 그런 의미에서 가족정책 패러다임은 국가 경영의 기초 가치를 제공하고, 가족관점의 다양한 부처와의 연계정책이 되도록 가족영향평가 등의 작업이 있어야 할 것이다. 제시된 가족정책사업들은 미시적이고 시민 밀착형으로 진행된 점은 강점이지만, 저출산 고령사회 문제해결의 파트너로서 국가행복지수를 높이고, 조세정책·노동정책·교육정책 등의 연계를 위한 거시적인 정책의 부재 문제를 해결해야 할 것이다.

마지막으로 제4차 건강가정기본계획의 내용이 좀 더 구체적이며 객관적 결과를 도출할 수 있는 방법론을 마련해야 할 시기라는 점에서 전국적인 통계 생산과 사례관리 전산화 등을 통한 실증적인 데이터 관리와 효과성 검증이 요청된다. 이를 위해 전산화 및 지방자치단체들과의 유기적인 협조가 요구되며, 부처 간 거버넌스적 협의체 구성 등을 통해 국가경쟁력을 갖추는 건강한 가족을 유지하는 데 정책의 초점을 두어야 할 것이다.

생각해 볼 문제

1. 제4차 건강가정기본계획의 비전과 목표, 핵심 과제들을 알아보시오.
2. 건강가정정책과 관련이 있는 타 부처(법무부, 고용노동부, 교육과학부, 문화체육관광부 등)의 정책에는 어떤 것이 있는가?
3. 아이돌봄과 가족친화지원정책의 전달체계를 분리하여 살펴보자.

05 CHAPTER 건강가정사업

5장에서는 가정문제의 해결 및 가정의 건강성 증진을 위해 실천현장에서 가장 핵심적인 내용이 될 수 있는 건강가정사업에 대해 살펴보고자 한다. 건강가정사업은 가정의 건강성 강화라는 기본 목적을 달성하기 위해 실제 현장에서 이루어지는 다양한 종류의 실행 대안들을 일컫는 것으로, 기본법을 실현하고 이를 정책화하는 데 기여할 수 있다. 따라서 본 장은 건강가정사업의 개념과 특성, 건강가정사업의 목적과 기능, 건강가정사업의 내용, 건강가정사업의 추진단계 및 전략, 전달체계 개편에 따른 가족사업(건강가정사업)의 내용과 변화로 구성된다. 건강가정사업은 가정복지의 특성상 물적인 자원을 다루는 것뿐만 아니라 정신적인 문제의 해결방안에 이르기까지 가정의 건강성 강화를 위한 다양한 측면을 다루고 있다. 특히 가정과 사회의 경계가 허물어지고 사회적 위협이 증가하고 있는 만큼, 가족의 잠재력을 개발하여 사회의 제 문제에 대처해 나가기 위한 포괄적인 내용이 다루어지고 있다.

1. 건강가정사업의 개념과 특성

2. 건강가정사업의 목적과 기능

3. 건강가정사업의 내용

4. 건강가정사업의 추진단계 및 전략

5. 전달체계 개편에 따른 건강가정사업의 내용과 변화

CHAPTER

05 건강가정사업

1. 건강가정사업의 개념과 특성

1) 건강가정사업의 개념

건강가정사업의 개념은 이 사업이 추구하고 지향하는 '건강가정'의 기본 개념으로부터 도출될 수 있는데, 먼저 법에서는 '건강가정'을 '가족 모두의 욕구가 충족되고 인간다운 삶이 보장되는 가정'으로 정의하고 있다. 즉, 건강가정이란 기본적으로 물적 토대인 가정의 경제적 안정, 특히 안정적인 의식주생활을 바탕으로, 민주적이고 양성평등한 가족관계를 가지는 가정으로 정의할 수 있다. 구체적으로는 열린 대화가 가능하고 휴식과 여가를 공유할 수 있을 때, 그리고 가정 내적으로는 자녀의 성장발달을 지원하고 합리적인 자원관리가 이루어지며 가족역할을 공유할 때, 또한 사회적으로는 일과 가정을 조화시키면서 건강한 시민의식과 자원봉사활동 참여 등을 통해 지역사회와 연결될 때, 나아가 이를 토대로 건강한 가정생활문화를 유지하고 창조할 때 그 가정이 건강하다고 볼 수 있다. 이와 같은 상태, 즉 구성원의 욕구가 충족되고 인간다운 삶이 보장되는 조건을 갖출 수 있도록 지원하고 도와주는 방법과 내용을 담고 있는 것이 건강가정사업이라고 할 수 있다.

이러한 건강가정사업의 개념 역시 법에서 정의하고 있는데, '가정의 건강을 저해하는 문제(이하 가정문제)의 발생을 예방하고 해결하기 위한 여러 가지 조치와 가족의 부양·양육·보호·교육 등의 가정기능을 강화하기 위한 사업'으로 정의하고 있다. 따라서 건강가정사업은 가정문제의 해결부터 사전예방까지를 포괄할 뿐 아니라 가정이 수행하는 기능을 강화하기 위한 다양한 조처와 사업을 의미한다.

2) 건강가정사업의 특성

건강가정사업의 개념 정의를 토대로 그 특성을 살펴보면 다음과 같다.

먼저 건강가정사업이 실현되는 대상의 특성을 들 수 있다. 건강가정기본법에 근거한 가정의 정의, 그리고 건강가정기본법에서 구현하고자 하는 이념에서 제안한 바와 같이 건강가정사업의 대상은 다양한 형태의 가정을 포괄한다. 기본법에 근거한 가정의 정의는 "가족구성원이 생계 또는 주거를 함께하는 생활공동체로서, 구성원의 일상적 부양·양육·보호·교육 등이 이루어지는 생활 단위"로 정의하고 있다. 따라서 건강가정사업의 대상은 가족의 형태나 구조적인 측면에서 그 대상을 규정하는 것이 아니라 가족이 담당하는 기능에 초점을 두는 것으로서, 다양한 형태의 가정을 포괄한다. 즉 혼인, 혈연, 입양으로 이루어진 사회의 기본단위로서의 가족뿐만 아니라 한부모가정, 1인가구, 다문화가정, 미혼모가정, 공동생활가정, 자활공동체 등 사회적 보호를 필요로 하는 가정에 대한 국가의 적극적 지원을 규정하고 있어, 건강가정사업이 실현되는 대상의 특성을 잘 보여주고 있다.

둘째, 건강가정사업에 접근하는 방법에 있어서의 특성을 들 수 있다. 즉 기존의 사회복지서비스와 같은 대상별(아동, 청소년, 노인, 장애인, 여성 등) 접근이 아니라 '한 단위로서의 가정과 그 가정의 건강성 증진'이라는 관점에 입각하여 가정단위의 통합적 서비스를 제공한다.

건강가정기본법의 정신도 가정 중심의 통합적 서비스를 지향하는 만큼, 건강가정사업은 가족구성원 개개인에게 초점을 맞추는 것이 아니라 '한 단위(unit)로서의 가족 전체'에 주목하면서 가정의 보호, 보장, 강화를 도모하는 데 목적이 있다.

이와 같은 가정단위의 통합적 서비스란 건강가정사업의 대상이 가정임을 명시할 뿐 아니라 서비스의 주요 초점이 구성원 중 한 개인이라 하더라도 그 개인이 속한 가정을 고려하고 포괄하는 서비스를 제공함을 의미한다. 예를 들면, 장애인가족 복지서비스의 경우 장애인만을 대상으로 한 복지서비스에 국한하기보다는 장애인을 부양하는 가족을 고려하는 정책을 입안하고 서비스를 제공하는 방식이라는 것이다.

이런 점에서 카머만과 칸(Kamerman & Kahn, 1978)도 현대의 여러 가지 가족병리현상, 예를 들어 가족해체, 아동의 인권침해, 한부모가정의 증가, 노인문제의 증가 등 사회병리현상의 급증에 직면하여 가정을 재발견하기 위해서는 가정에 대해 보다 통합적이고 체계화된 접근이 필요하다고 보았다. 지금까지 사회복지 분야에서 가족을 지원하기 위하여 많은 노력을 기울여 왔지만 그 초점과 대상은 주로 개인에게 집중되어 왔는데, 앞으로 가족에 대한 복지적 접근은 '가족에 대한, 가족을 위한' 사회적 시책을 중심으로 모색되어야 한다. 그러기 위해 가족구성원 간의 상호작용이나 역할관계를 중시하고 가족의 전체성이나 체계성을 고려한 건강가정사업이 필수적으로 요구된다.

셋째, 건강가정사업의 서비스를 제공하는 측면에서의 특성을 들 수 있다. 건강가정사업은 기존의 문제 중심적이고 사후 치료적인 성격에서 나아가 보편적이고 예방적인 서비스까지 포괄하고 지향한다. 이는 사회환경의 변화에 따른 가족의 변화, 즉 가족문제 및 가족현상이 다양화되고 심각해짐에 따라 더 이상 사후의 치료적이고 문제해결 중심적인 서비스에 국한되어서는 안 된다는 문제의식에 의해서이다.

최근 심각해지고 있는 가족현상의 대표적인 예로는 높은 이혼율 등에 의한 가족해체 현상, 저출산 및 고령화의 가속화 현상 등을 들 수 있다. 이와 같은 현상은 사회의 기본단위인 개별 가족이 그 기능과 역할을 담당하는 데 한계에 이르렀으므로 국가와 사회가 이 부담을 나누고 적극적인 지원을 해야 할 시점임을 보여주는 것이다. 또한 가족문제란 성격상 완전한 문제해결이나 사후치료가 힘들며 가족문제에 의한 영향력은 그 구성원에게 오랫동안 지속되는 특성을 지니므로, 문제발생 이전에 적은 노력과 비용으로 예방하는 것이 국가의 복지 부담 측면에서도 훨씬 더 효과적이다. 따라서 보다 체계적이고 장기적인 비전 아래 가족문제의 해결책을 강구하고 가족의 기능을 강화하기 위한 예방적, 보편적 서비스 제공이 필요하므로, 건강가정사업 역시 이와 같은 지향성을 지녀야 한다.

2. 건강가정사업의 목적과 기능

다음으로는 건강가정사업의 목적은 무엇이며, 어떤 기능을 수행해야 하는가에 관해 제시하고자 한다. 이를 설정하기 위해서는 먼저 오늘날 산업화에 따른 가정의 변화를 요약 정리해 볼 필요가 있다.

첫째는 부양체계의 와해이다. 가족의 공동생활은 부양관계를 기초로 한다. 부양이란 '혼자 살아갈 능력이 없는 사람을 돌봄'을 뜻하지만 가정생활은 서로를 필요한 존재로 여기면서 서로가 서로를 돕는 가운데 영위된다. 즉 육체적, 정신적 그리고 경제적 요건의 교환관계가 그것이다. 가족부양은 부부간 또는 부모자식 간에 서로가 서로를 위한 육체적, 정신적 그리고 물질적 지원에서 이루어진다. 따라서 부부나 부모자식도 애정관계나 양육관계만으로 유지되지 않고, 공생관계의 성격을 지닌다. 부부가 서로를 사랑하고, 자식을 낳아 키우는 것은 사랑 때문만이 아닌 정신적 안위, 역할 보완, 그리고 노후 의존과 같은 보상심리를 내포한다. 그러나 출산율의 저하와 평균수명의 연장은 부양구조를 변화시키면서 일부 가족에서는 부양관계가 단절되는 경우가 늘어나고 있다.

둘째는 의도적 또는 비의도적 가정파괴현상의 급격한 증가이다. 여기서 의도적 가정파괴는 이혼을 비롯한 인신매매, 자녀 유괴, 성폭행, 낙태, 가정일탈 및 인명살해 등을 뜻하고, 비의도적 가정파괴는 각종 산업사고, 재해사고 및 교통사고 등을 의미한다. 이러한 가족병리나 사회병리는 그 자체로만 한정되지 않고, 그 피해는 가족해체 및 가족결손으로 이어진다는 데 문제의 심각성이 있다.

셋째는 가족생활에서 가치 혹은 문화의 변화현상이다. 전환기 사회에서의 가족주의는 또 다시 변형된 형태로 나타나서 가족이기주의를 표면화시켰다. 즉, 우리 사회의 가족주의는 사회경제적으로 기여한 바가 크다는 점에서 긍정적인 평가를 내리게 하나, 가족이기주의가 강화되면서 사회 전체에 대한 역기능성이 증가된 측면도 있다. 이러한 가족의 변화는 개인적 합리성은 증대시킨 반면 집단적 합리성이 무너진 과정으로 설명되기도 한다(Kim, 1990). 최근에는 가족이기주의의 강화로 인해 가족의 지위재생산에 대한 강조 및 다른 가족과의 경쟁을 부추기는 양상을 띠고 있다. 이러한 가족이기주의로 인해 가족의 역기능적 측면이 증대되어 가족의 반사회적인 성격이 강화된다는 지적이 일고 있다. 사회적이고 민주적인 시민을 길러내야 할 가족이 지나치게 자신의 가족만을 중요시할 때 반사회적인 이기적 집단으로 전락하게 되는 것이다.

이러한 가정의 변화와 문제에 대응하여 건강가정사업이 실시되어야 하므로, 구체적으로 그 목적과 기능을 살펴보면 다음과 같다.

1) 가정기능의 강화와 자원개발

가정은 사회의 유지와 발전을 위해 필수불가결한 제도이며, 건강한 가정생활을 보장하는 것이 사회의 주요한 의무가 되고 있다. 특히 도시가족의 급격한 핵가족화, 맞벌이가족의 증가, 농촌가정의 해체 현상, 여성 취업인구의 증대 등 산업화 과정에서 가정은 사상 유래가 없는 중대한 변동을 겪고 있기에 사회의 가정보호 기능은 더욱 중시되고 있다.

복지 분야에서는 전통적으로 가정과 가족문제가 주요 관심의 대상이었다. 특히 현대 복지제도의 역사는 비인격적인 상품시장과 대립되는 전통적인 가족기능의 보완과 대체, 강화의 역사라고 할 수 있다. 인간의 상품화를 전제하는 시장 영역이 커

질수록 개개인의 지원과 만족감을 얻을 수 있는 안식처로서의 가정의 중요성은 더해 갔으나, 가족구성원을 보호하는 가정의 전통적인 기능, 즉 안식처로서의 기능은 점차 사라지고 있다. 이러한 상품시장의 왜곡을 해독하는 사회적 기제로서 다양한 복지제도의 필요성이 증대되어 왔다고 할 수 있다. 따라서 근대적인 복지제도는 과거에 가정이 맡았던 상부상조의 복지기능이 약화됨으로써 이를 보완하기 위해 태동한 것이라 할 수 있다. 20세기를 통하여 선진국의 복지제도는 본질적으로 가정의 전통적인 보호기능을 대행해 주는 대체물로서 성장하여 왔다.

이런 의미에서 한 국가의 복지정책과 가족 혹은 가정정책은 동전의 양면이라 할 수 있다. 국가가 실제적인 가정의 변화를 인정하고 새로운 변화의 방향을 적극적으로 주도했느냐, 아니면 낭만적인 가족 개념을 포기하지 못하고 가족구조의 변화를 병리적인 것으로 인식하여 그 변화를 저지하고 역기능가족을 원조하는 데 주력하였느냐 하는 기본적인 태도 차이가 20세기 복지국가 유형의 차이를 설명하는 가장 중요한 변수 중의 하나로 자리잡고 있다(이혜경, 1995).

특히 최근 들어 나타나는 개인주의적 가치관의 만연, 핵가족화, 여성의 사회참여 증가 등으로 인한 저출산문제, 가족부양기능의 약화 등 제반 사회적 문제에 대한 접근은 기존의 가족책임주의로부터의 탈피를 요구하면서 동시에 국가 · 사회의 공동책임주의 의식으로의 전환을 필요로 하고 있다. 이러한 변화는 개인의 생애주기에 걸친 다양한 복지 욕구의 증폭과 함께 새로운 형태로 국가 · 사회적 부담을 증가시킬 전망이다. 즉 가족해체와 가족문제 심화를 해결, 치료하기 위한 국가의 비용부담이 더욱 늘어날 것으로 예측되며, 이러한 방대한 국가의 비용 부담을 감소하는 목적에서라도 제반 가정문제의 예방은 더욱 중요한 의미를 갖게 되었다. 따라서 건강가정사업이 갖는 목적 중의 하나는 가정의 역량 강화와 자원개발, 즉 가정 스스로 그 기능을 잘 수행할 수 있도록 하는 가정의 자원화[1]라 할 것이다.

---

1) '가정의 자원화' 개념은 이미 '가정복지 개념을 중심으로 한 가정학의 재개념화' 연구(노영주 외, 1999)에서 정의된 바 있다. 선행연구에 의하면 '가정의 자원화'란 가정이 잠재적으로 가지고 있는 역량을 개발, 활용하고 이것에 투자하는 것을 의미한다.

2) 가정문제의 감소와 위기치료

오늘날 개인들은 가족을 위해서 무엇을 어떻게 해야 하는지 일정한 지침 없이 살고 있고, 개인주의의 확산으로 인한 가족부양의 기피 내지는 가족해체가 지속적으로 증가하고 있다. 따라서 오늘날의 가장 큰 사회적 부담은 급속한 산업화 과정에서 가족해체가 증가됨으로써 사회보호가 필요한 대상이 늘어나고 있다는 점이다.

현대의 가정은 단순히 가족관계의 차원을 넘어서 사회와의 관계에 의한 구조·기능적 차원에서의 와해 및 해체가 문제시되고 있다. 따라서 가족문제는 단순히 개인이나 가족에게만 영향을 미치는 것이 아니라 사회 전체에 광범위하게 영향을 미치고 순환된다. 따라서 가정문제의 감소는 우리 사회의 가장 기본적인 과제가 되고 있으며, 정책이나 사회서비스 측면에서도 이를 위한 노력이 있어야만 한다.

사실 가족과 관련된 제반 문제들은 개인, 가족, 사회에 미치는 영향으로 금을 그어 따로 분리시킬 수 있는 것이 아니다. 인간은 개인, 가족, 사회가 연결된 상태에서 살아가기 때문에, 가정문제가 개인에게 영향을 주고 그것이 다시 사회에까지 영향을 미치는 순환작용을 하기 마련이다. 아동, 노인 등 취약계층을 보호하고 부양하는 일차적 터전이 가정이라는 점에서, 학대나 유기 등 심각한 가정문제의 발생은 단기적으로 개인의 신체적, 정신적 손상은 물론 장기적으로는 그 영향이 세대를 거쳐 지속되는 등, 사회의 지속적인 불안요소가 되므로 이를 위해서는 보다 신속한 개입과 위기치료가 필요하다. 그러한 의미에서 사회문제 역시 다시 개인이나 가족에게 영향을 주게 되는데, 특히 폭력이나 비인간성이 두드러지게 증가하고 있는 오늘날의 사회 현실은 가정 내 위기적 상황의 발생가능성을 날로 증가시키고 있다.

건강가정사업은 이러한 가정문제에 대한 실천적 대안 제시와 서비스를 제공해야 한다는 측면에서 구체적인 사업을 얼마나 창의적이고 효과적으로 이루어내고 실천하느냐가 핵심이라 할 것이다. 따라서 가정문제의 예방과 해결을 위한 대안 제시가 무엇보다 중시되고 있다. 그러한 의미에서 상담과 교육, 정보제공이라는 사업 영역들이 통합적으로 가정문제의 감소와 위기치료에 기능할 수 있어야 한다. 즉 가정문제의 예방과 치료를 위한 상담서비스뿐만 아니라 가족의 기능조정과 역할개발을 위한 관련 서비스 및 기술교육, 가족생활의 역할대행 및 역할지원, 가치관 정립을 위한 가정교육 및 사회교육, 결손가족의 사회보호 및 자활지원, 그리고 가족생활의 보장과 보호를 위한 규범적 또는 제도적 지원 등이 필요하다.

3) 다양한 가족에 대한 대응

이혼가족, 한부모가족, 노인가족, 다문화가족, 1인가구 등 다양한 가족의 출현과 확대는 가족의 기능성 강화라는 건강가정사업의 목적에 매우 위협적일 수 있다. 우선적으로 가족의 특성을 면밀히 파악하고 효과적으로 사용할 수 있는 정책적 방향을 설정하는 일이 매우 중요하며, 경제적 지원과 심리적 서비스의 적절한 배분, 관련 조직 간의 상호협조체제 등이 필요하다 할 수 있다.

건강가정사업의 기능이란 결국 이러한 사업을 통하여 가정생활의 유용성을 얼마나 높여줄 수 있으며 가족의 역량 강화에 어떻게 기여할 수 있느냐에 달려 있다. 이를 위해서 먼저 다양한 가족이 갖는 특성과 복지 요구가 파악되어야 한다. 가족의 구조, 기능 및 가치의 측면에서 어떤 문제를 안고 있으며, 그러한 문제가 나타난 이유와, 문제와 관련하여 무엇이 요구되는지를 파악해야 하는 것이다. 가족의 인구학적 특성과 가족의 복지 요구는 상호 밀접한 관련이 있다. 그것은 가족에서 결혼과 출산, 이동과 출가 그리고 이혼과 사망이 인구현상인 동시에 가족의 변화와 복지요건이 되기 때문이다. 말하자면 가족의 결손은 가족의 인구현상에 의한 것이고, 기능적 결손은 가족의 구조적 변화에 의한 것이라면 복지수요는 이러한 점을 모두 포괄해야 한다.

국가적으로는 특히 다양하게 변화하는 가족의 욕구와 다양한 가족 형태의 출현 등에 직면하여, 사회정의와 다양성, 형평성, 인간의 존엄성을 실현하는 데 초점을 두어 보다 진보적인 시각에서 가족정책을 실행해야 할 것이다. 미래의 가족은 광범위하게 삶의 동반자들이 모인 친밀한 관계가 되어야 한다. 가족을 엮어가는 것은 권위와 경제력이 아니라 평등적 나눔과 공존의 정신이 되어야 한다. 그리고 가족 유형 간, 가족구성원 간, 가족과 사회 간 끊임없는 상호 이해와 교류가 이루어져야 한다. 따라서, 가족의 변화와 다양한 모습들은 가족이 생존하기 위한 나름대로의 대안이기도 하고, 이러한 변화에 대하여 개인과 사회 모두는 적극적으로 반응해 나가야 할 것이다.

4) 지역사회에 적합한 지역사회 중심의 서비스 제공

지역 중심의 건강가정정책 및 사업이란 지역사회가 중심이 되어 자체의 여건 하에서 복지체제를 구축하고 복지자원을 개발하여 복지기반을 조성하는 것을 의미한다. 즉 지역사회 내 가족의 독자적 생활을 위한 여건 조성과 가족문제의 예방과 해결을 위한 도움은 물론 보다 나은 생활을 위한 지식과 기술을 제공한다는 것이다. 즉, 복지는 먼 곳에서 추구되는 것이 아니라 일차적으로 개인의 노력과 가족의 협력에 의해서 이룩되며, 이차적으로는 이웃과 지역사회의 협력이 요구된다는 점을 강조하는 것이다.

이러한 지역 중심 복지제도는 정부주도적 복지제도의 지역화만을 의미하지 않는다. 지역사회가 중심이 되어 지역 특성을 고려한 체제구축과 기반 조성을 통한 복지실현을 해야 한다. 또 복지체제는 일정한 모형에 의한 것이 아니라 지역 특성에 알맞도록 구축되어야 한다. 왜냐하면 인구구성, 산업특화 모형, 도농(都農) 특성 등에 따라서 가족의 기능, 문제, 문화 등이 큰 차이를 보일 수 있기 때문이다.

이와 같은 복지수요는 일차적으로 개별 가정을 단위로 파악되어야 하지만, 건강가정정책 및 사업의 효율성을 위해 지역사회를 단위로 하여 지역사회 내 가족구성의 특성과 이에 근거한 복지욕구를 파악하는 것이 필요하다. 그러한 의미에서 건강가정사업은 영역의 광범위성, 내용의 다양성에 비추어 일정한 중앙 중심 조직만으로 접근하기 어렵다. 따라서 관련 민간조직은 물론 지역사회를 중심으로 하는 자원조직의 구축이 요구된다. 여기서 가장 중요한 점은 지역사회를 중심으로 한 복지체계를 구축하는 것이다. 그것은 가족정책이 정부가 지향하는 특정 목표를 위한 것이 아니라 개별가족의 안정과 생활의 질을 높이기 위한 것이고, 가정복지가 특정의 문제가 있는 가정만을 대상으로 하는 것이 아니라 모든 가정을 대상으로 가족의 건강관리, 생활개선, 역할지원, 자활지원 및 문제의 예방과 치료 등 다양한 내용을 포괄하기 때문이다.

3. 건강가정사업의 내용

가정의 건강성 증진 및 가족의 기능 강화를 목적으로 실시하는 건강가정사업은 세부 목적별, 사업 영역별, 문제 유형별로 다양하게 그 내용을 제시할 수 있다. 본 절에서는 건강가정기본법에서 제시하는 사업내용을 먼저 살펴봄으로써 그 기초 내용을 인지하고, 다양한 접근방법에 따른 사업 분류를 시도해 봄으로써 건강가정사업의 유형을 포괄적으로 제시해 보고자 한다.

1) 기본법에 근거한 사업내용

2005년 1월 1일 시행된 건강가정기본법에서는 가정의 건강성 증진을 위해 필요한 제도 및 여건의 조성과 이를 위한 각종 시책, 이의 심의 및 추진을 위한 전달체계 등이 제시되어 있다. 또한 국가와 지방자치단체의 책무도 명확히 규정하고 있으며, 무엇보다도 문제 발생의 예방을 강조함으로써 사후 치료적 성격이 강한 한국 사회에서 사회정책의 획기적인 변화를 꾀하고 있는 것이 특징이다.

이러한 제반 목적을 달성하기 위해 추진되어야 할 건강가정사업은 건강가정기본법의 제3장에 제시되어 있는데, 제21조 가정에 대한 지원에서부터 제33조 자원봉사활동 지원에 이르기까지 총 13조항으로 구성되어 있다. 이 조항들은 가정에 대한 지원과 자녀양육 지원, 가족단위 복지 증진, 가족의 건강 증진, 가족부양 지원, 민주적이고 양성평등한 가족관계 증진, 가족단위의 시민적 역할 증진, 가정생활문화 발전, 가정의례, 가정봉사원, 이혼 예방 및 이혼가정 지원, 건강가정교육, 자원봉사활동 지원 등으로 제시되어 있으며 그 세부 내용은 다음과 같다.

(1) 가정에 대한 지원

① 가정기능 수행 지원

- 가족원의 정신적 · 신체적 건강 지원
- 소득보장 등 경제생활의 안정
- 안정된 주거생활
- 태아검진 및 출산 · 양육의 지원
- 직장과 가정의 양립
- 음란물, 유흥가, 폭력 등 위해환경으로부터의 보호
- 가정폭력으로부터의 보호
- 가정친화적 사회분위기 조성
- 그밖의 건강한 가정의 기능을 강화, 지원할 수 있는 관련 사항

② 임신 · 출산 · 수유와 관련한 모성보호 및 부성보호를 위한 유급휴가 시책 확산 지원

③ 한부모가정, 노인단독가정, 장애인가정, 미혼모가정, 공동생활가정, 자활공동체 등 사회적 보호를 필요로 하는 가정에 대한 지원

(2) 위기가족 지원

① 대통령령으로 정하는 재난에 의하여 가족의 부양 · 양육 · 보호 · 교육 등 가족기능이 현저하게 저하된 경우 원활한 가족기능을 수행하는 데에 긴급하게 필요한 범위에서 지원

② 위기가족긴급지원은 가족돌봄(아이돌봄지원, 가사돌봄지원 등), 가족의 심리 · 정서지원(가족상담, 집단프로그램, 자조모임 운영 등), 법률구조 · 의료지원 · 복지서비스 등 연계 등

(3) 자녀양육 지원

① 보육 및 방과후 서비스, 양성평등한 육아휴직제 등의 정책을 적극적으로 확대

② 다양한 가족형태를 고려한 아동양육지원사업시책(아이돌보미서비스 포함)의 수립 및 시행

③ 아동양육지원사업을 예산범위에서 지원

④ 가사노동 가치에 대한 사회적 인식 제고

(4) 가족 단위 복지증진

① 사회보험, 공공부조 등 사회보장제도를 운용함에 있어, 보험료 산정 · 부과, 급여 등 가족을 지지하는 시책을 개발 · 추진

② 경제 · 사회, 교육 · 문화, 체육, 지역사회 개발 등 각 분야의 제도 · 정책 및 사업을 수립 · 추진함에 있어 가족 우대

(5) 가족의 건강 증진

영유아, 아동, 청소년, 중 · 장년 등 생애주기에 따르는 종합적인 건강 증진 대책 마련

(6) 가족부양 지원

① 영유아 혹은 노인 등 부양지원을 요하는 가족원이 있는 가정에 대하여 부양 부담을 완화하기 위한 시책을 적극적으로 강구
② 질환이나 장애로 가족 내 수발을 요하는 가족원이 있는 가족을 적극 지원하며, 보호시설을 이용할 수 있도록 전문 보호시설 확대
③ 가족구성원 중 장기요양을 필요로 하는 질병이나 사고로 간병을 요할 경우 가족간호를 위한 휴가 등의 시책 마련

(7) 민주적이고 양성평등한 가족관계 증진

① 다양한 가족생활교육, 부모교육, 가족상담, 평등가족 홍보 등을 추진
② 가정폭력 피해자와 피해자 가족에 대한 개입에 있어 전문가의 체계적인 개입과 서비스가 이루어지도록 노력

(8) 가족 단위의 시민적 역할

① 가족이 시민으로서의 역할을 증진할 수 있도록 기회와 서비스를 제공
② 가족단위의 자원봉사 참여가 확대되도록 노력

(9) 가정생활문화 발전

① 건강한 가정생활문화를 고취하고 그에 대한 지원정책을 수립

② 가정생활문화는 다음 각 호를 포함

- 가족여가문화
- 양성평등한 가족문화
- 가족단위 자원봉사활동
- 건강한 의식주 생활문화
- 합리적인 소비문화
- 지역사회 공동체문화
- 기타 가정생활 문화와 관련된 사항

(10) 가정의례

건전한 가정의례를 확립하기 위한 지원정책 수립

(11) 가정봉사원

건강한 가정을 유지하기 위해 필요한 경우에는 가정을 방문하여 가사, 육아, 산후조리, 간병 등을 돕기 위하여 가정에 가정봉사원 지원

(12) 이혼 예방 및 이혼가정 지원

① 이혼하고자 하는 부부가 이혼 전 상담을 받을 수 있게 하는 등 이혼 조정을 내실화할 수 있도록 필요한 조치 강구

② 이혼의 의사가 정해진 가족에 대하여 이들 가족이 자녀양육, 재산, 정서 등의

제반 문제를 준비할 수 있도록 도움을 주는 지원서비스 제공

③ 이혼한 가족에 대하여 양육비에 대한 집행력의 실효성을 강화하고 그 적용 대상 확대

(13) 건강가정교육: 건강가정교육을 실시

① 결혼준비교육

② 부모교육

③ 가족윤리교육

④ 가족가치실현 및 가정생활 관련 교육 등

(14) 자원봉사활동 지원: 건강가정과 관련되는 자원봉사활동 사업을 육성, 장려

또한 건강가정사업 관련 내용은 위에서 제시한 제3장의 법 조항 이외에도 총칙을 비롯한 기타 조항에도 산재해 있는데, 이를 종합하여 사업기능별 영역으로 구분하고 해당 단위사업들을 법 조항과 더불어 제시하여 정리해 보면 〈표 5-1〉과 같다. 사업 영역은 크게 통합사업과 부문별 사업으로 나눌 수 있다. 통합사업은 '가정기능 강화 및 가정문제 발생의 예방'으로 총칭할 수 있고, 부문별 사업은 상담, 교육, 문화, 정보 제공, 가정봉사원, 자원봉사, 프로그램 개발 등으로 나눌 수 있다.

❖ 표 5-1 건강가정기본법에서의 주요 사업 내용

통합 사업		
사업 영역	단위사업명	법조문
가정기능 강화 및 가정문제 발생의 예방	1. 민주적이고 양성평등한 가족관계 증진사업 2. 가정폭력 예방과 상담교육 3. 자녀양육 지원사업 4. 가사노동가치평가사업 및 홍보 5. 가족단위의 시민의식과 역할 함양 6. 가족의 건강증진사업 7. 가족해체 방지사업 8. 이혼 예방 및 이혼가정 지원 사업 9. 다양한 가족형태의 건강성 증진사업 10. 가족단위 복지증진사업 11. 가족문제의 발생 및 예방에 관한 조사연구 사업	제9조, 제21조, 제22조, 제23조, 제24조, 제26조, 제27조, 제31조
가정문제 상담 및 치료	1. 가정생활관련 상담 및 치료 2. 위기가족, 다양한 가족의 건강성 증진을 위한 상담 및 치료 3. 가정생활지원 종합 상담(예: 소비자상담, 가정생활설계상담, 가계재무관리 상담, 식생활 및 영양관리상담, 주택개조상담 등)	제26조, 제35조
건강가정 교육	1. 결혼준비교육 2. 부모교육 3. 가족윤리교육 4. 가족가치실현 및 가정생활관련 교육 5. 부부교육 6. 양성평등 가족교육 7. 은퇴자를 위한 가정생활 적응교육 8. 가정생활 설계교육	제32조
가정생활 문화발전	1. 가족여가 문화 2. 양성평등한 가족문화 3. 가족단위 자원봉사문화 확산 4. 건강한 의식주 생활문화 5. 합리적인 소비문화 6. 지역사회 공동체 문화 7. 기타 가정생활문화와 관련된 사항 8. 건전한 가정의례(혼례, 제례, 장례, 성인례, 각종 축하연 등) 모델 개발 및 보급 9. 가족공동체 운동 활성화 사업(공동육아, 생애운동지원, 사이버 공동체가정 지원, 좋은 부모되기 운동 등)	제28조, 제29조

부문별 사업		
사업 영역	단위사업명	법조문
지역사회 자원개발 활용 및 정보제공	1. 가족생활실태 조사 2. 가족지원을 위한 지역사회 네트워크 구축 3. 가정생활관련 정보 제공 4. 사이버 정보망 구축 및 서비스 제공 5. 가정관련 민간단체 지원 및 인센티브 제공 6. 건강가정육성을 위한 기부금 문화 조성 사업 7. 기업체, 행정기관, 대학 등 산 · 관 · 학 연계 사업	제10조, 제11조, 제20조
재가서비스사업	1. 가사, 육아, 산후조리, 노인부양 등의 지원을 위한 가정봉사원 파견 사업 2. 가정봉사원 교육 및 연수 3. 전문보호시설의 가정봉사원 파견사업	제25조, 제30조
자원봉사 활동지원	1. 가족단위 자원봉사활동 및 단체 지원 2. 가족단위 자원봉사 인증사업 3. 건강가정육성을 위한 자원봉사 네트워크 구축 4. 가족단위 자원봉사 교류 사업 5. 자원봉사기금 조성 사업	제28조, 제33조
건강가정 유지를 위한 프로그램 개발	1. 가족친화적 기업 프로그램 개발 및 지원 2. 맞벌이가족을 위한 직장-가족 양립 지원 프로그램 개발 및 지원 3. 도 · 농가정의 화합 및 협동 프로그램 개발 및 지원 4. 가족단위 여가문화, 놀이문화 프로그램 개발 및 지원 5. 세대통합 프로그램 개발 및 지원 6. 노부모-자녀관계 강화 프로그램 개발 및 지원 7. 건강가정 육성을 위한 교육 프로그램 개발 및 지원 8. 소외가정, 위기가정, 요보호가정 지원을 위한 프로그램 개발 및 지원 9. 건강가정 유지를 위한 다양한 프로그램 개발 등	제35조

2) 건강가정사업의 접근방법별 사업내용

건강가정사업의 접근방법은 일반적으로 사업 영역을 중심으로 전개되나, 건강가정 수립의 궁극적 · 포괄적 목적을 위해서 다양한 접근방식으로 사업 프로그램들을 설정해 볼 수 있다. 이러한 다양한 방식은 건강가정의 개념화, 실행 목적에 따라 달리 적용될 수 있고 사업의 규모, 예산, 운영주체, 운영기간 등의 조건에 따라서도 선택적으로 추진될 수 있다.

(1) 사업 영역별 접근

건강가정사업 영역은 크게 교육, 상담, 문화 및 정보 제공, 지역사회 네트워킹 및 자원개발 등의 영역으로 시작되었으나, 다양한 사업이 개발되고 전달체계가 개편됨에 따라 사업 영역은 지속적으로 재구조화되고 있다.

우선 건강가정사업의 목적을 달성하기 위해 필요한 기본사업을 영역별로 제시하면 다음과 같다.

① 교육사업

- 위기가정, 이혼가정, 요보호가정의 갈등 해소, 위기 극복, 가족해체 방지를 위한 교육
- 가정 유형별 가족의 잠재력 개발 및 복지증진을 위한 교육
  - 실직가정, 빈곤가정, 한부모가정, 재혼가정, 다문화가정, 소년소녀가장가정, 비행청소년가정, 장애아가정, 노인가정 등 가정단위 교육
- 일반 가정의 기능 강화와 삶의 질 향상을 위한 가족문제 예방 교육
  - 건강가정을 위한 가정교육 모델 개발 및 보급
  - 가정의 건강성 증진을 위한 주제별 가족생활교육, 주기별 생활설계교육
  - 부모교육, 예비부부를 위한 결혼준비교육
  - 가족유대 증진을 위한 의사소통교육
  - 합리적인 가정생활 운영을 위한 자원관리교육
  - 가족가치 실현 및 양성평등 가족교육 등

② 상담사업

- 가정문제 해결을 위한 가족상담 및 치료(위기가정, 이혼가정, 요보호가정 등)
  - 자녀문제 상담, 부부문제 회복을 위한 상담, 신용불량 등 경제문제 상담, 위기가정 구성원의 자존감 향상 및 긍정적 자아감 형성을 위한 상담 등
- 가정기능 강화와 가족문제 예방을 위한 상담치료
  - 가정기능 강화를 위한 가정생활 진단 및 문제 예방 상담
  - 위기요인을 가진 가족을 위한 가족관계 강화 및 잠재력 개발 상담(부부관계, 부모자녀관계, 고부관계 등)
  - 가족주기별 경제계획 및 가계재무상담(맞벌이, 내집마련, 교육비, 노후생활비, 신용카드 사용 등)
  - 자녀 출산 및 양육계획 상담, 장애가족, 치매노인가족 등 가족부양문제 상담, 한부모 및 미혼부모 상담, 다문화가족 상담
  - 노후생활설계, 여가생활, 중년기 적응 상담
  - 가족건강 및 영양 상담, 주거안정 및 주거복지 상담 등

③ 문화 및 정보제공 사업

- 사회 통합 분위기 조성을 위한 가정단위의 공동체 운동 지원 및 생활문화운동 관련 사업
  - 세대통합 프로그램 개발 및 운영
  - 가정공동체 운동 확산
  - 공동육아 활동지원(공동육아나눔터, 가족품앗이 등)
  - 삼세대가정, 노인부양가정 등 지원 프로그램
  - 가족단위 자원봉사 프로그램 개발 및 교류사업 추진
  - 가족단위 자원봉사 공급자와 수요자 간 연계 및 자원 중개
  - 건강가정 지원을 위한 자원봉사 네트워크 구축 등

- 가정기능 회복, 가정기능 강화, 가정의 자원화 등을 위해 필요한 정보 제공
  - 위기가정, 이혼가정, 요보호가정의 회복을 위한 정보 제공
  - 가정생활의 질적 향상을 위해 필요한 정보 제공
  - 가정기능 강화를 위한 상담 · 교육에 필요한 종합적인 정보 데이터망 구축

④ 지역사회 네트워킹 및 자원개발 사업

- 지역사회 자원의 효율적 활용을 위하여 가정 간 연계 및 관련 기관 간 네트워크 구축
  - 가정기능 강화를 위해 활용할 수 있는 지역사회 내 전문기관 연계
  - 자조그룹 등 유사한 상황에 처한 가정 간 연계 및 자원의 교류, 이를 위한 네트워크 구축
  - 가정폭력 예방을 위한 지지집단과 네트워크 구축
  - 대상별 필요 자원 획득과 관련된 적절한 one-stop 정보 보급체계 구축

(2) 가족주기별 접근

가정은 형성, 확대, 축소 등의 단계를 거쳐 장기적으로 유지 발전되어야 한다는 측면에서 주기별 특성에 따른 적응과 문제해결이 요구된다. 따라서 건강가정사업 역시 가족생활주기별 접근방식이 필요하다.

① 예비부부 및 결혼 초기 부부를 위한 위기 예방 및 적응관리 사업

- 예비부부를 위한 결혼준비 및 적응 교육, 건강한 혼례 문화 교육
- 신혼기 부부를 위한 위기 예방 교육, 초기 갈등 상담 및 치료(온라인 및 오프라인)
- 맞벌이부부 및 영아기 부모를 위한 결혼상담 요원의 파견 및 지도
- 자조조직 결성 및 네트워킹

② 지역 특화된 출산 및 양육 지원 사업
- 건강한 출산 문화 조성 사업
- 출산 지원 사업: 지역별 인구 특성 분석을 통한 가정 기반 인구구조 유지 지원 사업
- 일·가정 양립을 위한 보육 지원 사업
- 출산과 양육을 도와주기 위한 가족친화문화의 조성과 지원(가족친화지원센터, 가족친화마을 조성 등)

③ 학령기가정 관리 및 지원 사업
- 맞벌이가정 자녀의 학업, 정신건강, 부모자녀관계 지원 사업
- 사춘기를 앞둔 자녀와의 바람직한 관계 형성을 위한 부모교육
- 건강한 교육열 확산 등을 위한 가정공동체 인식 개선 사업

④ 수험생가정 관리 및 지원 사업
- 수험생가정의 스트레스 관리 프로그램
- 수험생가정의 정보 지원 및 상담
- 수험생가족의 부부관계 강화를 위한 교육 및 상담

⑤ 중년기가정 안정화 지원 사업
- 중년기 적응을 위한 부부교육
- 실업 및 지출 증가 대비 가족자원 극대화 프로그램
- 중년기가족 사회동참 프로그램(지역문화 창출 등에 기여)

⑥ 고령화사회 대비 노년기가정 관리 및 지원 사업
- 노년기가정 생활설계 지원 사업: 은퇴, 사별 적응 전략 모색
- 세대 간 연결 프로그램 등 개인, 가족 단위 노인여가활동 지원 사업

- 노인가족 경제 안정화 프로그램 개발 및 지원(관련 기관과 연계)
- 노인가족 자원봉사 역량개발 및 사회환원 지원 사업

(3) 생태학적 접근

가족은 개인과 사회의 연결 고리로서, 개인 구성원의 복지와 안녕을 통하여 사회 안정화를 달성하도록 하는 중요한 기능을 한다. 따라서 개인과 가족, 사회는 상호작용과 자원의 교환을 통하여 체계를 유지 발전시켜 나간다는 점에서, 연계적인 관계가 중요하다. 건강가정사업은 영역별 접근과 주기별 접근 이외에, 개인과 가족의 각 개체가 사회와 더불어 생존해 나감을 잘 보여주는 생태학적 접근을 통하여 통합적 관점의 목적을 이루어 나갈 필요가 있다.

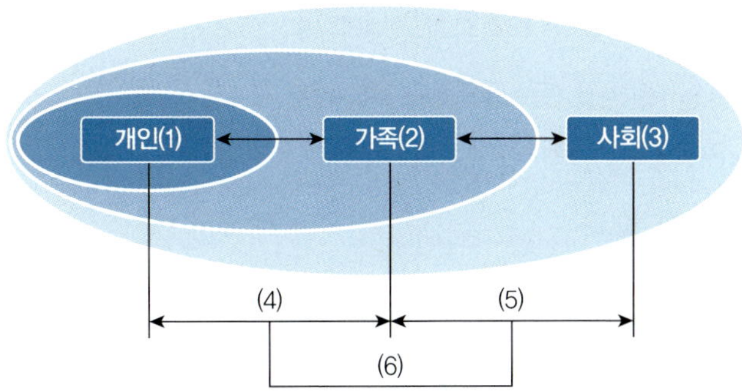

❖ 그림 5-1 생태학적 접근에 의한 개인, 가족, 사회의 관계 및 관련사업

① 개인단위 사업

- 생애주기별, 연령별 가족구성원 적응교육 및 상담
- 위기 구성원에 대한 문제해결 지원 프로그램

② 가정단위 사업

- 가정생활관리 프로그램의 제도적 정착 및 효율화 사업
  - 성공적 부부생활을 위한 장기 결혼 계획 수립 지원 및 상담(건강가정지수 등 표준화 프로그램 개발 포함)
  - 건강가정 등록제 실시(평생 관리, 토털 관리제도 지향)
  - 결혼상담 요원 육성 및 활용
  - 자녀의 성장 주기별 자녀양육 및 지원 프로그램
- 위기가정 지원 프로그램
  - 가족위기에 대한 대응 교육
  - 위기가정 유형별 상담 전문화 및 지원(가족회복센터 등 포함)
  - 위기 재현 방지를 위한 지원 프로그램 개발 실시
  - 위기가정의 지지집단(옹호집단) 구축
  - 위기가정 자조모임이나 결연사업 활성화
- 예비가족교육 및 결혼 형성기 부부 적응교육
- 가족단위 여가문화 확산 지원
- 의식주 생활문화교육

③ 사회단위 사업

- 가족문화 강화를 통한 사회 안정화 사업
  - 가족가치 강화를 위한 캠페인
  - 가족 위해요소 제거를 위한 매스컴 감시 및 지원 프로그램
- 가족친화 사회로의 전환: 가족친화기업 우대, 가족친화마을 형성 등

④ 개인-가족 연계사업

- 맞벌이가정의 보육지원 프로그램: 아이돌보미 질적 수준 강화, 공동육아 확

산, 보육전문가 파견사업 등
- 가사노동 가치 제고 프로그램
- 치매노인가족, 장애아가족 등을 위한 가족간호 지원 프로그램
- 세대통합 프로그램

⑤ 가족-사회 연계사업
- 도농 가정 교류 및 협동 프로그램
- 사이버 공동체 가족운동
- 합리적인 의례생활 추진운동
- 가족단위 자원봉사문화 확대
- 한부모 등 요보호 대상 가정 지원 프로그램(차상위계층 지원 포함)
- 위기가정 및 기능 결핍가정에 대한 가정봉사원 지원
- 가족친화인증제 확대 및 가족친화기관 지원 정책

⑥ 개인-가족-사회 연계사업
- 자녀양육, 노인부양 등 가정의 부담을 완화시키기 위한 범 자원 발굴, 정책 개발, 연계, 네트워킹
- 건강가정 관련 정보 제공 및 DB 구축
- 상담기관 one-stop 연계 시스템 구축
- 건강가정 관련 민간단체 지원, 민관 네트워킹
- 가족생활 실태조사, 가족변화 및 다양성 대응방안 조사 연구
- 합리적인 가족 관련 제도 및 법규 제·개정

4. 건강가정사업의 추진단계 및 전략

1) 추진 단계

건강가정사업의 추진을 위해서는 몇 가지 단계적 진행이 필요하다. 우선적으로 전문가들은 가족구성원의 인성, 동기, 행동, 환경 등의 제반 요소를 모두 파악하여야 한다. 그리고 이러한 정보에 기초하여 그들에게 필요한 지원 내용을 설명하고 제공하면서 결국 최종 선택과 결정은 스스로 하도록 유도하여야 한다. 실제로 사업 대상자에 대한 지원은 가정복지의 특성상 물질적인 것뿐만 아니라 정신적인 문제에 이르기까지 가족의 욕구를 파악하고 잠재력을 개발하여야 하며, 가족구성원 모두의 행복도를 증진시켜야 하기 때문에 매우 복잡하고 어려운 과업이다. 또한 기본 조건의 검토와 사회적 연계라는 측면에서 가정정책과 사회적 비전에 대한 검토가 필수적이다.

이러한 개별 가정에 대한 제반 분석이 이루어지면 다음에는 이들 가정에 대한 접근방식 및 유형을 결정하고, 사업의 효율적이고 적절한 운영방식이 수립되어야 한다. 또한 구체적 실행을 위하여 프로그램을 설정하여야 하며, 이를 실행하는 과정이 필요하다. 또한 실행 이후의 효과 검증 및 피드백 과정은 이후의 사업을 위하여 필수적인 과정이다. 이러한 단계적 과정이 충실히 이루어질 때 사업의 궁극적인 효과가 포괄적으로 발휘될 수 있다. 이러한 사항들을 참고로 구성한 대략적인 건강가정사업 추진 단계는 [그림 5-2]와 같다.

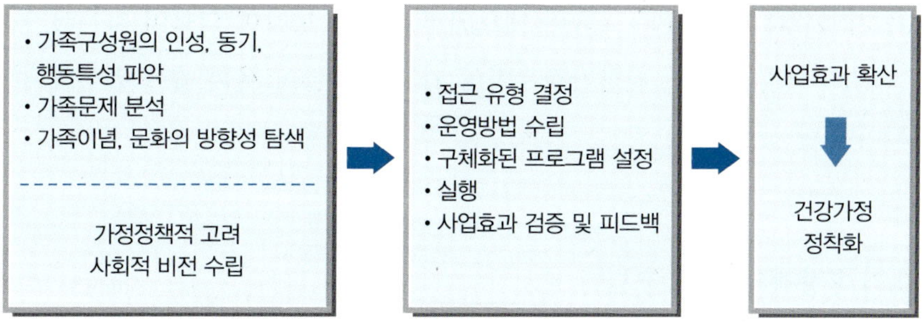

❖ **그림 5-2** 건강가정사업 추진 단계

2) 추진 전략

(1) 가정복지의 본질 중시

우리나라에서 실시되고 있는 가정에 대한 복지정책은 명시적으로 가정복지 영역으로 한정하여 제시된 내용도 없고 그 한계도 매우 모호하지만, 일반적으로 가정복지 내용에 포함될 수 있다고 보는 공적부조제도나 아동 · 여성 · 노인복지제도 등이 사회복지정책의 일부 분야로 시행되고 있어 결과적으로 가족에게 영향을 미치는 비의도적 정책이 시행되고 있다고 볼 수 있다. 그러나 체계적으로 가정복지의 기본 개념에 들어맞는, 즉 가족 전체를 지향하고 목적으로 하는 제도적이고 정책적인 대안 수립이 이루어지지 않고 있고 실제적으로도 가족의 기능 강화를 꾀할 수 있는 체계적이고 포괄적인 실천적 사업들이 이루어지지 못하고 있는 실정이다. 더구나 행정적으로 아동, 여성, 노인 등 대상자의 특성에 따라 분리되는 체제를 유지하고 있어 가정복지의 목적에 접근하기 어려운 문제를 안고 있다. 따라서 건강가정사업의 경우 이러한 기존의 문제를 해결해 나가는 데 그 첫 번째 목표를 두어야 할 것이다.

궁극적으로 건강가정사업은 가정에 대한 총체적 지원사업을 통하여 가족원의 삶의 질 향상을 보다 효율적으로 지원할 수 있어야 할 것이며, 기존의 산발적, 개별적 가정복지체계로부터 통합적 가정복지체계로의 전환이 가능해야 할 것이다. 나아가

가정과 지역사회 간 자원의 교류와 네트워크 형성을 통하여 더불어 사는 공동체문화를 이루어 나감으로써, 건강가정사업의 기능과 역할이 사회 속에서 정착되고 활성화되어야 할 것이다.

(2) 가족정책의 기준 수립

가족정책의 전체적인 모습은 그 사회가 추구하는 사회적 비전, 사회적 목표를 바탕으로 결정되는데, 이러한 가족정책적 고려에 포함되어야 할 몇 가지 중요한 요소들을 제시하면 다음과 같다(Pecora et al., 1992; Zimmerman, 1983).

첫째, 가족정책의 목표로서 가족구성원 개개인의 보호와 전체 가족의 유지 측면의 균형문제를 고려해야 한다. 둘째, 가족정책의 대상이나 중점 프로그램을 결정하는 과정에서 보편주의와 선별주의의 균형문제를 고려해야 한다. 누구에게나 서비스를 이용하도록 할 것인가, 아니면 절박한 문제와 욕구를 가진 사람만을 대상으로 서비스를 제공할 것인가 하는 문제가 적절히 해결되어야 한다. 셋째, 재가(in-home)가족 중심 프로그램과 가족 외부(out-of-home)의 가족대체 프로그램과의 균형문제이다. 넷째, 예방 대 치료의 균형문제이다. 다섯째, 가족정책 주관기관에 관한 문제이다. 주관기관은 정부기관, 민간기관, 영리기관으로 구분되는데, 이 주관기관 중 어느 기관에 의해서 또는 어떤 기관의 혼합에 의해서 가족정책이 실시되는 것이 바람직한가 하는 것이다. 여섯째, 단기비용과 장기수익의 균형문제이다. 가족에 대한 투자는 즉시 그 결과가 나타나기보다 시간이 어느 정도 흐른 후에야 나타나는 게 대부분이기 때문에 예산을 확보할 때 이런 점이 고려되어야 한다.

특히 이혼가족, 한부모가족, 노인가족 등 전통적인 관점에서 볼 때 가족의 불안정성이 점차 증가하는 실정이므로 이러한 가족변화 특성을 파악하고 효과적으로 사용될 수 있는 정책적 방향을 설정하는 일이 매우 중요하며, 경제적 지원과 심리적 서비스의 적절한 배분, 관련 조직 간의 상호협조 체제 등이 필요하다. 이런 의미에서 자조(自助)운동, 즉 같은 문제를 지닌 복지 대상자들 스스로 서로 협력하고 지원하는 활동을 정책적으로 보조하고 격려하는 방법 역시 꾸준히 모색되어야 할 것이다.

(3) 건강가정사업의 특성 개발

건강가정사업의 가장 큰 고민이라면 기존의 관련 사업과의 차별성과 지역민 참여일 것이다. 이 두 가지는 서로 연관되어 있다. 사업의 차별성과 특성이 두드러진다면 지역민은 선택적 필요에 의하여 참여하게 될 것이다. 반대로 기존의 관련 사업과 중복되거나 별다른 차별성이 없다면 지역민의 적극적 참여를 기대하기는 어려울 것이다.

건강가정기본법 시행 이후, 가족정책 및 서비스의 지속적 개발과 확대에 따라 지역사회 내에서 가정의 건강성 증진과 기능 강화를 위한 전문적인 가족지원 전달체계로서 어느 정도 위상을 정립하고 자리매김한 것으로 평가된다. 그러나 전달체계의 개편과 통합과정에서 기존의 편중된 사업구조를 벗어나 보편적이고 통합적인 건강가정사업으로의 재구조화는 여전히 부족하다.

또한 건강가정사업이 실효성을 거두기 위해서는 가정의 가치 증진과 기능화를 촉진하기 위한 분위기 조성이 매우 중요하다는 점에서, 우리 사회 전반의 문화운동이 더욱 강화되어야 한다. 따라서 지역사회 중심의 공동체운동에 기여할 수 있는 조직과 운영방법이 더 개발되고 실행되어야 한다. 그리고 지역사회에 기여할 수 있는 특성적 조직들이 지속적으로 활성화될 필요가 있다. 지역단위의 센터들이 필요한 이유 중의 하나는 바로 지역 곳곳에 영향을 미칠 수 있는 특성적 접근이 필요하기 때문이다.

이러한 의미에서 건강가정사업이 보다 굳건히 정착되기 위해서는 사업 프로그램 구성 및 운영정책 개발이 좀 더 적극적으로 모색되고 통합적 운영모형이 보다 강화될 필요가 있다. 전문적이고 구체적인 사업의 세부내용은 영역별로 구성되어야 할 것이나, 건강가정사업이 지향해 나갈 목표를 공고히 하고 지역민의 요구를 분석하며 정책의 순위를 정하고 프로그램을 구상하는 것은 통합적 시스템으로 진행될 필요가 있다. 가장 바람직한 것은 지방정부 내에 실효성 있는 정책팀이나 조직의 별도 구성이지만, 여의치 않을 때는 위원회 등의 적극적인 활성화가 필요하다.

(4) 건강가정기본법의 실현

건강가정사업이 활성화되기 위해서는 최우선적으로 각 실행조직들이 건강가정기본법의 정신과 그 내용을 충실히 수행하여야 한다. 특히 기본법에서 제시한 과업과 사업내용에 대한 치밀한 접근이 필요하다. 따라서 개별 사업이 법의 정신과 내용에 어떻게 접근하고 있는지 명시되어야 할 것이며, 사업의 주제와 내용 역시 이에 근거하여 구체화시킬 필요가 있다. 제한된 조건에 의하여 법에서 제시된 사업 중 일부 사업만이 시행되는 경우에도, 법의 내용을 근간으로 이의 당위성이 제시되어야 할 것이다. 사업의 평가와 피드백 과정에서도 이러한 기본법의 부합과 실현 여부는 지속적으로 점검될 필요가 있다.

(5) 대상 가정의 효율적 접근

대상 가정이 선정되면 건강가정사들은 가족 전체를 파악하기 위하여 가족구성원끼리의 상호작용, 의사소통 등의 특성을 분석해야 한다. 가족의 하위체계, 즉 부부관계, 부모자녀관계, 형제관계 등의 유형을 파악하고, 필요할 때마다 이러한 하위체계를 대상으로 한 지원이 이루어져야 한다. 이를 위해서는 가족기능의 역동성에 관한 이해가 선행되어야 하고 가족을 변화하고 발달하는 유기체로 다루어야 한다. 이러한 과정을 거쳐 당면한 가족 갈등의 실체를 파악하고 가족구성원 간에 어떠한 문제행동이 일어나며 의사소통상의 문제는 무엇인지 등을 파악하여야 한다.

요즈음처럼 가족문제가 다변화, 중복화되는 시점에는 가족문제의 사정단계가 매우 중요하다. 그러한 의미에서 가정의 현상을 진단할 수 있는 적절한 지표나 측정도구 등이 개발되고 이를 이용한 평가와 조정이 대상 가정의 신뢰감과 적응력을 향상시키는 데 도움이 되리라 본다.

또한 가족에 대한 접근과정에서 가족의 기능이 충분히 발휘되는 데 방해요인이 되는 문제적 측면들을 수정해 주고 취약한 부분을 지원해 주며 긴장과 유해요소들을 제거하기 위해 가족과 전문가가 협응하여야 한다. 사업의 실시방법에 있어 최근에는 활동가 및 가족의 일대일 접근뿐만 아니라 복수의 사업가, 혹은 집단모임과 같은 다수의 가족을 대상으로 한 방법들이 다양하게 모색되고 있다(Friedlander & Apte, 1980). 이처럼 여러 가지 방법으로 전문가들은 가족 및 구성원들이 변화하고 개선되며 향상할 수 있도록 도와주어야 할 것이며, 가족구성원을 둘러싼 다른 지원 기관들을 적극 활용하여야 할 것이다.

5. 전달체계 개편에 따른 건강가정사업의 내용과 변화

실제 현장에서 가족을 위해 제공되는 다양한 사업과 서비스는 건강가정기본법 제정을 기점으로, 2004년의 시범사업을 거쳐 2005년부터 본격적으로 건강가정지원센터를 중심으로 건강가정사업이 실시되었으며, 매년 건강가정사업의 내용이 변화와 발전을 거듭해 왔다. 또한 2006년부터 시작된 다문화가족지원사업은 다문화가족지원센터를 중심으로 이루어졌으며, 2008년에 다문화가족지원법이 제정됨에 따라 법적 기반을 확보하게 되었다. 이와 같이 '건강가정지원센터', '다문화가족지원센터'라는 별도의 전달체계를 통해 사업이 확대되어 왔으나, 다문화가족의 사회통합 문제, 보편적 가족정책 실현을 위한 전달체계 재구조화, 복지전달체계의 지속적 개편 요구에 대한 대응의 필요성 등으로 2016년부터 본격적으로 통합서비스 제공을 위해 전달체계의 명칭을 '건강가정 · 다문화가족지원센터'로 변경하고, 사업영역 역시 재구조화하였다. 따라서 이 절에서는 2005년 이후 현재까지의 사업내용 변화를 이해하기 위해 전달체계-건강가정지원센터, 다문화가족지원센터, 건강가정 · 다문화가족지원 통합센터(가족센터)-에 따라 구분하여 사업내용과 변화추이를 소개하고자 한다.

1) 건강가정지원센터를 중심으로

(1) 2005~2022년까지 건강가정지원센터 사업의 주요 변화

건강가정지원센터의 주요 사업은 공통사업과 별도 사업으로 구분하여 이루어지고 있다. 연도별 공통사업의 변화를 보면 2005년에는 건강가정사업의 영역을 가족교육, 가족상담, 가족문화, 정보제공 및 네트워크사업으로 구성하여 운영하였으며, 2006년에는 가족교육, 가족상담, 가족문화, 가족지원 영역으로 구성하였다. 특히 2006년에는 센터의 공통필수사업은 중앙건강가정지원센터에서 개발한 5개의 사업 매뉴얼을 활용하여 진행하도록 하였다. 2007년도 역시 4개의 사업 영역-교육, 상담, 문화, 가족지원-으로 구분하여 사업을 수행하였다. 가족교육사업은 생애주기별 가족생활교육을 실시하였으며 가족상담과 가족문화사업은 2006년도와 마찬가지로 이혼전후상담, 가족봉사단을 중심으로 사업을 실시하였다. 2006년도에 한부모가족에 제한되었던 다양한 가족지원사업을 조손가족, 결혼이민자가족, 장애아가족을 포함하여 실시하도록 확대하였다.

2008년도는 이전과 달리 사업의 주제와 목적을 중심으로 5개의 사업 영역으로 구분하여 실시하였다. 5개 사업 영역은 가족돌봄지원서비스, 가족친화문화조성, 가족문제 예방 및 역량 강화사업, 가족문제 해결사업, 다양한 가족을 위한 통합서비스이다.

2009년도는 2007년도와 2008년도 사업방식을 복합적으로 활용하여 6개의 사업 영역으로 분류하였다. 6개 사업영역은 가족교육, 가족상담, 가족친화문화조성, 가족돌봄지원서비스, 다양한 가족통합서비스, 지역사회연계이다. 2009년도의 특징은

돌봄지원사업에서 놀토, 임시휴교, 방학 등을 포함하여 가족돌봄의 영역을 확대하였고, 지역사회 연계사업을 새로운 영역으로 포함하였는데, 이를 통해 건강가정지원센터를 지역사회 내에서 자리매김할 수 있도록 하였다.

2010년도는 2009년도와 동일한 6개 영역-가족교육, 가족상담, 가족문화사업, 가족돌봄지원, 다양한 가족통합서비스, 지역사회연계-으로 분류하여 진행되었다. 2010년도 사업내용의 특징은 가족문화사업으로 가족봉사단, 가족품앗이, family day, 5월 가정의 달 사업 등을 포함하고 있다. 또한 가족돌봄지원사업의 경우 초등 취학 적응 돌봄사업을, 지역사회연계사업은 기관협약 및 연계서비스 관리 등으로 사업 범위를 확대하였다. 2011년 사업은 2010년과 동일하게 6개 영역으로 구성되었으며, 병합형 센터의 경우 현실적 여건을 감안하여 가족상담과 지역사회 연계 영역 사업은 필수로 하되 나머지 4개 사업 영역 중 2개 사업만 실시하도록 하였다. 또한 문화사업 중 일반가족과 다문화가족이 함께하는 통합사업을 3건 이상 실시하도록 하였다. 생애주기별 부모교육과 예비부부/신혼부부 교육 및 남성대상 교육을 확대하여 남성의 가족생활 참여를 강조하였다. 가족 사랑의 날 사업을 확장하여 가족친화적 직장과 마을환경 조성에 노력을 기울이고 가족돌봄과 사회적 지원을 강화하고자 하였다.

2012년부터 현재까지 시 · 군 · 구단위의 건강가정지원센터 사업은 5개 영역으로 구성되었는데, 가족돌봄나눔사업이 가장 첫 번째 사업 영역으로 등장하였으며, 다양한 가족통합서비스는 제외되었다. 건강가정지원센터의 유형 중 독립형센터는 5개 영역 사업을 모두 수행하고, 다기능화센터는 필수사업(가족교육, 가족상담, 가족문화), 선택사업(가족돌봄, 지역사회연계 중 택일)으로 4개 영역 사업을 수행하도록 하고 있다. 이와 함께 2012년부터는 시 · 도단위의 광역센터의 역할과 사업에 관해 지침으로 안내하고 있는데, 인적자원 역량강화(교육지원), 특성화사업 및 정책지원(사업지원), 네트워크 활성화(연계지원), 홍보의 4개 영역으로 구성되어 있다.

❖ **표 5-2** 건강가정지원센터 사업내용의 변화(2005~2022년)

<table>
<tr><th colspan="2">2005년</th></tr>
<tr><td>• 가족생활주기별 부부교육, 부모자녀교육, 다양한 가족을 위한 교육, 의식주/세대통합 교육
• 이혼 전후 가족상담, 부부관계/부모자녀관계 갈등상담, 다양한 가족의 위기 및 문제해결 상담, 가정생활지원 종합상담</td><td>• 가족문화조성사업, 가족단위 자원봉사문화조성사업, 가족문화캠페인사업
• 가정 관련 정보 및 자료제공, 지역사회 네트워크 구축사업</td></tr>
<tr><th colspan="2">2006년</th></tr>
<tr><td colspan="2">영역의 구분 없이 중앙센터에서 개발된 5개의 매뉴얼을 활용하여 사업을 실시함</td></tr>
<tr><td>• 남성의 돌봄노동 참여를 위한 아버지교육
• 예비부부 및 신혼기 부부를 위한 프로그램
• 이혼 전후 상담 매뉴얼</td><td>• 가족 봉사단 운영매뉴얼
• 한부모가족을 위한 통합서비스 프로그램
* 5개의 사업 및 프로그램 모두 필수</td></tr>
<tr><th colspan="2">2007년</th></tr>
<tr><td colspan="2">상담, 교육, 문화, 가족지원 사업을 중심으로 4영역으로 영역 분류</td></tr>
<tr><td>생애주기별 가족생활교육
• 남성의 돌봄노동 참여를 위한 아버지교육
• 예비부부 및 신혼기 부부를 위한 프로그램
• 청소년기 자녀를 둔 가족생활 프로그램
* 3개 프로그램 중 택일
* 중앙센터 개발 매뉴얼의 70% 이상 적용

가족상담
• 이혼 전후 상담</td><td>가족문화
• 가족봉사단 운영

다양한 가족 통합서비스
• 한부모가족('06년 중앙센터 개발프로그램 사용)
• 조손가족
• 결혼이민자가족
• 장애아 가족
* 4개 대상 중 택일</td></tr>
<tr><th colspan="2">2008년</th></tr>
<tr><td colspan="2">사업의 주제와 목적을 중심으로 5영역으로 영역분류</td></tr>
<tr><td>가족돌봄지원서비스
• 아이돌보미사업(돌보미양성교육, 보수교육, 돌보미이용자 가정을 위한 교육, 문화, 상담 등 센터연계프로그램), 아이돌보미 이용자 가정지원을 위한 맞춤형 서비스 제공
* 아이돌보미사업의 추진이 어려운 센터의 경우 장애아가족 휴식지원사업, 육아정보나눔터, 맞벌이 방과후 교실, 조손가족 학습도우미 파견 등에서 택일</td><td>• 아버지교육(돌봄노동프로그램, 행복한 일터 만들기)
• 청소년기 자녀를 둔 가족생활프로그램
• 중년기 가족생활교육
* 4개 프로그램 중 택일
* 중앙센터 개발 매뉴얼의 50% 이상 적용

가족문제해결사업
• 이혼 전후 가족상담</td></tr>
</table>

<table>
<tr><td>가족친화문화조성사업
• 가족봉사단 운영
• 찾아가는 아버지교육

가족문제 예방 및 역량강화사업
• 예비부부 및 신혼기부부를 위한 프로그램</td><td>다양한 가족을 위한 통합서비스
• 일반가정, 한부모가정, 장애아가족, 조손가 족, 새터민가족, 맞벌이가족, 재혼가족 등 특별한 가족기능과 관련하여 요구가 있는 가족을 대상으로 한 맞춤형 서비스 제공
* 총 10회 이상 6개월~12개월 진행
* 상담, 교육, 문화를 통합적으로 제공</td></tr>
<tr><td colspan="2">2009년</td></tr>
<tr><td colspan="2">사업의 주제와 목적을 중심으로 6영역으로 영역분류</td></tr>
<tr><td>가족교육
• 생애주기별 가족생활교육
• 예비/신혼기부부 교육
• 가정경영아카데미

가족상담
• 가족상담(부부 및 가족관계 갈등 상담)
• 이혼 전후 가족상담

가족친화문화조성
• 가족봉사단 운영
• 아버지학교(찾아가는 아버지교육)</td><td>가족돌봄지원서비스
• 가족품앗이 구축사업
• 놀토, 임시휴교, 방학 중 가족돌봄지원사업

다양한 가족 통합서비스
• 다양한 가족의 기능강화 및 지원을 위한 교육 · 상담 · 문화 프로그램이 장기적으로 통합 제공되는 사업

지역사회연계
• 지역사회복지협의체 참여 및 연계사업 진행
* 영역별 각각의 모든 프로그램 시행</td></tr>
<tr><td colspan="2">2010~2011년</td></tr>
<tr><td colspan="2">사업의 주제와 목적을 중심으로 6영역으로 영역분류(독립형 센터 150회기 이상, 다기능화센터 80회기 이상)</td></tr>
<tr><td>가족교육
• 예비/신혼기부부 교육
• 남성대상 교육

가족상담
• 가족상담(부부 및 가족관계 갈등 상담)

가족문화
• 가족봉사단 운영
• 가족품앗이 사업
• 가족 사랑의 날 프로그램
• 5월 가정의 달 행사
• 다문화가족과 함께하는 통합프로그램(2011년 추가)</td><td>가족돌봄지원서비스
• 초등취학적응 돌봄서비스
• 임시/단기방학 돌봄서비스
• 놀토 돌봄서비스 중 택 1

다양한 가족 통합서비스
• 다양한 가족의 기능강화 및 지원을 위한 교육 · 상담 · 문화 등 프로그램이 장기적으로 통합 제공되는 사업

지역사회연계
• 지역사회복지협의체 참여
• 기관협약 및 연계사업 진행
• 연계서비스 관리</td></tr>
</table>

<table>
<tr><th colspan="2">2012~2022년</th></tr>
<tr><td colspan="2">사업의 주제와 목적을 중심으로 6영역으로 영역분류(광역센터 주요 수행사업 지정/총 회기수 제한 폐지)</td></tr>
<tr><td>시군구센터</td><td>광역센터</td></tr>
<tr><td>가족돌봄나눔(택 2)
• 모두가족봉사단
• 모두가족품앗이
• 아버지-자녀가 함께하는 토요프로그램

가족교육
• 생애주기별 가족교육(부부교육, 부모교육 등)
• 남성대상 교육

가족상담
• 가족(집단)상담
* 연간 전체 상담건수가 100명 이하인 센터의 경우 집단상담 2건 포함

가족문화
• 가족 사랑의 날 프로그램
• 가족친화문화 프로그램(가족캠프, 가족축제, 가족체험활동 등)

지역사회연계
• 지역사회복지협의체 참여
• 기관 협약 및 연계사업 진행</td><td>인적자원역량강화(교육지원)
• 시군구센터 직원교육
• 시군구센터 활동가 교육

특성화사업 및 정책지원(사업지원)
• 시도별 특성에 맞는 프로그램 개발
• 시도 단위 토론회(세미나)

네트워크 활성화(연계지원)
• 광역단위 업무협의회
• 유관기관 연대사업

홍보
• 광역단위 홍보
• 시군구센터 홍보지원</td></tr>
</table>

(2) 2012년 이후 건강가정지원센터 공통사업 및 별도사업의 주요 내용

2012년부터 현재까지 시 · 군 · 구단위 건강가정지원센터는 5개 영역의 공통사업과 별도예산사업으로 구분되어 진행되고 있다. 먼저 5개 영역으로 개편된 시 · 군 · 구 건강가정지원센터 공통사업의 내용을 살펴보면 〈표 5-3〉과 같다.

❖ 표 5-3 시 · 군 · 구 건강가정지원센터 공통사업내용[2)]

사업영역	공통사업	사업내용
가족 돌봄 나눔	모두가족봉사단	• 기존의 가족봉사단 활동 내용을 '돌봄'을 주제로 전환하여 운영
	모두가족품앗이	• 전업주부와 맞벌이 주부가 함께 운영하는 품앗이, 남성이 참여하는 품앗이 등 다양한 그룹 운영
	아버지-자녀가 함께하는 돌봄프로그램	• 아빠와 자녀가 함께하는 돌봄프로그램 운영
가족 교육	생애주기별 가족교육	• 가족 내에서 발생하는 문제를 예방하고 가족구성원의 역량을 강화시키기 위한 부모, 부부, 조부모, 자녀 등 가족을 대상으로 한 생애주기별 다양한 교육 • 예비/신혼기 · 중년기 · 노년기 부부교육 등 • 예비부모교육, 영유아기 · 아동기 · 청소년기 자녀를 둔 부모교육 등
	남성대상 교육	• 아버지교육, 찾아가는 아버지교육, 남성대상 자기돌봄교육
가족 상담	가족(집단)상담	• 생애주기에 따라 발생되는 가족 내 다양한 갈등과 문제의 해결을 위한 상담사업 • 개인을 대상으로 하는 개별적 접근과 가족구성원이 함께 참여하는 가족단위의 통합적 접근을 포함 • 가족단위의 면접 상담 유도 • 연간 상담실적이 100명 이하인 센터는 가족집단상담을 연간 2건 이상 반드시 포함
가족 문화	가족 사랑의 날	• 수요일, 가족이 모두 함께하는 프로그램
	가족친화문화 프로그램	• 가족캠프, 가족축제, 가족체험활동 등
지역사회 연계	지역사회 협의체 참여, 협약 및 연계사업	• 지역사회 협의체, 유관기관 네트워크 활용 및 참여

다음으로 별도예산에 의한 여성가족부 추진사업을 소개하면 〈표 5-4〉와 같다.

2) 2022년도 사업안내 활용

❖ 표 5-4 시 · 군 · 구 건강가정지원센터의 별도예산사업[3)]

사업영역	사업내용
공동육아나눔터 사업	• 육아 공간 및 돌봄프로그램 제공, 이웃 간 자녀돌봄 품앗이 활동 조성 지원 등
아이돌봄 지원사업	• 취업 부모들의 양육부담을 경감하고 가정에서의 개별 양육을 희망하는 수요에 탄력적으로 부응하기 위해 가정으로 아이돌보미를 파견하여 가정 내 개별 돌봄서비스를 제공하는 사업
가족역량강화 지원사업	**지원대상** • 기준 중위소득 100% 이하 자녀를 양육하는 한부모 · 조손가족 등 가족기능 및 역량강화를 위해 지원이 필요한 취약 · 위기가족 • 긴급위기가족 • 사고 · 재난 등 경제 · 사회적 위기사건을 직면한 위기가족 **지원내용** • 심리 · 경제적 자립, 역량강화를 위한 지속적인 사례관리 • 정보제공 및 지역사회 자원 활용 · 연계 • 부모교육, 가족관계, 자녀양육 교육 등 프로그램 및 자조모임 • 자녀 학습 · 정서 지원(배움지도사 파견 지원) • 생활도움 지원(키움보듬이 파견 지원) • 긴급위기 지원(지지리더, 키움보듬이 파견) • 이혼 전 · 후 가족관계 회복 지원
권역별 미혼모 · 부자 지원기관 운영지원 사업	미혼모 · 부가 자녀를 스스로 양육하고자 할 경우 초기 위기에 대처할 수 있도록 상담, 출산비 등 병원비, 교육문화 프로그램 및 자조모임 등 서비스를 제공함으로써 양육 및 자립 지원

2) 다문화가족지원센터를 중심으로

(1) 다문화가족지원법에 근거한 다문화가족 지원 내용

다문화가족지원사업은 2008년에 제정된 다문화가족지원법에 근거하여 다문화가족지원센터에서 제공되는 사업이다. 우선 다문화가족지원법에 근거하여 다문화가

3) 2022년도 사업안내 활용

족에 대한 지원의 주요 내용을 살펴보면 다음과 같다.

- 다문화가족에 대한 이해 증진
- 생활정보 제공 및 교육 지원
- 평등한 가족관계의 유지를 위한 조치
- 가정폭력 피해자에 대한 보호 · 지원
- 의료 및 건강관리를 위한 지원
- 아동보육 · 교육
- 다국어에 의한 서비스 제공

(2) 2006년~2022년까지 다문화가족지원센터 사업의 주요 변화

다문화가족지원센터 사업안내 지침을 중심으로 다문화가족지원센터 사업내용을 정리해 보면, 2011년 이전까지는 사업 영역이 기본사업, 홍보 등 센터 운영, 특성화사업으로 크게 구분되어 있다. 2012년에는 기본 사업 영역이 한국어교육, 다문화가족 통합교육, 다문화가족 취업연계 및 교육지원, 개인 · 가족상담의 4개 영역으로 확대되었으며, 기타 사업으로 다문화가족 나눔봉사단, 다문화가족 자조모임, 다문화 인식개선 및 지역사회 홍보, 지역사회 네트워크 강화 등을 포함하고 있다. 특히 2011년까지 특성화사업 영역으로 분류된 방문교육사업을 한국어교육 및 다문화가족 통합교육에 포함하여 개편하였다.

2013년에는 기본 사업 영역을 교육사업, 상담, 문화사업, 홍보 및 정보제공으로 변경하였으며, 특성화사업으로는 다문화가족 자녀 언어발달지원사업, 결혼이민자 통번역서비스 사업, 엄마(아빠)나라 언어습득 지원을 위한 언어영재교실 사업으로 진행되었다. 2014년에는 2013년과 기본 사업 영역은 동일하나, 교육사업 영역에서 가장 중요한 사업인 한국어교육의 운영방식이 크게 변경되었다. 다문화가족을 위한 한국어교육 지원을 위해 중앙부처에 한국어교육협의체를 구성하고, 시 · 군 · 구에서 한국어교육 사업자를 선정하여 운영하는 방식으로 변경되었는데, 운영기관의 자격기준은 ① 다문화가족지원법 제12조에 의하여 설치·운영된 다문화가족지원센터, ② 시·군·구가 위탁하여 3년 이상 한국어교육을 운영하는 다문화, 외국인 관련기관으로 확대되었다. 2014년의 특성화사업은 다문화가족 자녀 언어발달지원사업, 결혼이민자 통번역서비스 사업으로 구성되었다.

2015년부터 다문화가족지원센터의 기본 사업 영역이 크게 변경되었는데, ① 가족 ② 성평등 ③ 인권 ④ 사회통합 ⑤ 상담 ⑥ 홍보 및 자원연계의 6개 영역으로 구성되었다. 다문화가족지원센터 특성화 사업은 다문화가족 자녀 언어발달지원사업, 결혼이민자 통번역서비스 사업이 운영되었으며, 한국어교육은 2014년과 동일한 방식으로 운영되었다. 2016년 기본 사업 영역은 2015년과 동일하며, 별도 지원사업(기존의 특성화사업)은 다문화가족 방문교육사업, 다문화가족 자녀 언어발달지원사업, 결혼이민자 통번역서비스 사업, 다문화가족 사례관리사업, 다문화가족 생활지도사 사업, 결혼이민자 멘토링사업, 다문화가족 자녀성장 지원사업으로 다양하게 확대되었다. 2017년도 다문화가족지원사업은 2016년과 동일하게 구성, 운영되었다.

2018년에는 기본 사업 영역 중 성평등과 인권을 통합하여 5개 영역으로 재구성하였으며, 별도지원사업으로는 다문화가족 방문교육사업, 다문화가족 자녀 언어발달지원사업, 결혼이민자 통번역서비스 사업, 다문화가족 사례관리사업, 이중언어 가족환경조성사업으로 구성되었다.

2019년부터 2022년까지 다문화가족 지원의 기본 사업 영역은 5개 영역으로 구성되어 있으며, 다문화가족을 위한 특성화 사업 혹은 별도 지원사업은 이전과 달리 다문화가족지원센터 운영 부분에서는 제시되지 않고 건강가정·다문화가족지원센터 통합서비스 운영 부분에서 제시되는 것으로 변경되었다.

❖ 표 5-5 다문화가족지원센터 사업내용의 변화(2005~2022년)

<table>
<tr><th colspan="2">2006~2011년</th></tr>
<tr><td>기본 사업(필수)
• 한국어교육, 다문화가족 통합교육, 다문화가족 취업연계지원, 다문화가족 자조모임, 개인・가족상담

홍보 등 운영
• 육아정보나눔터, 다문화가족 나눔봉사단 운영, 다문화인식개선 및 지역사회 홍보, 지역사회 네트워크 강화</td><td>특성화 사업(선택)
• 방문교육사업, 다문화가족 자녀 언어발달지원사업, 결혼이민자 통번역서비스사업, 언어영재교실사업 등

거점센터 운영</td></tr>
<tr><th colspan="2">2012년</th></tr>
<tr><td>기본 사업(필수)
• 한국어교육
• 다문화가족 통합교육
• 다문화가족 취업연계 및 교육지원
• 개인・가족상담
* 방문교육사업을 한국어교육/다문화가족통합교육에 포함

기타 사업
• 다문화가족 나눔봉사단, 다문화가족 자조모임, 다문화 인식개선 및 지역사회 홍보, 지역사회 네트워크 강화 등</td><td>특성화 사업(선택)
• 다문화가족 자녀 언어발달지원사업
• 결혼이민자 통번역서비스사업
• 언어영재교실사업

거점센터 운영</td></tr>
<tr><th colspan="2">2013~2014년</th></tr>
<tr><td>기본 사업
• 교육사업(필수): 한국어교육, 다문화가족통합교육, 다문화가족 취업연계 및 교육지원
• 상담: (필수)가족상담, (선택)개인상담, 집단상담, 사례관리, 심리검사, 외부상담기관 연계
• 문화사업: (필수)다문화가족 나눔봉사단, (선택)다문화가족 자조모임
• 홍보 및 정보제공: 다문화 인식개선 및 지역사회 홍보, 지역사회 네트워크 강화, 정보제공 등
* 2014년에는 한국어교육이 별도로 운영</td><td>특성화 사업(선택)
• 다문화가족 자녀 언어발달지원사업
• 결혼이민자 통번역서비스사업
• 언어영재교실사업(2014년에는 미포함)

거점센터 운영</td></tr>
</table>

<table>
<tr><th colspan="2">2015~2017년</th></tr>
<tr><td>기본 사업
• 가족
• 성평등
• 인권
• 사회통합
• 상담
• 홍보 및 자원연계</td><td>특성화 사업(선택)
• 다문화가족 방문교육사업
• 다문화가족 자녀 언어발달지원사업
• 결혼이민자 통번역서비스사업
• 다문화가족 사례관리사업(2016~2017년)
• 다문화가족 생활지도사사업(2016~2017년)
• 결혼이민자 멘토링사업(2016~2017년)
• 다문화가족 자녀성장 지원사업(2016~2017년)

거점센터 운영</td></tr>
<tr><th colspan="2">2018~2022년</th></tr>
<tr><td>기본 사업
• 가족
• 성평등 · 인권
• 사회통합
• 상담
• 홍보 및 자원연계</td><td>특성화 사업(선택)
• 다문화가족 방문교육사업
• 다문화가족 자녀 언어발달지원사업
• 결혼이민자 통번역서비스사업
• 다문화가족 사례관리사업
• 이중언어 가족환경조성사업
* 2019년부터는 건강가정 · 다문화가족지원센터 통합서비스 운영 부분에 포함되어 제시

거점센터 운영</td></tr>
</table>

(3) 2015년 이후 다문화가족지원센터 기본 사업 및 특성화 사업(별도지원사업)의 주요 내용

❖ **표 5-6** 다문화가족지원센터 사업 주요 내용

구분	공통필수	선택(예시)
가족	• 이중언어 환경조성프로그램(연간 10시간) • 다문화가족 학령기 자녀 입학 및 입시 정보 제공(부모대상, 연간 4시간) ※ 상 · 하반기 각 1회	• 가족의사소통프로그램 • 가족관계 향상 프로그램 • 결혼과 가족의 이해 • 가족의 의미와 역할 • 아버지교육

		• 부모-자녀관계 및 자긍심 향상 프로그램 • 자녀교육 프로그램 • 부모역할교육, 자녀건강지도 • 자녀생활지도/자녀성장지원사업 • 다문화가족 사회포용안전망사업
성평등 · 인권	• 가족 내 성평등 교육 • 다문화이해교육 • 인권감수성 향상 교육 • 결혼이민자와 한국인 배우자 · 부모 대상 프로그램 • 폭력피해 대처 및 예방교육	• 결혼이민자 대상 인권교육 프로그램 • 다문화가족 관련법과 제도 • 이주민과 인권 • 찾아가는 폭력예방교육
사회통합	• 취업기초소양교육 • 구직자 발굴시 e새일시스템과 연계된 워크넷 등록 및 새일센터로 적극 연계 • 새일센터의 결혼이민자 대상 직업교육훈련 개설 시 적극 협조	
	• 다문화가족 나눔봉사단 소양교육 (4시간 이상) • 다문화가족 나눔봉사단 활동	• 한국사회적응교육 • 소비자 · 경제교육 • 학업지원반 운영 및 연계 • 다문화가족 자조모임 • 다문화인식개선 • 결혼이민자 멘토링프로그램 • 결혼이민자 정착단계별 지원 패키지프로그램 • 재난안전교육 • 다문화가족 교류 · 소통 공간 • 선거교육
상담	• 가족상담	• 개인상담 • 집단상담 • 사례관리 • 위기가족 긴급지원 • 외부상담기관 연계 등
홍보 및 자원연계	• 지역사회 홍보 • 지역사회 네트워크 • 찾아가는 결혼이민자 '다이음' • 홈페이지 운영 등	

다음으로 다문화가족 지원을 위한 특성화 사업(별도지원사업)을 2022년도 〈가족사업 안내〉를 기준으로 소개하면 다음과 같다.

① 이중언어가족환경 조성사업

영유아 자녀를 둔 다문화가족 대상으로 이중언어 환경 조성을 위한 이중언어 부모코칭, 부모 · 자녀 상호작용 프로그램, 이중언어 활용 프로그램을 지원하는 사업이다.

② 다문화가족 방문교육 지원사업

센터를 방문하기 어려운 다문화가족을 대상으로 한국어교육, 부모교육, 자녀생활서비스를 제공하는데, 세부 내용은 다음과 같다.

- 생활언어를 익히고 문화를 이해할 수 있도록 체계적 · 단계별 한국어교육서비스 제공
- 언어 · 문화차이 등으로 자녀양육에 어려움을 겪고 있는 결혼이민자에게 부모교육서비스 제공
- 학업성취가 낮고, 자아 · 정서 · 사회성 발달에서 어려움을 겪고 있는 다문화가족 자녀에게 자녀생활서비스 제공

③ 결혼이민자 통번역 지원사업

결혼이민자 통번역서비스 사업은 입국 초기 결혼이민자가 경험하는 의사소통 문제해결을 위해 통번역서비스를 지원함으로써 한국 사회 조기적응에 기여하며, 통 · 번역 인력채용 등 사회적 일자리 확대로 결혼이민자의 자립능력 및 주체적 역량을 강화하기 위한 목적으로, 한국말이 서툰 결혼이민자의 가족 · 사회생활에 필요한 의사소통을 지원하기 위해 통 · 번역서비스를 제공하는 사업이다.

해당 언어는 결혼이민자 주요 출신국 언어, 즉 베트남어, 중국어, 필리핀어(영어,

타갈로그어), 몽골어, 태국어, 러시아어, 인도네시아어, 캄보디아어, 일본어, 네팔어 등으로 센터별 1~4개의 언어를 선택할 수 있다.

④ 다문화가족 자녀 언어발달 지원사업

다문화가족 자녀의 언어발달을 촉진하고 부모에게 상담 및 교육방법을 제공함으로써 아동의 언어발달 촉진을 도모하고자 한다. 주요 사업내용은 다음과 같다.

- 다문화가족 자녀 언어평가: 대상 아동에게 적합한 평가도구를 활용하여 아동의 언어발달 정도를 평가
- 다문화가족 자녀 언어교육: 언어발달 평가 결과 교육이 필요한 아동을 대상으로 어휘 · 구문 발달 촉진, 대화 · 사회적 의사소통 능력 향상, 읽기 및 이야기하기 등의 발달 촉진을 위한 언어교육 실시
- 부모상담 및 교육: 대상 아동 부모와의 공감대 형성을 위한 부모상담 및 자녀의 언어발달을 지원하기 위한 부모교육

⑤ 다문화가족 사례관리사업

다문화가족의 복잡하고 다양한 문제를 해결하고 욕구 해소를 위해 심리, 정서적 안정 및 자립역량을 강화할 수 있도록 사례관리 전담인력(사례관리사)을 통해 맞춤형 종합서비스를 제공하는 사업이다.

⑥ 결혼이민자 역량강화 지원사업

결혼이민자, 중도입국자녀가 한국어를 학습하여 한국의 일상생활과 사회생활에 적응할 수 있도록 지원하기 위하여 다문화가족지원센터를 통하여 한국어교육을 실시하는 사업이다.

(4) 다문화가족 지원을 위한 거점센터 사업내용

다문화가족지원사업의 효율적 운영을 위해 광역자치단체(16개 시도)에 거점센터 1개소를 설치하여 지자체 맞춤 서비스를 개발하고 지역 네트워크를 강화하고자 한다. 거점센터의 주요 기능을 보면 다음과 같다.

- 시 · 도별 특성에 맞는 다문화가족 지원 프로그램 개발 · 보급
- 권역 내 다문화가족지원센터 사업지원 및 관리
  - 직원 교육 실시
  - 방문교육지도사 직무지식평가 실시
  - 센터 운영 지원 및 현장 지원
  - 슈퍼비전 지원 및 실시(상담, 사례관리, 방문)
  - 만족도조사 지원
- 한국건강가정진흥원과 권역 내 센터와의 연계 역할
  - 거점센터 정기회의 참여 등
- 권역 내 센터 · 관련기관 간 네트워크 구축 · 운영
- 기타 여성가족부가 다문화가족지원사업과 관련하여 요청하는 사항 등

3) 통합센터를 중심으로

건강가정지원센터와 다문화가족지원센터로 구분되어 운영되던 전달체계를 건강가정 · 다문화가족지원센터로 통합하여 운영하기 시작하였는데, 두 기관의 통합은 2014~2015년 시범사업을 거쳐 2016년부터 본격적으로 시행되었다. 여성가족부 사업안내를 토대로 통합서비스 운영기관의 사업 방향을 살펴보면 다음과 같다.

- 지역사회 가족지원서비스 대상자 확대 및 가족문제 대응력 강화

- 가족의 안정성 강화 및 가족관계 증진을 위한 가족지원서비스 확대

- 다양한 특성과 생애주기별 맞춤형 서비스 강화
- 일 · 가정 생활의 이중고에 지친 워킹맘과 워킹대디의 고충해소, 자녀육아 등 가정에서의 부모 역할 강화 및 역할 갈등해소 지원
- 다문화가족의 학령기 자녀에 대한 부모 · 자녀관계 향상, 사회성 발달 및 미래 설계 지원 등 다문화가족 자녀의 특성을 반영한 맞춤형 프로그램 제공
- 다문화가족과 한부모(미혼모 등) · 조손가족 등에 대한 특성화된 서비스를 제공하여 가족들의 역량강화 및 안정적 가족생활과 사회통합 지원
- 가족단위 여가 프로그램 제공 등을 통한 이용자 참여 확대 및 가족친화지역문화 조성
- 다양한 가족 지원, 이용자 참여 확대를 통한 가족기능 지원 강화 및 지역사회 가용자원과 연계한 토털서비스가 가능하도록 지역사회의 다양한 유관기관과 연계 및 협력 지원 강화
- 문화사업 영역에서 유사사업 통합(나눔봉사단 및 가족봉사단, 공동육아나눔터 상시 프로그램 등)을 통한 가족융합 및 사회 인식 개선
  - 다문화가족 및 한부모가족 등 다양한 가족 유형에 대한 긍정적 인식 제고 및 교류 활성화를 통해 가족포용성 향상 도모
- 통합서비스는 수요자의 특성 및 수요에 적합한 프로그램으로 다양하게 운영하며, 아빠의 육아참여 지원 프로그램 강화 및 찾아가는 교육 활성화 등 서비스 제공방법의 다양화를 통해 가족관계 개선 도모
- 다문화/비다문화 통합 시 비언어적 프로그램의 확대 통해 다양한 참여자의 진입장벽 개선
- 다문화가족, 한부모가족, 워킹맘들의 적극적인 참여와 활동가로의 유도를 통해 시민의식 고취 및 가족편견 해소를 위한 가족친화문화사업 강화
- 다문화가족, 북한이탈주민가족, 한부모가족대상 가족기능강화를 위한 별도 집단상담 프로그램 활성화

(1) 통합센터의 영역별 사업내용

통합센터의 사업 영역은 가족관계, 가족돌봄, 가족생활, 가족과 함께하는 지역공동체의 4가지 영역으로 구분되어 있는데, 이러한 사업 영역 구분은 교육, 문화, 상담 등으로 영역을 구분해오던 기존의 방식과 차이가 크다.

통합센터의 영역별 사업의 주요 내용을 살펴보면, 〈표 5-7〉과 같다.

❖ 표 5-7 통합센터 영역별 사업내용

사업 영역	기본 사업	비고
가족관계	부모역할 지원(임신출산(부모) 지원, 영유아기 부모 지원, 학부모 지원, 혼례가치교육, 아버지 역할 지원), 부부 역할 지원(부부갈등 예방 · 해결 지원, 노년기부부 지원), 이혼 전 · 후 가족지원, 다문화 가족 관계향상 지원, 이중언어 가족환경조성, 다문화가족 자녀성장 지원, 가족상담, 조부모 역할 지원	교육, 상담(정보제공 및 초기상담), 문화프로그램 등
가족돌봄	가족역량강화 지원	교육, 상담(정보제공+초기상담→전문상담), 돌보미 파견, 사례관리 등
가족생활	맞벌이가정 일 · 가정 양립 지원, 다문화가족 초기정착 지원, 결혼이민자 취업지원, 1인가구 지원, 다문화가족자녀 사회포용안전망 사업	교육, 상담, 정보제공, 문화프로그램 등
가족과 함께 하는 지역공동체	가족봉사단(다문화가족나눔봉사단), 공동육아나눔터(자녀돌봄 품앗이), 다문화가족 교류 · 소통공간 운영, 가족사랑의 날, 결혼이민자 정착단계별 지원 패키지, 인식개선 및 공동체의식, 가족친화문화프로그램, 찾아가는 결혼이민자 다이음사업, 다함께 프로그램, 기타(사업 영역에 속하지 않는 사업)	모임, 활동, 문화프로그램 등

※ 밑줄의 3개 사업은 다문화가족 지원 프로그램 중 우선적으로 시행

통합센터의 사업내용을 보다 상세히 이해하기 위해, 사업 영역별로 구분하여 살펴보면 〈표 5-8〉~〈표 5-11〉과 같다.

❖ 표 5-8 사업 영역: 가족관계

주요 내용
부모역할 및 가족관계 개선, 가족의사소통, 가족구성원의 역량강화를 위한 맞춤형 서비스 지원, 가족형태 · 생애주기 · 문제 유형별 가족갈등과 문제해결, 성평등 · 인권의식 고취를 위한 교육 · 상담 · 문화프로그램 등 운영

기본 사업의 세부 내용	
부모역할 지원	• 영유아기-아동청소년기-성년기 자녀를 둔 부모의 생애주기 및 가족특성에 따른 부모됨의 의미, 올바른 부모역할 및 부모자녀간 관계 형성 방법, 자아존중감 향상, 역량강화 지원, 아버지 역할 지원 - 임신출산(부모) 지원, 영유아기 부모지원, 학부모 지원, 혼례가치교육, 아버지 역할 지원
부부역할 지원	• 부부의 생애주기에 따른 양성평등한 부부역할 지원 - 부부갈등 예방 · 해결 지원: 양성평등하고 민주적인 가족관계 지원, 가족발달주기에 따른 생애설계와 역할 훈련, 배우자 이해, 부부갈등해결 등을 위한 생애주기별 부부교육, 부부상담 등의 서비스 제공 - 노년기부부 지원: 노년기의 발달 및 가족관계의 특성 이해하기, 부부 및 부모역할 재조정하기, 가정자원관리(가계재무, 시간관리 등) 관련 서비스 제공
이혼 전후 가족 지원	• 18세 미만의 자녀의 관점에서 이혼신청 가족 및 이혼 전후 가족 대상 가족기능 강화를 위한 상담 · 교육 · 문화 서비스 등 제공
다문화가족 관계향상 지원	• 다문화가족 부부간의 성평등, 가족간 성평등 인식 고취 등 성평등 교육, 다문화이해 교육 및 인권감수성 교육 등
이중언어 가족환경조성	• 영유아 자녀를 둔 다문화가족 대상으로 이중언어 환경 조성을 위한 이중언어 부모코칭, 부모 · 자녀 상호작용 프로그램, 이중언어 활용 프로그램 지원사업
다문화가족 자녀 성장 지원	• 학령기 다문화가족 자녀 및 부모 대상 부모 · 자녀관계 향상 프로그램 및 정체성 · 사회성 · 리더십 개발을 위한 맞춤형 프로그램 지원, 기존 서비스 기관과 연계 등
가족상담	• 생애주기에 따라 발생하는 가족 내 다양한 갈등을 해결하기 위하여 부모-자녀간, 부부간 가족관계 개선, 비혼청소년 임신갈등상담 등 다문화가족 및 비다문화가족 대상 가족상담 제공
조부모 역할 지원	

❖ 표 5-9 사업 영역: 가족돌봄

주요 내용	
가족구성원의 일시적 장기적 부재, 상황적 위기 등으로 가족기능이 약화된 가족에 대한 돌봄서비스 지원, 가족 유형 특성에 따른 맞춤형 가족기능 강화 서비스 운영	
기본 사업의 세부 내용	
가족역량강화 지원	• 가족기능이 취약한 한부모・조손가족 및 긴급위기가족 등에게 가족기능 및 역량 강화를 도모할 수 있는 서비스 제공
면접교섭 서비스	• 이혼 후 자녀를 양육하지 않는 부 또는 모가 자녀와 만날 수 있도록 면접교섭 서비스 제공

❖ 표 5-10 사업 영역: 가족생활

주요 내용	
가족 특성에 따른 고충상담, 생활정보 제공, 초기정착 지원 등 맞춤형 가족생활 프로그램 운영	
기본 사업의 세부 내용	
맞벌이가정 일・가정 양립 지원	• 직장 내 고충 및 가정생활정보 등 맞벌이가정의 일・가정 양립의 지원 프로그램 운영 ※ 지역 여건・특성에 따라 직장생활 지원 또는 가정생활 지원 선택 가능
다문화가족 초기정착 지원	• 결혼이민자 한국어 교육 등 입국 초기 결혼이민자 및 그 가족을 대상으로 내・외부 자원 연계 등을 통한 다문화가족 초기정착 지원 서비스
결혼이민자 취업 지원	• 결혼이민자 취업기초 소양교육, 취업훈련 전문기관 연계, 자격증・면허증 반 운영 등 결혼이민자에 대한 취업지원 서비스
1인가구 지원	• 1인가구를 대상으로 일상생활에서의 역량강화, 자기개발을 통한 성장, 관계 유지 및 개선, 안전, 사회적 관계망 지원 등
다문화가족 자녀 사회포용안전망 사업	• 취학 전 다문화가족 자녀들에게 기본학습을 지원하고, 학령기 다문화가족 자녀들을 대상으로 상담 및 진로탐색 지원

❖ 표 5-11 사업 영역: 가족과 함께 하는 지역공동체

주요 내용
양성평등한 가족문화, 지역사회 공동체 문화, 가족친화 사회환경 조성, 다문화 인식개선 등 가족과 지역사회 연계 프로그램 운영

기본 사업의 세부 내용	
인식개선 및 공동체 의식	• 다문화, 한부모, 조손, 북한이탈 가족 등 다양한 가족의 특성 이해 및 편견 해소 지원
가족친화문화 프로그램	• 가족캠프, 가족축제, 가족체험활동 등 가족구성원 전체가 참여하는 프로그램 운영
가족봉사단 (다문화가족 나눔봉사단)	• 가족단위 자원봉사활동, 다문화가족 자조모임
공동육아나눔터 운영	• 육아 공간 및 돌봄프로그램 제공, 이웃 간 자녀돌봄 품앗이 활동 조성 지원 등
다문화가족 교류 · 소통공간	• 다문화가족 자녀돌봄 및 성장 지원, 결혼이민여성 자조활동, 지역사회 통합 등 다문화가족의 사회 참여 · 소통을 위한 공간 지원
가족사랑의 날	• 정시퇴근 문화 확산 등 캠페인, 매주 수요일 가족이 함께 참여하는 프로그램, 지역사회연계 가족친화 프로그램 운영 등
결혼이민자 정착 단계별 지원 패키지	• 한국생활 초기적응이 이루어진 결혼이민자를 대상으로 결혼이민자가 스스로 본인의 정착과정을 설계하고 관련 서비스 탐색, 실행계획 수립 등을 수행할 수 있도록 지원
찾아가는 결혼이민자 다이음사업	• 결혼이민자들이 지역사회 다문화 활동가로 참여하여 유치원, 어린이집, 아동복지센터, 학교, 시설, 모임 등 다양한 지역공동체를 '찾아가는 다문화 친화 활동' 지원
다(多)함께 프로그램	• 결혼이민자와 배우자, 배우자의 부모 등 다문화가족 구성원 간 상호이해를 강화하고 다문화가족의 긍정적 정체성 형성과 문화 공존을 유도

(2) 별도 예산에 의한 센터 추진사업

여성가족부에서 추진하는 별도 예산의 센터 추진사업은 매년 사업내용에 차이가 있다. 2022년도 여성가족부 〈가족사업 안내〉를 중심으로 별도 예산사업을 살펴보면, 아이돌봄 지원사업, 가족역량강화 지원사업, 권역별 미혼모 · 부자 거점기관 운영지원 사업, 공동육아나눔터 사업, 이중언어가족환경 조성사업, 다문화가족 방문교육 지원사업, 결혼이민자 통번역 지원사업, 다문화가족 자녀언어발달 지원사업, 다문화가족 사례관리사업, 결혼이민자 역량강화 지원사업으로 구성되어 있다.

(3) 1인가구 사회적 관계망 형성 지원

1인가구 사회적 관계망 형성 지원사업은 2022년 사업안내부터 포함되었으며, 1인가구의 생애주기별(청년, 중장년, 노년 등) 교육 · 상담, 사회적관계망 형성 등 지원을 통한 고독 · 고립 등 방지와 안전하고 건강한 생활을 도모함을 목적으로 한다. 또한 지역별 유관기관 협의체를 구성하여, 1인가구 발굴을 위한 다양한 지역기관과의 협력 및 연계 등을 위한 네트워크 기반을 마련하고, 이를 통해 대상자 발굴, 정보공유, 서비스 지원을 활성화하고자 한다.

1인가구 지원 내용을 보면, 1인가구를 대상으로 일상생활에서의 역량강화, 자기개발을 통한 성장, 관계유지 및 개선, 안전, 사회적 관계망 지원 등을 의미하는 것으로서, 크게 지역 맞춤형 1인가구 프로그램과 사회적 관계망 지원으로 구분하고 있다.

① 지역 맞춤형 1인가구 프로그램

- (일상생활 프로그램) 건강관리, 재무관리 등 1인가구의 역량강화를 위한 교육 · 문화 프로그램 운영 및 여성 안전 지원
- (자기개발 프로그램) 스트레스 관리, 감정코칭 등 1인가구의 자기계발을 위한 교육 · 문화 프로그램 운영
- (관계개선 프로그램) 가족을 포함한 대인관계에서 건강한 관계를 유지하는 데 도움을 주는 맞춤형 서비스 지원
- (심리 · 정서상담 서비스) 1인가구의 관계 갈등 및 문제해결을 위한 전문적인 심리 · 정서상담 및 집단상담 서비스 제공

② 사회적 관계망 지원

- 1인가구 자조모임, 동아리활동 지원 등 사회적 관계망 형성 지원

2부 참고문헌

노영주, 허정원, 서지원, 서선희 (1999). '가정복지' 개념을 중심으로 한 가정학의 재개념화. 가정과삶의질연구, 17(2), 173-183.

이혜경 (1995). 한국의 가족정책 대안의 선택과 정부 민간의 연계. 박병호 외. 한국 가족정책의 이해. 서울: 학지사.

정민자 (2003). 건강가정육성기본법(안)의 입법방향과 내용. 대한가정학회지, 41(9), 163-177.

조희금 (2021). 지속가능한 사회를 위한 건강가정기본법의 의의. 2021 가정학분야 춘계 공동학술대회 자료집. 1-22.

Freidlander, W. A., & Apte, R. Z. (1980). *Introduction to social welfare*. NJ: Prentice-Hall.

Kamerman, S. B., & Kahn, A. J. (1978). *Family policy: Government and families in fourteen countries*. NY: Columbia University Press.

Kim, D. (1990). The transformation of familism in modern Korean society: From cooperation to competition. *International Sociology*, *5*(4), 409-425.

Pecora, P. J., Whittaker, J. K., Maluccio, A. N., Barth, R. P., & Plotnick, R. D. (1992). *The child welfare challenge: Policy, practice, and research*. NY: Adline De Grayter.

Zimmerman, S. L. (1983). The reconstructed welfare state and the fate of family policy. *Social Casework*, *64*(8), 135-150.

03 PART

건강가정 실천

CHAPTER 06 건강가정사업 프로그램

CHAPTER 07 건강가정사업의 전달체계

CHAPTER 08 건강가정사의 역할과 직무

CHAPTER 09 건강가정사의 실천기술 및 현장실습

3부에서는 건강가정의 실천을 위한 구체적인 과정을 학습한다. 그러한 의미에서 건강가정 목적 달성을 위한 소프트웨어라 할 수 있는 사업 프로그램들을 먼저 다루고, 앞장에서 제시한 건강가정 전달체계와 관련하여 지역사회 현장에서 건강가정사업의 공급자와 수요자를 연결시키는 대표적인 장치로서 건강가정의 공적 전달체계인 건강가정지원센터의 운영에 대하여 설명한다. 또한 건강가정사업의 전문인력인 건강가정사의 역할, 자격 및 교육방안에 대해서도 살펴보고자 한다. 마지막으로 건강가정사가 되기 위해 필요한 실천기술 및 이를 습득하기 위한 현장실습에 대해 학습한다.

앞서 우리는 건강가정의 기본 개념을 배우고 관련 제도나 정책, 사업에 대해서 학습하였다. 이러한 내용들이 건강가정을 실현하기 위한 기초적이고 이념적인 것이라고 한다면, 3부는 이러한 내용을 실현하기 위한 수단들을 다루고 있으므로 앞선 내용과의 연관성과 그 의미를 되새기며 학습한다면 건강가정의 실천이 보다 용이해질 것이며 전문가로서의 역할관 수립에도 크게 도움이 될 것이다.

06 CHAPTER 건강가정사업 프로그램

6장에서는 건강가정사업이 효과적으로 수행되기 위해 필요한 건강가정사업 프로그램에 관해 살펴보고자 한다. 건강가정사업이 건강가정 실현을 위한 다양한 조치와 대안들이라고 한다면, 건강가정사업 프로그램들은 그러한 목적을 달성하기 위한 실질적인 소프트웨어를 의미한다. 건강가정사업 프로그램 개발은 일반적인 프로그램 개발 및 운영원리의 이해로부터 출발하므로 이 장에서는 프로그램의 개념과 개발원리, 프로그램의 준비 및 설계, 프로그램 운영 및 관리, 프로그램 평가에 관해 학습하고자 한다.

1. 프로그램의 개념과 개발 원리

2. 건강가정사업 프로그램의 개발

CHAPTER

06 건강가정사업 프로그램

1. 프로그램의 개념과 개발 원리

1) 프로그램의 개념

건강가정사업을 효과적으로 수행하고 제반 목표를 달성하기 위해서는 구체적이고 효율적인 다양한 프로그램들이 개발되고 실행되어야 한다. 최근 들어 가정기능 강화 및 안정화를 위해 개발된 프로그램들의 양이나 종류가 증가 추세이나, 프로그램의 효과성이 뚜렷이 검증되고 폭넓게 사용되는 경우는 아직 많지 않아 지속적인 프로그램 개발이 절실하다. 그러한 의미에서 프로그램이란 용어의 개념을 먼저 정의해 보자.

프로그램은 협의로 해석할 때 특정 교과과정이나 특별한 주제에 관련된 학습과정(성교육과정, 부부대화 프로그램 등)으로 정의될 수 있다. 그러나 좀 더 광의의 개념으로 볼 때는 특정한 시설이나 기관의 후원으로 참여자들이 경험하는 모든 것, 즉 지역사회의 기관이나 학교에서 제공하는 모든 종류의 코스 또는 교과과정으로 정의할 수 있다(Thomas et al., 1993). 즉 평생교육 차원에서 프로그램이란 일정한 기간 동안 사전에 계획했던 학습결과를 성취하기 위해 체계적으로 설계한 조직화된 일련의 학습내용, 학습활동, 학습방법의 통합된 실체를 의미한다(김진화, 2001). 또한 사회복지 분야에서 프로그램은 '일정한 기관에서 목적을 달성하기 위하여 모든 과정을 마칠 때까지 요구되는 내용 선정과 조직, 활동목표, 시설, 자원, 지원체계, 기간 등에 관한 전체적인 계획'이라고 정의되므로, 사회복지 프로그램이란 '사회복지조직에서 사회복지의 목표를 달성하기 위해 행하는 모든 활동들의 집합체'라 할 수 있다(정무성 · 정진모, 2001). 이상의 개념 정의를 통해 볼 때, 교육뿐만 아니라 생활복지 측면에서 서비스를 제공하는 건강가정 프로그램은 교육이라는 한정된 개념보다는 상담, 문화, 집단활동 등의 과정을 포함하는 보다 광범위한 다양한 활동을 모두 포괄한다고 볼 수 있다. 따라서 프로그램은 어떠한 목적을 달성하기 위해서 선택된 활동에 관해 누가, 무엇을, 어떻게, 왜, 언제, 어디서, 누구와 행할 것인가를 종합적으로 묶어서 보다 구체적으로 일목요연하게 제시해 주는 활동 지침이라고 할 수 있다.

전통적으로 프로그램과 동의어로 사용되는 커리큘럼의 개념은 대개 세 가지 범주를 가지고 있다. 첫째, 내용으로서의 커리큘럼으로 주제에 대한 개요나 목록으로서 지식의 조직화에 초점을 맞춘 경우, 둘째, 경험으로서의 커리큘럼으로 실제 프로그램이 실행될 때 참여자들의 경험을 강조하는 경우, 셋째, 계획으로서의 커리큘럼으로 어떠한 내용이 어떻게 교육될 것인가의 관계를 중시하면서 교육계획에 초점을 두는 경우가 있다.

교육 프로그램에 관한 초기 연구들은 대부분 내용으로서의 교과과정 수립이나 프로그램 개발에 관심을 기울였다. 즉 무엇을 어떻게 가르쳐야 하는지를 중시하였고 관련한 연구가 집중되었다. 그러나 점진적으로 내용으로서의 커리큘럼에서 계획으로서의 커리큘럼으로 관심이 이동했으며, 이후 프로그램이 실질적으로 어떻게 사용되었는지에 대한 시험과 프로그램 효율성에 대한 연구로 방향이 전환되었다. 특히 1970년대 이후 많은 프로그램 평가가 이루어지고 동시에 새로운 프로그램들의 효과에 대한 관심이 제기되면서 경험으로서의 교과과정이 주목받게 되었다.

이러한 프로그램의 개념 설정은 이후 프로그램의 개발, 수행, 평가과정에까지 영향을 미치게 된다. 교과과정이 단순한 계획으로 이루어지면 프로그램 자료는 기술적이고 내용 중심적이 되기 쉽다. 반면 교과과정이 경험적인 과정으로 이루어지면 자료는 프로그램 사용자의 의도와 해석에 따라 달라질 수 있다. 비슷한 이치로 실행에서도 교과과정이 계획 중심보다 경험 중심적일 때 적용 범위가 다양해질 수 있다. 평가에서도 계획 중심적 교과과정은 사전에 정해진 기준에 의하여 제한적으로 평가가 이루어지는 반면, 경험 중심적일 때는 프로그램의 결과에 미치는 영향이 무엇인가에 초점을 두게 된다.

또한 그 정의가 어떠하든 프로그램이 가져야 하는 기본적인 요소로 대략 네 가지를 들 수 있는데, 프로그램의 목적이나 목표가 되는 의도, 참여자들이 프로그램의 의도를 성취하기 위해 행하는 활동, 참여자들이 계획된 프로그램 목표를 실행하기 위해 상호작용하는 데 사용되는 도구로서의 자원이나 재료, 그리고 평가요소를 일반적으로 포함해야 한다(Thomas et al., 1993).

2) 프로그램 개발의 기본 원리

프로그램 개발은 창조성, 현실성, 논리성이라는 기본 원리에 충실할 때 보다 좋은 프로그램을 기대할 수 있다(김진화, 2001).

(1) 창조성 원리

창조성은 프로그램 내용과 방법의 혁신성 및 독특성과 관계된다. 혁신성 및 독특성이란 프로그램의 내용과 방법이 다른 기관의 프로그램과 비교하여 독특한 차별성이 있어야 함을 의미한다. 그러므로 프로그램 개발 전문가는 자신의 전문성으로 기존의 프로그램이 가지는 한계를 파악하고, 보다 더 진취적이거나 미래 지향적인 방향으로 프로그램의 새로운 내용과 방법을 창조해 나가야 한다. 이것이 바로 진정한 프로그램 '개발'이라 할 수 있으며, 이러한 창조성은 프로그램의 질을 평가하는 중요한 기준이 된다.

(2) 현실성 원리

현실성이란 계획된 결과물(내용)이 과연 실현가능한가를 말하는 것이다. 프로그램은 실제로 현장에서 적용되고 실천되어야 하므로 실행할 수 없는 계획은 무의미하다. 그러한 의미에서 프로그램은 주어진 조건과 자원으로 실현될 수 있어야 하고 이는 기획단계에서부터 철저하게 고려되어야 한다. 프로그램 개발과정에서 현장 전문성이나 경험이 많은 사람을 참여시키는 것은 이러한 원리에 충실하려는 노력이라 할 수 있다.

(3) 논리성 원리

논리성이란 계획과 행위가 체계적이고 합리적인가를 말하는 것이다. 이러한 논리성은 프로그램의 타당성, 당위성과 연결되고 동시에 결과의 효과성, 효율성 문제와도 연결된다. 프로그램 개발은 현실적인 목적을 가지고 체계적이고 합리적인 과정으로 진행되어야 하며, 목적과 결과가 효율적으로 연결되어 최종 평가에 의해 인정되고 환류되는 일련의 논리적 구조하에서 이루어져야 한다.

2. 건강가정사업 프로그램의 개발[1)]

프로그램 개발이란 어떤 목적 아래, 누구를 대상으로, 어떤 내용을, 어떤 방식으로 제공하고 실행할 것인가, 그리고 실행된 프로그램의 효과를 어떻게 검증할 것인가를 포함한 일련의 계획, 즉 기획을 의미한다.

1) 건강가정지원센터 사업 프로그램의 다양한 예시들은 〈부록〉 참조

길버트와 스페치(Gilbert & Specht, 1977)는 기획이란 "통찰력, 계획적인 사고, 조사를 통해서 문제를 해결하고 앞으로 발생할 문제를 해결하기 위한 의도적인 시도이며, 다양한 행동 노선 중에서 어떤 노선을 취할 것인가에 대한 가치선호를 행사하는 것"이라고 하였다. 드로(Dror, 1967)는 기획을 "적절한 수단을 통해 목표를 달성하기 위한, 미래 가치에 대한 일단의 결정을 준비하는 과정"으로 정의하였다. 한편 드로(1967)는 기획이란 ① 장래활동에 대해 사전 결정 혹은 준비하는 과정이고, ② 합리성과 지적 과정을 강조하는 것이며, ③ 사회적 선(善)을 증진시키는 데 목적이 있고, ④ 기획 속에는 의사결정, 조정, 의사전달 및 기획의 문제 등 모든 관리의 국면이 해당되는 다각적 요인이 포함된다고 하였다(정무성 · 정진모, 2001에서 재인용). 따라서 기획이란 미래에 일어날 일을 예측하고 이에 대한 대비책을 강구함은 물론, 여러 가지 대안을 선택하는 일련의 의사결정과정으로서 전문적 지식과 기술 및 다양한 관리 기법을 필요로 한다.

프로그램 기획은 일반적인 프로그램 개발과정을 의미하는 것으로 학자마다 다양한 과정을 제안하고 있다. 라우퍼(Lauffer, 1978)는 기획의 과정을 ① 문제의 정의와 개념화, ② 인간관계의 구조와 네트워크의 수립, ③ 정책의 형성과 대안 전략의 서술, ④ 계획안 및 프로그램 설계 감독, ⑤ 환류 및 평가로 제안하고 있다. 또한 미네건(Meenaghan et al., 1982)은 ① 문제 서술/윤곽, ② 정책/목표 형성, ③ 자원분석, ④ 목표의 선택, ⑤ 프로그램 대안 설정, ⑥ 수행을 위한 프로그램 선택, ⑦ 평가 등 일곱 단계로 나누고 있다. 스키드모어(Skidmore, 1995)는 ① 구체적 목표의 설정, ② 관련 정보수집 및 가용자원 검토, ③ 목표달성을 위한 대안적 방법 모색, ④ 대안의 실시조건 및 기대효과, ⑤ 최종안의 선택, ⑥ 구체적 실행계획 수립으로 제시하고 있다(정무성 · 정진모, 2001에서 재인용).

이상과 같은 기획의 개념과 특성을 감안해 볼 때, 건강가정사업 프로그램 개발은 크게 두 가지 차원으로 사용될 수 있다. 첫 번째는 기관 운영을 위한 기획이다. 즉 건강가정 관련 기관에서 그 기관의 목적을 실현하기 위해, 세부적인 프로그램을 설계하기에 앞서 어떤 목적 아래 어떻게 문제를 해결할 것인가에 대한 장기적 또는 연

차별 활동을 개략적으로 수립하는 것이다. 이는 운영기관에서 세부적인 개별 프로그램을 언제, 어떻게, 누구를 대상으로 제공할 것인가에 관한 기관 운영 차원에서의 기획이라고 할 수 있다. 두 번째는 건강가정사업 목적을 위한 기획이다. 즉 가정의 건강성 구현을 위해 대상 가정의 욕구 및 문제를 토대로, 이의 해결과 예방을 위해서는 어떤 세부적인 프로그램이 제공되어야 하는지, 관련 프로그램의 내용 구성 차원(프로그램 설계)에서의 프로그램 기획으로 구분할 수 있다. 이 장에서는 전자의 차원보다는 두 번째 차원, 즉 프로그램 내용 및 방법에 관한 설계에 중점을 두어 프로그램의 기획이 어떻게 이루어져야 하는가에 초점을 두고 서술하고자 한다.

다양한 기획과정을 크게 세 가지 영역으로 구분하면 다음과 같다. 첫째는 프로그램의 준비 및 설계단계로서 프로그램 대상자의 욕구 및 문제 파악, 프로그램의 목표설정, 프로그램 설계를 포함한다. 둘째는 프로그램 실행에 관한 기획으로서, 프로그램의 효과적 운영 방법 및 인력조직, 자원동원 등과 관련된다. 셋째는 프로그램 평가에 관한 것으로서, 프로그램의 효과를 어떻게 검증할 것인가를 기획하는 것이다. 이러한 프로그램 기획의 각 과정에 관해 보다 구체적으로 살펴보면 다음과 같다.

1) 프로그램의 준비 및 설계

프로그램 기획의 준비 및 설계는 욕구 및 문제 파악, 프로그램의 목표설정, 프로그램 설계를 포함하는데, 구체적인 내용은 다음과 같다.

(1) 욕구 및 문제 파악

욕구 및 문제 파악은 세부 프로그램의 선택과 실행계획을 위한 가장 기초적인 작업으로서, 프로그램 개발의 필요성과 타당성이 누구에게나 객관적으로 이해되도록 하기 위해 욕구 · 문제 식별, 문제의 규모 및 심각성, 경향 등을 제기하는 것이다. 욕구 및 문제 파악을 위해 욕구의 개념과 유형을 살펴보면 다음과 같다.

욕구란 어떤 목적을 위해 좋은 것, 필요한 것, 필수적인 것이 무엇인가를 의미하는 것으로서, 목적을 위해 필요한 것 또는 필수적인 것이 결핍된 상태를 지칭한다. 이렇게 보면 욕구란 결핍된 상태에서 벗어나기 위해 무엇인가 채워지길 원하는 상태라고 표현할 수 있다(조희금 외, 2002).

욕구를 정의하는 데 있어 중요한 문제는 '누가 기준을 설정하느냐'이다. 브래드쇼(Bradshaw, 1972)는 이에 근거하여 사회 욕구를 규범적 욕구, 인지적 욕구, 표출적 욕구, 상대적 욕구 등 네 가지 유형으로 구분하고 있다.

먼저 규범적 욕구는 기준 또는 규범에 중점을 두는 것으로서, 전문가의 판단에 의해 규정된 욕구이다. 관습이나 권위 또는 일반적 합의에 의해 확립된 표준이나 기준이 존재한다는 가정하에, 전문적으로 기준을 정하고 이에 미치지 못하는 상태를 욕구가 있는 상태로 규정하는 것이다. 절대빈곤선, 어린이의 영양기준 등이 이에 해당된다.

인지적 욕구는 사람들이 그들의 욕구라고 생각하고 느끼는 것으로 정의할 수 있다. 이 욕구는 주로 사회조사를 통해 개개인 응답자에게 그들이 필요로 하는 것을 물어보는 방식으로 욕구를 파악한다. 그러나 인지적 욕구는 개인마다 다르고 상황에 따라 수시로 변할 수 있다는 단점 때문에 이용자에 대한 전문가의 판단과 소비자의 욕구에 대한 인식 사이에 적절한 균형이 유지되어야 한다.

표출적 욕구는 무엇에 대해 필요하다고 느껴진 욕구가 행동으로 표출된 것이다. 전문가가 개인이 서비스를 필요로 하는지의 여부를 판단하기보다 개인이 실제로 서비스를 얻기 위한 노력을 했는가의 여부가 더 핵심적인 요인이 될 수 있다. 표출적 욕구를 파악하기 위해서는 얼마나 많은 사람들이 서비스를 실제 필요로 하는가에 관한 욕구 리스트를 작성하거나 표준화된 체크리스트를 이용할 수 있는데, 기존 프로그램에 참여한 인원 수, 상담 건수 등이 대표적인 예이다. 그런데 이 접근법은 전문가가 욕구를 가진 모든 사람들이 적절한 지원을 요청한다고 가정할 경우여서, 지역사회의 욕구를 종합적으로 고려하는 것은 부족하다는 한계를 가진다.

상대적 욕구는 다른 사람이나 다른 지역과 비교해서 나타나는 욕구로서, 한 지역사회에 존재하는 서비스의 수준과 유사 지역사회나 지리적 영역에 존재하는 서비스 수준 간의 차이로 측정된다. 어떤 집단이 제공받는 서비스의 수준이 다른 비교집단이 이용하는 서비스의 이용 수준보다 못할 경우 이 집단은 이 서비스가 필요하다고 보는 것이다. 그러나 다른 두 지역의 여러 특성은 무시하고 곧바로 두 집단의 욕구를 비교하려는 것은 잘못된 결과를 초래할 수도 있다.

이와 같은 네 가지 욕구 유형 중 규범적 욕구와 상대적 욕구를 규정하는 주체는 전문가 혹은 사회이고, 인지적 욕구와 표출적 욕구는 욕구를 가진 이용 당사자가 욕구를 규정하는 주체가 된다. 또한 네 가지 유형의 욕구를 평가하는 방법은 서로 다를지라도 배타적인 것은 아니라 오히려 상호 의존적이며, 문제를 종합적으로 이해하는 데에 도움을 준다(조희금 외, 2002).

대상자의 욕구를 누가, 어떻게 파악하는가와 더불어 욕구의 측정 역시 프로그램 개발 시 중요한데, 일반적인 조사방법은 다음과 같다(정무성 · 정진모, 2001).

- 직접관찰법: 대상 집단에게 직접 물어보거나 검색을 해 욕구를 파악하는 방법으로 사회조사(일반 인구조사, 표적 인구조사, 델파이방법), 관찰법, 심층면접법, 지역사회 공개토론회 등이 있다. 직접관찰법을 통해 파악되는 욕구는 주로 인지적 욕구이다.
- 사례조사: 알려고 하는 대상 집단을 직접 상대하거나 관계를 하고 있는 제삼자들을 접촉하여 증언을 듣는 방법으로, 프로그램 운영자 조사, 주요 정보제공자 조사, 서비스 통계 이용 등이 있다. 사례조사를 통해 주로 파악되는 욕구는 표출적 욕구이다.
- 간접증거 자료조사: 조사대상 집단을 정확히 알지는 못하지만 어느 정도 관련이 있는 정보의 출처들을 이용하여 대상 집단의 욕구나 문제를 추산하는 방법으로, 사회지표 분석, 행정자료 조사, 비활동자료 분석 등이 있다. 간접증거 자료를 통해 파악되는 욕구는 주로 규범적 욕구이다.

(2) 목표설정

앞서 설명한 대로 프로그램 개발을 위한 가장 기초적인 작업은 문제 및 욕구를 파악하는 것이며, 이를 통해 누구를 대상으로, 무엇을 어떻게 해야 하는가, 즉 프로그램 시행을 통해 얻는 결과가 무엇인가를 명확히 설정하는 것이 필요하다. 이와 같은 과정이 곧 프로그램 기획의 목표설정인데, 설정된 목표는 프로그램 평가의 기준이 될 수 있다. 뿐만 아니라 목표설정은 일반적인 프로그램의 기획과 조정을 원활히 하기 위해, 그리고 서비스 전달의 책임을 맡고 있는 실무자에게 지침을 제공하기 위해서도 필요하다.

목표는 어떻게 설정되는 것이 바람직한가, 즉 바람직한 목표의 조건은 다음과 같다(임정빈 외, 1994; 정무성 · 정진모, 2001).

- 목표는 가정 및 사회에 대한 정확한 현실분석과 관련되어야 한다: 프로그램이 목표하는 바를 구체화하기 위해서는 현재 가정의 문제는 무엇이며, 이는 사회와 어떤 관계가 있는가 등을 파악하는 것에서부터 가능하다.
- 결과 중심적이어야 한다: 센터나 기관이 '어떤 종류의 프로그램을 제공할 것이다'로 진술하는 것이 아니라 프로그램을 통해 '무엇을 성취하게 될 것이다'의 상태를 표현해야 한다.
- 목표는 현실적이어야 한다: 목표는 재정적, 기술적, 윤리적, 법적으로 실현가능한 것이어야 한다.
- 목표의 대상 집단을 언급해야 한다: 프로그램의 주요 대상자가 누구인가를 언급하는 것은 어떤 대상자의, 무슨 욕구에 기초한 프로그램인가를 보여주는 것이므로 필요하다.
- 목표는 측정가능해야 한다: 목표를 측정가능하도록 명확하게 명시하여야 하는데, 이는 프로그램이 어느 정도 효과적이었는가를 평가하는 지표가 될 수 있다.

- 목표는 긍정적으로 표현되어야 한다.
- 목표는 기관이나 센터의 사회적 소명이나 목적과 부합되어야 한다.

(3) 프로그램 설계

대상자의 문제와 욕구를 파악하고, 이러한 문제해결이나 욕구충족을 위해 목표를 설정하였다면, 그 다음은 프로그램을 구체적으로 설계하는 작업이 뒤따라야 한다.

① 프로그램 내용 선정

프로그램의 내용을 선정할 때 기본적으로 고려해야 할 몇 가지 기준을 제시하면 다음과 같다(정무성 · 정진모, 2001 참고 재구성).

- 합목적성(목표와의 연계성): 프로그램의 내용은 목표와 부합되어야 한다.
- 서비스 대상자에 대한 고려: 프로그램 내용 선정에 있어 가장 중요한 것은 서비스 대상에 대한 고려인데, 서비스 대상자의 필요, 흥미, 그리고 능력 수준 등을 고려하여 프로그램 내용을 선정하여야 한다.
- 포괄성: 프로그램의 내용은 당장의 효과만을 기대할 수도 있지만, 장단기적으로 또는 단계적으로 포괄적인 효과를 기대할 수도 있다. 프로그램의 다양한 내용을 통하여 한 가지 목표를 달성할 수도 있지만, 반대로 한 가지 내용이 여러 가지 목표와 관련되어 효과를 발휘할 수도 있다. 또한 직접적인 대상자뿐만 아니라 이와 연관된 간접적인 대상자에게까지도 포괄적 효과를 발휘할 수 있다.
- 실용성: 프로그램의 내용은 지역적 · 시대적 · 사회문화적 현실 속에서 실현가능한 것이어야 한다. 또한 프로그램 내용은 구체적으로 실생활에 적용할 수 있어야 하며, 그 활동의 결과는 실제 생활에 도움이 되어야 한다.
- 지역성: 지역적 특성을 고려하는 것은 프로그램의 효과를 증가시킬 뿐만 아니

라 해당 지역의 잠재력과 장점, 문화적 유산들을 지역 자원을 활성화하여 개발해낸다는 점에서 의미가 있다.

- 효율성: 프로그램의 내용과 방법을 선정하는 데 시간적 · 경제적 비용을 고려하여 가장 적합하거나 효율적인 내용과 방법으로 구성하는 것이 중요하다. 효율성은 얼마나 적절히 자원 투입이나 노력을 기하여 프로그램을 실시하는 기본 목적을 달성했는지 판단하게 하는 가장 중요한 기준이다.

② 주요 구성요소 검토

프로그램 설계를 위해서는 관련된 주요 구성요소에 대한 파악이 필요하다. 프로그램의 구성요소는 대체적으로 참가자, 실시 주체, 활동내용, 실시방법, 장비/도구, 실시기간, 환경/장소, 프로그램 담당자, 경비/예산, 프로그램의 평가로 대별할 수 있다(정무성 · 정진모, 2001).

● 참가자

프로그램의 성패 여부는 참가자에 대한 이해에 달려 있다고 해도 과언이 아니다. 참가자의 속성은 대체로 개인의 특성(성별, 발달단계별 등), 생활의 장과 공간적인 면, 프로그램 참가 경험 등에 의해 구분된다. 따라서 어떠한 속성을 가진 참가자를 대상으로 할 것인지, 그 규모는 어느 정도로 할 것인지, 참가자 특성을 프로그램의 내용에 어떻게 반영할 것이지 등이 결정되어야 한다.

● 실시 주체

실시 주체가 무엇을 지향하는지, 프로그램을 통해 어떤 효과를 얻고자 하는지 등을 정확하게 파악하여 프로그램에 반영하는 것이 필요하다.

● 활동 내용

프로그램의 내용은 목표에 도달하기 위해 가장 중요한 부분이다. 활동 내용을 선택하고 편성하는 데 유의해야 할 사항은 다음과 같다.

- 활동 내용을 정선하고 세분화하는 것: 프로그램의 목적, 주제, 방침 등의 맥락을 중시, 개인 및 집단에서의 중요도 검토, 내용의 긴급성 판단, 참여 대상자의 질 수준을 고려, 새로운 지식, 기술, 정보의 습득과 관련되는 내용의 참신성 등에 유의할 필요가 있다.
- 활동 내용을 실시하는 방법 및 장비/도구 등과 관련시켜 선정/편성하는 것: 학습 내용에 어울리는 다양한 형태의 실시방법, 참가자의 특성에 적합하고 활동하는 내용의 이해를 도울 수 있는 방법, 내용과 참가자의 특성 및 수준에 적합한 지도매체, 프로그램 운영자의 능력과 경험에 적합한 방법, 참가자의 주체성과 활동을 촉진할 수 있는지 등을 고려해야 한다.
- 프로그램 내용을 활동의 연속성 및 발전성을 고려하여 선택하고 편성하는 것
- 프로그램 내용의 양과 질을 고려해서 선택하고 편성하는 것: 활동목표에 따라 내용을 편성하고자 할 때는 활동 요구와 활동 필요 사이의 불일치, 참가자 요구와 운영자의 프로그램 내용의 격차, 참가자에게 부담이 가지 않는 정도의 시간, 횟수 등을 배려해서 양과 질의 문제를 결정하는 것이 무엇보다 중요하다.

● 실시방법

실시방법은 프로그램 내용의 이해를 촉진시키고 프로그램의 효과를 높이며 참여 활동에 변화를 가져오거나 집단의 분위기 조성 등에 중요하므로 적절한 방법을 선택하는 것이 중요하다.

보다 효과적인 방법을 선택하기 위해서는 다음의 문제를 특히 고려해야 한다.

- 목표달성에의 효과성
- 제공되는 내용의 질과 양의 적절성
- 적절한 장비/도구의 이용가능성
- 운영자 및 참가자의 경험 능력에 대한 적합성
- 참여의 효과를 높이기 위한 두 가지 이상의 방법 혼용가능성
- 개인지도방법과 집단지도방법을 상호 보완하여 사용할 수 있는가 등

● 장비/도구

활동효과를 높이기 위해서는 적절한 프로그램을 운영할 수 있는 매체의 선택이 매우 중요하다. 매체의 선정에서 고려해야 할 내용은 다음과 같다.

- 활동목표, 주제, 내용, 방법에 대한 적절성
- 참가자의 경험 및 기술 수준
- 지도 매체에 대한 지도자의 이해도 및 숙련도
- 지역성 및 참가자 일상생활과의 긴밀성 등

● 실시기간

프로그램의 편성에 영향을 미치는 시간적 요소로는 프로그램 실행의 시기, 시간대, 총 시간 등을 들 수 있다. 프로그램이 실시되는 시기는 프로그램의 내용 및 방법에 따라 좌우되지만, 의외로 대상자의 특성에 따라 한계가 발생하게 되므로 사전에 이에 대한 충분한 고려가 필요하다. 참가자들이 이용가능한 시간대는 언제인지, 프로그램의 실시기간이나 시간이 참가자들의 상황에 적합한지, 참가자의 참여 및 활동 의욕에 지장을 주지 않을지 고려되어야 하며, 운영기관의 경제적 · 비경제적 자원과 효율성의 문제도 고려되어야 한다.

● 환경/장소

프로그램 실시를 위한 장소 선정에서 가장 먼저 검토되어야 할 것은 장소가 프로그램의 내용과 방법에 적절한 곳인가, 즉 프로그램의 목적을 원만하게 달성할 수 있는 장소인가 여부이다. 그리고 참가자의 성향, 행동양식 등과 같은 비언어적 행동의 변화는 활동환경의 분위기에 영향을 받기 때문에 활동환경이 긍정적으로 작용될 수 있느냐에 대한 검토가 필요하다.

● 프로그램 담당자

프로그램 담당자는 일반적으로 슈퍼바이저, 스태프, 자원봉사자로 구성된다. 많은 경우 프로그램 수행 역할에 대해 총괄, 조정, 협조 등 대략적으로만 명시하는 경우가 많은데, 개별 담당자의 역할을 구체적으로 명시하는 것이 바람직하다. 또한 프로그램 수행 역할에 관련된 학력, 경력이나 훈련, 자격요건 등을 구체적으로 명시해야 하며 할당시간의 경우 담당자가 프로그램에 투여하는 시간을 명시하여야 한다.

● 경비/예산

프로그램의 총 예산을 인건비, 관리비, 기자재 및 집기 구입비, 수용비, 사업비 등의 항목으로 나누어 각 항목의 산출근거를 구체적으로 제시한다. 예산 항목별 자금조달계획을 알 수 있도록 항목별 산출근거를 구체적으로 제시하여야 한다.

● 프로그램 평가계획

프로그램의 효과를 평가하기 위해서 각 단계의 유의사항 및 평가의 대상, 주체, 시기, 방법 등을 프로그램 편성 시 미리 구성함으로써 평가의 정확성과 운영의 효율성을 가져올 수 있다.

2) 프로그램 운영 · 관리

프로그램의 내용이 결정되면 그 다음은 결정된 프로그램을 어떻게 효율적으로 시행할 것인가에 관한 준비가 필요하다. 이와 같은 프로그램 운영 · 관리는 프로그램의 효율적 진행이나 유지뿐만 아니라 이를 통해 해당 기관이나 조직이 잘 유지될 수 있는가를 좌우하므로 중요하다. 이와 함께 프로그램이 지향하는 목표를 달성하고 있는가, 그리고 조직이 전체적으로 양질의 서비스를 제공하고 있는가의 측면과도 긴밀하게 관련되므로, 프로그램 운영 · 관리는 프로그램 및 조직의 유지 수준에서 더 나아가 조직의 질적 변화 및 발전에서도 중요하다.

(1) 프로그램 운영조직의 구성

결정된 프로그램을 효과적으로 시행하기 위해 프로그램이 수행될 부서가 명시된 기관 조직표나 프로그램 운영 조직표를 도식화한다. 또한 담당부서의 명시뿐만 아니라 타 부서 및 상부조직과의 업무협조 체계가 잘 이루어져 자원을 활용할 수 있도록 하며, 비공식 조직체계(예: 자원봉사자)의 활용도 중요하게 고려하여야 한다.

한편 프로그램 담당의 운영과 조직구성은 수행인력의 배치와 함께 이루어져야 한다. 프로그램 수행인력으로는 최고관리자, 중간관리자, 업무담당자, 자원봉사자, 자문위원 및 타 부서 관계자 등 프로그램에 투입되는 모든 인력을 포함한다. 프로그램이 효과적으로 운영되기 위해서는 수행인력 간의 상호의존적 관계 형성 및 위계화가 분명하게 이루어져야 한다.

(2) 프로그램 관리체계의 유형

프로그램 관리체계의 유형은 매우 다양하지만, 이 절에서는 문제 발견 및 예측에 대한 관리기법, 프로그램 진행에 대한 관리기법에 관해 살펴보고자 한다.

① 문제 발견 및 예측에 대한 관리기법

문제를 발견하는 데는 다양한 기법이 있지만, 경영학에는 5대 임무 체크법(서비스의 질, 비용, 전달, 안전, 방법)이 있다. 프로그램을 개발할 때 고려해야 할 요소로서 5P(Person, Problem, Purpose, Process, Place)를 중심으로 체크리스트를 만들어 사용할 수 있다. 가장 많이 사용하는 기법으로는 5W1H 체크리스트가 있다. 이는 Who, What, When, Where, Why, How의 여섯 가지 관점에서 업무를 체크하고 업무 누락을 발견 또는 방지하기 위한 기법으로 활용할 수 있는 체크법이다(정무성 · 정진무, 2001).

질문의 구체적인 내용을 살펴보자. 첫째, 현재의 상태이다. 즉 현재 프로그램을 누가 담당하고 있고 무엇을, 언제, 어디에서, 어떤 방법으로 하고 있는지 체크하는 것이다. 또한 이러한 각각에 대한 타당한 이유를 제시해 보는 것이다. 둘째, 가장 좋은 방법이 무엇인가 하는 것이다. 즉 누가 담당하는 것이, 무엇을 하는 것이, 언제, 어디에서, 어떤 방법으로 하는 것이 정말 좋은가에 대해 검토하는 것이다. 셋째, 다른 대안은 없는가 하는 것이다. 이 프로그램을 담당할 수 있는 사람은 그 이외에 없는가, 이 프로그램 이외에 할 수 있는 프로그램은 없는가, 시간과 장소, 방법에 있어서도 그 이외의 것은 없는가를 체크한다. 넷째, 해야 할 일에 대한 검토이다. 세부사업별로 시간, 장소, 자원 등 구체적인 실행방안이 타당하며 실현가능한지 검토한다. 담당자, 대상자, 프로그램 내용, 해야 되는 시간, 장소, 방법이 통제가능한지 체크한다. 마지막으로 3無(낭비, 무리, 비일관성)에 대한 검토가 필요하다.

② 프로그램 진행에 대한 관리기법

프로그램의 효과적 진행과 목표달성을 위해서는 프로그램 진행을 위한 시간계획이 필수적이다. 계획된 프로그램을 보다 효율적 · 효과적으로 준비하여 실시하기 위한 방법으로는 프로그램 평가검토기술(PERT), 활동별 시간계획표(Gantt Chart), 월별 활동카드(Shed-U Graph)가 있으며, 이외에도 프로그램 전 과정에 따라 수행해야 할 과업을 일목요연하게 그림으로 보여주는 총괄진행도(Flow Chart)가 있다(성규탁,

1998; 문숙재 외, 1999).

● 프로그램 평가검토기술

프로그램 평가검토기술(Program Evaluation and Review Technique: PERT)은 목표와 수단을 합리적이고 체계적인 양식으로 연결시키려는 노력이다. 즉 활동 간의 상호관계를 일련의 행사망의 형태로 파악하기 위해 행사를 묘사하는 원과 화살표를 이용하여 나타내는 기법으로, 활동 간, 행사와 활동의 관계를 보여준다. PERT는 프로그램을 명확한 목표들로 조직화하고, 진행일정표를 작성하고, 자원계획을 세우며, 프로그램 진행사항을 추적하는 데 활용될 수 있는 유익한 도구이다.

● 활동별 시간계획표/공정표(Gantt Chart)

활동별 시간계획표/공정표는 한 프로그램을 완성하기 위해 일정 기간 동안 시행되는 의도적인 활동들을 일목요연하게 정리한 것이며, 다음과 같은 내용들이 포함된다.

- 프로그램 혹은 프로젝트를 구성하는 각 개별 활동들을 규정
- 각 활동을 끝내는 데 필요한 시간의 결정
- 도표 위에 그 활동들의 진행일정표 제시

● 월별 활동카드(Shed-U-Graph)

월별 활동카드는 간트 차트(Gantt Chart)와 비슷한 성격을 갖고 있으며, 특정 활동이나 업무를 조그마한 카드에 기입하여 월(月)이 기록되어 있는 공간에 삽입하거나 붙이는 방법이다. 이 카드는 업무의 시간에 따라 변경하여 이동시키는 데에 편리하지만 간트 차트에서와 같이 과업과 완성된 행사들 간의 상관관계를 알기 어려운 단점이 있다.

● **총괄진행도표(Flow Chart)**

총괄진행도표는 프로그램의 서비스 제공과정을 한눈에 조감할 수 있도록 총괄진행과정을 그림으로 표시한 것이다. 이 기법은 프로그램의 시작에서 종료까지의 단계를 작성하여 프로그램이 제대로 이루어지도록 돕는 지침의 역할을 한다.

3) 프로그램의 평가

프로그램의 평가는 먼저 프로그램에 대한 관리능력을 향상시킨다는 점에서 필요하다. 즉 프로그램에 대한 평가를 통해 서비스 대상자의 특성과 문제점, 서비스 종류와 양, 품질, 비용 등에 관한 정보를 파악함으로써, 더 좋은 품질의 프로그램을 계획, 설계하며 실행하는 데 중요한 자원으로 활용될 수 있다. 또한 평가를 통해 서비스 대상자 중심의 서비스를 향상시킬 수 있으며, 프로그램 대상자가 프로그램을 통해 어떤 실질적인 도움이나 효과를 얻게 되었는가를 보여줌으로써 건강가정사업 운영기관이나 담당자의 사회적 책임성을 증명할 수 있게 해준다. 또한 평가는 건강가정사업의 자원을 조정하고 개발하는 데 영향을 미칠 수 있다. 즉 평가결과를 통한 사업 및 프로그램의 효과성은 정부의 예산결정에 영향을 미칠 수 있으며, 다른 민간자원을 활용하는 데에도 영향을 미칠 수 있다. 따라서 효과적인 프로그램 평가를 위해 평가의 유형 및 평가의 요소에 관해 살펴보고자 한다.

(1) 프로그램 평가의 유형

프로그램 평가방법은 전문가들의 관점이나 평가의 목적에 따라 다양한데, 여기서는 평가방법과 운영과정이라는 두 가지 기준에 따라 유형을 구분하고자 한다.

① 평가방법을 기준으로 한 모형

평가방법을 기준으로 한 평가모형은 평가의 목적과 내용에 따라 매우 다양한데, 여기서는 평생교육이나 복지 실천현장에서 활용할 수 있는 모형을 중심으로 살펴보고자 한다(김진화, 2001; 정무성 · 정진모, 2001).

- **실험적 접근**

실험적 접근(Experimental Approach)은 통제집단과 실험집단을 상호 비교하여 인과관계를 도출함으로써 객관성과 과학적 방법을 확보하려는 방법으로, 사전-사후 검사가 대표적인 예가 된다. 하지만 현실적으로 엄격한 인과관계를 도출하여 복지 서비스에 적용하기 어려우며 개입의 과정 자체도 무시한다는 한계점이 있다.

- **목표지향적 접근**

목표지향적 접근(Goal-oriented Approach)은 프로그램의 목표를 명확히 설정하고 그 달성 여부를 평가하는 것으로, 목표달성척도(Goal Attainment Scaling) 등이 대표적인 예가 된다. 그러나 지나치게 목표달성에만 집착하게 되면, 인간관계를 통해 전달되는 건강가정 프로그램의 특성으로 인해 나타날 수 있는 과정상의 효과나 예상치 못한 결과 등을 간과하는 실수를 범할 수 있다. 특히 기관평가의 경우 기관 전체의 양적 · 질적 수준을 파악하기 위해서는 이러한 목표지향적 접근은 매우 큰 한계를 갖는다.

- **의사결정중심적 접근**

의사결정중심적 접근(Decision-focused Approach)은 관리상의 의사결정과 프로그램 수행을 모니터링하기 위해 체계적인 정보수집과 분석을 강조하는 접근방법이다. 평가자는 평가과정에 심도 있게 참여하여야만 정확한 정보수집이 가능하다. 그러나 이러한 밀접성 때문에 객관성이 훼손될 수 있으며, 평가자가 일종의 의사결정권자로 도구화될 가능성이 있다.

● 이용자 지향적 접근

이용자 지향적 접근(User-oriented Approach)은 평가의 유용성 측면에서 강조되는 것으로서, 평가에 있어 다양한 이해집단들의 상호관계성을 강조하고 있다. 이러한 접근은 프로그램을 이용자의 관점에서 접근할 수 있는 이점이 있는 반면, 이해 당사자들이 프로그램에 대한 강력한 압력단체로 부상할 수 있다. 또한 때로는 누가 진정한 소비자인지 명확하게 규정하기가 힘든 경우가 있다.

● 반응적 접근

반응적 접근(Responsive Approach)은 사용자 지향적 접근과 체계적인 방법(의사결정 지향적 접근)을 결합한 것으로, 다양한 이해 당사자들의 개인적 인지와 기대, 가치들을 포함한다. 특히 방법론상으로 인터뷰, 관찰, 사회망 분석 등 질적인 방법을 사용한다. 이러한 접근방법은 복잡하고 변화하는 체계, 그리고 보다 다양한 관점들을 다룰 수 있지만 객관성 부족과 성과를 잘 고려하지 못하는 단점이 있다.

② 운영과정을 기준으로 한 모형

평가의 대표적 모델은 운영과정을 평가대상으로 하는 과정 중심의 형성평가와 프로그램의 결과를 평가대상으로 하는 결과중심의 목표지향적 총괄평가로 구분된다.

● 형성평가/과정평가

과정평가는 서비스나 그 전달방법의 개선, 프로그램 결과의 향상, 그리고 서비스의 효율성을 증진시킬 목적으로 실시하는 평가이며, 프로그램을 형성하는 자체에 초점을 두기 때문에 형성평가라고 부르기도 한다. 과정평가는 프로그램의 운영 및 활동을 분석하여 이를 근거로 보다 효율적인 추진전략을 세우거나 프로그램 내용을 수정 · 변경하거나 프로그램의 중단 · 축소 · 유지 · 확대 여부를 결정하는 데 도움을 준다. 즉 프로그램 진행 중에 프로그램의 원활하고 성공적인 수행을 위하여 문제점을 찾아내고 수정 · 보완할 목적으로 실시되는 평가이다.

● **총괄평가/목표지향적 평가**

총괄평가는 연역적 · 객관적 방법으로 한 기관의 정책 또는 프로그램이 달성하고자 했던 목표를 얼마나 잘 성취했는가의 여부를 평가하는 것이다. 따라서 총괄평가는 프로그램의 효과성과 효율성을 평가하고자 하며, 대개 프로그램 시행이 종결된 후에 실시된다.

● **통합/혼합평가**

통합평가는 과정평가와 총괄평가를 통합한 것이다. 두 방법의 장점을 사용한 통합평가모형은 프로그램의 발전 및 시행단계마다 나타나는 특성이나 문제에 적절한 평가방법을 융통성 있게 사용할 수도 있다. 대개 총괄평가적 접근으로 평가를 한 후 과정평가적 접근을 통해서 프로그램 운영과정의 타당성과 인과관계를 정밀하게 검토함으로써 총괄평가에서 얻은 정보의 타당성과 신뢰도를 판정한다.

(2) 프로그램 평가의 준거

프로그램 평가를 위해서는 반드시 준거가 필요하다. 프로그램 평가를 위해 활용되는 준거로는 효과성, 효율성, 적정성, 형평성, 대응성, 적절성 등이 있는데, 구체적 내용은 〈표 6-1〉과 같다.

❖ 표 6-1 프로그램 평가의 준거와 질문

평가준거	질문	예시적 준거
효과성	가치로운 산출이 성취되었는가	교육효과 평가
효율성	교육을 위해 어느 정도의 노력이 투입되었는가	교육비용/수익률
적정성	교육결과에 의해 문제해결이 어느 정도 이루어졌는가	문제해결 능력평가
형평성	비용과 효율이 개인 혹은 집단 간에 공평하게 배분되었는가	교육기회 및 자원배분 평가
대응성	조직의 목표, 집단의 필요 등을 프로그램을 통해 만족할 수준으로 달성했는가	조직체의 교육목표 달성 여부
적절성	기대된 산출이 실제로 가치로운가	적정성을 제외한 모든 준거검증

출처: 김진화(2001). 평생교육개발론, p.423.

한편 프로그램 평가의 준거를 토대로 보다 구체적인 평가내용(요소)과 이를 측정하기 위한 평가도구 등을 파악하는 것이 필요한데, 이는 다음과 같다.

① 투입/노력 평가

노력성이란 기관에 대한 평가에 적용가능한 것으로서, 일정 기간 동안 기관이 수행한 사업의 산출(성과)을 평가하는 것이다. 대부분의 기관들은 이용자의 수, 상담횟수, 진료 건수 등 프로그램 산출로 기관의 활동을 평가한다. 따라서 투입/노력의 계량적 측정은 모든 프로그램의 산출을 도표화하여 시간별, 기관별, 서비스별, 지역별에 따라 서비스 통계치가 얼마나 달라졌는가를 관찰하는 것이다.

투입/노력을 비교 · 평가하는 데 있어 중요한 점은 서비스 통계의 조건들이 비교가능해야 하므로, 서비스 단위를 재는 척도를 무엇으로 하느냐가 가장 주된 관심이 된다. 따라서 평가 도구는 표준화된 척도를 사용하는 것이 바람직하며, 사업 기획의 초기단계에서 설정되어야 한다.

② 효과성 평가

효과성이란 일반적으로 목표달성의 정도를 의미하는 것으로서 프로그램이 성과

가 있었는지에 관한 정보를 얻기 위한 평가이다. 효과성을 기준으로 한 평가는 사업의 목표가 확인되고 목표가 구체적으로 설정되었을 때만이 가능하며, 변화의 결과는 이용자 개개인에 관한 것이다.

휴먼서비스의 효과 측정에서 가장 큰 어려움은 그 프로그램의 결과를 어떤 객관적 도구로 측정할 수 있고 이를 일반화할 수 있는지이다. 예를 들면, 상담의 효과를 무엇으로 규정할 것인가에 대한 문제 등이다. 따라서 효과성 평가를 할 때는 의도된 결과와 아울러 예기치 않았던 결과도 함께 고려해야 한다.

③ 효율성/능률성 평가

효율성은 최소의 자원 투입으로 최대의 산출을 했는가에 초점을 두는 것이다. 즉 효율성은 투입(비용)/산출(노력)의 비율로 표현되며, 자원의 효율적 사용에 대한 정보를 제공해 준다. 일반적으로 제한된 자원을 사용해야 하는 경우가 많으므로, 효율성은 사업 평가에서 가장 중요한 부분을 차지할 수 있다.

④ 서비스 이용자 만족도 평가

서비스 이용자 만족도 평가는 이용자의 의견을 수렴하기 위해 다음과 같은 질문을 포함한다.

- 서비스 이용자들이 서비스에 만족하고 있는가?
- 전달된 서비스 또는 기술들이 실제 문제해결에 도움이 되고 효과가 있었는가?
- 어떻게 하면 서비스가 더 개선될 수 있는가?

이 평가는 이용자들의 프로그램 이용에 대한 만족 여부에 초점을 두고 있기 때문에 프로그램의 직접적인 효과에 대한 정확한 자료를 제공하지 않을 수도 있다. 또한 이용자들이 프로그램의 단점보다는 장점만을 지적할 수도 있기 때문에 다소 편견적인 자료를 제공할 수도 있다. 그러나 가장 즉각적이고 빨리 반응을 수렴할 수 있다는 측면에서 서비스 이용자에 대한 평가는 여러 가지로 도움을 줄 수 있다. 따라서 직접적인 만족을 묻는 한정된 질문 이외에, 해당 사업의 세부 목표별로 대상자의 반응을 다양한 방법으로 측정할 필요도 있다. 즉 상징적, 간접적 측정도구를 이용하는 등 만족도 측정의 다양한 기법을 활용할 수 있다.

생각해 볼 문제

1. 프로그램 개발의 기본 원리를 실제 프로그램 실행과정에서 어떻게 응용할 수 있을지 구체적인 예를 들어 보시오.
2. 건강가정사업 프로그램의 개발(기획)과정을 토대로 건강가정사업 프로그램을 구성해 보시오.
3. 2번에서 구성한 프로그램에 대한 이용자 만족도 설문지를 만들어 보시오.
4. 건강가정지원센터 프로그램의 예를 수집한 뒤 평가하여 보시오.

07 CHAPTER 건강가정사업의 전달체계

7장에서는 건강가정사업의 전달체계에 대하여 다룬다. 이 책의 4장 건강가정정책의 내용에는 가정(가족)정책 전달체계에 대한 내용이 소개되어 있고, 그 사례로서 건강가정 · 다문화가족지원센터 조직도 예시가 나와 있다. 그 외 가족친화지원사업(정책)의 전달체계, 아이돌봄 공적 전달체계 등도 소개되어 있다. 이러한 내용을 통해 가정(가족)정책 전달체계의 개요를 알 수 있다. 이 장에서는 보다 구체적으로 건강가정사업의 전달체계에 주목하고 현장의 구체적인 사례를 살펴보고자 한다.

1. 건강가정사업 전달체계의 개념

2. 건강가정사업 전달체계의 조직과 사례

3. 건강가정지원센터/가족센터의 세부사항

CHAPTER

07 건강가정사업의 전달체계

건강가정사업의 전달체계는 건강가정사업을 수행/보급/전달하는 시스템으로서 통례적으로 건강가정사업을 수행하는 기관, 시설 등을 의미한다. 지역사회에는 다양한 가정의 건강성 증진을 위한 사업을 수행하는 여러 공적/민간 전달체계들이 있는데, 이 책에서는 여러 전달체계 중 건강가정기본법에 설치와 운영의 근거를 갖고 있는 건강가정지원센터에 주목하고자 한다.

건강가정론에서 전달체계가 중요한 이유는 앞서 배운 가족정책/건강가정정책 그리고 건강가정기본법에서 강조한 내용들이 사업이나 서비스, 프로그램으로 전환되어 전달체계를 통해 제공되며, 지역사회 주민들은 전달체계를 통해 사업과 서비스, 프로그램을 이용할 수 있다는 점에서 의미가 있기 때문이다. 특히 법이나 정책에 근거한 공적 전달체계를 살펴보면, [그림 7-1]처럼 건강가정기본법의 건강가정사업, 건강가정정책과 건강가정기본계획 등 조항에 근거한 건강가정사업은 전달체계를 통해 주민과 가족에게 제공되는데, 그런 의미에서 전달체계는 지역사회 주민들이 방문하여 소통하면서 건강가정사업을 이용하는 기관/시설이고, 곧 국민/주민이 건강가정정책을 직접 체감할 수 있는 장치이다.

예를 들어, 우리가 사는 동네에 건강가정지원센터가 새롭게 설치되면, 주민의 입장에서는 필요할 때마다 센터를 방문하여 여러 프로그램을 이용하고, 다른 주민들을 만나면서 가정의 건강성과 관련된 관심사를 나눌 수 있다. 또한 건강가정지원센터는 지역사회 기업이나 여러 다른 기관들에 대해 찾아가는 프로그램을 수행할 수도 있고, 직접 가정을 방문하는 서비스를 제공할 수도 있다. 이와 같이 건강가정사업 전달체계로서 건강가정지원센터는 주민들의 만남과 소통이 이루어지는 물리적 공간이면서 동시에 가정의 건강성 증진을 위해 필요한 다양한 사업과 프로그램을 여러 가지 방식으로 수행하는 기관이라는 점에서 그 역할과 기능을 강조할 수 있다.

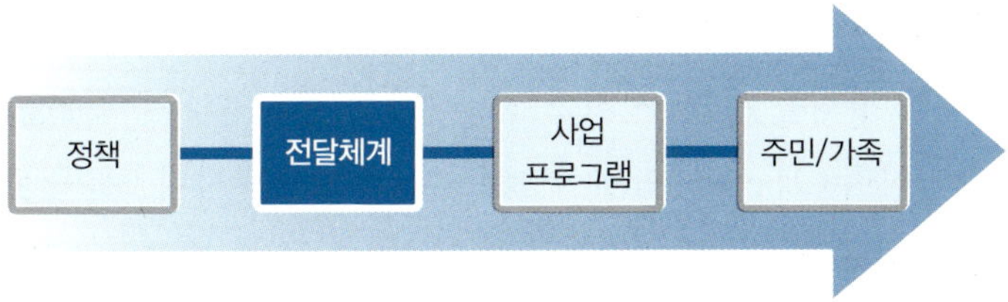

❖ 그림 7-1 정책-전달체계/사업-이용자 간의 연계

이러한 건강가정사업 전달체계를 정확하게 이해하기 위해 먼저 기본적인 개념을 정리한 다음, 건강가정기본법에 근거한 전달체계인 건강가정지원센터의 조직과 운영 등 세부적인 내용을 제시하고자 한다. 현재 건강가정기본법에 근거한 전달체계는 건강가정지원센터인데[1], 행정명령에 따라 통합센터인 건강가정·다문화가족지원센터는 가족센터라는 명칭으로 운영되는 곳도 있다. 따라서 이 장에서는 건강가정지원센터와 가족센터를 함께 다루고자 한다.

1. 건강가정사업 전달체계의 개념

앞에서 간략히 소개한 것처럼 건강가정사업 전달체계는 건강가정사업을 수행하

1) 건강가정기본법 제4장 건강가정전담조직 등 제35조 건강가정지원센터의 설치

는 기관과 시설, 체계 등을 의미한다. 건강가정사업 전달체계가 어떤 시스템인지 정확하게 이해하기 위해 사업 전달체계의 기본적인 개념을 먼저 알아보자.

보편적으로 서비스 전달체계, 사업 전달체계 등의 용어가 함께 사용되고 있는데, 이는 현장에서 사업은 서비스나 프로그램 등 구체적인 형태로 전달되기 때문이다. 따라서 사업/서비스 전달체계는 사업이나 서비스의 공급자와 수요자를 연결시키거나 서비스를 전달하는 장치나 체계를 뜻한다고 이해할 수 있다(조희금 외, 2008 재인용). 선행연구의 정의를 보면, 서비스 전달체계는 공급자와 수혜자를 연결하여 주는 조직적 배열이며(Gilbert & Terrell, 1988: 143), 추상적인 서비스를 구체적인 서비스로 전환하여 최종 수혜자에게 전달하는 과정이라고 할 수 있다(김승일, 2019 재인용). 즉, 어떤 정책 혹은 목표를 달성하기 위한 사업/서비스/프로그램을 전달하는 주체(공급자)와 이용자(수요자)를 연결시키는 기관이나 시설, 시스템, 장치 등을 의미한다. 이러한 전달체계가 하나의 시스템으로서 견고한 구조를 갖고 효율적으로 운영되어야 이용자가 만족하는 사업/서비스를 제공할 수 있을 것이다. 그런 면에서 전달체계에 대한 이해, 그리고 그 역할과 기능, 효율적인 운영관리방안 등은 이해가 매우 중요하다고 볼 수 있다. 우리 주위에서 살펴보면 건강가정사업 전달체계뿐 아니라 방송사업(서비스) 전달체계, 복지사업(서비스) 전달체계, 교육사업(서비스) 전달체계, 보건사업(서비스) 전달체계 등 다양한 전달체계 사례를 생각해볼 수 있다. 예컨대 학교는 교육사업을 전달하는 체계이고, 보건소는 보건사업이나 서비스를 수행하는 체계이다.

가정생활복지 관련 선행연구에서 전달체계에 대한 설명을 살펴보면, 가정생활복지 서비스 전달체계는 가정생활복지정책을 구체적인 가정생활복지 서비스로 전환하여 가정 및 가정성을 가진 집단과 그 구성원에게 효과적으로 전달하기 위한 목적을 지닌 체계로 정의하고 있다(조희금 외, 2008). 이러한 가정생활복지 개념 규정을 건강가정사업 전달체계의 개념에 적용할 때, 건강가정사업 전달체계는 건강가정정책을 구체적인 건강가정사업/서비스/프로그램으로 전환하여 다양한 가정의 건강성 증진을 위해 제공하는 체계로 정의할 수 있을 것이다.

따라서 전달체계를 이해하기 위해서는 관련되는 정책에 대한 관점과 이해가 전제되어야 함을 알 수 있다. 이 책의 2부에서 다루었던 건강가정정책의 내용들이 정책 수요자인 개인과 가정에 전달되기 위해서는 일정한 조직이나 기관, 체계가 필요한데, 바로 이것이 건강가정사업 전달체계이다.

하나의 전달체계가 본연의 역할과 기능을 수행하기 위해 여러 가지 요소가 필요할 것이다. 그 중 가장 기본적인 세 가지 요소를 보면, 첫째는 관련 서비스를 효과적으로 전달할 수 있도록 하는 조직과 기구, 둘째는 이를 처리하는 담당인력, 셋째는 소요되는 비용을 충당할 수 있는 재정이다(조희금 외, 2008에서 재인용). 즉 일정한 정책이나 목표를 실현할 때, 이를 처리하는 조직 및 기구, 이 조직과 기구의 내 · 외부에 배치되어 업무를 처리하는 담당인력 그리고 업무를 추진하는 데 필요한 재정적 자원이라는 세 가지 요소가 전달체계를 구성한다고 볼 수 있다.

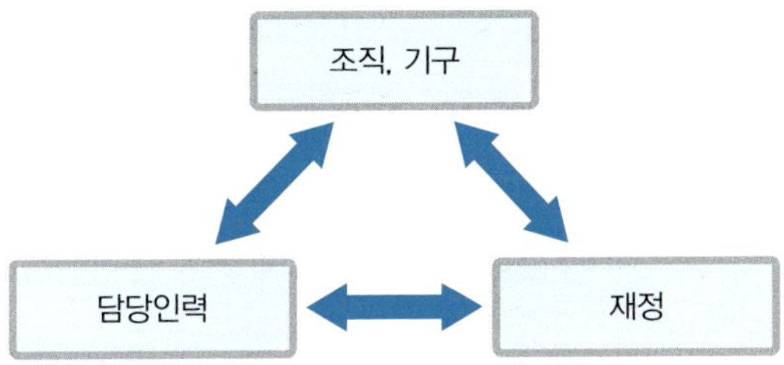

❖ 그림 7-2 전달체계의 구성요소

예를 들어, 어떤 전달체계로서 기관이나 시설을 고려하면, 그 안에서 업무를 처리하기 위한 조직과 기구(부서, 팀 등)가 있고, 각 부서에 배치되어 근무하는 담당인력이 있다. 또한 이 기관의 업무를 수행하기 위해 경제적 자원, 즉 예산이 필요할 것이다. 이와 같이 전달체계는 조직(기구)-전담인력-재정이라는 3가지 기본요소로 구성되어 있다. 건강가정지원센터에 적용해 보면, 센터 안에 가족상담팀, 가족교육팀, 가족돌봄팀, 운영관리팀 등의 조직이 있고, 각 조직에는 센터장과 사무국장, 팀장, 팀원, 회계 전문가 등 담당직원이 배치되어 있다. 그리고 일정한 기간, 예컨대 1년

동안 건강가정지원센터의 사업을 수행하기 위한 예산으로서 사업비, 인건비, 홍보비 등 항목별로 투입되는 비용을 고려할 수 있다.

한편, 전달체계의 유형을 구분할 때 조희금 외(2008)가 제시한 가정생활복지서비스 전달체계의 경우 행정(공적) 부문과 민간(사적) 부문으로 구분하였고, 금창호 외(2010)는 공공/민 · 관 공동/민간 등 세 가지로 구분하였다. 이중 금창호 외의 유형을 간략히 보면, 먼저 공공부문의 전달체계는 정부나 공기업이 공급의 주체가 되어 소요비용을 부담하여 서비스를 제공하는 유형이다. 정부가 주도적 역할을 수행하므로 공익성이 강하며, 사적인 이익 추구 요구가 없기 때문에, 대체로 민간에 위임하기 곤란한 서비스가 다수 포함된다. 두 번째로 민 · 관 공동 유형의 경우, 민 · 관 파트너십 그리고 제3섹터라는 두 가지 유형으로 다시 구분할 수 있는데, 사회적 과업이나 자발적 노동을 필요로 하는 과업, 이익이 적게 남는 과업, 개인의 책임이 필요한 과업, 지역사회 발전을 촉진하는 과업, 다른 사람들의 복지와 후생을 제고할 수 있는 과업 등에 적합한 방식이라고 할 수 있다. 마지막으로 민간 유형은 공급 자체의 책임은 공공부문에 있지만 그 생산과 공급은 실제로 민간에서 이루어지는 유형을 의미한다. 탄력성, 신속한 변화, 고객 반응에 대한 민감성 등이 요구되는 서비스에 적합하다(금창호 외, 2010). 김승일(2019)은 공적 전달체계는 행정체계로, 민간 전달체계는 집행체계로 구분하고 있다. 여기에서 행정체계는 중앙/광역/기초자치단체를 의미하며, 집행체계는 직접적으로 사업/서비스를 전달하는 기관을 의미한다.

다양한 가정의 건강성 증진과 관련되어 지역사회 주민들이 갖고 있는 요구를 고려할 때, 공적 전달체계와 민간 전달체계 간 효율적인 역할분담은 매우 중요하다. 주민의 입장에서는 서비스와 프로그램을 제공하는 여러 기관이 있을 때 다양성이 확보되며, 이는 곧 선택권이 넓어진다는 차원에서 주민의 요구를 더 높은 수준에서 충족시킬 수 있기 때문이다. 따라서 공적 · 민간 전달체계 각 유형이 효율적으로 역할을 분담하고 강점을 교환할 수 있는 토대가 필요하다. 공공부문 서비스의 경우 독점성으로 인해 동기강화나 경쟁의 원리에서 벗어나게 되면 주민의 욕구에 부응하는 적절한 서비스를 제공하는 데 제한이 있다는 취약점이 있다. 반면 민간 제공인 경우 생존과 생활의 필수성과 관련되어 공공재적인 성격에서 벗어나 수요와 공급을 시장원리 기제에 맡겨놓기 때문에 소외되는 이용자가 생기고, 결국 구매력에 의한 선택이 되어버리는 단점이 있다(조희금 외, 2008에서 재인용). 따라서 각 유형의 전달체계가 갖는 취약점은 최소화하면서 강점을 강화하는 방식으로 전달체계 간 협업과 연계가 필요하다.

이와 같이 전달체계는 공적 전달체계 그리고 민간 전달체계로 그 유형을 구분할 수 있고, 그 외에도 어떤 사업이나 프로그램을 제공함에 있어 영리를 추구하고자 하는지에 따라 이익추구 전달체계와 비영리전달체계로 구분할 수도 있다.

이상과 같이 사업/서비스 전달체계 그리고 건강가정사업 전달체계의 기본적인 개념을 살펴보았다. 이제 아래에서는 건강가정기본법에 명시된 건강가정사업 전달체계의 사례를 소개하고자 한다.

2. 건강가정사업 전달체계의 조직과 사례

건강가정기본법에서 건강가정사업 전달체계 설치의 근거를 갖는 조항을 통해 건강가정사업 전달체계의 조직을 찾아볼 수 있다.

1) 건강가정기본법에 근거한 건강가정사업 전달체계 1
- 건강가정사업 전담수행 조직(건강가정기본법 제34조)

건강가정기본법 제4장 건강가정전담조직 등

제34조(건강가정사업의 전담수행) 여성가족부 및 지방자치단체는 건강가정사업에 관한 업무를 전담하여 수행할 수 있도록 하여야 한다.

이 조항을 보면 건강가정사업을 전담하여 수행하는 조직으로서 중앙과 지방자치단체 차원의 정부를 규정하고 있다. 이러한 조항에 따라 중앙-광역-기초자치단체는 건강가정사업을 추진하는 전담조직을 두고 있다. 광역자치단체(시 · 도)의 건강가정사업 전담조직 사례를 보면, 서울특별시의 경우 여성가족정책실에 가족담당관부서가 있고, 울산광역시의 경우 복지여성국에 여성가족청소년과가 있다. 경기도청은 여성가족국에 가족다문화과, 일가정지원과를 두고 있다. 경북도청은 아이여성행복국 안에 여성가족행복과를 두고 있다.[2)]

기초자치단체(시 · 군 · 구)의 사례를 보면, 울산광역시 동구청은 경제복지국 안에 가족정책과가 있고, 남구청은 복지환경국 안에 여성가족과를 두고 있다. 서울특별시 강동구청의 경우 복지가족국 안에 가족정책과가 있다. 강원도 속초시청의 경우 경제복지국 안에 가족지원국이 있고, 충청북도 영동군의 경우 행정복지국에 가족행복과를 두고 있다.[3)]

2004년 건강가정기본법이 제정되기 전에는 중앙과 광역 · 기초자치단체 차원에서 이러한 전담조직을 설치 및 운영하기 위한 명시적 근거가 확실하지 않았고, 따라서 가정의 건강성 증진을 위한 사업 자체를 수행할 수 있는 기반 자체가 취약했다고

2) 각 사례 광역자치단체 사이트 참고(2022년 8월 기준). 각 자치단체의 조직이 바뀔 수도 있으므로, 여러 광역자치단체의 사이트를 찾아 최근의 경향을 확인할 필요가 있음

3) 각 사례 기초자치단체 사이트 참고(2022년 8월 기준). 각 자치단체의 조직이 바뀔 수도 있으므로, 여러 기초자치단체의 사이트를 찾아 최근의 경향을 확인할 필요가 있음

할 수 있다. 그런데 건강가정기본법 제정과 함께 건강가정사업을 전담수행하는 전달체계 설치의 근거를 갖게 되면서 지역사회마다 다양한 가정의 건강성 증진을 위한 사업 수행의 견고한 시스템을 갖추기 시작했다는 의미를 강조할 수 있다.

찾아보기

내가 사는 지역(광역자치단체-시・도/기초자치단체-시・군・구)의 건강가정사업 전담조직을 찾아보자. 광역자치단체의 경우 특별시/광역시청, 도청 등의 사이트에서 조직도를 통해 찾아볼 수 있다. 기초자치단체의 경우 시청, 구청, 군청 홈페이지 조직도에 나와 있다.

2) 건강가정기본법에 근거한 건강가정사업 전달체계 2
- 건강가정지원센터(건강가정기본법 제35조)

건강가정기본법 제4장 건강가정전담조직 등

제35조(건강가정지원센터의 설치) ① 국가 및 지방자치단체는 가정문제의 예방・상담 및 치료, 건강가정의 유지를 위한 프로그램의 개발, 가족문화운동의 전개, 가정관련 정보 및 자료제공 등을 위하여 건강가정지원센터(이하 "센터"라 한다)를 설치・운영하여야 한다.

② 센터에는 건강가정사업을 수행하기 위하여 관련분야에 대한 학식과 경험을 가진 전문가(이하 "건강가정사"라 한다)를 두어야 한다.

③ 건강가정사는 다음 각 호의 요건을 모두 갖춘 사람이어야 한다.

1. 대학 또는 이와 동등 이상의 학교를 졸업할 것(법령에 따라 이와 같은 수준 이상의 학력이 있다고 인정되는 경우를 포함한다.)
2. 제1호에 따른 학력 취득과정이나 그 밖에 여성가족부장관이 인정하는 방법으로 사회복지학・가정학・여성학 등 여성가족부령으로 정하는 관련 교과목을 이수할 것

④ 센터의 조직・운영 및 건강가정사의 자격・직무에 관하여 필요한 사항은 대통령령으로 정한다.

⑤ 센터의 운영은 여성가족부령이 정하는 바에 의하여 민간에 위탁할 수 있다.

⑥ 국가 및 지방자치단체는 센터의 설치・운영에 필요한 비용의 전부 또는 일부를 지원할 수 있다.

건강가정기본법 제35조는 건강가정지원센터의 업무, 조직, 배치되는 전담인력, 운영, 예산 지원 등 다양한 내용들이 포함되어 있다. 이 책 1부에서도 강조한 바와 같이 건강가정지원센터는 가족문제의 해결뿐 아니라 예방을 위한 정책 사업을 수행하는 전달체계이다. 위에서 살펴본 건강가정사업 전담조직(건강가정기본법 제34조)이 중앙-광역-기초 차원으로 구분되는 것처럼, 현재 건강가정지원센터 역시 중앙-광역-기초 등 3계층으로 설치되어 있다. 중앙 차원에서는 한국건강가정진흥원이 설치되어 있고(건강가정기본법 제34조의 2), 광역 차원에서는 서울특별시가족센터, 대전시가족센터, 경상남도건강가정지원센터, 부산시건강가정지원센터 등이 있다. 그리고 기초 차원에서는 경기도 고양시 건강가정지원센터, 전라북도 전주시 건강가정지원센터, 충청남도 금산군 가족센터 등이 있다. 각 계층별 건강가정지원센터에 대해서는 아래에서 조금 더 자세히 다루고자 한다.

찾아보기

내가 사는 지역의 설치된 건강가정지원센터를 찾아보자. familynet.or.kr은 건강가정지원센터를 소개하는 대표적인 사이트로, 여기에서 지역센터를 찾아볼 수 있다.

건강가정론에서 주목하는 전달체계는 앞에서 간략히 언급한 바와 같이 건강가정기본법, 건강가정정책에 근거한 건강가정지원센터이다. 다양한 가정의 건강성 증진이라는 건강가정기본법의 제정 목표는 건강가정사업 그리고 건강가정지원센터의 운영, 나아가 건강가정사의 역할에 이르기까지 일관되게 적용되는 지향성이라고 할 수 있다. 따라서 건강가정지원센터를 다양한 가정의 건강성 증진을 위한 건강가정사업을 수행하는 기관으로 규정하면서, 그 설치의 의미를 정리해 보자.

특히, 현재 많은 현장에서 가족센터라는 명칭을 사용하고 있기 때문에 건강가정지원센터라는 명칭과 가족센터라는 명칭을 함께 고려할 필요가 있다. 건강가정지원센터와 다문화가족지원센터를 별도로 설치하여 운영할 때 다문화가족에 대한 집중적인 지원의 강점은 있으나 다양한 형태의 모든 가정이 한 공간에서 소통하고 프로그램을 이용할 수 있는 기회에는 한계가 있다. 또한 다문화가족이 갖는 특수성도 있지만 가족으로서의 일상적인 삶을 살아간다는 차원에서 다른 가족과 함께 통합적 서비스의 보편적 이용자가 되어야 할 것이다. 가족센터라는 명칭은 다양한 형태의 가정이 하나의 전달체계를 통해 사업을 제공받는 효율성과 통합성을 의미한다고 할 것이다. 즉, 가족 유형별로 건강가정지원센터와 다문화가족지원센터로 이원화되어 있던 가족지원서비스를 통합하여 한 곳에서 가족 유형에 상관없이 다양한 가족에 대한 보편적이고 포괄적인 서비스를 제공하기 위해 모색한 결과라고 할 수 있다. 이러한 맥락에서 2014~2015년에 통합서비스 시범사업을 실시하였고, 연도별로 통합서비스 운영기관을 확대하고 있다(여성가족부, 2022: 71).

현재 현장의 지형을 보면 전달체계 측면에서는 다양하게 운영되고 있다. 2022년 가족사업안내에는 인력기준에서 가족센터는 가형, 나형, 다형, 라형, 마형 등이 구분되고, 건강가정지원센터는 독립형과 다기능화센터가 구분되며, 다문화가족지원센터는 가형과 나형으로 구분된다. 협의회와 운영위원회 등에서도 건강가정 및 다문화가족이라는 명칭이 함께 사용되며, 센터의 현판 명칭 역시 가족센터, 건강가정지원센터, 다문화가족지원센터가 함께 사용되고 있다. 따라서 명칭과 관련되어 가장 핵심적인 내용으로 건강가정기본법에 명시된 공식적인 전달체계의 명칭은 건강가정지원센터라는 점을 강조하는 바이다. 물론 현장은 역동적이고 다양하게 움직이고 있어, 건강가정지원센터와 건강가정 · 다문화가족지원센터, 가족센터라는 명칭이 함께 사용되고 있으며, 매년 센터 운영의 지침이 되는 가족사업안내에도 가족센터, 건강가정지원센터, 다문화가족지원센터라는 명칭이 함께 나오고 있다. 그런 면에서 건강가정사업의 전달체계를 이야기할 때 법적인 근거, 현장의 다양성 등을 포괄적으로 고려할 필요가 있을 것이다. 다음은 건강가정지원센터와 가족센터라는 명칭을 함께 고려하면서 센터 설치의 의미를 몇 가지로 정리하고자 한다.

첫째, 2004년 건강가정기본법 제정과 함께 전달체계를 명시한 근거를 갖고 설치된 건강가정지원센터는 우리나라 가족정책의 패러다임 전환을 나타내는 상징적 의미라는 점을 강조할 수 있다. 건강가정기본법 제정 이전의 가족정책은 매우 협소하였으며, 빈곤이나 폭력 등 특별한 문제가 발생하고 나면 이를 해결하기 위해 개입하는 정도에 국한되었다. 행정 체계에서도 가족을 위한 혹은 가족에 대한 국가의 정책과 제도적 사업은 대상자별, 서비스별, 기관별로 구분되어 있었고, 사전적인 예방 및 체계적 관리가 미흡하였다. 즉, 빈곤이나 폭력과 같은 문제가 발생하면 사후적으로 제도적 개입이 이루어졌다. 그러나 개인의 행복과 가정의 건강성 그리고 사회의 지속가능성을 생각할 때, 가족의 빈곤이나 가족 간 정서적/신체적/언어적 폭력, 가족 간 갈등과 가족에 대한 방임, 학대 등 가족문제는 한 번 발생하면 그 궁극적 해결이 힘들고 오랜 시간 가족원의 일상생활에 영향을 미친다는 점에서 문제의 해결뿐 아니라 문제가 발생하지 않도록 예방하는 것이 무엇보다 중요하다. 따라서 가족문제의 해결뿐 아니라 예방을 위한 보편적 정책과 제도로의 전환 그리고 이를 실천하는 현장이 필요한데, 건강가정지원센터가 바로 가족문제 해결과 예방을 위한 사업을 수행하는 현장이다. 건강가정지원센터는 우리나라 가족정책이 특정한 가족의 가족문제해결뿐 아니라 모든 가족의 문제해결과 예방으로 그 패러다임의 전환을 체감할 수 있는 현장으로서의 의미를 갖는다. 건강가정지원센터 혹은 가족센터로 명칭은 구별되지만, 수행하는 기능은 문제가 있는 특정한 가족이 문제를 해결하기 위해 방문하는 기관이 아니라 모든 가족이 이용할 수 있는 기관으로서의 보편성을 갖고 있다. 지역사회에 살고 있는 모든 가족이 건강가정지원센터나 가족센터를 방문하여 가족문제에 대해 상담하고 그 해결을 위한 프로그램에 참여하며, 가족문제 예방을 위해 교육을 받고 다른 가족과 소통할 수 있다. 또한 다양한 가족에 대한 맞춤형 사업에 참여할 수 있고, 가족 단위 자원봉사활동과 돌봄품앗이, 돌봄나눔터 등의 주체가 되면서 가정과 사회의 건강성 증진을 기대할 수 있다. 건강가정기본법 제정의 배경에서 자세히 살펴본 바와 같이, 가정현상의 다양화와 가정문제의 급증 그리고 이를 둘러싼 가족가치와 생활양식의 변화 등 가정생활과 관련하여 우리 사회는 많은 변화를 겪고 있다. 다양성 그리고 변화하는 문화에 대응하며 분산된 가정생활 관련 업무 수행기관의 연계와 통합을 이끌어내는 통합적 가정정책에 대한 요구가 건강가정기본법 제정에 영향을 미쳤다는 점에서 건강가정지원센터는 통합적 가족정책을 실천하는 전달체계라고 할 수 있다. 즉, 우리 사회는 건강가정기본법 제정 이전에는 가족문제를 해결함과 동시에 예방하는 보편적 전달체계를 가져본 적이 없었다. 건강가정기본법에 근거하여 2004년도 시범사업으로 시작한 건강가정지원센터는 그러므로 우리 사회의 획기적인 전환을 의미한다고 볼 수 있다.

건강가정지원센터/가족센터 설치를 계기로 가정에 문제가 발생한 다음 사후에 이를 해결하기 위해 개입하는 방식에 국한되지 않고 문제해결과 치료, 문제의 예방, 보장과 지원 그리고 삶의 질 향상 등 다양한 접근방식에 따라 가정을 지원할 수 있게 되었다. 또한 그 실천방안에 있어서도 교육과 상담, 문화운동, 정보 제공, 지역사회 자원활용과 네트워킹, 정책적 지원 등으로 다원화가 가능해졌다(이기영 외, 2004). 건강가정지원센터나 가족센터는 바로 이러한 다양한 접근방식과 실천방안을 명시한 건강가정기본법의 건강가정정책에 근거하여 '건강가정사업 및 건강가정서비스'를 전달함으로써 지역사회 주민과 그 가정의 건강성 증진을 목표로 설치되는 시설이라는 점에 의미가 있다. 가정의 구성원 개개인이 아닌 '가정생활'을 중심으로 한 통합적 정책과 그 근거가 될 제도의 필요성 그리고 국가적 차원에서는 가정에 대한 정책과 제도의 또 다른 틀에 대한 필요성은 건강가정지원센터를 통해 실현되었다는 점을 강조할 수 있다.

둘째, 건강가정지원센터/가족센터 설치의 또 다른 의미는 지역사회의 다양한 전달체계와의 네트워크 구축을 통해 주민과 가정 그리고 지역사회의 건강성 증진에 기여할 수 있다는 점이다. 지역에 건강가정지원센터나 가족센터가 설치되기 전에도 아동이나 노인, 청소년, 가족 등을 대상으로 사업을 수행하는 여러 기관과 시설들을 찾아볼 수 있다. 지역사회에서 운영되는 기존의 다양한 기관과 시설이 분산되어 사업을 수행하면서 가정생활 관련 업무의 중복과 누락, 주민의 욕구를 충족시키는 질 높은 사업의 공동운영과 체계적 관리 등이 원활하게 이루어지지 않는 등의 한계가 있다. 따라서 지역사회에서 가정생활 관련 사업을 수행하는 많은 전달체계들 간 역할을 효율적으로 분담하고 자원을 공유할 수 있는 네트워크로써의 주도적인 역할을 건강가정지원센터나 가족센터가 수행할 수 있다. 법에 근거하여 설치되는 전달체계로서 건강가정지원센터나 가족센터는 건강가정사라는 전담인력이 건강가정사업을 수행한다는 점에서 가정생활을 지원하는 전문적인 기관이라고 할 수 있다. 따라서 지역사회에서 유사한 역할을 수행하는 다른 기관들을 모으며 기관 간 효율적인 역할분담의 틀을 만들고 실현함에 있어 주도적인 역할을 수행할 수 있다. 즉, 건강가정지원센터/가족센터는 가정을 대상으로 서비스를 제공하는 모든 관련 기관들을 연계시킬 수 있는 거점기지로서의 위상을 정립해야 할 것이다. 이는 기존의 지역사회자원 활용도를 높이는 기능을 할 뿐 아니라, 각 기관이 본래의 목적에 부합하는 사업에 충실하게 함으로써 개별 기관의 특성을 질적으로 향상시키는 데 기여한다.

셋째, 건강가정지원센터/가족센터는 모든 가족이 방문하고 이용할 수 있는 기관이라는 점에서 가족정책 혹은 건강가정정책의 체감성을 향상시킬 수 있는 구체적인 장치라는 의미를 강조할 수 있다. 위에서 언급한 것처럼 건강가정지원센터나 가족센터는 지역의 모든 주민, 모든 가족이 이용할 수 있는 전달체계이다. 주민들은 센터를 통해 여러 사업을 이용하게 되고, 건강가정사와 다양한 전문인력을 통해 전문적인 프로그램을 제공받게 된다. 이처럼 추상적으로 생각되는 가족정책이나 건강가정정책이 사업과 프로그램으로 전환되어 주민들이 실제 접할 수 있는 기회를 제공하는 현장이 바로 건강가정지원센터와 가족센터이다. 그런 점에서 주민들은 건강가정지원센터나 가족센터를 통해 건강가정정책이나 가족정책을 직접적으로 체감하게 된다.

넷째, 가족친화적인 공동체문화 형성에 기여한다는 점에서 건강가정지원센터와 가족센터의 의미를 조망할 수 있다. 건강가정지원센터나 가족센터는 어떤 특정한 형태의 가족만 방문하는 곳이 아니라 다양한 형태의 모든 가족이 이용하는 기관이다. 센터의 사업을 이용하면서 여성과 남성, 아동과 청소년, 노인, 1인가구, 다문화가정 등이 함께 모이고 교류하고 소통할 수 있는 지역사회 거점이라고 할 수 있다. 그 안에서 상담과 교육, 자조모임, 공동육아, 품앗이, 봉사활동 등의 기회를 갖게 되고 지역사회 내 다른 기관과의 연계도 이루어지기 때문에, 결과적으로 지역사회 자체의 건강성 향상에 기여할 것이다. 이를 통해 가족친화적인 지역사회의 공동체문화가 형성된다는 점에서 건강가정지원센터/가족센터가 갖는 중요한 역할과 의미를 강조할 수 있다.

3. 건강가정지원센터/가족센터의 세부사항

1) 전달체계도

건강가정사업을 전달하는 대표적인 체계로 건강가정기본법에 근거를 갖고 있는 건강가정지원센터는 앞서 소개한 바와 같이 중앙과 지방자치단체[광역(시 · 도)과 기초(시 · 군 · 구)] 등 3개 계층으로 설치되어 있다. 이러한 3계층 설치는 곧 건강가정기본법 제34조에 명시되어 있는 건강가정사업 전담조직인 중앙–광역–기초자치단체와 직접적으로 연계된다. 즉, 제34조에 근거한 건강가정사업 전담조직이 중앙–광역–기초 등 3개 계층으로 구성되어 있고, 마찬가지로 제35조에 근거한 건강가정지원센터 역시 중앙(한국건강가정진흥원)–광역(시 · 도건강가정지원센터)–기초(시 · 군 · 구건강가정지원센터) 등 3계층으로 구성되어 있다. 전담조직 차원에서는 중앙정부–광역자치단체(시 · 도)–기초자치단체(시 · 군 · 구)의 계층으로, 건강가정지원센터 차원에서는 (재)한국건강가정진흥원–시 · 도 건강가정지원센터–시 · 군 · 구 건강가정지원센터의 계층으로 전달체계가 구축되어 있다. 이를 그림으로 나타내면 [그림 7–3]과 같다.

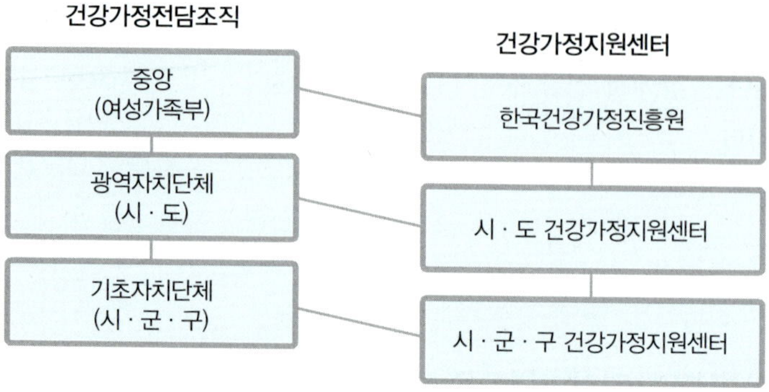

❖ **그림 7-3** 건강가정지원센터 전달체계도

각 계층별로 전담조직의 역할과 기능이 다르고, 마찬가지로 건강가정지원센터/가족센터 역시 계층별로 수행하는 업무가 동일하지 않다. 예를 들어, 시 · 군 · 구 건강가정지원센터/가족센터는 지역사회 주민들이 직접적으로 방문하고 건강가정사업을 이용하는 기관이라는 점에서 대민사업을 수행하는 기관이다. 그에 비해 한국건강가정진흥원은 대민사업 수행보다 시 · 도/시 · 군 · 구 건강가정지원센터나 가족센터가 그 기능을 잘 수행할 수 있도록 지원하고 평가하는 역할을 하는 기관이다. 예를 들어, 정책에 대한 제안, 프로그램 개발과 제공, 인력 공급과 관리, 컨설팅과 평가 등이다. 시 · 도 건강가정지원센터/가족센터는 중앙과 시 · 군 · 구 건강가정지원센터 간 연계, 광역 특성을 반영한 프로그램 개발과 인력 공급. 시 · 군 · 구 건강가정지원센터에 대한 지원과 평가조력, 컨설팅 등의 업무를 수행한다.

2) 조직과 역할

'조직'을 보면 '역할'을 알 수 있다. 이 말이 의미하는 내용을 잘 읽고 정리해 보자.

(1) 조직 · 조직화의 개념

전달체계의 개념을 정리하면서 세 가지 요소, 즉 조직(기구), 전담인력, 재정을 소개하였다. 여기에서는 이 중에서도 조직을 집중적으로 살펴본다. 건강가정지원센터/가족센터가 그 역할과 기능을 잘 수행하기 위해서는 기능과 역할에 맞는 조직의 구성이 필요하기 때문이다. 전달체계가 업무를 수행하기 위해서는 그 안에 조직, 기구, 담당부서 등을 두게 된다. 이러한 과정을 조직화, 즉 조직을 만드는 과정이라고 할 수 있다.

조직	• 어떤 기능을 수행하도록 협동하는 체계 • 역할(해야 할 일, 기능, 활동, 업무 등)을 분담하는 체계
조직화	• 조직을 형성하는 과정 • 어떤 일을 누가(어떤 부서) ➡ 배분

❖ 그림 7-4 조직, 조직화의 개념

전달체계가 효율적으로 업무를 수행하기 위해 그 안에 조직을 구성하게 된다. 조직이 구성되면 각 조직에 따른 인력 배치가 이루어지며, 유기적으로 업무를 처리하는 일련의 질서와 위계 등이 창출된다. 이는 나아가서 예산의 배정과 자원 배분 등과도 연결되기 때문에 조직 구성은 매우 신중하게 이루어질 필요가 있다.

❖ 그림 7-5 조직구성 체계

이를 조직화(organizing)라고 하는데, 조직화란 일정한 단위의 활동 체계가 그 목표를 최상으로 실현할 수 있도록 하기 위해 어떠한 형태로 조직을 구성할 것인가를 결정하고 업무를 분배하며, 업무의 수행을 위해 자원을 할당하고 조정하는 활동을 총체적으로 지칭하는 말이다(지호준, 2003). 따라서 조직은 곧 업무분담과 직결된다. 전체 체계의 목표 달성을 위해 어떤 부서에서 어떤 업무를 수행할 것인가, 부서 간 업무분담의 조정과 통제를 위한 방안은 무엇인가 등을 결정하는 일이 핵심이다. 조직이 자주 바뀌는 경우 배치되는 인력과 업무, 자원의 배분 차원에서 변동이 일어나기 때문에 기관의 안정성에 문제가 생길 수도 있다. 물론 필요한 경우 조직의 전환이나 변화가 있어야 하겠지만 보편적으로는 너무 자주, 자꾸, 수시로 조직이 바뀐다는 것은 체계의 불안정성을 가져온다.

이와 같이 전달체계의 조직화를 통해 조직이 구성되면, 구체적으로 어떤 부서에서 어떤 일을 할 것이며 누가 그 업무를 담당할 것인가, 의사결정권은 어떤 부서의 누구에게 있는가 등이 순차적으로 결정된다. 보통 조직은 그 업무를 나타내는 명칭을 갖게 되는데, 조직을 보면 역할을 알 수 있다. 예를 들어, 회계팀, 가족정책국, 홍보팀, 대외협력국, 가족돌봄과, 평가팀, 기획국, 마케팅본부 등 그 전달체계의 조직들마다 무슨 업무를 하는지가 명칭을 통해 드러난다. 따라서 통례적으로 어떤 기관의 조직도를 보면 그 기관과 하위체계(조직)의 기능이 무엇인지, 어떤 조직에서 어떤 업무를 수행하는지 등을 명확하게 파악할 수 있다.

이처럼 조직화 및 조직관리의 중요성을 고려하여, 건강가정지원센터/가족센터의 조직을 살펴볼 필요가 있다. 위에서 소개한 것처럼 건강가정지원센터는 중앙-광역(시 · 도)-기초(시 · 군 · 구) 등 3계층으로 설치되어 있는데, 각 계층별 건강가정지원센터/가족센터의 조직을 보면 그 센터의 역할과 기능은 무엇이고 어떤 업무를 추진하는지를 함께 파악할 수 있다. 즉, 중앙 차원의 건강가정지원센터(한국건강가정진흥원)는 어떤 조직을 두고 있는지 그리고 시 · 도 그리고 시 · 군 · 구 건강가정지원센터/가족센터는 또 어떤 조직/기구로 구성되는지를 살펴보면, 이를 통해 그 전달체계가 어떤 업무를 하는지도 함께 파악할 수 있다.

(2) 건강가정지원센터 조직과 역할에 대한 근거

건강가정지원센터는 건강가정기본법에 그 설치 근거를 갖고 있는 전달체계이기 때문에, 건강가정지원센터를 어떻게 조직하는가 역시 법에서 근거를 찾아볼 수 있다.

건강가정기본법 제4장

제35조(건강가정지원센터의 설치) ④ 센터의 조직・운영 및 건강가정사의 자격・직무에 관하여 필요한 사항은 대통령령으로 정한다.

여기에서 대통령령은 곧 건강가정기본법 시행령을 의미한다.

건강가정기본법 시행령

제3조(건강가정지원센터의 조직 등) ① 법 제35조 제1항에 따라 국가 및 지방자치단체가 설치・운영하는 건강가정지원센터에는 센터장과 건강가정사업의 수행에 필요한 팀을 둔다.

② 제1항에 따라 국가가 설치・운영하는 건강가정지원센터의 센터장은 연도별로 사업계획을 수립하고, 해당 건강가정지원센터의 조직・인사・복무・보수・회계・물품・문서의 처리에 관한 규정을 정한 후 이에 따라 사무를 처리하여야 한다.

③ 제1항에 따라 지방자치단체가 설치・운영하는 건강가정지원센터의 조직과 운영에 필요한 사항은 해당 지방자치단체의 조례로 정한다.

이와 같이 법에 근거하여 건강가정지원센터는 건강가정사업의 수행에 필요한 팀을 두게 된다. 먼저, 한국건강가정진흥원의 조직 사례를 통해 구체적인 내용을 살펴보자.

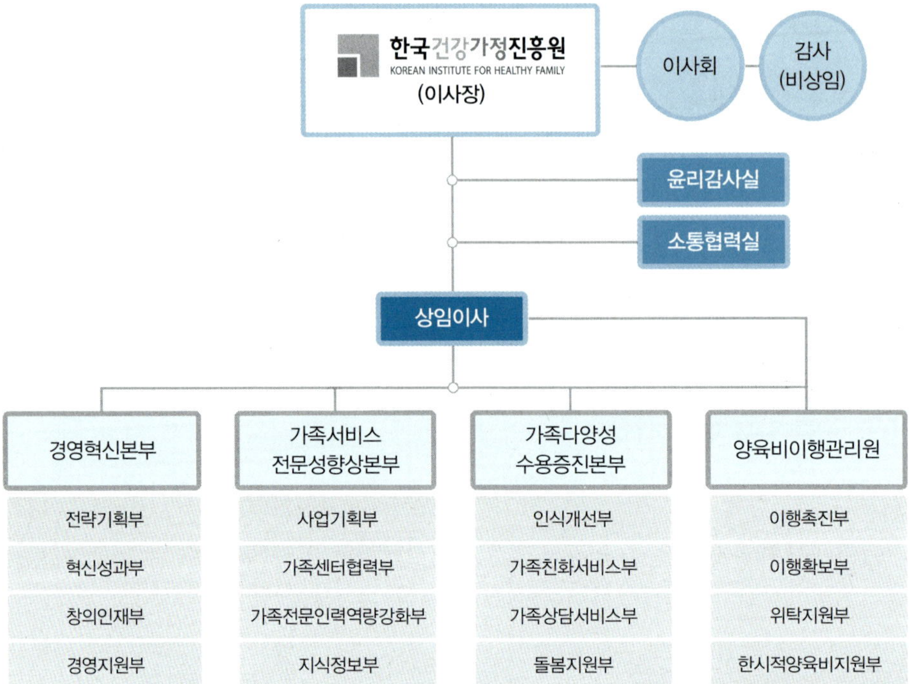

❖ **그림 7-6** 중앙 단위 건강가정지원센터 조직 – 한국건강가정진흥원

출처: 한국건강가정진흥원 사이트(2022년 8월 현재).

[그림 7-6]을 보면 중앙 차원의 전달체계는 건강가정사업이나 프로그램을 기획 및 개발하여 가족서비스의 전문성을 향상시키고, 보다 광범위한 차원에서 다양한 가족문화의 수용을 위한 기반을 마련하며, 동시에 인력의 개발, 양육비이행을 위한 지원 등의 사업을 추진하는 것을 알 수 있다. 즉 주민을 대상으로 한 직접적인 건강가정사업을 수행하기보다는 시 · 도 및 시 · 군 · 구 건강가정지원센터/가족센터에서 필요한 사업과 프로그램을 보급하고, 인적자원 양성과 교육을 통해 현장에서 필요한 인력을 공급한다. 이렇게 조직을 통해 살펴본 한국건강가정진흥원의 역할은 다음과 같이 규정된다.

- 가족서비스 프로그램 및 업무매뉴얼 개발 · 보급
- 가족서비스 전문인력 및 직원 역량강화 교육
- 가족서비스 개발 및 연구
- 가족서비스 운영기관 현장점검 및 평가지원
- 가족서비스 실적관리시스템 운영
- 관련기관 네트워크 구축 및 홍보사업

출처: 여성가족부(2022). 2022년 가족사업안내.

이와 같이 우리가 조직을 통해 확인한 것처럼 한국건강가정진흥원의 역할은 프로그램 개발과 보급, 인력 역량강화, 평가와 지원, 실적관리, 네트워크와 홍보 등으로, 대주민사업이 아니라 현장의 사업이 효율적으로 수행될 수 있도록 지원하고 평가하는 업무로 구성되어 있음을 알 수 있다.

다음으로 광역 차원의 건강가정지원센터/가족센터의 역할을 살펴보고, 그 다음 조직 사례를 확인해 보자. 광역 차원인 시 · 도 건강가정지원센터/가족센터의 역할은 다음과 같다.

- 한국건강가정진흥원과 시 · 군 · 구 가족센터의 연계
- 시 · 도별 특성에 맞는 가족지원프로그램 개발 · 보급
- 시 · 군 · 구 가족센터 사업지원 및 관리
- 시 · 군 · 구 가족센터 직원 역량강화 교육 및 상담 슈퍼비전 실시
- 시 · 도 가족관련 정보 및 데이터베이스 구축 · 보급

출처: 여성가족부(2022). 2022년 가족사업안내.

시 · 도 건강가정지원센터/가족센터 역시 대주민사업에 집중하기보다는 광역시 · 도 안에 설치되어 있는 기초(시 · 군 · 구) 건강가정지원센터나 가족센터를 지원하는 역할이 부각된다. 광역시 · 도의 특성을 반영한 프로그램 개발과 보급, 시 ·

군 · 구 건강가정지원센터/가족센터 직원에 대한 교육, 시 · 도 차원의 정보 수집 및 관리 등이 포함된다. 특히 중앙(한국건강가정진흥원)과 시 · 군 · 구건강가정지원센터/가족센터 사이에서 이 두 전달체계를 연계하고 매개하는 역할에 주목할 수 있다. 예를 들어, 한국건강가정진흥원이 개발한 프로그램을 시 · 군 · 구 센터에 전달하면서 동시에 시 · 군 · 구 건강가정지원센터나 가족센터의 의견이나 건의사항 등을 중앙에 전달하는 역할이라고 할 수 있다. 광역 건강가정지원센터/가족센터의 조직 사례를 살펴보면 [그림 7-7]과 같다.

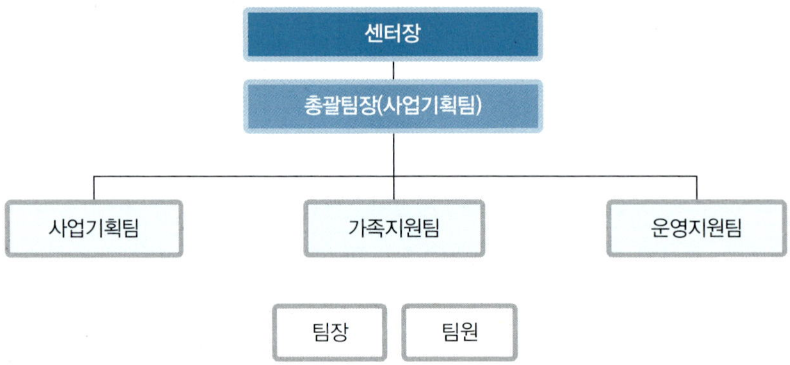

❖ 그림 7-7 광역건강가정지원센터 조직 사례(1)

출처: 경상남도건강가정지원센터 사이트(2022년 8월 기준).

[그림 7-7]을 보면 통상적인 예산, 회계처리, 행정처리를 담당하는 운영지원팀 외에 사업기획 그리고 가족지원을 담당하는 부서로 구성되어 있다. 광역 시 · 도에 설치되어 있는 시 · 군 · 구 건강가정지원센터/가족센터에 대한 지원, 광역단위 홍보 및 유관기관과의 네트워크, 인력관리 등 세부적인 업무를 확인할 수 있다. 또 다른 광역건강가정지원센터 조직사례는 [그림 7-8]과 같다.

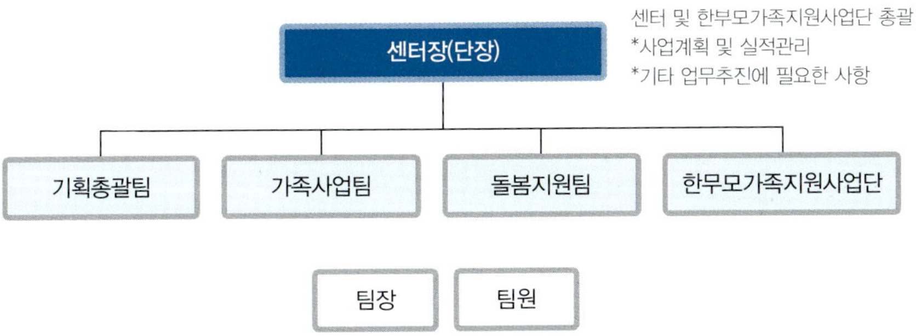

❖ **그림 7-8** 광역건강가정지원센터 조직 사례(2)

출처: 부산시건강가정지원센터 사이트(2022년 8월 기준).

광역 현장의 특성에 따라 한부모가족사업을 지원하는 기구를 별도로 두고 있으며, 그 외 기획총괄, 가족사업, 돌봄지원 등의 업무를 담당하는 부서로 구성되어 있다. 건강가정사업의 관리, 홍보, 네트워크, 사업실적 관리, 아이돌봄 광역거점관리, 인력보급 등의 업무를 추진하고 있음을 알 수 있다.

마지막으로 시 · 군 · 구 건강가정지원센터/가족센터의 역할은 다음과 같다.

- 지역사회 내 가족구성원을 위한 1차적 가족지원서비스 제공
- 지역단위 건강가정지원 및 다문화가족지원 업무 실시
- 지원시간 및 지원대상 확대 등을 통한 가족지원서비스 접근성 향상
- 다문화 · 한부모 · 조손가족 등에 대한 맞춤형 가족역량강화서비스 지원
- 지역사회 유관기관과의 연계를 통한 통합적 가족지원서비스 제공
- 지역사회에 맞는 가족특성화서비스 및 정보제공

출처: 여성가족부(2022). 2022년 가족사업안내.

앞에서 소개한 중앙 및 광역 단위 건강가정지원센터/가족센터와 차이를 보이는 가장 핵심적인 역할은 가족을 위한 1차적인 서비스를 제공한다는 점이다. 즉 직접적인 대주민사업을 담당하는 현장이 바로 시 · 군 · 구 건강가정지원센터나 가족센

터이다. 따라서 시 · 군 · 구 건강가정지원센터/가족센터는 이러한 대주민업무를 수행하기 위한 조직을 구성하고 있는데, 시 · 군 · 구 건강가정지원센터나 가족센터가 위치한 지역의 특성에 따라 매우 다양한 형태로 조직화되어 있다. 그 사례는 [그림 7-9]와 같다.

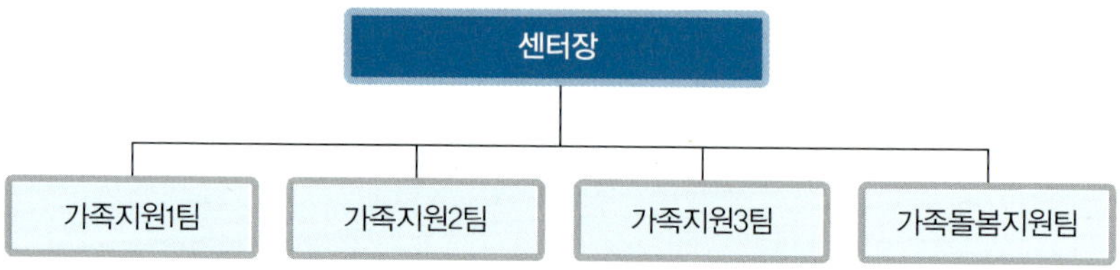

❖ **그림 7-9** 시 · 군 · 구 건강가정지원센터/가족센터 조직 사례(1)

출처: 경기도 군포시 가족센터 사이트(2022년 8월 기준).

[그림 7-9]에서 보듯이 가족을 지원하는 직접적인 사업을 담당하는 팀으로 구성되어 있고, 동시에 가족돌봄을 지원하는 팀을 별도로 두고 있다. 각 팀마다 주민을 대상으로 한 교육사업, 상담사업, 가족친화문화사업, 다문화가족지원사업 등 다양하게 업무를 추진하고 있다. 또 다른 시 · 군 · 구 건강가정지원센터/가족센터 조직 사례는 [그림 7-10]과 같다.

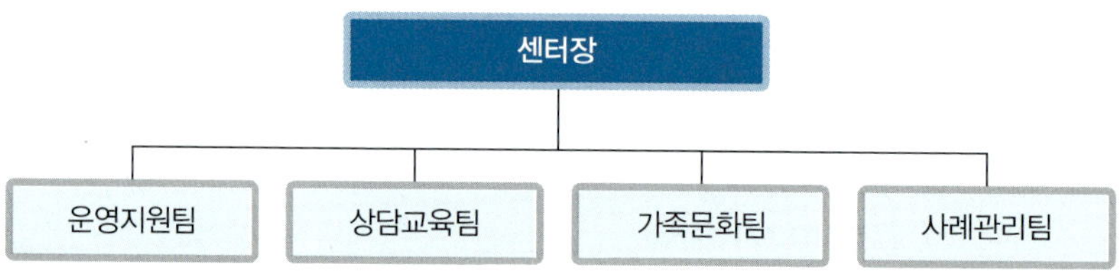

❖ **그림 7-10** 시 · 군 · 구 건강가정지원센터/가족센터 조직 사례(2)

출처: 울산광역시 남구 가족센터 사이트(2022년 8월 기준).

위 사례에서 팀의 명칭을 통해 구체적으로 수행하는 사업을 파악할 수 있다. 즉 가족을 대상으로 한 상담, 교육 그리고 찾아가는 프로그램, 가족역량강화 지원, 다문화가족지원사업 등 구체적인 사업의 내용을 사이트에서 확인할 수 있다. 시 · 군 · 구 건강가정지원센터/가족센터의 또 다른 조직 사례는 [그림 7-11]과 같다.

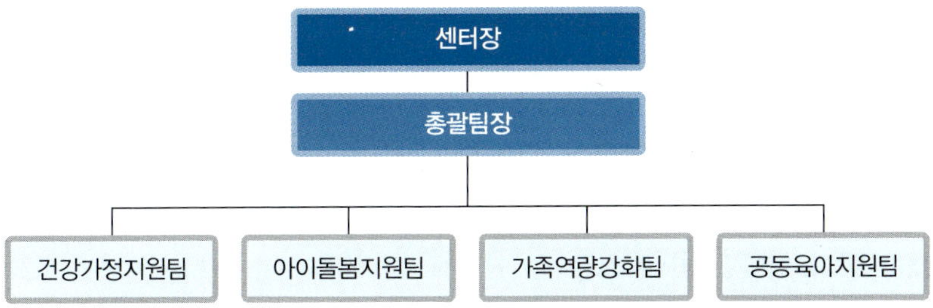

❖ 그림 7-11 시 · 군 · 구 건강가정지원센터/가족센터 조직 사례(3)

출처: 충청남도 천안시 건강가정지원센터 사이트(2022년 8월 기준).

위 사례는 기본적인 교육, 상담, 문화사업 등을 추진하는 건강가정지원팀 그리고 아이돌봄사업, 가족역량강화사업, 공동육아지원사업 등을 전담하는 팀으로 조직을 구성하고 있다.

이와 같이 시 · 군 · 구건강가정지원센터/가족센터의 조직을 통해 대주민사업을 직접적으로 수행하는 업무의 특성을 확인할 수 있다. 위에서 제시한 사례들의 공통점은 대주민사업을 직접적으로 수행하는 조직을 구성한다는 점이다. 그러나 각 기관마다 조직의 명칭은 다양하게 구성되고 있음을 알 수 있다.

시 · 군 · 구 건강가정지원센터/가족센터의 조직 사례 찾아보기

내가 사는 지역(시 · 군 · 구)의 건강가정지원센터 홈페이지를 찾아 조직도를 살펴보고 부서(팀)의 세부적인 업무를 찾아보자. 이를 통해 '조직을 알면 역할을 알 수 있다'가 무슨 뜻인지 확인해 보자.

건강가정지원센터/가족센터의 조직과 역할에 대한 설명 중 핵심내용을 정리해 보자.

첫째, 전달체계의 효율적인 운영을 위해 조직화가 필요하다. 조직화를 통해 조직이 구성되면 그 조직에 따라 업무의 분담이 이루어지고 인력과 자원이 배치된다. 따라서 조직화는 신중하게 이루어져야 한다.

둘째, 조직의 명칭을 통해 그 조직이 어떤 업무를 수행하는지를 파악할 수 있다. 즉, 조직을 알면 역할이 무엇인지도 알 수 있다.

셋째, 건강가정지원센터/가족센터의 조직 사례를 통해 역할을 파악해 보았다. 중앙 차원의 한국건강가정진흥원은 시 · 도/시 · 군 · 구 건강가정지원센터나 가족센터가 그 본연의 역할을 잘 수행할 수 있도록 지원하고 평가하는 역할을 수행한다. 시 · 도 건강가정지원센터/가족센터는 중앙-시 · 군 · 구 간 연계, 광역 단위 프로그램 개발 등 광역에 설치되어 있는 시 · 군 · 구 건강가정지원센터나 가족센터를 지원하는 역할을 수행한다. 가장 일선의 현장으로 시 · 군 · 구 건강가정지원센터/가족센터는 주민을 대상으로 한 직접적인 건강가정사업(교육, 상담, 문화, 돌봄 등)을 수행한다.

넷째, 각 전달체계는 지역 및 추진하는 사업의 특성에 따라 다양한 형태와 명칭으로 조직을 구성하고 있다.

3) 건강가정지원센터/가족센터의 운영관리

건강가정지원센터나 가족센터는 다양한 가정의 건강성 증진을 위해 사업을 제공하는 전달체계이다. 특히 시 · 군 · 구 건강가정지원센터나 가족센터의 경우 다양한 형태로 조직을 구성하면서 대주민사업을 수행하는 현장으로서 그 역할을 수행하고 있다. 제한된 자원으로 이러한 역할을 잘 수행하기 위해서 건강가정지원센터/가족센터의 효율적 운영관리 과제를 점검해볼 필요가 있을 것이다.

(1) 비영리기관의 운영관리

통례적으로 운영이나 관리 혹은 경영이라는 용어는 이윤을 추구하는 조직에 더 적합한 것으로 인식되기는 하나, 어떤 조직의 목표가 이윤 추구이든 혹은 비영리서비스 제공이든 상관없이 모든 조직은 관리활동을 수행하여야 한다. 여기에서 운영이나 관리 혹은 경영[4]이 무엇인지 그 기본적이 개념을 먼저 이해할 필요가 있다. 어떤 단위(주체)가 하고자 하는 일/해야 할 일, 즉 욕구나 목표를 충족/달성하기 위해 제한된 자원을 어떻게 사용하고 배분하고 실행할 것인가, 이 과정과 활동을 운영/관리/경영이라고 할 수 있다. 예를 들어, 개인이나 가족의 경우 결핍된 상태를 충족시키거나 더 나은 상태로 가기 위한 욕구/요구를 갖게 되고, 조직이라면 그 조직의 설치 및 운영과 관련된 목표가 있을 것이다. 이러한 욕구/요구/목표를 충족 및 달성시키기 위한 수단으로서 자원이 필요한데, 자원은 제한되어 있으므로 우리는 자원을 어떻게 사용할 것인가와 관련된 활동, 즉 운영/관리/경영을 하게 된다.

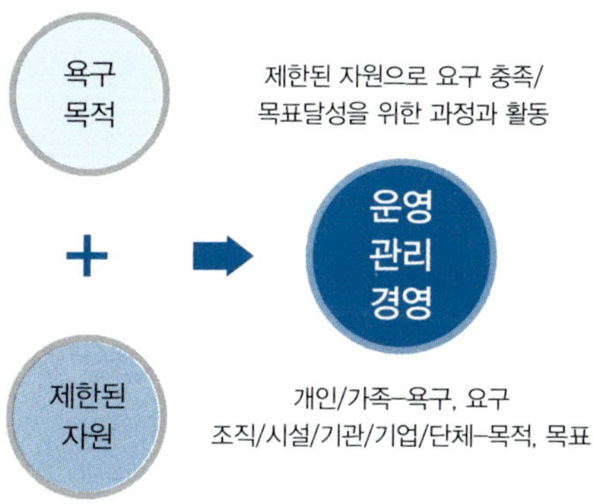

❖ 그림 7-12 욕구/목적/자원을 통해 살펴본 운영/관리/경영의 개념

4) 이 책에서는 운영, 관리, 경영이라는 용어를 동일하게 이해하고자 한다. 예를 들어, 가족자원관리, 가정관리, 가정경영, 건강가정지원센터 운영관리, 비영리기관 운영관리, 공공가정경영 등에 사용되는 운영, 관리, 경영의 의미를 '제한된 자원으로 최대한의 요구를 충족시키기 위한 활동'으로 동일하게 이해한다는 의미이다.

그 단위가 개인이든 가족이든 혹은 조직이든, 목표나 요구를 달성하기 위해 제한된 자원을 잘 관리할 필요가 있다. 위에서 언급한 바와 같이 보통 운영/관리/경영과 관련되어, 예를 들어 마케팅이나 기획, 재무관리, 자재관리, 인력관리, 생산관리 등 여러 하위요소는 보통 영리를 추구하는 기업에 적용되는 개념으로 생각하는 경향이 많다. 그러나 비영리기관도 그 설치와 운영의 목표가 있으므로, 그 목표가 영리 추구에 집중하거나 아니면 다른 내용이거나 상관없이, 목표가 있는 모든 조직은 관리를 하는 주체가 된다.

그동안 운영이나 관리 혹은 경영은 보통 기업이나 대규모의 조직에 적절한 개념으로 이해한 이유는 이윤추구를 하는 대규모 조직은 어떻게 하면 많은 영리를 창출할 것인가를 목표로 하고, 따라서 매우 적극적인 경영원리를 도입 · 적용하고 있기 때문이다. 반면, 공공기관이나 비영리단체, 복지시설과 같이 이윤추구보다는 공공의 복지나 이용자의 요구에 보다 관심을 갖는 단위인 경우에는, 예컨대 마케팅이나 기획관리, 재무관리 등의 운영관리기법을 적극적으로 도입하지 않았던 것이 사실이다. 이러한 조직은 주어진 예산을 계획경제에 따라 운용하고, 규정이나 지침을 정확히 지키는 것에서 운영관리의 기본을 추구해 왔다고 할 수 있다.

그러나 최근 들어 비영리단체의 경영을 중심으로 이윤추구 경영체가 아니더라도 효과적이면서 합목적적인 '경영'이 매우 중요하며, 따라서 다양한 시설 및 기관을 위한 경영원리의 개발이 필요하다는 논의가 활성화되고 있다(송혜림 · 김선우, 2005). 이는 다양한 사회경제적 환경으로 인하여 비영리조직의 활성화가 필요한데도 이를 위한 재원은 충분하지 않고, 동시에 기업과 다른 비영리조직에 대하여 경쟁적인 환경에 직면해 있기 때문이다(이주희, 2004; 이기영 외, 2009에서 재인용). 예를 들어, 시민단체의 경우 비영리사업을 실시함에 있어 정부의 지원을 받는 경우가 있는데, 정부는 일정한 기준에 따라 심사를 하여 기준에 적합한 단체에게 지원금을 지급한다. 또한 이 지원금으로 사업을 수행하는 과정과 결과를 관리하면서 얼마나 합리적이고 투명하게 사업비가 사용되었는지를 평가하기 때문에, 결과적으로 운영의 역량이 있어야 정부 지원금을 받을 수 있다. 그런 면에서 '착한 일을 할 때도 경쟁은 있다'라는 말을 자주 하게 된다. 즉, 많은 비영리기관들이 지역사회에서 인권, 양성평등, 가족의 다양성 수용, 복지 증진 등의 차원에서 나름대로의 역할을 수행하는데, 이러한 지향성들은 그 사회의 건강성을 향상시키는 긍정적인 가치를 갖고 있다. 즉 쉽게 말해 '착한 일'을 하는 것이지만, 착한 일을 한다고 해서 방만한 경영이나 비합리적인 관리가 허용되지는 않는다. 국가가 이러한 기관에 지원을 할 때, 후원자들이 후원을 할 때, 자원봉사자들이 봉사활동을 할 때, 기부자들이 기부금(품)을 제공할 때, 지역사회에서의 평판, 기관운영의 투명성, 인지도, 합리적인 운영관리의 결과물 등을 검토할 것이다. 따라서 착한 일을 하는 비영리기관이라도 결국은 잘 운영되는 기관이어야 자원을 확보할 수 있고, 이 자원을 기반으로 기관의 목표를 달성할 수 있다.

다른 한편으로 공적 기금으로 운영되는 조직이 갖는 사회적 책임의 차원에서 비영리기관에도 투명한 경영이 요구되며, 이용자에 대한 서비스의 질적 향상, 정보 공개 등도 필요하다. 이로써 비영리단체나 조직의 경영, 마케팅, 자원개발 등에 대한 관심이 높아지고 있다(송혜림, 2016). 이와 같이 현재 많은 공공기관이나 비영리기관에서도 경영 및 적극적 운영의 원리를 도입하려는 추세를 보이는데, 이는 이윤을 증대시키려는 차원이라기보다는 홍보나 이미지 개선, 이용자에 대한 서비스 증대, 이를 통한 이용자의 만족 증진, 주어진 예산의 합목적적 사용, 후원자 개발 등의 차원에서 필요한 일이라고 할 수 있다(송혜림 · 김선우, 2005). 따라서 비영리기관의 마케팅과 홍보, 인력관리, 기금모금과 재무관리 등 최근에 부각되는 주제들을 생각해볼 수 있다. 비영리기관도 목표를 달성하기 위해 제한된 자원을 합리적으로 사용하도록 운영관리가 필요하며, 이를 통해 조직의 성과가 나타나므로 운영관리의 중요성을 다시 한 번 강조할 수 있다.

건강가정지원센터는 건강가정기본법에 근거하여 설치되는 전달체계이며, 그 목표가 이윤추구가 아닌 법에 근거한 사업 수행, 이를 통해 다양한 가정의 건강성을 증진시키는 것이므로 비영리기관에 속한다. 따라서 건강가정지원센터 역시 기관의 목표를 잘 달성하기 위해 적극적으로 운영관리를 해야 하는 기관이다. 아래에서는 하나의 조직 그리고 경영체로서 특히 대주민사업을 수행하는 시 · 군 · 구 건강가정지원센터/가족센터에 주목하여, 운영관리의 과제를 점검한다.

(2) 건강가정지원센터/가족센터 운영관리의 과제

건강가정지원센터/가족센터는 하나의 조직이며 경영체이다. 즉, 건강가정지원센터/가족센터는 제한된 자원으로 목표를 달성하기 위해 관리활동을 수행하는 하나의 조직체계이다. 따라서 건강가정지원센터나 가족센터는 사업비, 인건비 등 자원의 제한성 속에서 이용자의 욕구를 최대한 충족시킨다는 목표를 위해 합리적인 운영관리를 해야 하는 단위이다. 또한 건강가정지원센터나 가족센터에서 활동하는 근무자들의 근무조건과 환경을 최상의 상태로 유지하여야 최고의 서비스가 나온다는 점에서 인력관리의 과제 역시 매우 중요하다. 결국, 건강가정지원센터/가족센터의 운영관리는 주어진 조건 속에서 이용자 및 근무자의 만족도를 향상시킬 수 있는 효과적인 방안을 마련하고 적용하는 과정에 초점을 두어야 할 것이다.

2004년 건강가정기본법 제정 이후 2005년 시범사업으로 처음 시작한 건강가정지원센터는 지역사회 다른 기관에 비해 상대적으로 역사가 길지 않다. 따라서 하나의 전달체계로서 견고한 기반을 구축해야 하며, 동시에 홍보 및 지역사회 다양한 자원의 개발 그리고 다른 기관과의 네트워크 등의 과제도 생각할 수 있다. 나아가 현재 각 지역별로 건강가정지원센터나 가족센터를 둘러싸고 있는 환경과 지역사회 조건 및 특성이 다르므로 이러한 요소들을 종합하여 맞춤형 운영관리 과제도 함께 도출해야 할 것이다.

그런 맥락에서 건강가정지원센터/가족센터 운영관리의 과제를 크게 네 가지로 구분하여 제시하고자 한다. 첫째, 전달체계로서의 견고한 기반 구축, 둘째 실천적 운영관리 과제(홍보와 지역사회자원개발 그리고 네트워크 구축), 셋째, 전담인력 인적자원관리, 그리고 넷째, 지역과 환경의 특성을 반영한 맞춤형의 운영관리 과제이다.

① 건강가정지원센터/가족센터의 운영관리 과제 1: 전달체계로서의 견고한 기반 구축

이 책 1장에서 검토한 바와 같이 건강가정기본법의 제정 과정을 다시 생각해 보면 저출산과 고령화, 가족형태의 다양화, 돌봄의 공백, 일 · 생활의 균형에 대한 관심, 통합적 가족정책의 필요성, 양성평등한 가족문화 형성 등 다양한 정책과제들을 분석할 필요가 있다. 이러한 가족정책의 과제를 해결하기 위한 건강가정사업을 수행하는 현장이 바로 건강가정지원센터/가족센터이다. 따라서 건강가정지원센터/가족센터는 우리나라 가족정책의 성과를 가장 직접적으로 나타내는 전달체계이며, 가족정책과 건강가정정책의 성패를 좌우하는 핵심 요소이기도 하다. 그런 의미에서 건강가정지원센터나 가족센터가 본연의 기능을 잘 수행할 수 있도록 하나의 전달체계로서 견고한 기반을 구축해야 한다는 운영관리의 과제를 강조할 수 있다. 건강가정지원센터/가족센터가 전달체계로서의 원칙에 기반하여 합리적으로 운영되는 시스템을 구축하여 지속가능한 전달체계로서 지역사회에 자리매김되어야 하기 때문이다.

건강가정서비스 전달체계로서 대표성을 갖는 건강가정지원센터/가족센터는 하나의 전달체계로서 통례적인 전달체계가 갖추어야 하는 기본 원칙을 충실히 지켜야 할 것이다. 이러한 원칙을 견고하게 갖출 때 전달체계의 목표를 효율적으로 달성할 수 있고 지속가능성을 확보할 수 있기 때문이다.

보편적으로 어떤 조직을 거론할 때 '사람이 아닌 시스템이 일하게 하라'는 말을 떠올릴 수 있다. 시스템이 취약한 조직은 인적자원, 즉 사람에 대한 의존성이 강하다. 이는 인적자원이 충분하고 질적으로 우수하며 인적자원의 충성도가 강할 때는 조직의 강점으로 작용하지만, 근무자가 바뀌거나 환경이 변화할 때 적응하기 힘든 한계도 있다(송혜림, 2016). 항상은 아니지만 규모가 작은 조직의 경우 시스템이 취약하므로 사람에 대한 의존성이 강한 경향을 보이기도 한다. 규모가 작은 경우 조직의 세분화가 어려울 수 있고, 따라서 업무의 분담이나 조정 등의 과정이 체계적으로 진행되기 힘든 특성 때문에 사람, 즉 근무자의 헌신성과 몰입도 등에 의존하게 되는 것이다. 그러나 조직의 규모와 관계없이 시스템을 견고하게 구축하는 것은 모든 운영관리의 가장 우선적 · 기본적인 과제이다. 시스템이 잘 구축된 조직은 외부적으로는 환경의 변화, 내부적으로는 부서나 인력의 변화가 있어도 그 안정성을 유지할 수 있으며 지속가능성을 담보할 수 있다. 건강가정지원센터/가족센터 역시 안정된 시스템을 갖추어 전달체계로서의 기반을 구축하여야 할 것이다. 선행연구에서 강조하고 있는 전달체계의 9가지 원칙은 [그림 7-13]과 같다.

❖ 그림 7-13 전달체계의 9가지 원칙

특히 공공조직이나 비영리기관의 특성을 반영하여 이 9가지 원칙의 내용을 정리한 선행연구의 결과를 정리하면 〈표 7-1〉과 같다.

❖ 표 7-1 비영리기관 전달체계의 원칙

구분	내용
통합성	조직 내 의사소통과 협력의 부족, 중복 등을 고려하여 기관 간 상호통합적으로 서비스를 제공해야 하는 원칙/서비스 구현을 위한 분야별 기능의 통합
전문성	서비스를 제공할 때 핵심적인 주요 업무를 가능한 전문가가 담당해야 한다는 원칙/전문가의 확보 및 배치
포괄성	대상자의 욕구에 부응하기 위해서 다양한 서비스가 (동시 또는 순서적으로) 제공되어야 한다는 원칙
적절성	욕구해결을 위해 충분한 양과 질의 서비스 제공, 기간의 적절한 제공에 대한 원칙, 즉 서비스의 욕구충족과 목표달성의 충분성/서비스 재원의 확충
접근용이성	서비스를 이용하는 데 있어 필요한 사람은 누구나 쉽게 이용할 수 있도록 장애가 없어야 한다는 원칙/전달체계에서 일선집행기관의 기능 강화

효율성	동일한 효과의 전달체계를 기획한다 하여도 그 투입을 최소화하여 경제적 유리함을 확보해야 한다는 원칙
책임성	조직은 국가가 시민의 권리로 인정한 서비스를 전달하도록 위임받은 조직이므로 필요한 욕구를 가진 사람에게 자원을 전달해야 하는 책임을 진다는 원칙
평등성	이용자 연령, 성별, 소득, 종교, 지역에 관계없이 평등한 서비스가 제공되어야 한다는 원칙
지속성	대상자에게 필요한 급여를 욕구가 충족될 때까지 일정기간 이어서 계속 제공해야 한다는 원칙. 복합적 욕구에 대해서는 지역사회 내 연계를 통해 지속적 제공

출처: 함영진(2012); 이대용, 최기조(2013); 서재호(2008), 문병기(2013), 조희금 외(2008) 등 관련 선행연구에서 설정한 내용을 종합, 재구성함; 송혜림, 박정윤, 정지영, 진미정(2014) 재인용.

이러한 원칙을 건강가정지원센터/가족센터에 적용할 때, 하나의 전달체계로서 건강가정지원센터/가족센터가 갖추어야 할 원칙은 〈표 7-2〉와 같이 정리할 수 있다.

❖ 표 7-2 건강가정사업 전달체계(건강가정지원센터/가족센터)의 원칙

구분	내용
통합성	지역사회에서 다양한 가정의 건강성 증진을 위한 통합적 서비스 제공, 다른 기관과의 적극적인 연계, 컨트롤타워로서의 역할, 기능의 효율화
전문성	전담인력인 건강가정사 배치, 건강가정사의 역량과 전문성 강화를 위한 노력과 지원
포괄성	센터의 실제적/잠재적 이용자의 요구 파악, 요구에 부응하는 다양한 건강가정사업 기획 및 제공, 건강가정사업 다양한 내용과 유형을 포괄
적절성	가족형태의 다양성, 생애주기 등을 고려, 충분한 양의 건강가정사업, 질적으로 우수한 건강가정사업 기획 및 제공, 이를 위해 필요한 자원 확보의 노력
접근용이성	다양한 가정 그 누구에게나 열려 있는 공간, 수월하게 방문할 수 있는 물리적 접근성, 센터 홍보, 일차적 상담과 전문서비스로의 안내
효율성	최소 비용으로 최대의 서비스 효과를 창출하기 위한 전략, 비영리기관 운영관리(공공가정경영) 관점 도입
책임성	국가와 지방자치단체가 추진해야 할 다양한 가정의 건강성 증진 업무를 위임받아 수행하는 공적 전달체계로서의 책무성
평등성	어떤 이유로도, 그 누구도 차별받지 않고 센터를 이용할 수 있는 권리 보장, 센터 근무자(건강가정사)의 개방적인 태도
지속성	가정의 건강성을 증진시키기 위해 대상자가 원하는 서비스를 지속적으로 제공할 수 있도록 사업을 기획하고 제공, 일회성 사업과 지속적 사업의 균형성 검토

이와 같이 원칙을 고려하면 건강가정서비스를 제공하는 전달체계로서 건강가정지원센터나 가족센터가 어떻게 운영되어야 하는가에 대한 명확한 방향과 지침을 가질 수 있어 매우 유용하다. 예를 들어, 통합성의 경우 지역사회에서 가족, 건강가정 관련 사업의 컨트롤타워로서의 역할을 수행하려면 홍보 그리고 타 기관과의 네트워크가 중요한 과제로 등장한다. 동시에 접근용이성이라는 원칙을 위해서도 홍보가 필요하다. 따라서 기관 자체적으로 네트워크와 홍보를 어떤 하위체계(팀, 부서 등)의 업무로 지정할 것인가를 검토해야 하고, 이 업무 성과를 어떻게 평가해야 할 것인가의 지표도 자체적으로 개발하여야 한다. 다른 예로, 평등성이라는 원칙을 잘 지키기 위해서 센터 근무자들이 다양한 가정에 대한 편견과 차별 없이 업무를 수행해야 할 것이다. 따라서 근무자 재교육이나 워크숍 등에서 이러한 내용을 강조하도록 교육 프로그램을 개발하는 후속조처가 필요하다. 또한 전문성과 적절성이라는 원칙을 지키기 위해서도 질적으로 우수한 건강가정사업의 기획과 제공, 건강가정사의 역량 강화 등이 필요한데, 근무자 역량 강화 교육 프로그램 안에 건강가정지원센터 브랜드 프로그램 개발과 기획 같은 주제를 배치하는 방식이 필요하다. 이런 일련의 과제들이 도출되고 이를 실행하면서 건강가정지원센터나 가족센터는 견고한 시스템을 구축할 수 있게 되는 것이다. 건강가정지원센터/가족센터가 이러한 원칙을 잘 견지하면서 기관으로서의 목표를 달성하기 위해 필요한 조직을 두고 그 조직을 잘 관리하는 것은 매우 중요한 과제라고 볼 수 있으며, 이로써 전달체계로서의 견고한 기반을 구축할 수 있을 것이다.

또한 어떤 기관이 하나의 시스템으로 견고한 토대를 갖추려면 환류조처(피드백)의 기능을 확보해야 한다. 그런 점에서 건강가정지원센터나 가족센터가 개별적인 사업을 수행할 때 사업계획서에는 이전 사업으로부터의 피드백 결과를 첨부하고, 결과보고서에는 향후 사업을 위한 피드백 제안을 첨부하는 방식으로 서류를 관리하여야 한다. 또한 연간 계획, 중장기 목표 등과 관련되어 기관 자체적인 진단과 피드백을 명시함으로써, 어떠한 상황에서도 피드백 기능이 잘 확보되도록 해야 한다.

② 건강가정지원센터/가족센터의 운영관리 과제 2:
실천적 운영관리 과제(홍보-지역사회자원개발-네트워크 구축)

지역사회에서 '가족' 및 '건강가정' 관련 사업의 거점으로 신속히 자리매김되고 확산되기 위한 다양한 운영 과제들을 점검하고 실천하는 데 선행연구는 홍보, 지역사회 유관기관과의 네트워킹과 자원개발, 사업의 차별화 등을 강조하고 있다(이기영 외, 2004; 송혜림 외, 2004b; 송혜림, 2005; 송혜림, 2006). 즉, 그 설치 역사가 길지 않은 건강가정지원센터/가족센터의 위상정립을 위해서는 홍보가 무엇보다 우선시되어야 하며, 동시에 지역사회에서 이미 운영 중인 다른 유관기관과의 효과적 네트워킹 및 지역사회 자원개발을 통하여 지역주민의 요구에 부응하는 기관으로 견고히 자리매김되어야 한다는 것이다. 앞서 제시한 전달체계로서의 견고한 기반 구축 과제가 모든 전달체계의 지속적 검토 과제라면, 선행연구에서 강조하는 이러한 과제는 건강가정지원센터나 가족센터의 특성을 반영한 실천적 과제라고 할 수 있다. 여기에서는 실천적 과제의 세부내용을 홍보와 지역사회 자원개발 그리고 네트워크 구축 등 3가지로 구분하여 제시하고자 한다.

- **건강가정지원센터/가족센터의 홍보**

모든 전달체계는 사업과 기관에 대한 홍보가 필요하다. 그러나 기관의 역사, 설치된 지역사회의 특성 등에 따라 어떤 점에 주력하여 홍보할 것인지 매우 다양하게 검토할 수 있다. 2004년 건강가정기본법 제정과 함께 출발한 건강가정지원센터 그리고 현재 가족센터라는 명칭이 함께 사용되는 맥락을 고려하면 전달체계로서의 역사가 아직 길지 않고, 다문화가족지원센터, 가족센터 등 관련 명칭이 주민들에게 명확하게 인지되지 않았을 가능성도 있다. 또한 기존에 지역사회에는 가족뿐 아니라 아동, 여성, 노인, 청소년 등 다양한 대상에게 서비스를 제공하는 공적/민간 전달체계들이 활동을 하고 있기 때문에, 이러한 상황에서 건강가정지원센터나 가족센터가 견고히 위상을 정립하기 위해 3단계의 홍보전략이 필요하다. 먼저 1단계, 센터의 이름 알리기, 그 다음 2단계에서 센터의 사업 알리기, 그리고 마지막 3단계에서 사업 효과성 설득하기이다. 3단계 홍보를 잘 실천함으로써 건강가정지원센터/가족센터는 전달체계로서의 위상을 정립(positioning)할 수 있을 것이다.

우선은 건강가정지원센터/가족센터라는 명칭에 대한 홍보가 필요하다. 그 다음 단계에서 건강가정지원센터/가족센터가 어떤 업무를 수행하는 기관인지, 즉 사업에 대한 홍보가 필요하다. 제4차 건강가정기본계획에서 강조하듯 '세상 모든 가족'이 이용할 수 있는 기관, 가족관계/가정경영/부모역할/자녀돌봄/생애설계/봉사활동 등 가정생활의 여러 영역과 관련된 프로그램을 이용할 수 있다는 점, 교육과 상담, 문화, 돌봄 등 다양한 유형의 사업이 있다는 점 등을 홍보한다. 그 다음 마지막 단계에서 가정의 건강성 증진과 관련된 그 어떤 욕구와 요구도 건강가정지원센터나 가족센터를 통해 충족시킬 수 있다는 사업 효과성에 대한 설득이 필요하다. 건강가정지원센터/가족센터에는 건강가정사라는 전담인력이 있고, 가족상담이나 교육, 돌봄 등의 차원에서 가족상담사, 전문강사, 아이돌보미 등 전문가의 활동이 뒷받침된다. 가족에게 문제가 있으면 이를 해결하고, 문제가 없으면 문제의 예방 나아가 다른 가정과의 소통, 자원의 나눔 등의 기회 등 건강가정사업이 갖고 있는 사업의 포괄성도 강조할 수 있다. 특히 다양한 가정이 방문하여 스스로 측정하면서 전문가의 컨설팅을 받을 수 있는 건강성 척도의 활용과 같은 사례는 건강가정지원센터/가족센터만의 고유한 특성이면서 동시에 강점이 된다. 예를 들어, 최근 1인가구의 증가와 함께 1인가구를 대상으로 한 사업들을 여러 전달체계에서 수행하고 있는데, 1인가구를 위한 DIY/공작활동, 요리 프로그램, 생애설계, 자조모임 등 그 주제와 내용이 매우 다양하다. 건강가정지원센터/가족센터의 경우 1인가구 건강성 척도를 활용하면서 1인가구 스스로 자신의 건강성을 측정하도록 안내하고(송혜림 외, 2021), 그 결과를 통해 1인가구 사업 담당자의 컨설팅이 이루어질 수 있다. 더 나아가 1인가구의 건강성 증진을 위해 필요한 프로그램 연계도 가능하다. 지역사회 여러 기관들이 1인가구가 참여할 수 있는 많은 프로그램을 제공하고 있으나, 건강가정지원센터/가족센터처럼 1인가구 건강성 척도를 활용하는 곳은 없으므로, '건강성'

이라는 건강가정지원센터/가족센터의 지향성은 바로 사업에서의 고유성과 강점으로 연계된다는 점을 확인할 수 있다. 이런 방식으로 한부모가족 건강성 척도(송혜림 외, 2022), 맞벌이가정 건강성 척도 등에 대한 홍보를 통해 이용자들은 건강가정지원센터나 가족센터의 사업이 다른 기관과 차별화된다는 점, 전문적이고 포괄적이라는 점을 알게 될 것이다.

비영리기관 마케팅관리에서 홍보는 궁극적으로 위상정립(positioning)을 위한 중요한 장치가 된다. 즉 홍보를 통해 지역사회 주민, 즉 실제적/잠재적 이용자의 마음에 견고하게 자리매김될 수 있도록 강한 소구성을 가져야 할 것이다. 영리를 추구하는 기업의 마케팅이나 홍보는 그 기업이 생산하는 상품과 서비스의 판매 증진을 통한 영리 획득에 집중하는 반면, 비영리기관의 홍보는 이용자에 대한 정보 제공, 서비스의 질적 향상을 위한 의견 수렴, 이미지 개선 등의 차원을 강조할 수 있다. 또한 홍보는 기관을 효율적으로 알리는 효과에 국한되지 않고, 후원자 개발, 자원봉사자 양성과 유지, 타 기관과의 네트워크 등에 이르기까지 영향을 미치고 또 영향을 주고받는다(서지원 외, 2018). 기관을 홍보하는 과정에서 다른 기관과의 연계가 이루어지고, 동시에 다른 기관과 네트워크하면서 홍보가 이루어지기도 한다. 홍보가 잘 되면 자원봉사자나 후원자의 도움을 받기가 쉽고, 동시에 자원봉사자나 후원자가 기관을 홍보하는 주체로서의 역할도 수행할 수 있다.

건강가정지원센터/가족센터의 홍보 전략으로 팸플릿, 포스터, 스티커, 기념물, 소식지, 홈페이지 등 다양한 방법을 적용할 수 있다.

● 유관기관과의 네트워크 구축

앞서, 건강가정지원센터/가족센터 설치의 의미를 정리할 때 건강가정지원센터/가족센터가 중심이 되어 지역사회 유관기관들이 네트워크할 수 있다는 점을 강조하였다. 건강가정지원센터나 가족센터를 잘 운영하기 위한 실천적 과제 중 하나가 바로 네트워크 구축이다. 이미 지역사회에서 운영되는 여러 기관들과 네트워크하면서 협업체계를 잘 구성해야 하는 과제이다. 건강가정지원센터/가족센터를 둘러싸고 있는 환경에서 지역사회 유관기관, 영리/비영리경영체, 민간기관, 공적 전달체계, 학교 등과 어떠한 협업체계를 구성하여 건강가정지원센터나 가족센터의 입지를 공고히 할 것인가를 검토하고 실천해야 하는 과제이다.

여러 기관들의 네트워크가 필요한 이유 및 의미를 정리하면 다음과 같다. 첫째, 가족 및 가정생활 관련 서비스에 대한 지역사회 주민의 욕구의 복합성을 들 수 있다. 가정문제의 해결과 예방, 가정의 건강성 증진 등과 관련되어 지역사회 주민들의 다양하고 복합적인 욕구를 충족시키기 위해서는 다양한 서비스 제공이 필요한데 단일 기관들이 가진 서비스 자원은 한정되어 있으므로 여러 조직들 간의 협력과 연계가 필요하다고 할 수 있다. 둘째, 건강가정지원센터나 가족센터의 규모와 예산, 인적자원의 한계를 고려할 때 제한된 자원으로 사업의 효과성을 향상시키기 위해서는 다른 기관, 시설들과 사업의 공동개발, 인적/물적자원의 교환, 정보의 공유 등을 통해 자원의 극대화를 모색할 필요가 있다. 유관기관과의 네트워크 구축은 제한된 자원이라는 한계 속에서 건강가정지원센터나 가족센터 사업의 성과를 향상시킬 수 있는 좋은 대안이 된다. 셋째, 특히 지역사회 인력 활용이라는 차원에서 지역의 대학, 연구소 등과의 네트워크는 건강가정지원센터의 사업을 수행할 때 필요한 전문강사, 전문상담사, 슈퍼비전 및 컨설팅 전문가와의 연계를 수월하게 한다(서지원 외, 2018). 또한 행정체계와의 네트워크를 통해 업무수행의 효율성을 증진시킬 수 있다. 넷째, 이러한 방식으로 건강가정지원센터나 가족센터가 지역사회 네트워크 구축의 주체로 자리매김됨으로써 지역공동체 형성 및 연계의 주축이 되고, 나아가 사회통합과 사회적 연대의 문화를 주도해 가는 전달체계로서의 역할과 기능을 충족시킬 수 있다.

우리가 살고 있는 지역사회 내 여러 기관과 시설, 즉 주민자치센터(행복복지센터)와 보건소, 사회복지관, 보육시설, 민간단체, 대상별 시설 등이 있다. 이러한 기관에서는 건강가정지원센터나 가족센터와 부분적으로 중복되거나 유사한 내용의 사업을 제공하기도 하기 때문에, 서로의 자원을 교환하고 역할을 분담하면서 더 큰 성과를 창출하기 위해 네트워크가 필요하다. 그 결과로 주민들은 더 질 높은 서비스를 받을 수 있다는 점도 네트워크 구축의 장점으로 이해할 수 있다. 특히 건강가정지원센터는 건강가정기본법에 그 설치와 운영의 근거가 명시되어 있는 대표적 건강가정사업 전달체계이며, 전문가(건강가정사)가 배치되어 전문적인 서비스가 이루어진다는 점에서 네트워크 구축의 주도적 역할을 수행해야 할 것이다. 이렇게 네트워크가 구축되면 각각의 기관은 기존의 사업을 더 효율적으로 수행할 수 있고 동시에 자원의 공유를 통해 합리적인 자원관리 및 역할분담이 이루어지면서 지역주민의 요구를 더 높은 수준에서 충족시킬 수 있다. 또한 기존의 기관들은 본연의 역할을 잘 수행하면서 네트워크를 통해 그 수준을 향상시킬 수 있다는 점에서 상생의 효과를 기대할 수 있다. 이와 같은 방식으로 지역사회에 건강가정네트워크가 견고하게 구축되면, 행복, 삶의 질 향상, 가정의 건강성, 워라밸 등과 관련하여 주민과 그 가정의 높아진 욕구를 충족시키면서 이용자 중심의 전문적인 건강가정사업을 제공할 수 있을 것이다. 네트워크 구축을 통해 건강가정지원센터는 개별 대상별로 존재하는 기존의 관련 시설들을 가정이라는 하나의 단위로 통합시키는 허브 혹은 컨트롤타워 역할을 하게 된다(이진 · 소순창, 2016).

유관기관과의 네트워크 구축은 일정한 주제와 상황별로 접근할 수도 있다. 예를 들어, 위기가족지원 네트워크를 구축하면 위기가족의 긴급한 상황에 신속히 대처할 수 있고, 관련되는 기관 간의 역할을 분담하여 효율적으로 위기상황을 해결할 수 있다. 기업과 함께 하는 건강가정 네트워크를 구축하게 되면, 기업과 연대하여 가족친화문화 조성, 기업으로 찾아가는 교육, 기업의 가족친화 프로그램 컨설팅 등 관련된 업무를 특화하여 효율적으로 수행할 수 있다. 시민단체와 함께 하는 건강가정네트워크 같은 경우는 지역의 시민단체와 함께 양성평등한 명절 보내기 캠페인, 좋은 부모 발굴과 시상식, 건강한 부모연대, 가족단위 봉사단과 같은 문화적 활동을 함께할 수 있다. 이러한 방식으로 특화된 네트워크를 운영하는 것도 네트워크 구축이라는 과제를 효율적으로 추진하는 좋은 전략이라고 볼 수 있다. 건강가정지원센터/가족센터가 중심이 되어 구축할 수 있는 네트워크 사례는 [그림 7-14]와 같다.

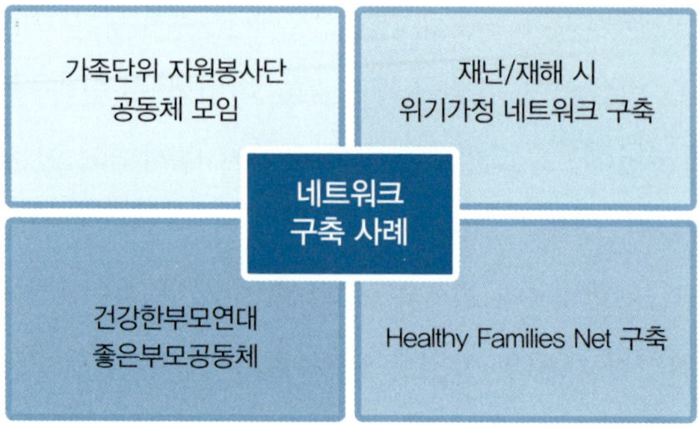

❖ **그림 7-14** 건강가정지원센터/가족센터와 유관기관과의 네트워크 구축 사례

● 지역사회 자원개발

지역사회 자원개발은 기관이 소재한 지역의 다양한 물적/인적자원을 창출하고 활용함으로써 기관업무의 성과를 더욱 높일 수 있고, 지역사회 자원의 총량이 증대되며 나아가 주민의 자율적 참여라는 효과를 함께 기대할 수 있기 때문에 중요한 운영관리의 과제로 부각되고 있다(송혜림 · 김소영, 2006). 무엇보다 지역사회 자원개발은 건강가정기본법이 강조하는 지향성이기도 하다.

건강가정기본법

제10조 국가 및 지방자치단체는 건강한 가정 구현에 기여할 수 있도록 지역사회자원을 최대한 개발하고 활용하여야 한다.

제27조 국가는 가족이 시민으로서의 역할을 증진할 수 있는 기회와 서비스를 제공해야 한다. 가족단위의 자원봉사 참여가 확대되도록 노력해야 한다.

제33조 건강가정과 관련된 자원봉사활동 사업을 육성 장려하여야 …

따라서 지역사회 자원개발은 그 어떤 기관보다 건강가정지원센터/가족센터가 더욱 적극적으로 추진해야 할 적절하고도 타당한 운영관리의 실천적 과제라는 점을 강조할 수 있다. 선행연구에서 지역사회 자원개발이 필요한 이유는 다음과 같이 정리되고 있다. 첫째, 지역사회를 구성하는 주민들의 욕구와 문제는 매우 다양한데, 이때 다양한 자원을 조직하고 상호 교환과 분배가 이루어짐으로써 해결되는 것이 더 효과적이며 효율적이기 때문이다. 특히, 다양한 욕구를 충족시키고 문제해결에 개입하기 위해 자원을 공유함으로써 서비스의 중복을 피하고 그 범위가 확장될 수 있는 장점을 갖는다. 둘째, 지역사회 실천에서 지역사회 자원개발은 긴급한 지역사회문제를 해결하기 위한 대처능력을 발휘하기 위해서도 필요하다. 그 지역의 이슈를 지역주민들이 가장 잘 알고 필요한 역할을 수행할 수 있다. 셋째, 지역사회의 중요한 인적자원인 주민들이 서비스의 공급주체로 참여할 수 있는 기회가 확장될 수 있다는 이점도 있다. 자원봉사, 후원 등의 기회가 많아져 지역주민들이 자신의 자원을 사회에 환원할 수 있게 되고 이로써 주민들의 지역 소속감, 봉사를 통한 자존감 등의 향상을 기대할 수 있다. 넷째, 다양한 주체의 자원을 교환함으로써 서로 다른 욕구를 공통적으로 해결할 수 있는 가능성이 향상된다(한재랑, 2000; 서지원 외, 2018에서 재인용).

이처럼 지역사회 자원개발은 지역의 주민이 중심이 되어 그 지역의 자원을 활용함으로써 지역의 이슈를 해결해 가는 주체적 과정과 직접적으로 연계된다. 그런 점에서 건강가정지원센터나 가족센터는 지역사회 주민들을 모으고 지역의 자원을 개발하여 활용할 수 있는 세부적인 프로그램을 기획하여 제공함으로써 지역사회 자원개발이라는 실천적 운영관리 과제를 잘 수행해야 할 것이다. 건강가정지원센터/가족센터가 우선적으로 시도할 수 있는 방법 중 하나가 지역조직화 혹은 주민조직화를 들 수 있다. 특히 건강가정지원센터나 가족센터는 주민이 중심이 된 공동체의 거점이 되고, 이 거점을 통해 품앗이와 공동육아, 자원의 교류 등이 이루어질 수 있도록 하는 데 토대를 제공해야 한다는 점에서 주민조직화 과정에 큰 역할을 수행할 수 있어야 할 것이다. 건강가정지원센터나 가족센터 중 물리적 공간이나 하드웨어가 가능한 경우, 예컨대 현재 운영 중인 공동육아나눔터의 기능을 확장시킬 수도 있고, 건강가정사랑방과 같은 거점을 마련하여 주민들의 모임과 공동체활동을 지원할 수 있다. 주민들이 모여 건강한 지역사회를 위해 자발적인 활동을 기획하고 추진하는 기회를 제공하는 것 자체가 바로 지역사회 자원개발이라고 할 수 있다.

이와 같이 건강가정지원센터/가족센터 운영관리의 실천적 과제, 즉 홍보와 네트워크 구축 그리고 지역사회 자원개발 등 3가지 과제를 제시하였는데, 이 3가지 과제는 서로 독립적인 것이 아니라 상호 긴밀하게 연결되어 있다. 다른 기관과 네트워크를 하려면 우리 기관, 즉 건강가정지원센터/가족센터가 어떤 기관인가에 대한 홍보가 자연스럽게 이루어지고 또 필요하다. 또한 홍보를 통해 지역사회 자원개발이 이루어질 수도 있다. 건강가정지원센터나 가족센터가 지역사회 자원개발의 차원에서 주민들의 모임 기회를 제공하는 과정 자체는 건강가정지원센터나 가족센터의 홍보가 되기도 하고, 또 이렇게 모인 주민들이 건강가정지원센터나 가족센터를 홍보하는 역할을 수행하기도 한다. 또한 다른 기관과 함께 네트워크하면서 지역의 자원을 함께 공유하고 인적/물적자원을 활용하는 공동 프로그램을 기획할 수도 있다. 이처럼 홍보와 지역사회 자원개발, 네트워크 구축을 별도의 과제가 아닌 통합적 과제로 접근하여야 할 것이다.

❖ 그림 7-15 홍보–네트워크 구축–지역사회 자원개발의 상호 연계성

마지막으로 이와 같은 홍보나 네트워킹, 지역사회 자원개발을 위해서는 건강가정지원센터/가족센터의 대표적이고도 차별적인 사업이 전제되어야 한다는 점도 함께 강조할 필요가 있다. 즉, 건강가정지원센터/가족센터가 차별적인 사업 수행의 역량을 갖지 못한 상태에서 다른 기관들과 유사한 사업을 수행하거나 일정 사업 영역

에서의 질적인 우월성, 우수한 인적자원, 프로그램 개발과 기획의 체계성 등을 확보하지 못하면, 타 기관들이 건강가정지원센터나 가족센터와 네트워크할 이유가 없고, 건강가정지원센터/가족센터의 홍보 또한 효과가 떨어진다. 지역사회 자원을 창출하고 활용하는 기회도 줄어들게 될 것이다. 결국, 독립성과 협력, 이 두 가지 요소의 균형이 필요하다. 건강가정지원센터/가족센터가 제일 혹은 더 잘 하는 분야가 있어야(독립성) 협력도 가능해지기 때문이다. 종합적으로 건강가정지원센터/가족센터의 독창적이고도 차별화된 사업 수행의 역량이 있어야 홍보-네트워크 구축-지역사회자원개발이라는 실천적 과제를 잘 수행할 수 있다.

③ 건강가정지원센터/가족센터의 운영관리 과제 3: 인적자원관리

'한 조직의 수준은 근무자의 수준을 넘지 못한다'는 말이 있다. 그만큼 조직관리에서 인적자원관리가 중요하다는 의미이다. 인적자원, 즉 근무자의 입장에서 조직은 자신의 생업이 이루어지는 일터이며 자신의 역량과 잠재력을 개발하면서 경력 축적이 이루어지는 기회의 장이기도 하다.

인적자원관리의 중요성은 지속적으로 강조되어 왔으나 최근 들어 그러한 추세가 더욱 강조되고 있다. 이러한 변화의 원인은 조직의 목표를 달성하게 하는 것은 다름 아닌 조직의 구성원들이며 이들을 어떻게 관리하는가에 따라서 조직의 성패가 좌우된다는 인식이 고조되었기 때문이다(이기영 외, 2009). 특히 최근 들어 조직 차원에서는 근무자를 비용이 아닌 자원으로 인식하여야 한다는 패러다임의 변화가 인적자원관리 분야에 확산되고 있다. 즉, 조직의 입장에서 근무자를 채용하면 월급을 주고 복지혜택을 제공해야 하기 때문에 지속적인 비용이 들지만, 그것을 뛰어넘어 조직을 위해 일하는 인적자원으로서 조직과 함께 성장하며 조직에 도움이 되는 자원으로 인식해야 한다는 것이다. 이러한 맥락에서 인적자원에 대한 투자와 지원에 대한 관심도 함께 높아지고 있다. 조직의 입장에서 인적자원에 대한 투자는 곧 인적자원의 역량과 잠재력 증진으로 이어지고 이는 업무성과와 직결되기 때문이다.

통례적으로 건강가정지원센터나 가족센터는 규모가 크지 않기 때문에 조직적인

인적자원관리의 틀과 체계를 갖추어 놓지 않은 경우도 있다. 그러나 인적자원관리는 단순하게 말하면 해당 조직이 근무자들에게 얼마나 행복한 일터에서 근무할 수 있도록 지원할 것인가가 핵심 과제로 부각되는 관리활동이다. 동일한 임금을 받으면서도 만족도와 조직충성도가 높은 근무자가 있고, 동일한 업무부담을 가짐에도 불구하고 불만족이 큰 근무자도 있다. 따라서 조직의 규모가 크지 않더라도 합리적이고 투명한 인적자원관리 시스템을 구축하는 것은 매우 중요한 과제라고 할 수 있다(송혜림 · 라휘문 · 고선주, 2016).

특히 소규모의 조직은 근무자 간의 정서적 관계에도 영향을 받을 소지가 크다. 예를 들어, 수천 명이 근무하는 대기업에서는 몇몇 근무자들 간 사이가 좋지 않거나 혹은 너무 사이가 좋아 다른 근무자를 배제하는 일이 발생한다 해도 조직 자체가 큰 타격을 입지는 않는다. 그러나 소규모 조직에서 두세 명이 친하고 두세 명이 따돌림 당하는 일이 발생하면 조직에 영향을 주는 위협요인이 되기도 한다. 소규모 조직 안에서 학연 혹은 지연 등으로 인한 소그룹이 형성되면 전체 조직문화 차원에서 장점도 있지만 단점도 함께 발생하기도 한다. 이런 방식으로 소규모 조직의 특성이 인적자원관리에도 반영될 필요가 있는 것이다. 또한 앞에서 언급한 것처럼 규모가 작은 조직에서 시스템이 아닌 사람에 의존하는 경향을 보일 수 있기 때문에 안정적인 근무환경 보장을 위한 방안 그리고 근무자 누구나 인정하고 수용하는 인사관리규칙이 있어야 조직의 견고함도 유지될 수 있다.

한편, 건강가정지원센터나 가족센터와 같이 휴먼서비스를 제공하는 비영리기관의 경우 효과적인 업무성과를 위해 근무자의 직무만족은 필수적인 선행 요건으로 인식되고 있다. 즉 휴먼서비스의 생산의 질은 구성원의 직무만족과 직결된다는 것이다. 이런 점에서 비영리기관에 대한 연구에서는 조직구성원들의 직무만족은 중요한 관심 주제라고 볼 수 있다(서지원 외, 2018). 근무자들의 직무만족을 위해 개방적인 소통 시스템, 근무 애로사항 분석과 개선을 위한 계획과 실천, 근무만족도 조사, 업무몰입과 업무효율성 분석 및 진단, 직업경력 인정방안, 학력/경력/업무에 부응하는 임금체계 구축, 역량 강화를 위한 기회 제공 및 예산 편성, 투명한 승진사다리 마련 등 다양한 전략이 필요하다. 물론 이러한 전략은 비용과 시간이 투입되므로 조직으로서는 부담이 되지만, 그만큼 장기적인 효과를 가져오므로 우선적인 운영관리의 과제로 처리해야 할 것이다.

그런 의미에서 현재 건강가정지원센터/가족센터 전담인력인 건강가정사의 자격과 직무, 근무경험 등에 대한 선행연구들이 축적되고 있다. 정여주와 이기숙(2013)의 연구에 따르면 건강가정사가 인식하는 조직문화의 특성은 집단문화〉개발문화〉위계문화〉합리문화의 순서로 나타났다. 이러한 연구의 결과는 건강가정사들이 건강가정지원센터/가족센터라는 조직에 대해 집단문화적 특성을 가장 많이 가진 기관으로 인식한다는 의미이다. 또한 건강가정사의 직무만족을 분석한 결과 동료에 대한 만족이 가장 높았고, 그 다음이 상사의 리더십, 직무 자체, 기관 만족, 승진 순으로 나타났다. 가장 낮은 만족도를 보인 항목은 보수로 나타났다. 건강가정지원센터나 가족센터에 근무하는 중간관리자급 이상 건강가정사를 대상으로 심층면접을 통해 조직경험과 관련된 자료를 수집한 선행연구(조영희 외, 2015)의 결과, 조사대상 건강가정사들은 자신의 업무몰입도와 헌신도는 높은 수준으로, 직무만족도는 낮은 수준으로 평가하고 있었는데, 센터의 인지도나 근무조건 등이 해결해야 할 내용으로 제시되었다. 또한 건강가정사의 직무만족과 업무몰입을 위해 명확한 업무의 분담, 체계화된 조직, 근로조건의 개선 등이 필요함을 강조하고 있다. 가족정책 전달체계 전담인력, 즉 건강가정사의 역량강화를 주제로 한 선행연구(박정윤 외, 2015)에서는 근속년수와 자격소지 여부 등 건강가정사와 관련된 특성에 따라 역량강화를 위한 교육의 내용이 다양하게 이루어져야 함을 강조하고 있다. 이러한 연구의 결과는 향후 건강가정지원센터나 가족센터의 운영관리에서 인적자원관리의 핵심적인 과제를 선정할 때 유용한 자료로 활용할 수 있을 것이다.

④ 맞춤형 운영관리의 과제

앞에서 제시한 전달체계로서의 기반 구축, 홍보-네트워크 구축-지역사회 자원개발, 인적자원관리가 모든 건강가정지원센터나 가족센터의 보편적인 운영관리 과제에 속한다면, 마지막으로 각 지역의 건강가정지원센터/가족센터마다 갖고 있는 여러 가지 특성과 환경에 따라 도출되는 맞춤형 운영관리 과제를 제시하고자 한다. 건강가정기본법 제정 이후 전국적으로 건강가정지원센터나 가족센터가 설치되고 있는데, 센터마다 연혁과 위탁기관, 규모, 조직, 내부역량, 환경적 요소(농어촌, 도시 등 지역특성, 지역사회에 설치되어 있는 유관기관의 상황, 지역주민의 인구학적 특성 등)이 다르므로 이러한 내용들을 반영하여 각 센터가 자체적으로 진단하는 맞춤형의 운영관리 과제를 도출해야 할 것이다.

예를 들어, 외부적 환경을 보면 지역사회에 여러 유관기관들이 다양하게 설치되어 있는 경우, 그리고 그 반대로 주위에 유관기관이 거의 없는 경우는 센터가 추진하는 네트워크 구축의 방향과 내용이 많이 달라야 할 것이다. 도시지역과 농촌지역의 인프라에 따라 대면사업과 비대면사업의 비중이나 찾아가는 서비스의 활성화방안 등도 동일하지 않을 것이다. 또한 상대적으로 오랜 기간 지역사회에서 운영되고 있는 센터와 설치된 지 얼마 안 된 센터의 홍보전략도 다른 방향으로 추진되어야 할 것이다. 지역에 대학교가 있는 경우 현장실습이 활성화될 수 있고 전문인력 활용 차원에서 강점을 가질 수 있다. 기업이 활성화되어 있는 지역의 경우 건강가정지원센터나 가족센터는 가족친화 기업문화 구축에 대한 지원을 적극적으로 할 수 있을 것이다. 또한 기업의 후원이나 공동프로그램 운영 등도 다른 지역의 센터와 차별화되는 운영관리 방안이 될 수 있다.

센터 내부적인 역량이나 조건 차원을 고려해 보면, 신입직원이 많은 경우와 그렇지 않은 경우 직원이 인식하는 조직문화나 경험이 다르게 나타날 것이고, 이는 인적자원관리의 세부적인 전략이 센터마다 차별화될 필요성을 나타낸다. 건강가정사 외에 여러 전문자격을 취득한 직원이 많은지, 지속적인 자원봉사자가 활성화되어 있는지 등도 센터의 운영관리에 영향을 미치는 요소가 된다. 나아가 센터가 활용할 수 있는 건물과 사무실, 각종 기자재 등 센터가 소지한 물적자원의 수준도 센터의 운영관리에 영향을 미치게 될 것이다.

다른 한편으로 이용자의 특성을 고려해야 한다. 건강가정지원센터/가족센터는 지역사회 주민과 그 가정에게 건강가정사업을 제공하는 기관인데, 따라서 주민과 가정은 건강가정지원센터나 가족센터의 중요한 파트너로서 그 욕구와 만족도에 대한 조사와 분석, 진단은 센터의 사업 기획과 운영에 필요한 핵심적인 자료가 된다. 그런 의미에서 센터는 지역주민의 인구학적 특성, 유관기관 프로그램 이용경험 등을 잘 파악하여 요구도 조사방법을 선정해야 한다. 마찬가지로 이용자의 만족도 조사결과를 어떤 방식으로 피드백 할 것인가에 대한 전략도 필요하다. 센터가 설치된 지역사회 주민으로서 이용자의 특성도 다 다르기 때문에 이러한 점도 맞춤형의 운영관리 과제를 도출할 때 반영되어야 할 것이다.

생각해 볼 문제

1. "조직을 보면 역할을 알 수 있다"는 말은 무엇을 의미하는가?
2. 내가 사는 지역(시·군·구)의 건강가정지원센터/가족센터 사이트를 찾아, 이용자의 입장에서 사이트를 통한 홍보의 의미를 탐색해 보자.
3. 인터넷에 건강가정지원센터/가족센터 혹은 내가 사는 지역의 건강가정지원센터/가족센터를 검색어로 하여 어떤 기사와 내용들이 있는지 찾아보자. 이러한 내용이 건강가정지원센터/가족센터의 홍보(이름-사업-설득)에 어떤 영향을 미치는지 분석해 보자.

08 CHAPTER 건강가정사의 역할과 직무

8장은 건강가정사업의 실천 주체인 건강가정사의 역할과 정의, 직업윤리에 대해 살펴보고, 건강가정사가 협력해야 하는 관련인들에 대해 다룬다. 먼저, 건강기본법의 이념과 철학의 실천자로, 건강가정사업의 전달자로, 그리고 건강가정센터조직의 운영자로 규정되는 건강가정사의 역할을 살펴본다. 다음, 전문가인 건강가정사의 직무와 자격, 재교육 방안에 대해 살펴보고, 건강가정사의 직업윤리에 대해 알아본다. 마지막으로, 건강가정사가 협력해야 하는 주요 관련인들인 건강가정사업 정책가 및 행정가, 건강가정관련 연구자 및 교육자, 아이돌보미, 가족상담관련 인력, 방문교육지도사, 사회복지사, 자원봉사자를 살펴보고, 이들과의 관계에 대해서 생각해 본다.

1. 건강가정사의 역할

2. 건강가정사의 직무 및 자격

3. 건강가정사의 직업윤리와 자세

4. 건강가정사가 협력해야 하는 주요 관련인

CHAPTER

08 건강가정사의 역할과 직무

1. 건강가정사의 역할

21세기는 전문가의 시대라고 해도 과언이 아닐 정도로 많은 분야에서 전문가가 양성, 배출되고 있다. 특히 이전 시대에는 전문가의 도움이 필요하다고 생각하지 않았던 영역에도 이제는 많은 전문가의 개입이 요구된다. 대표적인 분야 중 하나가 가정생활의 질을 향상시키는 데 일조하는 전문가일 것이다.

원래 가정은 사람들의 일상생활이 구체적으로 이루어지는 장소로, 사적(私的)인 공간이며 여성의 영역으로만 치부되어 왔다. 또한 신화가 작동해서 가정은 시대와 장소를 불문하고 스윗홈이라는 안식처 개념이 강하다. 따라서 많은 경우 개별 가정생활에 전문가가 개입한다는 것 자체를 부자연스러운 것으로 인식하는 측면이 많았으며, 실제 필요성도 느끼지 못한 것이 사실이다.

그러나 후기 산업사회에 접어들면서 가정에 대한 인식이 많이 달라졌다. 이제는 다양한 문화적 · 인종적 배경을 가진 사회구성원들이 삶의 질을 향상시키면서 공존하고 통합할 수 있는 통로가 되는 것이 가정이며, 다양한 욕구와 개성 있는 삶을 실현하는 장(場)으로 가정생활의 의미가 재확인되는 등 가정의 공공성에 대한 인식이 생겨나게 되었다. 이러한 배경에서 우리나라에서도 2003년 12월 역사상 처음으로 가정생활의 삶의 질을 향상시키는 데 목적을 둔 '건강가정기본법'이 국회를 통과하였고 2005년 1월부터 시행되었다.

건강가정기본법은 제1조에서 밝혔듯이, "건강한 가정생활의 영위와 가족의 유지 및 발전을 위한 국민의 권리 · 의무와 국가 및 지방자치단체 등의 책임을 명백히 하고, 가정문제의 적절한 해결방안을 강구하며 가족구성원의 복지증진에 이바지할 수 있는 지원정책을 강화함으로써 건강가정 구현에 기여하는 것을 목적"으로 제정된 기본법이다. 또한 이 법에서는 가족구성원의 욕구가 충족되고 인간다운 삶이 보장되는 가정을 그 형태와는 상관없이 건강가정으로 정의하고, 가정의 건강성을 저해하는 문제가 발생되는 것을 사전에 예방하고 해결하기 위한 여러 가지 조치와 가족의 부양 · 양육 · 보호 · 교육 등의 가정기능을 강화하는 사업을 건강가정사업으로 규정하고 있다.

이러한 건강가정기본법의 목적에 맞게 사업을 효과적으로 실현하기 위해서는 [그림 8-1]에 제시된 것처럼 건강가정지원센터의 조직과 건강가정사의 역할이 전제되어야 한다. 즉 건강가정지원센터, 건강가정사업, 건강가정사라는 세 가지 중심축이 유기적인 상호작용 관계를 구축할 때 건강가정기본법의 목적이 제대로 실현된다.

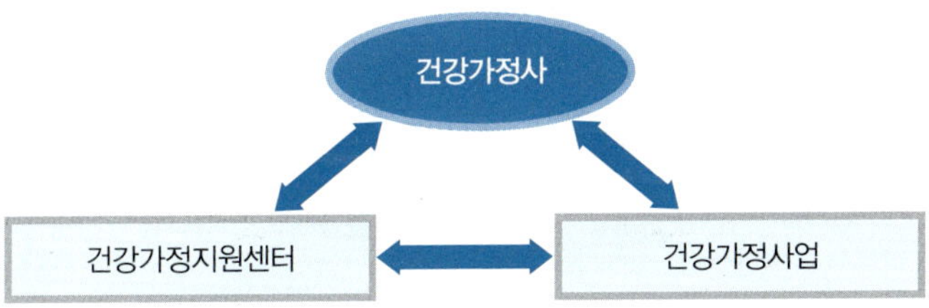

❖ 그림 8-1 건강가정기본법의 실현을 위한 체계

특히 건강가정사업을 수행하는 주체인 건강가정사는 건강가정기본법을 실현하는 핵심적인 존재이다. 건강가정지원센터가 건강가정기본법의 목적을 실현하는 하드웨어라면, 건강가정사업은 이를 채우는 소프트웨어라고 할 수 있다. 그리고 건강가정사는 최종 목표인 가정의 건강성을 향상시키는 하드웨어와 소프트웨어 모두를 운영하는 주체인 것이다. 그러므로 건강가정사의 역량에 따라 건강가정기본법의 기본 이념과 목표의 실현이 좌우된다는 것은 결코 과장된 표현이 아니다. 따라서 건강가정사는 건강가정지원센터에서 직접 건강가정사업을 기획하고 추진하며 수행하는 전문가로서 본인의 역할을 분명히 인식해야 한다.

건강가정사의 역할은 세 가지 기준으로 규정되어야 한다. 첫째, 건강가정기본법에서 제시하는 기본 이념과 철학을 기준으로 규정되어야 한다. 둘째, 건강가정기본법에서 제시하는 건강가정사업을 기준으로 규정되어야 한다. 마지막으로, 건강가정지원센터라는 조직운영의 주체라는 관점에서 규정되어야 한다. 즉 [그림 8-2]에 제시된 바와 같이 건강가정사는 건강가정기본법이 지향하는 철학과 이념의 실천자로서, 건강가정사업의 전달자로서, 그리고 건강가정지원센터 조직의 운영자로서 그 역할이 규정되어야 한다(성미애 · 이현아, 2004).

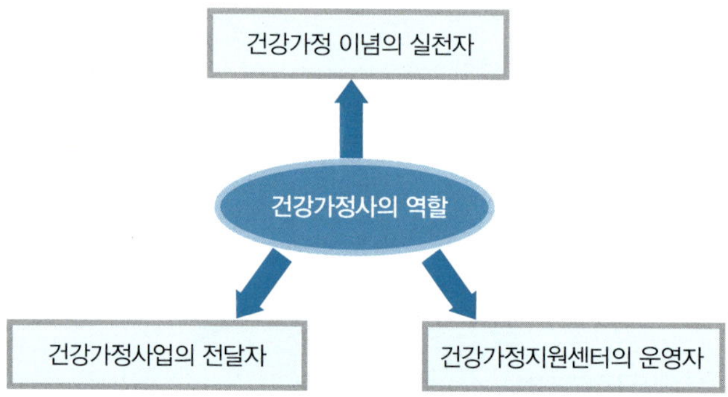

❖ 그림 8-2 건강가정사의 역할도

건강가정사가 전문가로서 이러한 역할을 제대로 수행하기 위해서는 건강가정기본법의 기본 이념과 철학을 이해해야 하며, 이를 바탕으로 건강가정사업을 수행하기 위한 제반 지식과 능력을 갖추어야 한다. 그리고 동시에 건강가정지원센터를 운영할 수 있는 경영 지식과 능력을 갖추어야 한다(성미애 · 이현아, 2004).

건강가정사의 역할을 좀 더 구체적으로 살펴보면, 먼저 건강가정사는 건강가정기본법에서 명시하는 기본 이념과 철학을 명확히 이해해야 한다. 법의 기본이념과 철학은 '건강가정'의 개념에 대한 이해에서 출발한다. 따라서 앞서 1장에서 다룬 '건강가정'의 개념을 명확하게 이해할 필요가 있다. 법에서 정의하는 건강가정이란 가족구성원의 욕구가 충족되고 인간다운 삶이 보장되는 가정이다. 건강가정은 기본토대, 가족관계, 가정역할, 사회와의 관계, 가정문화의 5대 영역, 12개 구성요소의 측면에서 가정의 건강성을 통합적으로 바라본 개념이다.

일부 학자들은 '건강가정' 개념을 가족의 한 형태로 오인하고, '건강한 가정'과 '건강하지 않는 가정'이라는 이분화된 구도로 오해하기도 하였다. 그러나 이 법에서 말하는 건강가정은 가족의 구조나 형태에 근거한 개념이 아니라 기본토대, 가족관계, 가정역할, 사회와의 관계, 가정문화 등 생활의 제 측면에서 가족구성원의 욕구가 충족됨으로써 인간다운 삶이 보장되는 상태를 말하는 것이다. 법 제3조(정의)에서 '가정'이라 함은 가족구성원이 생계 또는 주거를 함께 하는 생활공동체로서 구성원의 일상적인 부양, 양육, 보고, 교육 등이 이루어지는 생활단위라고 규정한 것에서도 알 수 있듯이, '건강가정'은 어떤 이념적인 가족 형태를 지칭하는 개념이 아니라 다양한 형태의 생활공동체인 가정의 건강성을 지향하는 개념이라는 것을 명확하게 인식할 필요가 있다. 즉, 건강가정사는 '건강가정'이 가정생활이 추구하는 방향, 즉 '가정의 건강성'을 지향하는 목적성 용어로, 다양한 형태의 가정이 영위하는 건강한 가정생활의 상태를 의미하는 것이라는 관점을 취해야 한다.

또한 건강가정기본법에서는 건강한 가정생활을 영위하고 가족을 유지 · 발전시키는 것을 국민의 권리와 의무이자 국가 및 지방자치단체의 책임으로 명시하고 있다. 따라서 건강가정사는 국민과 국가 및 지방자치단체의 유기적인 연계를 인식하고 가족구성원의 복지를 증진시킬 수 있는 지원책을 실현하는 전문가가 되어야 한다. 이를 위해서는 가정의 기능을 강화하고 잠재력을 개발하는 것만이 아니라, 다양한 가정의 건강성 증진과 사회적 통합을 이룰 수 있는 방안에 대한 전문지식과 역량을 갖추어야 한다.

둘째, 건강가정사는 건강가정사업의 전달자로서 그 역할에 충실하여야 한다. 건강가정기본법에 명시된 건강가정사업은 〈표 8-1〉에 제시된 것처럼, 가정에 대한 지원, 위기가족 긴급지원, 자녀양육지원의 강화, 가족단위 복지증진, 가족의 건강증진, 가족부양의 지원, 민주적이고 양성평등적인 가족관계 증진, 가족단위의 시민적 역할 증진, 가정생활문화 발전, 가정의례, 가정봉사원 양성, 이혼예방 및 이혼가정 지원, 건강가정교육, 자원봉사활동 지원 등이다.

❖ 표 8-1 건강가정사업의 구체적인 내용

건강가정사업	구체적 내용
가정에 대한 지원 (제21조)	1. 가정이 원활한 기능을 수행하도록 지원 - 가족원의 정신적 · 신체적 건강 지원 - 소득보장 등 경제생활의 안정 - 안정된 주거생활 - 태아검진 및 출산 · 양육의 지원 - 직장과 가정의 양립 - 음란물, 유흥가, 폭력 등 위해환경으로부터의 보호 - 가정폭력으로부터의 보호 - 가정친화적 사회 분위기 조성 - 그 밖에 건강한 가정의 기능 강화, 지원할 수 있는 사항 2. 임신 · 출산 · 수유 및 육아와 관련한 모 · 부성권 보장을 위한 육아휴직 및 유급휴가 시책의 확산 3. 한부모가족, 노인단독가정, 장애인가정, 미혼모가정, 공동생활가정, 자활공동체 등 사회적 보호를 필요로 하는 가정에 대한 적극적 지원
위기가족 긴급지원 (제21조의2)	1. 가족의 부양 · 양육 · 보호 · 교육 등 가족기능이 현저하게 저하된 경우 지원 - 아이돌봄지원, 가사돌봄지원 등 가족돌봄 - 가족상담, 집단프로그램, 자조모임 운영 등 가족의 심리 · 정서지원 - 법률구조, 의료지원, 복지서비스 등 연계 - 그 밖에 여성가족부장관이 필요하다고 인정하는 지원
자녀양육지원 강화 (제22조)	1. 자녀를 양육하는 가정에 대하여 자녀양육으로 인한 부담을 완화하고 아동의 행복추구권을 보장하기 위하여 보육, 방과후 서비스, 양성이 평등한 육아휴직제 등의 정책을 적극적으로 확대 시행 2. 다양한 가족형태를 고려하여 아동양육지원사업 시책(아이돌보미 서비스를 포함한다. 이하 같다)을 수립 · 시행 3. 아동양육지원사업을 예산의 범위에서 지원 가능

	4. 가사노동의 가치에 대한 사회적 인식을 제고하고 이를 관련 법 · 제도 및 가족 정책에 반영하도록 노력
가족 단위 복지증진 (제23조)	1. 사회보험, 공공부조 등 사회보장제도를 운용함에 있어서 가족을 지지하는 시책을 개발 · 추진 2. 경제 · 사회, 교육 · 문화, 체육, 지역사회 개발 등 각 분야의 제도 · 정책 및 사업을 수립 · 추진함에 있어 가족 우대 방안 강구
가족의 건강증진 (제24조)	1. 영 · 유아, 아동, 청소년, 중 · 장년, 노인 등 생애주기에 따르는 종합적인 건강증진 대책 마련
가족부양 지원 (제25조)	1. 영 · 유아 혹은 노인 등 부양지원을 요하는 가족구성원이 있는 가정에 대하여 부양부담을 완화하기 위한 시책을 적극적으로 강구 2. 질환이나 장애로 가족 내 수발을 요하는 가족구성원이 있는 가정을 적극 지원하며, 보호시설을 이용할 수 있도록 전문보호시설 확대 3. 가족구성원 중 장기요양을 필요로 하는 질병이나 사고로 간병을 요할 경우 가족간호를 위한 휴가 등의 시책 마련
민주적이고 양성평등한 가족관계 증진 (제26조)	1. 부부 및 세대 간에 가족갈등이 있는 경우 이를 예방 및 상담, 민주적이고 양성평등한 가족관계를 증진시킬 수 있도록 가족지원서비스를 확대, 다양한 가족생활교육, 부모교육, 가족상담, 평등가족홍보 등을 추진 2. 가정폭력이 있는 가족의 경우 가정폭력 피해자와 피해자 가족에 대한 개입에서 전문가의 체계적인 개입과 서비스가 이루어지도록 노력
가족 단위의 시민적 역할 증진(제27조)	1. 가족의 결속력과 가족구성원의 성장을 위해 가족이 시민으로서의 역할을 증진할 수 있는 기회와 서비스를 제공 2. 가족 단위의 자원봉사 참여가 확대되도록 노력
가정생활문화발전 (제28조)	1. 건강한 가정생활문화를 고취, 그에 대한 지원정책 수립 - 가족여가문화 - 양성평등한 가족문화 - 가족 단위 자원봉사활동 - 건강한 의식주 생활문화 - 합리적인 소비문화 - 지역사회 공동체 문화 - 기타 가정생활문화와 관련된 사항
가정의례 (제29조)	1. 개인과 가정은 건전한 가정의례를 확립하도록 노력 2. 건전한 가정의례를 확립하기 위한 지원정책을 수립
가정봉사원 (제30조)	1. 필요한 경우에는 가정을 방문하여 가사, 육아, 산후조리, 간병 등을 돕기 위하여 가정에 가정봉사원을 지원 2. 가정봉사원은 여성가족부령이 정하는 바에 따라 교육 3. 가정봉사원에게 예산의 범위 내에서 일정 금액을 지급

이혼예방 및 이혼가정지원 (제31조)	1. 이혼하고자 하는 부부가 이혼 전 상담을 받을 수 있게 하는 등 이혼조정을 내실화할 수 있도록 필요한 조치 강구 2. 이혼의 의사가 정해진 가족에 대하여 이들 가족이 자녀양육 · 재산 · 정서 등의 제반문제를 준비할 수 있도록 도움을 주는 지원서비스 제공 3. 이혼한 가족에 대하여 양육비에 대한 집행력의 실효성을 강화하고 그 적용대상 확대
건강가정교육 (제32조)	1. 건강가정교육 실시 - 결혼준비교육 - 부모교육 - 가족윤리교육 - 가족가치실현 및 가정생활관련 교육 등
자원봉사활동의 지원 (제33조)	국가 및 지방자치단체는 건강가정과 관련되는 자원봉사활동을 육성하고 장려하여야 한다.

따라서 건강가정사는 여러 가지 사업을 잘 수행하기 위해서 가정에 대한 거시적 · 미시적 관점을 통합할 수 있는 역량과 지식을 갖추어야 한다. 또한 이러한 관점을 구체적인 사업으로 실천할 수 있는 창의력과 응용력이 필요하다.

셋째, 건강가정사는 건강가정지원센터를 조직적이고 체계적으로 운영하는 경영자가 되어야 한다. 건강가정기본법 제35조에 의하면 가정문제의 예방, 상담 및 치료, 건강가정의 유지를 위한 프로그램 개발, 가족문화 운동의 전개, 가정 관련 정보 및 자료 제공 등을 위하여 중앙, 시 · 도 및 시 · 군 · 구에 건강가정지원센터를 두도록 하고 있다. 건강가정지원센터는 이용자에게 건강가정사업을 전달하는 통로로, 건강가정사업의 활성화, 총괄기획, 프로그램 운영을 위한 인력관리, 프로그램 개발과 제공, 건강가정사업 관련 기관과의 네트워크 구축 등의 기능을 수행하는 중추기관이다.

따라서 건강가정사는 건강가정지원센터의 조직 체계 속에서 자신이 속한 센터의 역할과 기능을 파악해야 한다. 한국건강가정진흥원은 중앙 차원의 건강가정지원센터로 건강가정사업 개발 및 보급, 시 · 도 및 시 · 군 · 구 센터의 사업지원 및 평가, 인적 자원 역량강화 교육 등 건강가정사업을 총괄적으로 관리하고 지원하는 역할을 한다. 시 · 도 건강가정지원센터는 시 · 도의 건강가정지원 사업 개발 및 보급, 시 · 군 · 구 센터 사업지원 및 관리의 역할을 한다. 시 · 군 · 구 건강가정지원센터는 시 · 군 · 구 단위로 건강가정사업을 지역사회에 전달하는 조직으로, 가족상담, 교육, 문화, 돌봄사업을 실시하고, 지역사회 유관기관과의 네트워크를 구축하는 등 건강가정사업을 직접적으로 제공하는 역할을 한다.

최근 우리 사회도 다문화사회가 되면서 다문화가족에 대한 지원 또한 건강가정사의 중요한 역할이 되었다. 다문화가족의 삶의 질 향상과 사회 통합을 목적으로 2008년 다문화가족지원법이 제정되었고, 그에 따라 전국에 다문화가족지원센터[1)]가 설치되어 운영되고 있다. 다문화가족지원센터에 종사할 수 있는 전문가로 건강가정사가 지정(다문화가족지원법 시행규칙 제3조 1항)되어 있는 만큼, 건강가정사는 다문화사회에 대한 이해 및 다문화가족의 특수성을 파악하고, 사회적 통합을 실천할 수 있는 역량 또한 갖추어야 한다.

이상에서 살펴본 바와 같이 건강가정사는 건강가정기본법이 지향하는 철학과 이념의 실천가로서, 또한 건강가정사업의 전달자로서, 그리고 건강가정지원센터 조직의 운영자로서 그 역할을 규정할 수 있다.

2. 건강가정사의 직무 및 자격

건강가정기본법에 제시된 건강가정사와 관련된 조항을 토대로 건강가정사를 정의한다면, 건강가정사란 건강가정사업을 수행하는 허브가 되는 건강가정지원센터에서 직접 건강가정사업을 수행하는 학식과 경험이 있는 전문가라고 할 수 있다.

1) 2021년부터 건강가정지원센터와 다문화가족지원센터가 통합되어 운영되는 경우, 가족센터로 지칭하고 있다.

여기서는 건강가정사의 세 가지 역할을 토대로 그들이 전문가로서의 역할을 효과적으로 수행할 수 있도록 규정하는 건강가정사의 직무와 자격에 대해서 살펴보고자 한다.

1) 건강가정사의 직무

직무(job)란 목적이나 수준이 유사한 책무(duty)의 집합을 말한다. 여러 책무들은 업무의 유사성이나 업무가 조직에 미치는 영향의 책임수준의 유사성을 기준으로 직무로 분류된다. 그리고, 한 직무는 한 사람 또는 여러 사람의 근로자가 수행할 수 있다.

일반적으로 책무는 특정 개인이 수행하는 여러 가지 과업(task)을 모아놓은 것이다. 여기서 말하는 과업은 특정 역할을 구성하는 구체적이고 명확한 작업활동 또는 단일한 목적을 가진 여러 동작들의 집합을 말한다(노동부, 2007). 즉 과업이 일정한 목적을 중심으로 분담이 가능한 일들로 역할과 책임이 부여되면서 책무로 발전되고, 책임수준의 유사성을 기준으로 하나의 직무로 분류될 수 있다.

건강가정기본법에 제시된 건강가정사의 직무를 살펴보면 다음과 같다(건강가정기본법 시행령 제15조).

첫째, 가정문제의 예방 상담 및 개선
둘째, 건강가정의 유지를 위한 프로그램 개발
셋째, 건강가정교육(민주적이고 양성평등한 가족관계 교육을 포함)
넷째, 가정생활 문화운동의 전개
다섯째, 가정 관련 정보 및 자료 제공
여섯째, 가정에 대한 방문 및 실태 파악
일곱째, 아동보호 전문기관 등 지역사회 자원에의 연계
여덟째, 그 밖에 건강가정사업과 관련하여 여성가족부장관이 정하는 활동

건강가정기본법이 정하는 건강가정사의 기본적인 직무는 가정문제의 예방 · 상담 및 개선, 건강가정의 유지를 위한 프로그램 개발, 건강가정교육, 가정생활 문화운동의 전개, 가정 관련 정보 및 자료 제공, 가정에 대한 방문 및 실태 파악, 아동보호전문기관 등 지역사회 자원에의 연계, 건강가정사업과 관련하여 여성가족부장관이 정하는 활동 등으로 다양하다.

그리고 〈표 8-2〉에 제시되어 있는 것처럼 건강가정사의 직무는 건강가정사의 직급에 따라 다를 수 있다. 관리자급에 해당되는 건강가정사는 건강가정사업의 운영 및 관리, 기획 및 홍보, 예산집행, 조직 및 인사, 조사연구 기획, 프로그램 개발, 인력개발 및 보급, 마케팅, 네트워크 구축 등의 직무를 담당해야 할 것이다. 중간 실무자급에 해당되는 건강가정사는 건강가정 관련 상담 및 교육, 사업 홍보 및 코디네이터, 프로그램 집행 및 활동, 건강가정사업 요구도 분석 및 사업 개발, 네트워크 구축 등의 직무를 담당해야 할 것이다. 일선 실무자급에 해당되는 건강가정사는 실제 건강가정사업의 터미널에서 근무하는 자로서, 건강가정사업 프로그램 집행 및 활동, 대상자 초기 면접 및 상담, 실태조사, 홍보 및 캠페인, 관련 사무 등을 담당해야 할 것이다.

❖ **표 8-2** 건강가정사의 직급에 따른 직무내용

구분	직무내용	
관리자급 건강가정사의 직무	① 건강가정사업의 운영 및 관리 ② 건강가정사업의 기획 및 홍보 ③ 건강가정사업의 예산 집행 ④ 건강가정사업의 조직 및 인사 ⑤ 건강가정사업 관련 조사연구의 기획	⑥ 건강가정사업 프로그램 개발 ⑦ 건강가정사업 인력개발 및 보급 ⑧ 건강가정사업 홍보 및 마케팅 ⑨ 건강가정 관련 상담 및 교육 ⑩ 건강가정사업 관련 네트워크 구축
중간 실무자급 건강가정사의 직무	① 건강가정 관련 상담 및 교육 ② 건강가정사업 홍보 ③ 건강가정사업 코디네이터	④ 건강가정사업 관련 네트워크 구축 ⑤ 건강가정사업 프로그램 집행 및 활동 ⑥ 건강가정 요구도 분석 및 사업 개발
일선 실무자급 건강가정사의 직무	① 건강가정사업 프로그램 집행 ② 건강가정사업의 활동 ③ 건강가정사업 대상자 면접 및 초기상담 ④ 건강가정 정보망 구축 및 네트워크 활동	⑤ 건강가정 요구도 및 실태 조사 ⑥ 건강가정 홍보 및 캠페인 ⑦ 관련 사무

이처럼, 건강가정사는 대인 서비스를 담당하는 일선 실무자에서부터 중간 실무자, 그리고 관리자로서의 직무를 수행해야 하는 만큼, 건강가정사의 자격 또한 다양한 직무의 성격에 따라서 등급화할 필요가 있다. 현행법에서는 건강가정사의 자격을 등급화하지 않고 있지만 앞으로는 자격 기준을 보다 구체화하여 일선 실무자급, 중간 실무자급, 그리고 관리자급 등 직무의 수준에 따라 등급화할 필요가 있다.

한편, 이윤정과 정은희(2008)는 건강가정지원센터의 건강가정사 직무분석을 위한 기초연구에서 건강가정사의 직무 영역을 일곱 개로 구분하였다. 즉 총괄책임 영역, 상담사업 영역, 교육사업 영역, 문화사업 영역, 행정지원사업 영역, 아이돌보미사업 영역, 장애아가족 아동양육지원사업 영역으로 나누었으며, 각 직무별로 담당해야 할 일을 다음과 같이 제시하였다.

(1) 총괄책임 영역

총괄책임 직무에는 총 4개의 책무가 포함된다. 센터사업 총괄 책무에는 중장기사업목표 및 방향설정과 조정, 센터 연간계획 수립 및 조정, 센터 월간계획 수립 및 조정 등 11개 과업이, 센터 운영 총괄 책무에는 예산계획 수립, 편성, 조정, 센터 제반 규정 제정 및 관리 총괄, 인사위원회, 자문위원회 등 운영, 센터 내부회의 주관 등 4개 과업이, 인사관리 및 인력개발 책무에는 직원 인사관리, 직원 복지후생에 대한 총괄, 직원 인력개발 및 보상 관련 업무총괄 등 7개 과업이, 대외협력활동 책무에는 센터 협력기관 업무총괄, 지역사회 네트워크 구축, 각종 외부회의 참석 등의 대외적 활동, 센터 및 사업홍보 과업 등 4개의 과업이 포함되었다. 이 영역은 센터장과 사무국장 및 총괄팀장 등 중간관리자급 종사자가 수행가능한 영역이라 명시하였다.

(2) 상담사업 영역

상담사업 직무에는 총 4개의 책무가 포함된다. 기획 책무의 세부과업으로는 상담 접수, 초기 사정, 집단상담 프로그램 기획, 집단상담 프로그램 강사 섭외, 집단상담 프로그램 참여자 모집, 상담 자원봉사자 모집 등 9개 항목이 포함되었고, 수행 책무에는 전화상담, 사이버상담, 개별상담, 가족상담, 심리검사, 내담자의뢰 등 11개 항목이 포함되었다. 평가 책무는 사례회의, 슈퍼비전, 사례관리, 기관연계, 사후관리 등 9개 항목, 기타 책무는 홍보, 정보제공활동, 환경조성, 센터 내부회의 참석, 센터 외부회의 참석, 건강가정 현장실습생 지도, 자기계발, 외부지원 사업, 지역사회 네트워크 구축 등 9개 항목이 포함되었다. 이 영역은 팀장과 팀원이 수행가능하다고 밝혔다.

(3) 교육사업 영역

교육사업 직무에는 총 네 개의 책무가 포함된다. 기획 책무에는 교육프로그램 기획, 참여자 모집, 강사 섭외, 교육 장소 섭외, 교육 교재 및 자료 제작, 프로그램 제반 사항 준비 등 9개 항목이 포함되어 있다. 수행 책무에는 강사활동, 프로그램 진행, 회기별 참여자 관리, 프로그램 일지 등 수행에 따른 문서 작성, 사업비 지출 과업 등 총 5개 항목이, 평가 책무에는 프로그램 평가, 참여자 관리, 사업결과 홈페이지 게시, 프로그램 실적보고서 등 서류작성 과업 총 4개 항목이, 기타 책무에는 상담사업과 동일한 9개 항목의 과업이 포함되었다. 이 영역도 팀장과 팀원이 수행가능하다고 밝혔다.

(4) 문화사업 영역

문화사업 직무에는 총 4개의 책무가 포함된다. 기획 책무에는 문화 프로그램 기획, 참여자 모집, 강사 섭외, 장소 섭외, 프로그램 제반 사항 준비 등 총 10개 항목의 과업이 포함되었다. 수행 책무에는 프로그램 진행, 가족자원봉사 프로그램 운영, 가족자원봉사단 교육, 프로그램 일지 등 수행에 따른 문서 작성, 사업비 지출 과업 등 총 5개 항목이 포함되었고, 평가 책무에는 프로그램 평가, 참여자 관리, 가족자원봉사단 관리, 사업결과 홈페이지 게시, 프로그램 실적보고서 등의 서류작성 과업 등 총 5개 항목이, 기타 책무에는 상담사업과 동일한 9개 항목의 사업이 포함되었다. 이 영역도 팀장과 팀원이 수행가능한 영역이라고 밝혔다.

(5) 행정지원사업 영역

행정지원 직무는 총 4개의 책무가 포함된다. 문서관리 책무는 발신공문관리, 수신공문관리, 센터 홍보물 관리, 우편물 접수, 우편물 발송, 기타 서류관리 과업 등 6개 항목으로 구성되었다. 예산회계 책무에는 예산편성, 회계처리, 급여정산 및 지급, 4대 보험관리, 회계 관련 장부 및 문서 작성과업 등 6개 항목이 포함되었으며, 센터 운영 책무에는 직원인사복무, 각종 위원회 설치, 각종 위원회 운영, 센터시설관리, 물품구매, 비품관리 과업 등 6개 항목이 포함되었다. 기타 책무는 상담사업 과업과 동일한 9개 항목의 사업이 포함되었다. 이 영역도 팀장과 팀원이 수행가능한 영역이라고 밝혔다.

(6) 아이돌보미사업 영역

아이돌보미사업 직무는 총 4개 책무가 포함된다. 기획 책무에는 아이돌보미 전화상담, 아이돌보미 면접상담, 아이돌보미 모집, 이용자 가정 전화상담 등 총 10개 과업 항목이 포함되었다. 수행 책무에는 아이돌보미 양성교육, 이용자 가정과 아이돌보미 연계, 이용자가정 방문, 활동일지 관리, 모니터요원 활동관리, 육아휴게소운영, 월례회의 과업 등 총 7개 항목이, 평가 책무에는 사례관리, 아이돌보미 보수교육, 아이돌보미 DB관리, 아이돌보미 급여 정산 및 지급, 예산관리, 실적 보고서 등 서류작성 과업 등 총 6개 항목이 포함되었다. 기타 책무는 상담사업 과업과 동일한 9개 항목의 사업이 포함되었다. 이 영역도 팀장과 팀원이 수행가능한 영역이라고 밝혔다.

(7) 장애아가족 아동양육지원사업 영역

장애아가족 아동양육지원사업 직무는 총 4개 책무가 포함된다. 기획책무에는 장애아돌봄도우미 전화상담, 장애아돌봄도우미 면접상담, 장애아돌봄도우미 모집, 이용자가정 전화상담 등 총 11개 과업이 포함되었고, 수행책무에는 장애아돌봄도우미 양성교육, 이용자가정과 장애아돌봄도우미 연계, 이용자가정 방문, 활동일지 관리 등 총 8개 과업이 포함되었다. 평가책무에는 장애아돌봄도우미 보수교육, 장애아돌봄도우미 DB관리, 장애아돌봄도우미 급여정산 및 지급, 예산관리, 실적보고서 등 서류작성 과업 등 5개 항목이, 기타 책무에는 상담사업의 기타 책무와 동일한 내용이 포함되었다. 이 영역도 팀장과 팀원이 수행가능한 영역이라고 언급하였다.

한편 송혜림(2009)은 건강가정사가 현장에서 수행하는 세부직무과업을 유형화하여 주요 직무 영역을 다음과 같이 도출하였다. 우선, 건강가정사의 주요 직무 영역을 가족서비스 제공, 조직 내 연계, 지역사회 자원개발과 관리, 사무/행정 등 4개 영역으로 구분하고, 각 직무별 세부직무과업을 제시하였다. 즉 가족서비스 제공 직무에는 직접적 대민서비스, 이용자 모집, 프로그램 기획/준비/평가, 전문인력 섭외/관리, 이용자 관리, 정보수집의 과업이 포함되었다. 조직 내 연계 직무에는 내부회의, 조직 내 역할분담, 조직 내 의사소통, 조직인력관리 등의 과업이, 지역사회자원개발과 관리 직무에는 자원봉사자 모집, 자원봉사자 교육, 외부회의 및 간담회, 유관기관 협력사업, 기관연계 등의 과업이 포함되었다. 마지막으로 사무/행정 직무 영역에는 기안문 작성, 사업지출계획, 사무문서 작성, 장소섭외, 홍보, 시설 및 비품관리, 실적보고서 작성, 지출결의, 위탁기관 접촉, 공공기관접촉, 홈페이지 운영 등의 과업이 포함되었다.

실제 건강가정사를 대상으로 직무 및 근무환경에 대한 인식을 살펴본 연구(성미애 외, 2012)에 따르면, 건강가정사는 가족에 대한 전문지식과 열린 자세를 가진 전문가의 역할, 현장에서 실무자, 기획자, 진행자, 평가자의 역할로 자신의 직무를 인식하고 있고, 다른 기관과 업무 차별성에 대한 자부심을 크게 인식하고 있는 것으로 나타났다. 그리고 건강가정사의 업무몰입과 직무만족을 통해 조직생활 경험 및 역량 강화방안을 도출한 연구(조영희 외, 2015)에 따르면, 조사에 참여한 건강가정사들은 건강가정사업 중 교육 · 문화 · 상담 그리고 돌봄 등 건강가정지원센터의 보편적인 사업영역에 대해서는 긍정적인 평가를 내린 반면, 지역사회 네트워크 그리고 다문화사업은 상대적으로 부진한 것으로 평가하였다.

한편, 건강가정사의 경우 업무몰입도와 헌신성은 매우 높은 데 반해 열악한 근로조건, 업무량 과다 및 장시간 근무에 시달리는 등 직무만족도는 낮은 것으로 나타났다(성미애 외, 2012; 조영희 외, 2015). 건강가정사의 직무만족과 업무몰입은 서비스의 질이나 이용자만족도에 영향을 미치고 이것이 곧 건강가정사업의 성과로 이어지는 만큼, 건강가정사의 역량을 강화하고 직무만족도를 향상시킬 수 있는 방안을 강구해야 할 것이다.

이상에서 살펴본 바와 같이 건강가정사의 직무는 건강가정기본법에 의거하여 가정문제의 예방 · 상담 및 개선, 건강가정의 유지를 위한 프로그램 개발, 건강가정교육, 가정생활 문화운동의 전개, 가정 관련 정보 및 자료 제공, 가정에 대한 방문 및 실태 파악, 아동보호 전문기관 등 지역사회 자원과의 연계, 그 밖에 건강가정사업과 관련하여 해당 행정부서 장관이 정하는 활동으로 규정할 수 있다. 그리고 실제 건강가정사업 실천현장에서는 총괄책임, 상담사업, 교육사업, 문화사업, 행정지원사업, 아이돌보미사업, 장애아가족 아동양육지원사업 등으로 유형화하거나, 가족서비스 제공, 조직 내 연계, 지역사회 자원개발과 관리, 사무 및 행정 등으로 유형화할 수 있다. 향후 사회변화에 따라 건강가정사의 역할과 직무는 좀 더 확대 · 심화될 수 있는 만큼, 전문가로서 건강가정사의 직무를 보다 표준화하고 체계화할 필요가 있다.

2) 건강가정사의 자격

(1) 건강가정사 자격기준

건강가정사란 앞서도 언급한 바와 같이 건강가정기본법의 기본 이념과 철학을 올바르게 이해하고, 건강가정사업을 추진하고 수행하기 위한 전문적인 지식과 능력을 갖추는 동시에 건강가정지원센터를 운영하기 위한 경영 지식과 능력을 갖추어야 한다.

건강가정사는 첫째, 가정문제 파악과 해결에 대한 전문지식이 있는 전문가로서, 실제적으로 가정문제를 예방하고 상담하면서 가정생활을 개선시키며, 나아가 가정생활 관련 정보 및 자료를 제공해야 한다. 둘째, 건강가정을 위한 실천가로서, 민주적이고 양성평등적 이념을 바탕으로 가정생활에 실제적으로 도움을 주는 교육자의 역할을 담당해야 한다. 셋째, 가정의 실태를 파악하고 분석하는 조사자로서, 이용자의 욕구에 맞는 사업을 기획하고 수행해야 한다. 넷째, 지역사회의 여러 기관과 연계하는 코디네이터로서, 지역사회의 전반적 구조와 네트워크 역량을 갖추어야 한다. 다섯째, 센터를 운영하는 조직운영 전문가로서, 공공시설 경영에 필요한 리더십, 기획관리, 인사관리, 재정관리, 사무관리, 시설 및 조직관리, 마케팅 등 경영의 하위 영역에 대한 지식과 경험도 필수적으로 요구된다. 이처럼 건강가정사가 되기 위해서는 건강가정사업을 수행하고 건강가정지원센터 조직을 운영하기 위한 전문가로서 다양한 역량과 자질을 갖추어야 한다.

❖ **표 8-3** 건강가정사가 되기 위해 이수하여야 하는 관련 교과목(시행규칙 제5조 관련)

구분		교과목
핵심과목(5)		건강가정론, (건강)가정(족)정책론, 가족상담(및 치료), 가정(족)생활교육, 가족복지론, 가족과 젠더, 가족(정)과 문화, 건강가정현장실습, 여성과 (현대)사회, 비영리기관 운영관리 중 5과목 이상
관련 과목(7)	기초 이론(4)	가족학, 가족관계(학), 가족법, 아동학, 보육학, 아동(청소년)복지론, 노년학, 노인복지론, 인간발달, 인간행동과 사회환경, 가족(정)(자원)관리, 가계경제, 가사노동론, 여가관리론, 주거학, 생애주기 영양학, 여성복지(론), 여성주의이론, 정신건강(정신보건사회복지)론, 장애인복지론, 가정생활복지론, 상담이론, 자원봉사론, 성과 사랑, 법여성학, 여성과 문화, 일과 가족(정), 사회복지(개)론 중 4과목 이상
	상담・교육 등 실제(3)	생활설계상담, 아동상담, 영양상담 및 교육, 소비자 상담, 주거상담, 부모교육, 부부교육, 소비자교육, 가정생활과 정보, 가계재무관리, 주택관리, 의생활관리, 지역사회 영양학, 프로그램 개발과 평가, 사회복지실천기술론, 지역사회복지론, 연구(조사)방법론, 부부상담, 집단상담, 가족(정)과 지역사회, 여성과 교육, 여성과 리더십, 여성주의상담, 사회복지실천론, 위기개입론, 사례관리론 중 3과목 이상

※ 비고

1. 대학원에서 관련 교과목을 이수하는 경우에는 같은 표의 교과목 중 핵심과목 4과목 이상, 관련과목 4과목(기초이론 2과목, 상담・교육 등 실제 2과목) 이상을 각각 이수하여야 한다. 다만, 핵심과목 및 관련과목 각각의 2분의 1의 범위에서 대학 또는 이와 동등 이상의 학교에서 이수한 교과목도 이를 대학원에서 이수한 것으로 본다.
2. 교과목의 명칭이 동일하지 아니하더라도 교과의 내용이 동일한 것으로 여성가족부장관이 인정하는 경우에는 동일 교과목으로 본다.
3. 관련 교과목 이수는 12과목 36학점(대학원에서 이수하는 경우 8과목 24학점) 또는 12과목 이상 36학점(대학원에서 이수하는 경우 8과목 이상 24학점)으로 한다.

건강가정기본법에 규정되어 있는 건강가정사의 자격을 보면, "대학 또는 이와 동등 이상의 학교에서 사회복지학・가정학・여성학 등 여성가족부령이 정하는 관련 교과목을 이수하고 졸업한 자"(제35조 3항)로 명시되어 있고, 건강가정사의 자격과 직무에 관하여 필요한 사항은 대통령령으로 정하도록(제35조 4항) 하고 있다. 그리고 건강가정기본법 시행규칙에 제시된 건강가정사가 되기 위하여 이수하여야 할 관련 교과목은 〈표 8-3〉과 같다.

이처럼 건강가정사의 자격 규정은 건강가정사업을 전문적으로 수행하는 데 필요한 전문지식과 능력을 갖추고 있는지를 관련학과 졸업과 교과목 이수 기준을 통해 검증하고 있다. 사실 가정생활은 다면적이고 복합적인 특성이 있기 때문에, 건강가정사는 무엇보다도 개인-가족-지역사회의 맥락에서 가정의 건강성을 증진시킬 수 있는 가정생활에 대한 통합적인 지식이 있어야 한다. 즉 인간, 가정, 사회, 환경에 대해 본질적으로 이해하고, 생태학적 관점에서 이들 간의 상호적 · 유기적 관계를 이해하면서 가정생활에서 직면하는 문제를 예방하고 해결할 수 있는 전문지식을 가져야 한다. 뿐만 아니라 건강가정사업을 수행할 수 있는 실천 기술도 갖추어야 한다. 즉 건강가정사는 개인-가족-지역사회의 맥락에서 건강가정에 대한 전문지식의 토대 위에 건강가정지원센터를 운영할 수 있는 경영관리 기술이 있어야 하고, 구체적인 건강가정사업을 위한 프로그램을 실천하고 관리할 수 있는 기술이 필요하며, 다양한 가정의 요구도를 파악할 수 있는 요구 조사 기술, 실천적 교육기법, 의사소통 및 상담 기술, 나아가 정보 및 네트워킹 기술을 포함한 다양한 현장 실천능력을 갖추어야 한다.

따라서 〈표 8-3〉에 제시된 핵심과목은 건강가정에 대한 기초적인 이해를 위한 원론의 성격을 갖는 교과목과 기초 실습 교과목을 합한 것이라고 볼 수 있다. 반면, 관련 과목은 기초 이론 과목과 상담 · 교육 등 실제 과목으로 구분되는데, 기초 이론 과목의 경우 가정을 구성하는 인적 토대 및 물적 토대를 이해할 수 있는 기초 내용이 담긴 과목으로 구성되어 있다. 상담 · 교육 등 실제 과목은 건강가정사업을 수행하는 데 필요한 전문지식을 담고 있는 교과목과 건강가정사업을 현장에서 실천하는 데 필요한 교과목으로 구성되어 있다.

이를 좀 더 자세히 살펴보면, 핵심과목은 건강가정에 대한 기초적인 이해를 위한 원론적 성격의 교과목과 기초 실습교과목으로 구성되어 있다. 구체적으로는 건강가정론, (건강)가정(족)정책론, 가족복지론, 여성과 (현대)사회, 가족(정)과 문화, 가족과 젠더, 가족상담(및 치료), 가정(족)생활교육, 건강가정현장실습, 비영리기관 운영관리 등이 있다. 이와 같은 교과목을 이수하면서 건강가정의 이념과 가치를 이해하며, 거시적 · 미시적 맥락에서 건강가정의 틀을 파악하고, 가정의 건강성을 증진시키는 기초 이론 및 실습을 경험하게 된다.

반면, 관련 과목은 기초 이론 과목과 상담 · 교육 등 실제 성격을 갖는 과목으로 구성되어 있다. 기초 이론 과목의 경우 가정을 구성하는 인적 토대를 살펴보는 교과목인 가족학, 가족관계(학), 아동학, 보육학, 아동(청소년)복지론, 노년학, 노인복지론, 인간발달, 인간행동과 사회환경, 장애인복지론, 여성복지론과, 개인-가족-지역사회의 맥락에서 가정생활을 분석할 수 있는 교과목인 여성주의이론, 정신건강(정신보건사회복지)론, 상담이론, 자원봉사론, 성과 사랑, 법여성학, 여성과 문화, 일과 가족(정), 사회복지(개)론, 그리고 물적 토대를 다루는 교과목인 가족(정)(자원)관리, 가계경제, 가사노동론, 여가관리론, 주거학, 생애주기 영양학, 그리고 인적 토대와 물적 토대를 결부시켜 가정생활경영을 전반적으로 다루고 있는 교과목인 가정생활복지론 등으로 구성되어 있다. 이와 같이 기초 이론 관련 과목을 통해 가정의 건강성을 증진시키는 것과 관련되는 인적 · 물적 토대에 대해 통합적인 관점을 가질 수 있으며, 실제 인적 · 물적 토대를 경영하고, 가정 내 문제를 해결할 수 있는 능력을 함양할 수 있게 된다.

한편, 관련 과목 중 상담 · 교육 등 실제 과목은 건강가정사업을 수행하는 데 필요한 전문지식을 담고 있는 교과목으로 구성되어 있다. 건강가정사업이 가정생활의 여러 영역에 대한 이해를 기초로 개발된 것인 만큼, 건강가정사는 가족, 아동, 노인, 의생활, 식생활, 주생활, 여가생활, 가사노동, 가계관리 등 가정생활 전반에 대해 전문가적 관점과 역량을 가지고 접근하는 것이 필요하다. 따라서 생활설계상담, 아동상담, 영양상담 및 교육, 소비자상담, 주거상담, 부모교육, 부부교육, 소비자교육, 가정생활과 정보, 가계재무관리, 주택관리, 의생활관리, 지역사회 영양학, 부부상담, 집단상담, 여성과 교육, 여성과 리더십, 여성주의상담 등을 통해 가정생활의 세부영역을 보다 구체적이고 심층적으로 이해하게 된다. 나아가 종합적인 맥락에서 가정문제를 바라볼 수 있게 된다. 이는 건강가정사업을 수행하게 될 건강가정사가 갖추어야 할 기본 요건이라고 할 수 있다. 또한 프로그램 개발과 평가, 사회복지실천기술론, 사회복지실천론, 지역사회복지론, 가족(정)과 지역사회, 위기개입론, 사례관리론 등은 건강가정사업을 현장에서 실천하는 데 필요한 능력을 키워주는 과목의 성격을 가지며, 연구조사방법론과 연구방법론은 건강가정사의 연구조사능력을 개발하는 데 도움을 줄 것이다. 이처럼 상담 · 교육 등 실제 과목은 현장에서 가정문제를 보다 구체적이고 현실적으로 접근할 수 있도록 해주며, 건강가정사를 지원하는 사람들에게 현장 전문가로서의 역량을 키울 수 있는 기회를 제공하는 교과목이라고 할 수 있다.

이상에서 살펴본 바와 같이 현재 건강가정사 자격 취득에 필요한 교과목 이수 규정을 보면, 기초 이론이나 상담 · 교육 등 실제 관련 교과목은 그 범주와 종류가 지나치게 방대한 데 비해, 이수 기준 교과목 수는 기초 이론 4과목, 상담 · 교육 등 실제 3과목에 불과하다. 핵심과목 5과목, 기초 이론 4과목과 상담 · 교육 등 3과목을 이수한 것으로 건강가정 이념의 실천자, 건강가정사업의 전달자와 건강가정지원센터의 운영자의 역할을 제대로 수행할 수 있을지에 대해서는 논의가 필요하다.

실제 건강가정지원센터에서 근무하고 있는 건강가정사를 대상으로 업무몰입과 직무만족을 살펴본 연구(조영희 외, 2015)에 따르면, 건강가정사 업무와 관련하여 유용한 교과목, 도움을 주지 않는 교과목, 추가 신설이 필요한 교과목을 〈표 8-4〉와 같이 제시하고 있다. 주로 핵심영역에 포함되는 가정학 관련 교과목에 대해서는 현장에 있는 건강가정사 대부분 그 유용성을 인정하는 경향을 보였다. 이에 덧붙여 현장에서 실무를 담당하고 있는 건강가정사들은 가족심리를 이해할 수 있는 교과목, 다문화가족을 비롯해 가족형태가 다양화되면서 다양한 가족을 이해하기 위한 교과목, 현장에서의 실무와 운영관리의 역량을 강화시키기 위한 교과목에 대한 추가신설을 요구하고 있다. 또한 건강가정사 자격 취득을 위한 교과목 구성체계를 개선하는 방안으로는 건강가정론이나 건강가정현장실습 등의 교과목은 필수과목으로 지정해야 한다는 의견이 강하게 제기되었다. 반면, 현장과 연결되지 않는 이념만 강조하는 여성학 관련 교과목이나 의생활, 식생활, 주생활 관련 교과목에 대해서는 크게 도움이 되지 않는다는 의견이 많았다. 이와 같이 현장 종사자의 의견을 반영하여 건강가정사 자격취득 교과목이 실제 건강가정사의 직무에 유용한 내용으로 구성될 때, 건강가정사 자격의 전문성이 강화될 수 있다.

❖ 표 8-4 건강가정사 자격취득 교과목 유용성에 대한 면접대상자의 의견

영역	유용한 교과목	도움을 주지 않는 교과목	추가 신설이 필요한 교과목
교과목 명칭	가족상담, 비영리기관 운영관리, 건강가정론, 가족정책론, 가족생활교육, 가정과 문화, 건강가정 현장실습, (건강가정) 프로그램 개발과 평가, 연구방법(통계)	여성과 사회, 영양학, 주택관리, 가족과 젠더, 보육학, 가계경제, 주거학, 법여성학, 여성과 문화, 영양상담 및 교육, 가정생활과 정보, 의생활관리, 가족과 지역사회, 여성과 교육, 생애주기별 영양학, 여성과 리더십	가족심리의 이해, 다양한 가족의 이해, 건강가정지원센터의 행정실무/사무관리, 다문화상담학, 법 관련 과목(현재의 가족법이 아닌 가정생활과 관련된 전반적인 내용을 아우르는 법)

(2) 건강가정사 자격관리 체계화 방안

건강가정사 자격의 전문성 향상을 위해 무엇보다 중요한 것은 자격관리의 체계화이다. 시급하게 다루어야 할 쟁점은 자격증 발급, 국가자격화, 연수 및 보수교육 실시, 자격관리전담기구 설치의 네 가지이다. 이 네 가지 쟁점을 중심으로 건강가정사 자격관리의 체계화 방안을 살펴보면 다음과 같다.

첫째, 건강가정사 자격관리의 체계화를 위해 자격증 발급이 필요하다. 현재는 자격증 없이 교과목 이수 증명을 통해 건강가정사 자격을 인정해주고 있는데, 이는 여러 가지 문제를 안고 있다. 교과목 이수 증명을 위해 성적표를 제출해야 하는데, 이는 건강가정사들의 개인신상정보가 공개되는 등 개인정보보호의 문제를 야기하고 있다. 뿐만 아니라 주무부처에서 발급한 자격증이 없다 보니, 2005년 법 시행 이후 배출된 건강가정사에 대한 관리가 전혀 이루어지지 않고 있다. 현재 가족정책의 주무부처인 여성가족부는 가족정책서비스를 전달하는 전문인력인 건강가정사에 대한 관리체계를 마련하여 자격관리를 해야 한다. 주무부처의 장관 명의로 건강가정사 자격증을 발급하는 것은 인권존중과 개인정보보호 등 기본적 법 준수와 관련된 사항인 만큼 무엇보다 시급하게 추진해야 한다.

둘째, 건강가정사 자격관리의 체계화를 위해서는 국가자격화를 추진해야 한다. 우리 사회의 지속가능한 발전과 성장을 위해서 가정의 건강성이 더 중요시되는 현 상황을 고려할 때, 건강가정사 자격의 국가자격화는 사회적 요구에 부응한 대처라 할 수 있다. 즉, 가정의 건강성은 우리 사회의 지속가능성을 담보하는 근간인 만큼, 가정의 건강성을 지원하는 전문가를 체계적으로 양성하고 서비스 질 향상을 위해 전문인력을 관리하는 것은 국가의 책무인 것이다. 이런 점에서 볼 때, 건강가정사의 국가자격증화는 우리 사회의 지속가능성과 직결된 사안으로 최우선으로 추진되어야 할 정책 과제이다. 가족정책서비스를 전달하는 전문인력인 건강가정사의 자질 향상과 질적 표준화를 위해서는 국가자격화를 통해 자격관리의 체계를 강화할 필요가 있다.

셋째, 건강가정사 자격관리의 체계화를 위해서는 건강가정사에 대한 연수 및 보수교육을 의무화해야 한다. 현행법에는 건강가정사에 대한 연수 및 보수교육에 대한 규정이 없다. 그러나 건강가정사의 전문성 강화와 자질 향상을 위해서는 재교육이나 연수가 필수적이다. 건강가정사가 실제 지역 센터에서 가족정책서비스 전문인력으로 역량을 발휘하기 위해서는 다양한 업무 역량이 필요한데, 대학에서 자격 취득 교과목을 이수한 것만으로는 부족할 수 있다. 또한 사회변화에 따라 가족의 요구도 다양해지는 등 급변하는 정책 환경에 대응하는 데에도 자격취득을 위한 교과목 이수만으로는 역부족일 수 있다. 건강가정사의 역량은 곧 가족정책서비스의 질과 직결되기 때문에 지속적이고 체계적인 관리가 필요하다. 최근 기존의 인적자원관리의 개념을 더욱 확장시켜 인적자원관리를 단지 근로자, 종사자 개인의 역량 강화 차원에 국한시키지 않고 조직 전략과의 적합성, 조직의 전체적인 성과와의 연관성 속에서 조망하는 전략적 인적자원관리가 부각되고 있다(이학종 · 양혁승, 2012). 이런 맥락에서 건강가정사의 역량 강화 역시 보다 큰 틀에서 접근해야 한다. 건강가정사의 역량 강화에 대한 연구(조영희 외, 2015)에 따르면, 역량 강화가 단지 사업을 잘 하는 능력, 센터를 잘 운영하는 능력에 국한되는 것이 아니라 직무 몰입도와 만족도, 자기효능감, 자존감, 긍정적 정체감 등과 직결되며 나아가 이들의 장기근속, 서비스의 질, 가족정책의 성과 등에까지 영향을 미치는 것으로 나타났다. 건강가정사의 역량은 건강가정사업의 성과 및 가족정책의 목표 달성을 좌우하는 핵심 요인이다. 건강가정사에 대한 연수와 보수교육의 의무화는 건강가정사업의 성패, 더 나아가 가족정책의 성패를 좌우하는 건강가정사의 역량 강화를 위한 조치라는 점에서 강조된다.

넷째, 건강가정사 자격관리의 체계화를 위해서는 건강가정사 자격관리 전담기구를 설치해야 한다. 건강가정사 자격관리 전담기구는 자격증 관리와 관련된 업무 전반을 책임지고 시행하는 주체이다. 즉, 자격검증 및 연수, 자격증 발급 등 건강가정사 자격관리를 통합적이고 체계적으로 추진하는 주체가 되어야 한다. 건강가정사 자격관리 전담기구가 설치되면, 앞서 제시된 자격증 발급, 국가자격화, 연수 및 보수교육 의무화 방안이 체계적으로 추진될 수 있을 것이다. 뿐만 아니라 이 기관에서는 건강가정사의 자질과 자격을 전문적으로 관리하기 위해 필요한 조사 연구 및 매뉴얼 개발 등 정책연구기관의 역할까지도 수행할 수 있다. 자격관리 전담기구의 설치를 위해서 국가자격증을 발급·관리하고 있는 다른 사례들(보육교사, 청소년지도사, 청소년상담사, 사회복지사 등)을 검토하여, 자격검정, 연수 및 보수관리 등의 체계와 조직을 구성할 필요가 있겠다.

이상에서 제시한 건강가정사 자격관리의 체계화 방안은 주무부처가 강력한 의지를 가지고 추진할 때 실현가능하다. 건강가정사의 역량은 곧 가족정책서비스의 질과 직결된다는 관점에서 건강가정사 자격관리 체계화 방안이 조속히 추진되어야 한다. 건강가정사 자격관리의 체계화는 가족정책의 목적 달성을 위한 최우선의 과제가 되어야 한다.

3. 건강가정사의 직업윤리와 자세

1) 건강가정사의 직업윤리

직업윤리는 직업인으로서 자기가 맡은 일에서 지켜야 할 도리뿐만 아니라, 자신의 직업에 대한 애정과 기대 및 소명의식을 갖고서 맡은 일에 최선을 다하는 것까지 포함하는 개념이다(하병철, 1995). 최조웅(1996)은 모든 직업 활동이 윤리적으로 정당성을 찾기 위해서는 다음과 같은 네 가지 기본 조건을 갖추어야 한다고 하였다.

첫째, 직업인은 확실한 직업의식이 있어야 한다. 둘째, 직업인은 자발적 · 자율적으로 직무에 임해야 한다. 셋째, 직업활동의 결과가 이웃의 행복과 인류사회의 번영에 기여해야 한다. 넷째, 직업은 인간의 상호관계, 나아가 사회적 관계의 창조와 그 확장에 기여하는 공공기능을 수행하여야 한다.

황원영(1985)은 직업인은 공통적으로 일곱 가지 기본적인 가치관을 가지고 있어야 한다고 보았다(〈표 8-5〉 참조).

첫째는 생명의 존엄성에 대한 외경, 둘째는 타인의 인격존중으로, 신조, 종교, 인종, 사회적 지위, 성별의 차이를 초월하여 인간의 존엄성을 바탕으로 한 사회적 관계의 형성, 자기확신감이다. 셋째는 타인의 창조적 지성과 자율성을 존중하는 태도, 거주이동의 자유, 타율적 속박에도 굴복하지 않는 양심의 자유, 배우자 선택의 자유, 의사, 직업, 종교의 자유이며, 넷째는 성실성, 정직성, 신뢰성, 근면성, 협동성, 친절성, 공정성의 태도, 자신의 이익보다 사회 전체의 이익을 위하여 헌신적인 노력을 기울일 수 있는 태도, 청렴성이다. 다섯째는 타인의 견해에 대한 관용적인 태도, 상호협력적인 근린관계의 형성, 정의적인 인간관계의 형성, 타인의 창조적 지성을 개발하는 데 적극적인 태도이다. 여섯째는 연대의식의 형성, 사회발전에 대한 자발적인 참여정신의 형성, 준법정신의 형성이고, 일곱째는 타협적 태도의 형성, 중재수용적 태도의 형성, 비판정신의 존중, 자기 자신의 과실을 솔직하게 시인할 수 있는 자기행동 수정적인 태도의 형성 등을 언급하였다.

❖ 표 8-5 직업인의 공통적 가치관

가치 영역	가치관
생명	생명의 존엄성에 대한 외경
인간의 존엄성	타인의 인격존중: 신조, 종교, 인종, 사회적 지위, 성별의 차이를 초월하여 인간의 존엄성을 바탕으로 한 사회적 관계의 형성, 자기확신감
자유	타인의 창조적 지성과 자율성을 존중하는 태도, 거주이동의 자유, 타율적 속박에도 굴복하지 않는 양심의 자유, 배우자 선택의 자유, 직업, 종교의 자유
진실, 정의	성실성, 정직성, 신뢰성, 근면성, 협동성, 친절성, 공정성의 태도, 자신의 이익보다 사회 전체의 이익을 위하여 헌신적인 노력을 기울일 수 있는 태도, 청렴성
사랑	타인의 견해에 대한 관용적인 태도, 상호 협력적인 근린관계의 형성, 정의적인 인간관계의 형성, 타인의 창조적 지성을 개발하는 데 적극적인 태도
충의	연대의식의 형성, 사회발전에 대한 자발적인 참여정신의 형성, 준법정신의 형성
평화	타협적 태도의 형성, 중재 수용적 태도의 형성, 비판정신의 존중, 자기 자신의 과실을 솔직하게 시인할 수 있는 자기행동 수정적인 태도의 형성

출처: 황원영(1985). p. 223.

직업윤리는 어느 직업이든지 중요하다. 특히 건강가정사는 직무 특성상 이용자의 사생활에 대한 정보를 알게 되며, 가족관계뿐만 아니라 가정의 인적·물적 토대를 모두 다루어야 하기 때문에 이용자의 사생활 보호 측면에서의 직업윤리 강화가 강조되어야 한다. 또한 가족생활교육, 가족문화활동과 함께 가족상담과 같은 상담 업무도 담당하기 때문에 교육자로서의 윤리와 상담자로서의 윤리 또한 적용될 필요가 있다. 이러한 건강가정사의 직무 특성을 고려하여 다음과 같이 직업윤리를 설정해 볼 수 있다.

첫째, 건강가정사는 전문가로서의 책임감을 갖고 직무에 임하며, 이용자에게 성실하여야 한다.

둘째, 건강가정사는 전문가로서의 자질을 유지하기 위해 직업윤리뿐 아니라 직무 관련 전문지식과 전문기술을 향상시키는 데 최선을 다하여야 한다.

셋째, 건강가정사는 직무상 취득한 정보를 이용하여 부당한 영리를 취하지 않는다.

넷째, 건강가정사는 이용자의 사생활을 최대한 존중하고 직무상 취득한 정보를 업무 이외의 목적으로 이용하거나 공개하지 않는다.

다섯째, 건강가정사는 팀워크를 해치는 행동을 하지 않으며, 동료 간에 존중과 신뢰로 대한다.

여섯째, 건강가정사는 동료나 건강가정지원센터 또는 단체의 비윤리적 행동에 대해서는 공식적 절차를 통해 대처한다.

일곱째, 건강가정사는 소속 기관의 권익보호에 힘쓰며, 기타 유관기관과 협조 관계를 유지한다.

2) 건강가정사의 자세

건강가정사는 직접 이용자 가정을 면접하고 상담하는 것에서부터 건강가정사업 관련 센터를 운영하는 관리자에 이르기까지 다양한 역할을 수행해야 한다. 따라서 건강가정사가 건강가정사업 관련 현장에서 성공적으로 업무를 수행하고 직업에 대한 보람을 얻기 위해서는 다음에 제시한 자세를 갖추어야 한다.

(1) 인간과 공동체를 존중하는 자세

건강가정기본법의 기본 방향은 가정기능의 강화, 가정의 잠재력 개발, 가족공동체문화의 조성, 다양한 형태의 가정의 욕구충족, 가정과 사회의 통합이다. 이 법에서 말하는 건강가정은 어떤 이념적인 가족 형태를 지향하는 개념이 아니라 어디까지나 생활공동체로서의 가정을 기본으로 하며, 양성평등적이고, 구성원 개개인의 인격이 존중되는 가정을 의미한다. 더 나아가 가정이 단순한 사적인 공간이 아니라 시민사회를 형성하는 데 기초가 된다는 시민사회적 입장을 취한다. 따라서 건강가정사는 이용자 가정의 존엄성을 인정하고 이들의 복지 증진을 위해 노력하되, 이러한 일을 지역 공동체를 발전시키는 맥락 속에서 추진하려는 자세를 갖추어야 한다. 가정생활이란 생활 주체인 인간(집단)이 의식주 등의 생활재를 사용하고 생활시간과 공간의 제약을 받으면서 다양한 역할을 배분하며, 공유하고 있는 다양한 자원을 배분함으로써 생활요구를 충족시켜 나가는 과정이다(모수미 외, 1991: 67). 또한 가정생활은 사회와 밀접한 관련 속에서 영위된다. 따라서 건강가정사는 가정생활의 복지증진이 궁극적으로 지역사회의 복지증진으로 연결되며, 지역사회의 복지증진은 새로운 자원의 유입이나 창출에 의해서만이 아니라 지역사회 가용자원의 적절한 배분과 연계에 의해 이루어진다는 것을 염두에 두어야 한다(조희금 외, 2002: 405).

(2) 전문가로서 책임 있는 자세

어떤 전문직업에도 직업윤리, 직업적 전문지식, 전문기술이라는 세 가지 요소가 필수적으로 요구된다. 건강가정사가 전문가로서 인정을 받기 위해서는 [그림 8-3]에 제시된 전문성을 생각해 보아야 한다.

건강가정사는 기초 지식을 기반으로 하여 전문적인 지식과 전문적인 실천기술을 충분하게 자기의 것으로 만들고, 그 바탕 위에 윤리 의식을 갖고 실천해야 한다. 이를 위해서 건강가정사는 가정생활 관련 영역에 대한 지식을 토대로 건강가정 관련 사업을 직접 기획할 수 있는 역량을 갖추어야 한다. 또한 이용자 가정의 권익을 옹호하고 인간으로서의 존엄성을 인정해야 하며, 이들의 사생활을 존중하고, 비밀을 보장해야 한다. 그리고 이용자 가정이 자기결정권을 최대한 행사할 수 있도록 자율성을 보장해 줘야 한다. 이외에 건강가정사는 동료 및 타 전문직 종사자의 직무 가치와 내용을 인정해야 하고, 상호간의 민주적이고 협조적인 관계를 유지해야 한다. 또한 전문가로서의 지위와 인격을 훼손하는 언행을 하지 않으며, 다른 동료의 비윤리적인 행위를 시정할 수 있어야 한다.

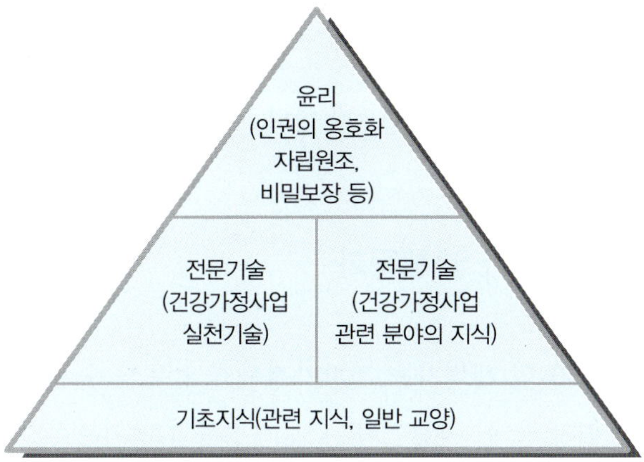

❖ 그림 8-3 전문가로의 책임 있는 자세

(3) 정직하고 성실한 자세

건강가정사는 정직하고 신뢰성 있는 행동으로 사람들에게 믿음을 주어야 한다. 또한 건강가정사는 정당하지 않은 방법으로 공공의 경제적 이익을 취해서는 안 된다. 그리고 이용자의 사회적 지위, 국적, 인종과 상관없이 공평한 서비스를 제공해야 하며, 어떤 이유에서든 차별대우를 하면 안 된다.

4. 건강가정사가 협력해야 하는 주요 관련인

건강가정사는 개인, 가족, 지역사회의 연계 안에서 삶의 질을 향상시키는 전문가인 만큼 다양한 분야의 전문가와 협업할 필요가 있다. 대표적으로 건강가정사업 정책가 및 행정가, 건강가정 관련 연구자 및 교육자, 아이돌보미, 가족상담관련 인력, 방문교육지도사, 사회복지사, 자원봉사자 등을 들 수 있다. 이 절에서는 이들이 건강가정사와 어떻게 관련되어 있으며, 어떤 유기적인 연계 속에서 건강가정사업을 발전시킬 수 있을지에 대해서 살펴보고자 한다.

1) 건강가정사업정책가 및 행정가

건강가정사업정책가 및 행정가는 건강가정사가 업무를 수행하면서 상호작용을 해야 하는 주요 관련자 중 한 사람이다. 건강가정사업이 기본적으로 건강가정지원센터를 거점으로 하여 이루어지는 만큼, 건강가정지원센터가 다른 유관기관과 유기적인 연계를 맺으면서 능동적으로 사업을 수행하기 위해서는 정책적인 협조와 지원이 필수적이다. 또한 건강가정사업은 실제적인 가정문제 예방 및 치료 사업뿐만 아니라 건강가정 문화사업을 통해 범국민적으로 가정과 사회의 건강성을 진작시키려고 하는 만큼, 대국민 홍보에서부터 범문화적인 실천운동을 위해서는 지방자치단체 및 중앙정부 조직의 협조가 필요하다. 따라서 건강가정사는 건강가정사업정책가 및 행정가와 긴밀한 연계를 갖고서 건강가정사업을 추진할 필요가 있다.

2) 건강가정연구자 및 교육자

건강가정사업은 가정생활에 대한 통합적인 지식과 비전을 바탕으로 실천력 있게 이루어져야 한다. 따라서 가정생활에 관련된 연구결과나 가정생활과 지역사회를 연결하는 거시적 관점에서 이루어진 연구결과, 그리고 이러한 연구결과를 실제적으로 응용할 수 있는 교육 및 상담 프로그램의 개발, 건강가정사업을 실천할 수 있는 전달체계, 나아가 가정과 사회의 건강성을 향상시키는 건강가정정책에 대한 연구가 끊임없이 이루어져야 한다. 이러한 일을 담당하는 사람은 주로 가정학 · 사회복지학 · 여성학 관련 교수 등의 연구인력과 건강가정 관련 기관의 전문가들이다. 이들 전문가들은 건강가정사들이 현장에서 이론과 실천력을 겸비한 전문가로서 활동할 수 있도록 교육 콘텐츠 및 재교육을 위한 콘텐츠를 제공해야 할 것이다. 또한 건강가정사 역시 능동적으로 자신의 전문가적 자질을 향상시키는 데 정진해야 할 것이다.

3) 아이돌보미

아이돌보미는 아이돌봄지원사업에 의해 아이의 주거지 등에서 개별적으로 보호 및 양육 등의 서비스를 제공하는 사람이다. 아이돌봄지원사업은 가정의 아이돌봄을 지원하여 아이의 복지증진과 보호자의 일 · 가정 양립을 통한 가족구성원의 삶의 질 향상과 양육친화적인 사회환경 조성을 목적으로 하는 사업이다. 아이돌보미는 아이돌보미 양성교육(이론 80시간, 현장실습 10시간)을 받고, 보수교육(기본과정 8시간/특화과정 8시간)을 받도록 되어 있다(여성가족부, 2022). 건강가정지원센터가 아이돌봄지원사업의 서비스 제공기관인 경우가 많기 때문에, 건강가정사는 지역 내 아이돌보미 활동에 대한 지원과 관리에 대한 책임을 가져야 한다.

4) 가족상담 관련 인력

건강가정사는 가족상담사업을 수행하기 위해서 가족상담 관련 인력을 관리해야 한다. 센터에서는 생애주기에 따라 발생하는 가족 내 다양한 갈등을 해결하기 위하여 부모-자녀간, 부부간 가족관계 개선, 비혼청소년 임신갈등상담 등 다문화가족 및 비다문화가족 대상 가족상담을 제공하기 위해서 가족상담전문인력을 채용하고 이들을 관리해야 한다. 가족상담 관련 전공 및 경력 등 일정 자격기준에 따라 가족상담인력을 채용하고, 이들이 일반상담, 정보제공상담, 집단상담, 심층상담 등을 직접 수행하거나 지역사회 전문기관과 연계서비스를 제공할 수 있도록 지원하고 관리하는 것이 건강가정사의 역할이다.

5) 방문교육지도사

건강가정사는 다문화가족 대상 방문교육사업의 운영을 위해 관련 인력으로 방문교육지도사를 채용하고 관리해야 한다. 방문교육사업은 다문화가족을 대상으로 한국어교육, 부모교육, 자녀생활서비스 등을 방문교육지도사가 직접 방문하여 제공하는 사업이다. 방문교육지도사는 방문교육서비스 내용에 따라 한국어교육지도사와 생활지도사로 나뉘고, 전문인력으로서 자격기준이 요구된다. 센터별로 배정된 예산 규모 및 기준에 따라 방문교육지도사를 채용하고, 방문교육지도사의 활동과 서비스를 관리하게 된다. 그 외 다문화가족 대상 특성화 사업과 관련된 전문인력으로 언어발달지도사, 다문화가족 사례관리사, 결혼이민자 통번역전담인력, 이중언어코치 등이 있다.

6) 사회복지사

사회복지사는 주변 환경뿐만 아니라 경제적이나 심리적으로 문제가 있거나 문제가 있을 것으로 예상되는 대상자들에게 접근하여 그들이 겪고 있는 문제를 파악하고 여러 가지 해결방안을 알려주어 그 문제에서 벗어나도록 도움을 제공하는 일을 하는 전문가이다. 또한 대상자들의 문제해결을 위해 주변의 여러 자원들을 활용하여 문제해결에 접근하도록 할 뿐만 아니라 도움을 줄 수 있는 후원자, 자원봉사자들을 연계하여 지원하는 일을 한다. 따라서 건강가정사는 지역사회복지관 및 학교, 병원 등 여러 기관에서 실천적인 역할을 담당하고 있는 사회복지사와 연계해서 건강가정사업이 폭넓게, 그리고 통합적으로 실시될 수 있도록 노력해야 할 것이다.

7) 자원봉사자

자원봉사자는 자신이 제공하는 근로의 가치와 균형이 맞는 금전상의 보수를 요구하지 않고 자신의 서비스를 자발적으로 제공하여 개인, 집단, 지역사회가 직면하고 있는 복지문제의 예방, 통제, 개선에 공헌하고자 하는 개인을 말한다(조희금 외, 2002). 건강가정사는 건강가정사업이 실제적으로 뻗어갈 수 있도록 지역사회 내 자원봉사자를 모집하고 이들을 관리하며, 실제적인 업무를 담당할 수 있도록 직무교육을 시켜야 할 것이다. 또한 자원봉사자들이 능동적으로 참여하면서 보람을 느끼고 헌신할 수 있도록 모든 노력을 기울여야 할 것이다. 특히 건강가정지원센터에서는 가족단위 자원봉사단을 조직하여 운영하고 있다. 따라서 건강가정사는 가족단위 자원봉사단원들이 자원봉사를 통해 성취감과 자신감, 즐거움을 갖는 것 외에 자원봉사에 참여하는 것 자체가 가족의 건강한 여가활동이 되며, 궁극적으로 자원봉사단원들의 가정이 건강해질 수 있도록 세심한 주의를 기울여야 한다.

생각해 볼 문제

1. 건강가정사가 담당해야 하는 역할은 무엇이며, 이를 적절히 수행하기 위해서는 어떤 지식이 요구되는지 생각해 보시오.
2. 실제 건강가정지원센터에 근무하고 있는 건강가정사의 직무를 분석하고 영역별로 정리하여 보시오.
3. 건강가정사의 직무특성을 고려할 때, 강조되어야 할 직업윤리는 어떤 것이 있는지 생각하여 보시오.
4. 건강가정사가 협력해야 하는 주요 관련자와는 어떤 관계를 가져야 하며, 앞으로 대국민 복지서비스 전달체계가 어떤 체제로 구성되어야 할지 생각해 보시오.

09 CHAPTER 건강가정사의 실천기술 및 현장실습

9장에서는 건강가정사로서의 현장 및 실무 경험을 쌓기 위해 건강가정사의 실천기술과 현장실습에 대해 알아본다. 먼저 건강가정사업의 실천과정은 문제파악, 계획, 구체적인 서비스 제공, 평가 및 피드백으로 살펴보고자 한다. 다음, 이러한 실천과정에서 필요한 기술인 건강가정사업 요구도 조사기술, 의사소통 및 상담기술을 구체적으로 살펴보고, 이러한 기술과 연결해서 건강가정사업 및 건강가정지원센터 업무기술 등에 대해서 살펴보고자 한다. 또한 실제 건강가정사 현장실습이 어떤 과정을 통해서 이루어지는지 살펴보고, 마지막으로 건강가정사가 전문가로서 어떤 자세로 업무에 임해야 하는지 살펴보고자 한다.

1. 건강가정사업의 실천과정
2. 건강가정사업 요구도 조사기술
3. 의사소통 및 상담기술
4. 건강가정사업 및 센터 업무기술
5. 건강가정현장실습

CHAPTER

09 건강가정사의 실천기술 및 현장실습

1. 건강가정사업의 실천과정

건강가정사업은 국가 및 지방자치단체가 가정이 원활한 기능을 수행할 수 있도록 지원하는 업무로, 건강가정기본법에서는 가정에 대한 지원, 위기가족에 대한 긴급 지원, 자녀양육 지원, 가족단위 복지 증진, 가족의 건강 증진, 가족부양의 지원, 민주적이고 양성평등한 가족관계의 증진, 가족단위의 시민적 역할 증진, 가정생활문화의 발전, 가정의례, 가정봉사원 지원, 이혼 예방 및 이혼가정 지원, 건강가정 교육, 자원봉사활동의 지원 등으로 규정하고 있다. 이러한 사업을 위해서 건강가정사가 서비스를 제공해야 하는 실천과정은 [그림 9-1]과 같다.

❖ 그림 9-1 건강가정사의 서비스 실천과정

출처: 조희금 외(2002). 가정생활복지 서비스 실천 과정, p. 385.

1) 문제 파악

문제 파악은 이용자가 센터를 방문하거나 건강가정사가 직접 가정을 방문했을 때 제일 먼저 해야 하는 일이다. 이 단계에서 건강가정사는 먼저 이용자 가정의 문제와 요구 및 기대를 확인하며, 이러한 문제와 요구에 대해서 건강가정사가 일하는 센터가 충분한 서비스를 제공할 수 있다고 판단될 때에 접수를 한다. 이 과정에서 건강가정사는 이용자 가정에서 지원받기를 원하는 문제가 무엇인지 구체적으로 조사한다. 또한 이용자 가정에 가능한 지원의 종류에 대해 정확히 설명해야 한다. 한편, 일반적으로 가정 내에서 생기는 문제는 센터 방문 한 번으로 해결되기가 쉽지 않다. 따라서 건강가정사는 지원을 요청하는 가정과 지속적인 관계를 유지하면서 이용자 가정의 문제를 해결하고 잠재력을 개발시켜야 한다. 그러므로 이 단계에서는 이용자가 가지고 있는 문제를 구체적으로 파악할 수 있는 전문적 지식뿐만 아니라 이들의 욕구를 충족시키고자 하는 헌신성, 진실성, 공감적 의사소통능력이 요구된다.

2) 계획

건강가정사가 두 번째 단계에서 하는 일은 지원을 요청하는 이용자 가정에 어떤 서비스를 제공할 수 있을지 구체적인 목표를 세우고 이에 도달할 수 있는 실천방안을 계획하는 것이다. 이러한 계획과정은 다음과 같은 7단계를 거칠 수 있다(류종훈, 2004: 142-143).

첫 번째 단계는 이용자를 모든 과정에 참여시키는 것이다. 이용자를 참여시키지 않고 일을 진행하면 이용자는 문제해결을 위해 수립한 계획까지도 자신의 문제해결을 위한 계획이라고 여기지 않게 되고, 협동하려는 동기가 결여될 수밖에 없다. 따라서 첫 번째 단계에서는 이용자의 자기결정권을 증진시키면서 참여할 동기를 갖도록 하는 것이 필요하다.

두 번째 단계는 문제의 우선순위를 정하는 것이다. 이용자는 개인 차원뿐만 아니라 가족, 집단, 지역사회 차원에서 복합적인 문제를 가지고 있는 경우가 많다. 따라서 건강가정사는 어떤 문제부터 접근해야 할지 결정해야 한다.

세 번째 단계는 문제를 욕구로 전환하는 것이다. 욕구는 생존, 안녕, 충족을 위한 신체적, 심리적, 경제적, 문화적 및 사회적 요건으로, 이용자가 가지고 있는 문제를 이용자에게 필요한 욕구로 전환시킴으로써 건강가정사는 문제해결을 위해 무엇을 해야 할지 구체적인 방향을 잡을 수 있다.

네 번째 단계는 개입 수준을 평가하기 위한 전략을 선택하는 것이다. 문제해결을 위한 전략을 수립할 때는 이용자의 강점을 적극 활용하는 방법을 모색하고, 각 전략의 찬반양론을 평가하여 가장 효율적이고 효과적인 전략을 선택하도록 한다.

다섯 번째 단계는 목적을 설정하고, 개입의 이유를 명료화시켜 주는 것이다. 목적을 설정하고 개입의 이유를 명료화하면서 이용자로 하여금 문제를 해결하고자 하는 의지를 갖게 할 수 있다.

여섯 번째 단계는 목표를 구체화하는 것이다. 목표를 구체화하면서 이용자로 하여금 문제해결을 위한 구체적인 행동이나 전략을 생각해 볼 수 있도록 한다.

일곱 번째 단계는 계약을 공식화하는 것이다. 이때 하는 계약은 건강가정사가 이용자에게 어떤 서비스를 제공할 것인지, 그리고 어떤 문제를 해결할 것인지 구체화하는 것이다. 따라서 건강가정사의 역할을 분명히 하고 구체적인 목표를 명시한 계약서를 작성하는 것이 바람직하다.

(1) 목표의 설정

이러한 과정을 통해서 문제해결을 위한 계획을 세울 수 있는데, 목표를 설정할 때는 다음과 같은 점을 주의해야 한다. 즉 목표는 이용자 가정이 원하는 것과 연결되어야 하고, 측정가능한 형태로 구체적으로 진술되어야 하며, 달성가능해야 한다. 또한 목표는 건강가정사의 지식과 기술에 상응해야 하고, '~을 하지 않는다'는 부정적인 표현보다는 긍정적 형태로 기술되어야 한다. 또한 목표는 건강가정사가 소속된 센터의 기능과 일치해야 하며, 건강가정사의 중요한 권리나 가치에 어긋나지 않아야 한다(Hepworth & Larsen, 1986; 양옥경 외, 2010에서 재인용).

(2) 계약

계약은 목표 설정과 설정한 목표를 달성하기 위한 전략, 역할, 개입, 평가방법 등을 구체적인 활동 용어로 기술한 계획에 대해 건강가정사와 이용자가 서로 동의하는 것이다. 계약 내용 중에는 건강가정사가 개입할 활동과 그에 따른 이용자와 건강가정사의 역할을 명확히 하여 가능한 한 이용자가 능동적으로 참여할 수 있도록 해야 한다(류종훈, 2004: 144).

일반적으로 계약에 포함되어야 하는 내용은 다음과 같다(Hepworth, Rooney & Larsen, 1997; 허남순 외, 2004: 270에서 재인용).

- 수행해야 할 목표들(우선순위를 부여함)
- 참가자들의 임무
- 사용할 개입방법 또는 기술
- 면접주기, 면접빈도, 면접시간
- 발전 정도, 점검의 수단
- 계약 재교섭에 대한 약정
- 세부 규정, 시작 날짜, 예약된 날짜의 취소 또는 변경에 대한 조항, 요금 등

3) 구체적인 서비스의 제공

건강가정사가 세 번째 단계에서 할 일은 앞서 계획한 서비스 내용을 구체적으로 제공함으로써 이용자 가정이 문제해결을 통해 목표를 달성할 수 있도록 하는 것이다. 건강가정사가 적용할 역할과 활용할 기법이나 절차는 서비스 프로그램의 목적이나 건강가정사가 담당하는 직무에 따라 달라진다. 앞장에서도 언급하였듯이 관리자급 직무를 담당하는 건강가정사의 경우 실제적인 이용자가 주로 기관인 경우가 많다.

따라서 관리자급 직무를 담당하는 건강가정사의 경우 주로 건강가정사업을 총체적으로 기획, 운영, 홍보, 관리하며, 예산 집행이나 인사, 인력개발 및 보급, 유관기관과의 네트워킹에 역점을 두어야 한다. 중간 관리자급 건강가정사의 경우 건강가정사업의 코디네이터 역할을 담당해야 하기 때문에 실제적인 상담 및 교육, 프로그램 진행 및 실천, 요구도 분석 및 사업 개발 등에 중점을 두어야 한다. 실무자급 건강가정사의 경우 실제적으로 대민 업무를 담당해야 하기 때문에 이용자 가정과 긴밀한 관계를 형성하면서 의사소통하고, 구체적으로 프로그램을 수행해야 한다.

4) 평가 및 피드백

건강가정사는 구체적인 서비스를 제공하고 나면 제공한 서비스나 프로그램을 평가할 필요가 있다. 제공한 서비스에 대한 평가는 산출, 성과, 비용효율성, 비용효과성 등에 근거하여 이루어지며, 이러한 평가 내용은 다시 피드백되어 이후 서비스나 프로그램을 기획할 때 고려해야 한다.

프로그램의 결과를 평가하기 위해서는 프로그램을 계획하는 단계에서 현실적으로 사용가능한 측정도구나 측정지표를 미리 준비해야 한다. 이러한 평가는 건강가정사가 활동하는 센터 관리 및 운영에 대한 평가와 구체적인 프로그램에 대한 평가가 함께 이루어져야 한다. 이러한 과정을 통해 센터 운영의 투명성과 서비스의 질 향상을 유도할 수 있으며, 예산 집행 및 관리를 효율적이고 합리적으로 할 수 있다. 또한 나아가 이용자의 삶의 질을 향상시키는 계기가 될 것이다.

2. 건강가정사업 요구도 조사기술

건강가정사가 현장에서 수행해야 할 가장 기초적인 작업 중 하나가 이용자의 요구를 조사하고 파악하여 맞춤형 또는 욕구충족형 건강가정사업을 실행하는 것이다. 요구도 조사는 누가, 어떠한 요구를 가지고 있는가를 구체적인 방법으로 파악하고 결정하는 작업이다.

1) 요구도 조사분석 기준

요구는 개인이 느끼는 결핍 상태를 충족시키기 위하여 필요로 하는 상태나 상황을 의미한다. 요구는 현상과 이상 사이에 존재하는 격차 내지 조건을 말하며, 이것을 파악해 내는 것이 요구도 조사이다.

건강가정사는 요구도를 분석할 때 해결하고자 하는 문제와 관련된 가치관도 고려해야 한다. 즉, 사회문제라는 것이 본래 '가치판단'에 의해 지배되며 관련 집단의 이해관계에 따라 규정 내용이 달라지기 때문에(최일섭 · 류진석, 1996: 188-189; 조희금 외, 2002: 389에서 재인용), 지향하는 가치관을 고려해야 한다. 그러므로 건강가정사는 건강가정기본법에 담겨 있는 법 이념과 철학을 항상 염두에 두고서 건강가정사업에 대한 요구를 조사하고 파악해야 한다.

2) 요구도 조사방법[1)]

건강가정사업 요구도를 조사하기 위한 구체적인 조사방법으로는 질문지조사법, 기존의 자료를 이차분석하는 방법, 복지기관서비스 이용 통계분석방법, 지역사회공청회 등을 들 수 있다(조희금 외, 2002: 390-394 참조 재구성).

(1) 질문지조사법

질문지조사법이란 연구문제를 해결하는 데 필요한 자료를 특정인에게 질문지조사를 하여 수집하는 방법으로, 질문지조사한 결과를 연구자료로 사용하는 방법이다. 이러한 질문지조사법은 대상을 어떻게 선정하는가에 따라 일반집단 질문지조사법, 표적집단 질문지조사법, 주요 정보제공자 질문지조사법, 서비스제공자 질문지조사법 등으로 나눌 수 있다.

일반집단 질문지조사법은 대상 지역의 가정이나 주민에게 설문조사를 실시하여 필요한 자료를 얻어내는 방법으로, 요구도 조사에서 가장 중요하게 사용하는 요구도 측정기법이다. 일반집단 질문지조사법에 의해 수집된 자료는 지역주민이 인지하는 문제나 요구하는 서비스를 파악하는 데 유용하다. 이 과정에서 건강가정사는 지역사회 내 개별 가정들의 잠재된 요구나 문제가 무엇인지 세심하게 파악해야 한다.

표적집단 질문지조사법은 어떤 특성을 가진 하위집단을 대상으로 설문조사를 실시하는 방법이다. 이를 통해 특정 집단의 요구, 기존 서비스의 이용 실태, 새로운 서비스 개발에 필요한 의견을 파악할 수 있다. 따라서 건강가정사가 특정 대상에게 맞춤형 건강가정사업을 실시하고자 할 때에는 유용한 조사법이다.

주요 정보제공자 질문지조사법은 해당 지역에서 일하는 건강가정사업 관련 기관

1) 이 부분은 연구조사방법론 관련 교과목에서 충분히 다루는 내용이기 때문에 여기서는 간략하게 언급하고자 한다.

의 종사자, 관련 직종의 전문가, 지역활동가, 정치지도자, 행정관료 등 지역사회 문제에 대해 잘 알고 있는 사람들을 대상으로 의견을 수집하는 방법이다. 이 방법은 비용이 적게 들고 표본을 쉽게 선정할 수 있다는 점 외에도 지역의 전반적인 문제를 쉽게 파악할 수 있다는 장점이 있다. 그러나 정보제공자의 자의적인 의견이 많이 반영되고 주민들의 의견이 상대적으로 간과될 수 있다는 단점이 있다.

서비스제공자 질문지조사법은 특정 서비스를 제공하는 사람들로부터 지역사회의 관련 문제나 요구 또는 기존 프로그램의 평가 및 새로운 프로그램 개발에 필요한 의견 등을 수집하는 방법이다. 이 방법은 상대적으로 사회에 덜 노출된 문제들, 예를 들어 약물중독이나 아동학대, 가정폭력 등의 문제에 대한 정보를 보다 정확하게 얻을 수 있고, 현존하고 있거나 잠재되어 있는 지역사회 내의 활용가능한 자원에 대해 정확한 정보를 얻을 수 있다. 또한 이 방법은 조사하려는 요구나 문제의 원인 및 배경을 파악하는 데 유용한 자료를 얻을 수 있다.

질문지조사 결과의 유용성과 타당성을 높이기 위해서는 조사방법론에서 강조하는 과학적인 절차들을 지키는 것이 중요하다. 즉 조사하고자 하는 대상을 명확히 정하며, 조사할 요구를 정확하게 정의해서 질문문항을 만들고, 적합한 표본을 추출해서 질문지조사를 실시하는 등 엄격한 조사과정을 지켜야 한다.

(2) 기존의 자료를 이차분석하는 방법

기존의 자료를 이차분석하는 방법은 지역사회 주민의 생활과 관련된 각종 사회조사 자료를 분석하는 방법이다. 대표적인 예로 통계청에서 5년마다 실시하는 '인구 및 주택 총조사'를 들 수 있으며, 이외에도 '가족실태조사', '한부모가족실태조사', '다문화가족실태조사', '노인실태조사', '도시가계연보', '지역통계연보', '한국경제지표', '국민생활시간조사보고서' 등의 정부 자료를 재분석할 수 있다. 조사자는 이들 자료를 이용해 해당 지역 내 주민들의 특성과 요구 및 서비스 이용실태 등을 분석할 수 있다.

건강가정사가 특정 지역에 부임했을 때 가장 먼저 해야 할 일은 행정자료의 이차 분석을 통해 지역사회의 특징과 가정생활의 실태를 파악하는 일이다. 또한 건강가정사는 주기적으로 이를 반복함으로써 지역사회 및 가정생활의 전체적인 특성에서 나타나는 변화에도 민감할 필요가 있다.

기존의 자료를 이차분석하는 방법으로 해당 지역의 일반적인 특성에 대한 기본 평가자료를 쉽게 얻을 수 있으며, 전체적인 맥락을 파악할 때 유용하다. 하지만 해당 지역의 요구도 조사에 알맞은 일차 자료를 구하기가 쉽지 않다는 문제점이 있다.

(3) 복지기관서비스 이용 통계분석방법

복지기관서비스 이용 통계를 분석하는 방법은 지역사회 내 기존 복지서비스를 이용한 기록들을 분석하여 지역사회의 요구, 문제의 경향, 특정 서비스의 수요 등을 파악하는 방법이다. 이 방법의 장점은 주민들의 내재된 요구가 외부적으로 표현된 상태를 가장 잘 파악할 수 있다는 것이다. 반면, 수혜자 중심의 분석이기 때문에 여기서 얻은 결과를 지역사회 주민 모두에게 적용하기 어렵다는 단점이 있다.

(4) 지역사회 공청회

공청회는 국가 또는 지방자치단체의 기관이 일정한 사항을 결정할 때 국민의 의견을 공개적으로 듣는 것이다. 지역사회 공청회는 지역사회에 거주하는 사람들이 참여할 수 있는 공개적인 모임을 개최하여, 주민들로 하여금 지역의 요구나 문제에 대한 의견을 발표하도록 하여 주민의 의견을 파악하는 방법이다. 지역사회 공청회는 지역주민이 누구보다 자신의 요구를 가장 잘 파악하고 있다는 전제하에서 주민들의 의견을 들어보는 것이므로, 가능한 지역사회의 여러 계층과 집단이 고루 참석할 수 있도록 하고, 참석한 사람들이 골고루 의견을 개진할 수 있도록 진행하는 것이 중요하다. 그리고 공청회 후에는 참석자에게 공청회의 결과를 통보해 주어야 한다.

공청회의 일반적 절차와 방법은 행정절차법을 따른다. 행정청(行政廳)은 공청회를 개최할 때 공청회 개최 14일 전까지 제목, 일시 및 장소, 주요 내용, 발표자에 관한 사항, 발표신청방법 및 신청기한 등의 사항을 당사자 등에게 통지하고 관보(官報) · 공보(公報) 또는 일간 신문에 공고 등의 방법으로 널리 알려야 한다. 공청회의 주재자는 행정청이 지명 또는 위촉한다. 발표자는 공정성이 확보될 수 있도록 선정하여야 한다(행정절차법 제38조). 발표자는 공청회의 내용과 직접 관련된 사항에 한하여 발표하여야 한다. 공청회의 주재자는 공청회를 공정하게 진행하여야 하며 발표자의 발표가 끝난 후에는 발표자 상호 간에 질의 및 답변을 할 수 있도록 하여야 하고, 방청인에게도 의견을 제시할 기회를 주어야 한다. 행정청은 공청회에서 제시된 사실 및 의견이 상당한 이유가 있다고 인정하는 경우에는 이를 반영하여야 한다(행정절차법 제39조).

지역사회 공청회를 통한 요구조사의 장점은 적은 비용으로 광범위한 집단의 의견을 들을 수 있고, 여러 주민의 의견을 종합하거나 집단이나 기관별로 문제에 대한 인식이나 관심이 다른 것을 구별해 볼 수도 있다는 것이다. 또한 질문지조사를 위한 사전준비의 기회가 될 수 있고, 서비스 전달에 대한 좋은 홍보가 될 수 있으며, 주민의 협조 및 지지를 얻는 계기가 될 수 있다는 점이다. 그러나 공청회 개최에 대한 홍보가 적절하지 못한 경우에는 편향된 소수의 의견이 사안을 왜곡할 수도 있기 때문에 유의해야 한다.

3. 의사소통 및 상담기술

건강가정사는 건강가정기본법의 법 이념과 철학을 현장에서 실천하는 실천자이다. 따라서 건강가정사업을 실천하는 것이 무엇보다 중요한데, 여기서는 건강가정사가 건강가정사업을 실천할 때 기반이 되는 의사소통 및 상담기술에 대해서 살펴보고자 한다.

의사소통 및 상담기술은 건강가정사가 서비스를 이용하는 개인이나 가정과 순조롭게 관계를 수립하고 유지하기 위해 중요한 기술이다. 건강가정사가 자주 사용하는 의사소통은 대개 세 가지로 구분될 수 있다. 첫째, 서비스를 이용하는 개인, 가정, 집단과 대면으로 접촉할 때 사용되는 것, 둘째, 프로그램의 진행 도중 참여 집단 내 개인 간 혹은 가정 간의 관계 증진을 촉진하기 위해 사용되는 것, 셋째, 센터 내, 센터 및 전문분야 간의 정보 교환 및 업무 협조를 추진하기 위해 사용되는 것이다(조희금 외, 2002: 394). 건강가정사는 편안하고 안정된 분위기를 조성함으로써 이용자 가정을 이해하고 적절한 서비스를 제공하려는 진정한 태도를 보여주는 것이 중요하다. 따라서 건강가정사는 이용자의 인식과 해석에 근거하여 그 가정을 도와야 하며 이를 위해서는 '알고 싶어 하는 자세', 즉 이용자로부터 설명을 듣고자 하는 자세를 가져야 한다(류종훈, 2004: 177). 건강가정사가 갖추어야 할 의사소통 및 상담기술로는 분위기 조성기술, 적극적 경청기술, 질문기술, 관찰기술 등을 들 수 있다.

1) 분위기 조성기술

건강가정사는 편안하고 안정된 분위기를 조성함으로써 이용자 가정과 정서적인 지원 관계를 수립하는 것이 중요하다. 이러한 지원관계에서 중요한 요인으로는 이용자 가정에 대한 민감성, 감정이입, 온정, 진실성 등을 들 수 있다. 민감성은 건강가정사가 이용자의 언어적, 비언어적 메시지를 알아차리는 능력이다. 감정이입은 건강가정사가 문제를 호소하는 이용자 가정의 주관적인 경험이나 감정을 인지적으로 이해하고 정서적으로 공감하는 능력이다. 온정은 이용자로 하여금 자신들의 존재가 건강가정사에게 편안하게 수용되어 이해받고 있다고 느끼도록 해주는 것으로, 상대방과 친밀하고자 하는 요구를 미소, 부드러운 목소리, 편안하고 관심 있는 자세, 눈맞춤, 개방성을 나타내는 몸짓 등을 사용하여 전달함으로써 이루어진다. 진실성은 건강가정사가 믿을 만한 사람이라는 것을 이용자 가정에 전달하는 것으로, 학습되고 반복된 전문적 반응이 아니라 책임감과 윤리 의식을 가진 전문가의 태도로 보여야 한다(류종훈, 2004: 177; 조희금 외, 2002: 395).

건강가정사가 이용자 가정과 편안하고 안정된 분위기를 조성하는 구체적인 기술은 다음과 같다(류종훈, 2004: 178).

① 이용자를 향해 앉는다.

건강가정사가 이용자 쪽으로 얼굴과 몸을 돌려 앉는다는 것은 이용자에 대해 집중하고 있음을 표현하는 것이다. 건강가정사의 이러한 행동은 아주 사소한 것이지만 이용자에 대한 관심과 배려를 보여주기 때문에 중요하다.

② 개방적인 자세를 취한다.

건강가정사가 다리를 꼬거나 팔짱을 끼는 것은 폐쇄적인 태도를 보인다고 할 수 있다. 이런 상황에서 이용자는 하고자 하는 말을 편안하게 할 수 없다. 건강가정사는 이용자의 언어적, 비언어적 말을 경청하고 있다는 것을 태도와 자세를 통해 보여주어야 한다.

③ 때때로 상대방을 향해 몸을 기울인다.

대화를 하다가 몸을 상대방 쪽으로 기울인다는 것은 내가 상대방과의 대화에 관심이 있다는 것을 보여주는 것이다. 건강가정사는 몸의 움직임을 통해 이용자에 대한 진지함과 관심도를 정확히 전달해야 한다.

④ 시선을 통한 접촉을 적절히 한다.

시선을 통한 접촉은 어떤 상황에서는 말보다 훨씬 효과적으로 편안한 관계를 맺게 한다. 건강가정사가 이용자와 함께 있을 때 시선을 처리할 수 있는 방법으로는 다음의 방법들이 있다.

- 밝고 부드러운 눈과 시선으로 바라본다.
- 이용자의 눈과 표정에 시선을 맞추되 눈을 노려보지 않는다.
- 말하는 동안에도 이용자의 표정을 살펴서 반응을 파악한다.
- 이용자가 관찰당하고 있다는 느낌을 받지 않도록 주의한다.
- 시종일관 이용자의 눈을 들여다보기보다는 가끔씩 시선을 옮기기도 한다.
- 이용자가 시선을 맞출 때에는 자연스럽게 시선을 맞춘다.
- 이용자가 시선을 맞추지 않을 때는 개인적인 습관인지 아니면 대화가 불편한 것인지 잘 파악해야 한다.

2) 적극적 경청기술

건강가정사는 업무를 위해 상담을 하거나 의사소통을 할 때, 메시지가 정확히 전달되었다는 것을 이용자가 알 수 있도록 자신이 들은 것을 적절히 반영하면서 대화를 진행해야 한다. 이를 위해서는 이용자의 어려움에 공감하고 필요한 반응을 보이면서 적극적으로 잘 들어야 한다. 건강가정사는 이용자가 말을 마치기도 전에 충고나 제안을 하거나 다른 주제의 질문을 하는 것을 피해야 한다.

건강가정사가 이용자의 말을 경청하고 있다고 느끼도록 하는 기술로는 다음의 것들이 있다(류종훈, 2004: 180).

① 적절한 끄덕임

고개를 끄덕인다는 것은 단순한 행동 반응이지만, 상황과 맥락에 따라 이 행동이 의미하는 것은 매우 다양하다. 건강가정사는 이러한 행동을 연습하면서 자신의 행동이 상대방에게 어떤 영향을 주는지 확인하는 것이 필요하다.

② 단순한 음성 반응

건강가정사는 말을 하면서 반응을 보일 때에도 반응을 보이는 시기, 빈도, 방식 등이 적절한지 주의해야 한다.

③ 관심 어린 질문

건강가정사가 이용자와 대면할 때는 이용자의 감정이나 태도 등을 탐색하는 질문을 해야 한다. 이때에는 반드시 이들의 생활문화를 이해하고 감정을 파악해서 사건이나 사실에 대한 질문 혹은 생각에 대한 질문을 해야 한다.

④ 이용자의 말을 반복, 환언

이용자가 한 말의 일부를 반복해서 말하는 것은 이용자에게 건강가정사 자신이 이용자가 하는 말을 경청하고 있음을 보여주며, 계속해서 말을 하라는 메시지를 전달하는 것이다. 이때에도 이용자의 말을 반복하는 수위를 잘 조절해야 한다. 그리고 이용자의 말을 이해하지 못했을 때나 확인하고자 할 때는 환언해서 분명한 의사소통이 이루어지도록 해야 한다.

3) 질문기술

건강가정사는 문제가 있는 이용자 가정으로부터 필요한 정보를 얻기 위해, 그리고 그들의 생각과 느낌을 표현하도록 돕기 위해 질문을 한다. 질문에는 개방형 질문과 폐쇄형 질문이 있다. 개방형 질문은 이용자가 자신의 생각대로 질문에 대답하도록 묻는 것으로, 이용자가 자신의 문제에 대해 설명할 수 있을 정도로 정서적 · 지적으로 준비가 되어 있을 때, 그리고 가능한 다양한 정보를 필요로 할 때 적절한 기법이다. 반면 폐쇄형 질문은 이용자가 “예”, “아니오”의 대답만 할 수 있도록 하는 것으로 이용자에게 확실한 사실을 묻는 방법이다. 이 방법은 이용자가 질문에 대답할 수 있는 능력과 경험이 부족하거나 지나치게 수다스럽거나 제공하는 내용들이 부적절할 때 활용하면 유리하다(류종훈, 2004: 181).

건강가정사가 원활한 대화를 위해 사용할 수 있는 또 다른 기술은 '초점을 좁혀나가는 질문기술'이다. 즉 이용자와 대화를 나눌 때 이용자의 관심사나 상황을 더 구체적으로 알기 위해 특정 주제로 점점 좁혀 나가면서 일련의 질문을 하는 것이다.

질문의 유형과 더불어 건강가정사가 유의해야 할 것은 질문을 할 때 갖는 태도이다. 건강가정사로서는 필요한 질문을 한다고 해도 질문하는 태도에서 이용자가 건강가정사의 진정성이나 지원 의지를 느끼지 못한다면 솔직한 대답을 얻을 수 없다.

4) 관찰기술

건강가정사는 이용자와 대화를 나눌 때 그들이 하는 말과 행동에 주의를 기울여 그들을 이해하는 데 필요한 정보를 얻어야 한다. 사람들은 단지 '보도록 한' 사회적으로 조건화된 것만을 볼 뿐이다. 이러한 조건화 과정 속에서 의식적이든 무의식적이든 편견을 갖게 된다. 그래서 관찰기술을 배울 때 목표는 첫째, 우리 사회에 만연한 편견들에 대해서 보다 잘 인식하는 것이다. 둘째, 관찰은 단순히 보는 것 이상이다. 따라서 신체 언어, 처음 꺼내는 말과 종결하는 말의 내용, 화제의 이동, 반복적인 주제의 제시, 불일치 등을 잘 관찰해야 한다. 이외에 상대방의 표정, 손놀림, 눈맞춤, 얼굴 붉힘 등 언어적 표현 외에 비언어적 표현에도 민감할 필요가 있다. 하지만 이렇게 관찰한 내용을 토대로 판단할 때도 사람들의 다양성을 고려해서 항상 신중해야 한다(조희금 외, 2002: 397).

건강가정사가 수행해야 할 일이 전문화되고 확대되며, 이용자의 문제도 다양해지면서 건강가정사가 갖추어야 할 역량에 대한 관심도 증가하고 있다. 현장에서는 사례기록(case recording), 슈퍼비전(supervision), 사례회의(case conference), 검토와 평가(review and evaluation), 자문(consultation) 등(Gorden, 1962: 7; 김융일, 2011: 140에서 재인용)을 통해 건강가정사의 역량이 향상될 수 있도록 지원하고 있다.

5) 효과적인 피드백 방법

건강가정사가 이용자와 상호작용을 할 때는 피드백(feedback)을 해야 한다. 피드백의 사전적 의미는 어떤 행위의 결과가 최종의 목적에 부합되는 것인가를 확인하여 바람직한 상태가 되도록 수정을 가하는 일이다(Daum 국어사전). 그러나 이러한 목적을 가진 피드백도 제대로 하지 않을 때는 부작용을 초래하기도 한다.

효과적으로 피드백을 하기 위해서는 첫째, 일반적이기보다는 특정 행동에 초점을 두고, 둘째, 판단 · 평가하기보다는 설명하며, 사람을 비판하지 않고, 셋째, 상대방의 목표 · 목적 달성에 도움이 되는 것만 하고, 넷째, 곧바로 하며, 받아들일 수 있는 상태일 때 하고, 다섯째, 이해했는지 확인하며, 여섯째, 부정적 피드백은 상대방이 통제할 수 있을 때만 하는 방법이 있다(김춘아, 2007).

4. 건강가정사업 및 센터 업무기술

건강가정사가 건강가정사업 및 센터 업무를 수행하기 위해서는 다양한 능력이 요구된다. 여기서는 방대하고 다양한 업무 내용을 시의적절하고 체계적으로 기록하는 능력과 정보화 경향에 맞추어 많은 정보를 조직하고 관리하는 능력에 대해 살펴보고자 한다.

1) 기록기술

건강가정사는 이용자 가정이 문제를 상담하는 시작 단계부터 제공할 서비스 프로그램을 계획하고 이를 제공한 후 종결하고 평가, 피드백을 얻는 전체 실천과정을 합당한 형식을 갖춘 틀에 따라 객관적으로 기록해야 한다(조희금 외, 2002: 397).

기록하는 목적은 이용자의 욕구 확인, 사례의 지속성 유지, 센터가 실시하는 서비스의 정당성 입증, 전문가 간 의사소통의 원활화, 이용자와의 정보 공유, 사례에 대한 지도감독의 자료, 교육훈련의 자료, 행정적 과업을 위한 자료, 조사를 위한 자료 제공 등으로 활용하는 데 있다. 이러한 목적 외에도 건강가정사가 자신의 사례를 철저히 기록함으로써 개입과정 중에 순간적으로 떠오르는 아이디어를 얻을 수 있으며, 사례 종결 이후에 사례 발표를 위한 기초자료로 활용하는 데 도움이 된다.

기록의 유형으로는 과정기록, 요약기록, 문제중심기록 등이 있다. 과정기록은 지원과정이나 이용자와 건강가정사의 상호작용과정을 있는 그대로 기록하는 방법이다. 이용자가 한 말 그대로 옮겨 대화체로 기록하면서 옆 칸에는 건강가정사가 관찰한 이용자의 행동과 그때 건강가정사가 느낀 감정 등을 기록한다. 이 기록법은 건강가정사 스스로 자신이 수행한 건강가정사업의 내용을 분석하고, 그 내용을 개념화하며 조직할 수 있는 장점이 있다. 반면, 기록하는 시간이 너무 많이 소요되고, 실제 내용을 간접적이고 불완전하게 왜곡하여 기록할 수도 있다는 단점이 있다.

요약기록은 현재 센터에서 가장 많이 사용하는 기록방법으로, 시간의 경과에 따라 변화된 상황, 개입 활동, 중요한 정보 등을 요약하여 기록하는 것이다. 이 기록법은 사례가 장기간 지속될 경우 유용한데, 주로 이용자 가정에 일어난 변화에 초점을 두어 기록한다.

문제중심기록은 현재 제시된 문제를 중심으로 문제 영역을 규명하고 사정하며, 각 문제에 대해 무엇을 할 것인지 계획 내용을 기록하는 방법이다. 주로 SOAP 방식으로 기록한다. 'S'는 주관적(Subjective) 기록으로, 이용자와 가족들이 주관적으로 기술하는 문제와 정보를 기록하는 것이다. 'O'는 객관적(Objective) 기록으로, 건강가정사가 관찰한 이용자에 대한 객관적 정보를 기록하는 것을 말한다. 'A'는 평가(Assessment)로, 문제에 대한 견해, 해석, 평가 등을 기록하는 것이다. 'P'는 계획(Plan)으로, 건강가정사가 특정한 문제를 제기하거나 해결하는 방법, 즉 그 문제에 대한 계획을 기록하는 것이다. 이 기록은 서로 다른 전문기관 간 의사소통을 가능하게 하면서 협조체계를 공고히 한다는 장점이 있다. 그리고 문서화된 문제를 중심으로 계획을 진행하고 추후에 점검할 수 있어 건강가정사로 하여금 책임감을 갖도록 한다는 점에서도 이점이 있다. 반면, 단점은 문제에 초점을 두기 때문에 이용자의 역량 및 잠재력이나 자원을 간과할 수 있으며, 개인과 환경의 상호작용 문제를 중심으로 사안을 단순화할 가능성이 있다는 점이다(류종훈, 2004: 184).

2) 정보처리기술

건강가정사는 기본적인 사무업무와 효율적인 자료수집과 관리를 위해서 기초적인 소프트웨어 및 하드웨어를 사용할 수 있는 기술을 습득해야 한다. 대표적인 것이 보고서나 회의록을 작성하기 위해 문서작성기술능력을 갖추는 것이다. 문서작성을 위해서는 한글(HWP) 프로그램을 가장 빈번하게 사용한다. 따라서 건강가정사는 한글 프로그램을 활용해서 이용자와의 면담기록을 요약하거나 이용자 가정이나 다른 관련 기관에 보내는 편지, 기관에서 보관하는 공문 등을 편집할 수 있어야 한다.

다음으로 많이 사용하는 소프트웨어는 데이터베이스 프로그램이다. 건강가정사는 이를 이용하여 이용자 및 그 가정의 인구학적 특성, 가족 특성, 서비스 제공 계획 및 변화와 결과 등을 정리해 놓을 수 있어야 한다. 이러한 자료는 이용자에게 지속적인 지원을 제공할 때 유용한 자료가 되며, 앞으로 센터의 서비스 수요를 예측하고 사업을 계획할 때 도움이 된다. 데이터베이스를 구축할 때 건강가정사가 가장 중요하게 다루어야 하는 것 중 하나는 지역사회 내 건강가정사업 관련 정보를 체계적으로 수집하고 관리하는 것이다.

이외에 재무관리를 위해서는 엑셀 프로그램의 기초적인 사용법을 인지하여야 하며, 요구도 조사를 분석하기 위해서는 SPSS, SAS나 STATA 프로그램 등 사회통계분석법도 다룰 수 있어야 한다. 더불어 오늘날은 홍보의 시대이며, 인터넷을 통해 이용자와의 근접성을 최소화하는 것이 중요한 만큼, 홈페이지 구축 및 관리능력도 필요하다. 그리고 복사기, 팩스, 스캐너, 디지털카메라 등의 사용기술도 업무를 효율적으로 처리하는 데 도움을 준다.

5. 건강가정현장실습

건강가정현장실습은 건강가정사업의 철학 및 윤리에 입각하여 학교에서 배운 이론과 실천기술을 실천현장에서 적용하는 방법을 배우는 것이다. 이 과정을 통해 학생들은 전문적인 지식과 실천능력을 지닌 건강가정사의 자질을 함양할 수 있게 된다.

1) 건강가정현장실습의 목적

건강가정현장실습은 학생이 학교에서 습득한 지식, 기술, 가치가 현장실습을 통해 전문가인 건강가정사로서 통합되는 기회를 제공한다(여성가족부, 2013: 56). 건강가정현장실습의 목적을 실습생, 기관 및 학교로 구분하여 살펴보면 다음과 같다.

첫째, 실습생은 현장실습을 통하여 학교에서 배운 지식과 기술을 실천할 수 있는 기회를 가지며, 아울러 건강가정실습현장에서 새로운 실천 지식과 기술을 익히는 기회를 갖는다. 즉 실습생은 현장실습을 통해 건강가정 관련 기관 및 시설에 대한 이해를 증진시킬 수 있으며, 실습과정을 통해 전체적인 건강가정사업 실천과정을 이해할 수 있다. 또한 현장에서 실습을 하면서 자신의 건강가정사 직무에 대한 적성을 확인해 볼 수 있다.

둘째, 건강가정사업 관련 기관에서는 실습생에게 학교에서 습득한 지식과 기술을 실천 현장에서 연마할 수 있는 기회를 제공한다. 이를 위해 실습기관에서는 원활한 실습이 이루어질 수 있도록 실습 환경을 조성하며, 실습지도자가 실습준비 및 진행업무에 최선의 노력을 기울일 수 있도록 업무분담 및 협조를 한다(여성가족부, 2013: 57). 실습기관의 경우 실습생 지도로 인해 다소 번거로울 수 있지만, 이러한 실습과정은 학교와의 지속적인 연계를 통해 이론과 실무에 대한 정보를 교환할 수 있는 기회가 된다는 점을 인식하면서 현장실습이 잘 이루어지도록 해야 한다.

셋째, 학교는 현장실습을 교육과 학습의 보조역할을 하는 실천의 장으로 활용할 수 있다. 또한 학생들에게 현장실습을 하게 함으로써 건강가정사 관련 교육과정의 효율성을 평가하는 기회로 삼을 수 있고, 실습생을 통해 다양한 건강가정사업 실천현장을 간접적으로 접할 수 있다. 또한 실습생을 받아준 기관과의 지속적인 연계를 통해 졸업생을 취업시킬 수도 있다(조희금 외, 2002: 401).

2) 건강가정현장실습의 과정 및 태도

건강가정현장실습은 실습준비단계, 현장실습단계, 실습 종결 및 평가단계로 구분된다. 여기서는 각 단계별로 필요한 일과 실습생으로서 갖추어야 하는 태도, 그리고 준비해야 하는 서류에 대해 살펴보고자 한다.

(1) 건강가정현장실습 준비단계

먼저, 실습생들은 실습할 장소를 선정하기 전에 기관에 대한 정보를 검색하고 수집한다. 학생들이 실습장소를 선정하는 데 기준이 되는 '실습기관 총목록'을 작성하기 위해 학교에서는 기관의 실습가능 여부를 사전에 미리 파악한다. 일부 기관의 경우 필요로 하는 실습생의 자격조건을 학교에 미리 전달하기도 한다. 실습기관 총목록이 작성되면 학생과 실습지도교수가 상의하여 실습장소를 정한다. 학교에서는 건강가정현장실습의 목표, 실습과정 전반에 대한 안내, 실습생의 자세, 실습과정에서 생길 수 있는 문제점과 어려움, 적절한 행동지침 등에 관한 오리엔테이션을 실시한다.

실습기관은 실습에 앞서 실습생을 수용할 수 있는 강의실, 휴게실, 시설 공간과 집기 비품 등을 확보하고 실습지도를 위한 계획을 수립한다. 그리고 실습지도 목표·방향·지도방침을 결정하며, 실습지도를 담당할 실습지도자를 선정하여 사전교육을 실시한다. 또한 실습생에게도 실습 내용, 실습기관의 특성, 실습생의 역할과 책임 등에 대한 오리엔테이션을 실시한다. 실습지도 내용은 기초적인 이론보다 실습생들이 현장을 경험할 수 있도록 실천적인 내용으로 구성한다. 효과적인 실습이 이루어질 수 있도록 실습기관은 해당 대학과 협조체계를 유지한다.

실습지도자는 건강가정지원센터 팀장급 이상 또는 가족에 관한 연구 및 실무 경력 3년 이상인 자격을 갖춘 사람으로 지정하며, 실습지도 전반에 대한 관리 및 책임을 맡긴다. 구체적으로 실습지도자의 업무를 살펴보면 다음과 같다. 먼저 실습지도자는 실습계획을 수립하고, 실습지도 일지를 작성한다. 다음, 실습생의 출석관리를 맡으며, 실습에 대한 슈퍼비전을 제공한다. 그리고 마지막으로 실습과제를 수합하고 관리한다(여성가족부, 2013).

학생이 희망하는 실습장소가 결정되면 학교에서는 기관에 실습의뢰 공문을 보낸다. 센터로부터 실습승인 통지서가 오면 해당 학생은 센터의 실습지도자에게 전화를 하고, 자기소개서와 이력서, 실습계획서, 실습평가서 등을 준비하여 센터를 방문한다. 그리고 실습일정과 실습생이 준비해야 할 사항을 알아둔다.

(2) 건강가정현장실습 준비단계에 필요한 서류

건강가정현장실습 준비단계에서 실습생은 〈실습신청서〉와 〈실습계획서〉를 작성한다. 실습신청서는 센터에 실습을 요청하기 위해 보내는 서류로, 학교에서 일괄적으로 작성하여 직접 센터에 송부하는 경우도 있고, 실습생이 개인적으로 작성하여 제출하는 경우도 있다. 실습생은 실습센터를 정한 다음 최종적인 결정이 이루어질 수 있도록 실습신청서를 센터에 제출해야 한다. 센터에서는 실습신청서를 통해 실습생을 파악하고 향후 실습 여부를 결정하기 때문에 실습신청서에는 현장실습과 관련된 구체적인 정보가 많이 제시되는 것이 좋다. 예를 들어 신청자의 사회인구학적 정보뿐만 아니라 건강가정사 자격과 관련한 수강 과목이나 자격증 취득 현황을 센터에서 정확히 파악할 수 있도록 제시하는 것이 좋다. 이때 실습생이 실습기간 동안 성실히 실습에 임하고 실습생으로서의 책임을 다할 수 있도록 '서약서'도 함께 작성하는 것이 좋다(조희금 외, 2007: 120-121). '실습계획서'에는 나의 실습목표, 실습을 통해서 배우고 싶은 것, 실습장소와 학교의 실습담당 교수에게 바라는 점 등을 기재한다.

실습생 및 실습기관(실습지도자) 자격기준

실습생의 자격기준

- '건강가정현장실습' 과목을 이수하면서 건강가정사 이수 교과목 중 핵심 및 관련과목 각각 3과목 이상 이수한 자가 실습을 받는 것을 권장하나, 실습지도자의 판단에 따라 재량적으로 실습생을 선발할 수 있음

실습기관의 자격기준

- 건강가정기본법 제35조에 의해 건강가정사업을 행하는 건강가정지원센터
- 자격 있는 실습지도자가 있는 기관
- 실습지도자에게 업무조정 및 인센티브를 줄 수 있는 기관

실습지도자의 자격기준

- 건강가정지원센터 팀장급 이상 또는 가족에 관한 연구 및 실무 경력 3년 이상인 자

출처: 여성가족부(2013). 2013 건강가정지원센터 운영가이드북, p. 58.

(3) 건강가정현장실습단계

실습생은 실습일정에 따라 센터에 출근하여 실습계획과 실습지도자의 감독에 따라 모든 업무를 수행하되, 업무수행 시 발생하는 모든 문제는 즉시 실습지도자에게 보고하도록 한다. 실습생은 학습 경험을 최대화하기 위해 토의가 필요하거나 사전에 준비해야 하는 자료는 성실하게 준비하며, 시간을 엄수하고 책임감 있는 태도로 근무한다.

현장실습과정 중에 실습생이 갖추어야 할 일반 근무자로서의 자세를 살펴보면 다음과 같다.

① 실습기관의 실습지침과 제반 규정을 준수한다. 예를 들면, 정해진 출근시간보다 조금 일찍 출근하여 미리 근무 준비를 한다.
② 환경 변화에 따라 체력적으로 무리가 갈 수 있는 만큼, 실습생 자신의 건강관리에 주의한다.
③ 결근, 지각, 조퇴를 하지 말아야 하며, 불가피한 경우에는 실습지도자와 협의하여 양해와 승인을 얻어야 한다.
④ 실습기관의 시설 및 비품을 사용할 때에는 실습지도자와 협의한 후 담당자의 승인을 받아야 한다.
⑤ 누구에게나 밝고 부드러운 태도를 보이며, 어느 일에나 성실하고 친절한 자세로 임한다.
⑥ 각종 기록 및 보고는 정확하게 한다(조희금 외, 2005: 326-327).

또한 현장실습의 목표를 원활히 달성하기 위해 실습생이 학습자로서 가져야 할 자세를 살펴보면 다음과 같다.

① 받아들이는 소극적인 자세만 유지하지 말고, 모든 일에 열과 성의를 가지고 능동적이고 적극적으로 임한다.

② 실습지도자를 존중하고, 실습 중의 제반 활동에 대해서는 실습지도자와 협의하며, 실습지도자의 지도 및 조언을 겸손하게 받아들인다.
③ 조직적이고 계획적인 실습을 수행하며, 건강가정사 현장실습 효과를 극대화하도록 노력한다.
④ 일과가 끝난 후에는 언제나 실습일지를 정리 · 기록하고, 실습지도자에게 지도 · 조언을 받는다.
⑤ 한 가지 측면에만 집착하지 말고, 전체적인 관점에서 상황을 파악하고 실습활동에 임한다(조희금 외, 2005: 326-327).

센터는 실습생을 개별 면담하고 부서별 교육을 실시하며 실습생이 실습업무를 실시하도록 한다. 또한 실습지도자는 실습생에게 슈퍼비전을 제공한다. 현장에서 이루어지는 슈퍼비전은 행정적 · 교육적 · 지지적 슈퍼비전으로 나누어 볼 수 있다. 행정적 슈퍼비전은 실습생이 효과적으로 업무를 수행할 수 있는 환경을 제공하는 것이다. 교육적 슈퍼비전은 학교에서 배운 이론 등의 교육적 내용을 현장에서 적용해 볼 수 있게 하는 것이며, 지지적 슈퍼비전은 실습생이 새로운 환경과 업무에 직면하면서 발생하는 정신적 · 정서적 스트레스에 대해 적절한 격려와 지지를 통해 업무수행의 효과성을 높이고자 하는 것이다.

학교에서는 실습지도교수가 실습상황을 점검한다. 그리고 학교는 실습지도자와 실습생 관계를 조정하면서 건강가정현장실습이 목표에 충실하게 이루어질 수 있도록 한다.

여성가족부에서 발간한 건강가정지원센터 운영가이드북에 제시되어 있는 건강가정현장실습에 포함되어야 하는 내용은 〈표 9-1〉에 제시된 내용과 같다(여성가족부, 2013).

❖ 표 9-1 건강가정지원센터 현장실습의 구성과 내용

구분		내용	과제물
필수	오리엔테이션	• 기관 소개 • 지역 소개 • 대상 집단의 이해 • 실습생의 자세와 역할 • 실습 일정과 과제 안내	
	행정업무	• 각종 기안서(공문, 품의서 작성 및 결재 과정 참여) • 기관운영과 관련된 규정 검토 • 사업수행 절차(매 사업별 계획서, 실행서, 만족도 조사, 피드백 등의 절차를 체계화하는 과정 및 관련되는 문서 관찰)	관련서식 작성 및 제출
	프로그램 보조진행	• 가족생활교육 프로그램 보조진행 • 가족문화 프로그램 보조진행 • 기타 센터의 특화사업 보조진행	프로그램 계획서, 평가서, 과정일지, 기타 해당 자료
	실습 평가회	• 과제에 대한 슈퍼비전 • 실습생의 자세 등 전반에 대한 슈퍼비전	실습평가서
선택	선택	• 지역사회 조직사업(지역사회 자원개발, 주민교육, 건강가정 네트워크 구축) • 지역사회 홍보활동 • 프로그램 개발 및 평가 • 사례관리 • 타 기관 방문 및 지역탐방	활동기록서(프로그램 계획서, 프로그램 평가서, 사례관리 기록서, 기관 방문보고서, 지역탐방보고서 등)

출처: 여성가족부(2013). 2013 건강가정지원센터 운영가이드북, p. 60.

(4) 건강가정현장실습 단계에 필요한 서류

건강가정현장실습 단계에서 실습생은 '실습일지', '실습중간평가서'와 그 외 실습 관련 각종 보고서를 작성해야 한다. '실습일지'는 매일의 실습 진행 일과를 기록하는 것으로, 일반적으로 당일의 실습일정, 실습내용 및 실습소감과 평가로 구성되어 있다. 실습일정은 시간에 따라 간단하게 요약하고, 관련 자료는 모두 복사하여 철해 놓는다. 실습내용은 실습지도자가 파악할 수 있도록 구체적이고 객관적으로 기술한다. 강의를 들었을 경우에는 강의 내용을 요약해 놓고 이를 실습에 어떻게 적용할지

기록해 본다. 프로그램을 진행하지는 않았지만 보조진행자로 참여하였거나 관찰했을 경우, 프로그램 지도자의 진행방법 등을 자세하게 기록한다. 실습일지를 작성할 때는 매일 반복되는 일과를 기록하는 데 급급하기보다는 이용자를 중심으로 과정을 기록하는 형식을 취하며, 전공 용어를 사용하고 실습생 자신의 감정이나 의견은 가능한 한 피한다. 실습소감과 평가를 기록할 때는 자신의 소감이나 평가 이외에 센터에서 받은 슈퍼비전 내용도 기록하도록 한다. 실습일지는 단순히 매일의 근무를 기록하는 것이 아니라 실습지도자로부터 실습내용을 피드백 받을 수 있는 서류이며, 실습이 종료된 이후에도 실무능력을 배양하고자 할 때 참고할 수 있는 자료이기 때문에, 꼼꼼히 작성할 필요가 있다(조희금 외, 2007: 132).

'실습중간평가서'는 실습기간 중반 이전에 실습생 자신의 실습과정 및 내용에 대해 평가한 기록으로, 이를 토대로 실습지도자와 중간평가를 진행한다. 먼저, 실습의 전체 일정 및 실습의 개요를 간략하게 정리한다. 구체적인 평가항목으로는 자기평가, 실습목표 달성에 대한 평가, 전문성 개발에 대한 평가, 기관 이해 및 인간관계, 기관과 학교에 대한 건의사항 등이 있는데, 구체적인 양식은 센터마다 조금씩 다를 수 있다. 어떤 양식을 사용하든 실습 전에 세웠던 목표 및 계획에 기초하여 객관적으로 평가해야 하며, 자신의 느낌을 주관적으로 장황하게 기술하지 않도록 주의한다.

실습시간

여성가족부 「건강가정사 자격요건에 관한 지침」 별첨 3 '건강가정현장실습 표준교과 개요'에 근거

- 방문실습 2학점(64시간) 이상 포함되도록 교과 구성되어 있으며, 총 64시간의 방문실습 중 48시간 이상은 건강가정지원센터를 통해 실습하고 나머지 시간은 가족과 관련한 서비스 제공기관의 실습도 인정
  ※ "사회복지현장실습"은 48시간 이상 건강가정지원센터에서 실습할 경우 "건강가정현장실습"의 동일교과목으로 인정가능

실습생은 센터의 상황에 따라 모집하며, 학기 중 실습과 방학 중 실습으로 구분하여 진행함

- 학기 중 실습 : 주 1일 8시간, 6주(48시간)로 진행하는 것을 권장함(48시간 이상 가능)
- 방학 중 실습 : 1일 8시간, 연속된 6일(48시간)로 진행하는 것을 권장함(48시간 이상 가능)

출처: 여성가족부(2013). 2013 건강가정지원센터 운영가이드북, p. 60.

(5) 건강가정현장실습 종결 및 평가단계

실습기간이 끝나면 실습생은 센터의 실습지도자와 함께 일했던 사람들에게 정중히 인사하고 감사하다는 뜻을 전하도록 한다(조희금 외, 2002: 401-402). 센터는 실습생과 실습지도를 평가하면서 실습과 관련된 행정처리를 한다. 학교는 성적을 평가하며 실습교육을 평가한다.

(6) 건강가정현장실습 종결 및 평가단계에서 필요한 서류

실습생은 실습이 끝난 후 '실습최종보고서'를 작성하는데, 여기서는 센터에서의 실습 경험을 종합하여 기관 개요, 실습기관에서의 활동 내용, 실습 사례 등 실습 전반에 대한 총평을 기재한다. 아울러 현장실습을 한 기관의 이용 대상자를 중심으로 이들의 특정 요구를 파악하여 이를 충족시킬 수 있는 대안으로 프로그램을 제시해 보고, 현재 이용자의 욕구를 충족시키기 위해 기관에서 개선하거나 보충해야 할 점 등을 구체적으로 분석해서 기록한다(문숙재 외, 1999; 조희금 외, 2002: 403-404에서 재인용).

이밖에도 실습기간 중에 센터의 요구사항에 따라 '센터 조사보고서', '프로그램 분석보고서', '센터 네트워킹조사 보고서', '자기평가서' 등 여러 가지 보고서나 계획안 등을 작성할 수 있다.

지금까지 제시한 건강가정현장실습 단계에 따른 실습생, 센터, 학교의 역할과 필요한 서류를 표로 제시하면 〈표 9-2〉, 〈표 9-3〉과 같다.

❖ 표 9-2 건강가정현장실습 단계별 주체들의 역할

진행과정	실습생	센터	학교
현장실습 준비단계	• 센터 선택 • 방문과 면접 • 실습 전의 재학습 • 행정처리	• 행정처리 • 실습지도 계획수립 • 오리엔테이션 • 공통교육	• 실습센터 선정 • 실습센터 배정 • 행정처리 • 오리엔테이션
현장실습단계	• 실습업무 실시 • 실습과제의 수행 • 실습과제의 기록	• 실습생 개별면담 • 부서별 교육 • 실습 업무 실시 • 실습 업무 점검	• 실습상황 점검
현장실습 종결 및 평가단계	• 실습의 종결 • 자기평가서 작성	• 실습생 평가 • 실습지도 평가 • 행정처리	• 성적 평가 • 실습 교육 평가

출처: 조희금 외(2007). 건강가정현장실습, p. 114.

❖ 표 9-3 건강가정현장실습에 필요한 서류

구분	실습생	센터(실습지도자)	학교(실습전담교수)
현장실습 준비단계	• 실습 신청서 • 실습생 서약서	• 실습생 모집 공고문 • 실습지도 계획서	• 실습의뢰서 • 실습생 명단
현장실습단계	• 실습일지 • 센터 조사보고서 • 프로그램 분석보고서 • 센터 네트워킹 조사보고서	• 실습생 출결상황 기록부 • 실습 요약서	• 실습 일정 기록부
현장실습 종결 및 평가단계	• 자기평가서	• 실습평가서(대학발송용) • 실습 평가 요약서(대학 발송용) • 수료증	

출처: 조희금 외(2007). 건강가정현장실습, p. 120.

생각해 볼 문제

1. 건강가정사업이 필요한 상황을 예로 설정하고, 이에 맞추어 건강가정사의 실천과정은 단계별로 어떤 과정을 거쳐야 하는지 생각해 보시오.
2. 건강가정서비스를 위한 요구도 조사기술로는 어떤 것이 있으며, 각 기술의 장점과 단점은 무엇인지 정리해 보시오.
3. 건강가정사 현장실습은 왜 중요하며, 어떤 태도로 임해야 할지 생각해 보시오.

3부 참고문헌

고경환, 강지원, 김용민 (2010). 가족복지서비스 전달체계의 상대적 효율성 평가. 한국거버넌스학회보, 17(3), 197-223.

금창호, 조석주, 김필두, 이병기, 유은정 (2010). 기초자치단체의 행정서비스전달체계개선방안. 한국지방행정연구원 연구보고서.

김경신, 이승미 (2004). 건강가정기본법의 성공적 실천전략 III: 건강가정사업 및 프로그램. 한국가정관리학회 35차 춘계 학술대회 자료집.

김승일 (2019). 다문화가족서비스전달체계에 관한 연구 - 다문화가족지원센터를 중심으로. 인하대학교 박사학위논문.

김융일 (2011). 사회복지 슈퍼비전론. 파주: 양서원.

김진화 (2001). 평생교육프로그램개발론. 서울: 교육과학사.

김춘아 (2007). 대인관계와 커뮤니케이션. 중앙건강가정지원센터 실무소양기초교육자료집.

노동부 (2007). 2007 직무분석 및 직무평가 가이드북.

류종훈 (2004). 쉽게 쓴 사회복지실천론. 서울: 동인.

모수미, 이기영, 김외숙, 최정화 (1991). 가정학원론. 서울: 한국방송통신대학출판부.

문병기 (2013). 이민자 사회통합지원 전달체계에 관한 연구, 한국행정학회 2013 국제학술대회 발표집(제 6분과 이민정책연구회).

문숙재, 송혜림, 김선희, 이기영, 김난도, 김순미, 박미석, 조희금 (1999). 공공가정경영 이론과 실제. 서울: 신정.

박경숙 (1996). 사회복지전문요원과 복지관, 보건소의 서비스 연계에 영향을 미치는 요인들-중소도시, 농촌의 사회복지전문요원을 중심으로-. 한국사회복지학, 30, 48-76.

박정윤, 정지영, 송혜림, 조영희, 이현아 (2015). 가족정책 전달체계 전담인력의 역량 강화를 위한 교육방안 모색을 위한 기초연구. 한국가정관리학회지, 33(2), 53-70.

서재호 (2008). 기초자치단체의 사회복지서비스 전달체계 개편에 대한 평가 : 사회복지전달체계의 구성원칙을 중심으로. 한국거버넌스학회보, 15(1), 139-164.

서지원, 조영희, 송혜림 (2018). 비영리기관 운영관리. 서울: 한국방송통신대학출판부.

성규탁 (1998). 사회복지행정론. 파주: 법문사.

성미애, 이현아 (2004). 건강가정사의 역할, 자격 및 양성 방안. 한국가정관리학회, 22(5), 345-355.

성미애, 진미정, 이재림, 최새은 (2012). 건강가정사의 직무 및 근무환경인식. 한국생활과학회지, 21(3), 453-468.

송혜림 (2005). 건강가정론(실제). 제3기 건강가정사 양성교육 자료집.

송혜림 (2005). 건강가정지원센터의 주부교육 프로그램을 위한 모형 개발. 한국가족자원경영학회지, 9(1), 17-39.

송혜림 (2006). 공공가정경영 이론적 체계의 재구성에 대한 논의. 한국가족자원경영학회지, 10(1), 1-18.

송혜림 (2009). 공공가정의 인적자원관리방안-건강가정사 직무분석에의 적용. 한국가족자원경영학회지, 13(1), 23-39.

송혜림 (2016). 다문화가족지원센터의 성과관리. 2016년 울산광역시 다문화가족지원센터 종사자 역량강화 교육 자료집.

송혜림, 고선강, 강은주 (2022). 한부모가족 건강성 지표 개발 연구. 가족자원경영과 정책, 26(2), 53-70.

송혜림, 권혜진, 기은광, 김선우, 김소영, 채화영 (2004). 초기 건강가정사 교육프로그램에 관한 연구. 한국가족자원경영학회지, 8(3), 65-93.

송혜림, 김선우 (2005). 공공가정경영 하위체계의 이론적 틀 고찰과 재구성. 한국가족자원경영학회지, 9(2), 93-110.

송혜림, 김소영 (2006). 건강가정지원센터 활성화를 위한 지역사회 자원개발의 가능성. 한국가족자원경영학회지, 10(2), 1-18.

송혜림, 라휘문, 고선주 (2016). (재)울산여성가족개발원 중장기 발전계획 수립. 울산여성가족개발원 위탁연구보고서.

송혜림, 박정윤, 정지영, 진미정 (2014). 가족정책 전달체계 통합의 방향과 방안. (사)가정을건강하게하는시민의모임 주최 제24차 가족정책포럼자료집.

송혜림, 박정윤, 진미정, 고선강 (2021). 1인가구 건강성 척도 개발 연구. 가족자원경영과 정책, 25(1), 35-45.

송혜림, 장진경 (2004). 건강가정지원센터의 조직과 운영방안. 한국가정관리학회지, 22(5), 303-318.

양옥경, 김정진, 서미경, 김미옥, 김소희 (2010). 사회복지실천론. 파주: 나남출판.

여성가족부 (2013). 2013 건강가정지원센터 운영가이드북.

여성가족부 (2017). 2017년 건강가정지원센터 사업안내.

여성가족부 (2017). 2017년 건강가정 · 다문화가족지원센터 통합서비스 사업안내 (I).

여성가족부 (2017). 2017년 다문화가족지원 사업안내.

여성가족부 (2017). 2017년도 아이돌봄 지원사업안내.

여성가족부 (2022). 2022년 가족사업안내.

이기영 (2004). 건강가정기본법의 내용 소개 및 사회적 기여. 대구가톨릭대학교 건강가정지원센터 개소기념 학술발표회 자료집.

이기영, 조희금, 정민자, 송혜림, 이승미, 성미애, 이현아 (2004). 가정의 건강성 증진을 위한 정책개발연구. 국회보건복지위원회 위탁연구 자료집.

이기영, 조희금, 조영희, 송혜림, 정지영, 서지원 (2009). 공공가정경영. 서울: 신정.

이윤정, 정은희 (2008). 건강가정지원센터의 건강가정사 직무분석을 위한 기초연구: 표준직무 도출을 중심으로. 한국가정관리학회, 26(5), 177-194.

이진, 소순창 (2016). 한국 가족복지 전달체계 개선방안에 대한 연구: 전달체계의 적절성, 통합성, 지속성을 중심으로. 지방정부연구, 20(1), 81-108.

이학종, 양혁승 (2012). 인적자원관리. 서울: 오래.

임정빈, 지영숙, 문숙재, 이기영, 이연숙 (1994). 가정관리학. 서울: 신정.

정무성, 정진모 (2001). 사회복지 프로그램개발과 평가. 파주: 양서원.

정여주, 이기숙 (2013). 건강가정사의 조직문화 인식과 직무만족에 관한 연구. 한국가족복지학, 18(4), 461-484.

조영희, 송혜림, 박정윤, 정지영, 이현아 (2015). 건강가정사의 업무몰입과 직무만족을 통해 파악한 조직생활경험 및 역량강화방안. 한국가족지원경영학회지, 19(1), 139-161.

조희금, 김경신, 정민자, 송혜림, 이승미, 성미애, 이현아 (2005). 건강가정론. 서울: 신정.

조희금, 송혜림, 공인숙, 이승미, 이완정, 박혜인, 조재순, 김선미, 최연실 (2002). 가정생활복지론. 서울: 신정.

조희금, 송혜림, 공인숙, 이승미, 이완정, 박혜인, 조재순, 김선미, 최연실, 진미정 (2008). 가정생활복지론(2판). 서울: 신정.

조희금, 송혜림, 성미애 (2007). 건강가정현장실습. 서울: 신정.

중앙건강가정지원센터 (2007). 2007 건강가정지원센터 운영매뉴얼.

중앙건강가정지원센터 (2007). 2007년 제1회 실무소양기초교육 자료집.

지호준 (2003). 알기 쉽게 배우는 21세기 경영학. 파주: 법문사.

최조웅 (1996). 현대인의 직업윤리. 서울: 형설출판사.

하병철 (1995). 한국인의 직업윤리. 서울: 사회문화연구소.

한재랑 (2000). 지역사회조직화(Community Organizing)의 실천사례에 관한 연구-관악사회복지의 네트와 소집단 활동을 중심으로-. 서강대학교 공공정책대학원 석사학위논문.

허남순, 한인영, 김기환, 김용석 (2004). 사회복지실천이론과 기술. 파주: 나남출판.

황원영 (1985). 교육철학. 서울: 대은출판사.

Bradshaw, J. (1972). Taxonomy of social need. In McLachlan, G. (ed.), *Problems and progress in medical care: essays on current research*, 7th series (pp. 71–82). Oxford University Press, London.

Hepworth, D. H., & Larsen, J. A. (1986). *Direct social work practice, theory, and practice*. Chicago: The Dorsey Press.

Hepworth, D. H., Rooney, R. H., & Larsen, J. A. (1997). Assessing family functioning in diverse family and cultural contexts. *Direct social work practice: Theory and skills* (pp. 276–316). Chicago: The Dorsey Press.

Thomas, J., Schvaneveldt, J. D., & Young, M. H. (1993). Program in family life education: Development, implementation, and evaluation. In Arcus, M., Schvaneveldt, J. & Moss, J. (eds.), *Handbook of family life education* (pp. 106–130). Sage Publications.

04 PART

건강가정의 미래

CHAPTER **10** 건강가정을 위한 과제와 전망 건강가정의 미래는 과연 어떠할 것인가? 우리는 이제까지의 건강가정과 관련된 개념적, 실천적 측면을 모두 조망하면서 최종적으로 이러한 의문에 대해 답하여야 할 것이다. 동시에 미래에 대비하면서 결론적으로 개인과 가족, 사회가 해야 할 과제와 책무에 대해서 생각해 볼 필요가 있다.

사회환경과 주변 조건들의 변화가 현저하고 가정의 건강성을 저해하는 요소들도 날로 증가하고 있는 만큼, 미래의 건강가정을 위한 노력에는 어려운 과제들이 산적해 있다. 그럼에도 불구하고 개인의 행복과 사회의 건강한 유지 발전을 위한 최후의 보루로서, 건강가정에 대한 기대와 노력을 멈추어서는 안 된다.

그러한 측면에서 4부는 건강가정의 미래를 준비하는 학습자들에게 시사하는 바가 클 것이다.

CHAPTER 10 건강가정을 위한 과제와 전망

이 장에서는 앞서의 모든 학습과정을 정리하는 의미에서, 최종적으로 건강가정의 미래를 조망해 보는 내용으로 구성하였다. 먼저 건강가정을 위한 과제에서는 그 차원별로 가족의 과제, 사회의 과제, 국가의 과제를 다루고자 한다. 가족의 과제는 가족관계적 측면, 가족기능적 측면, 가족구조적 측면으로 나누어 구성된다. 또한 사회의 과제는 사회구성원적 측면, 사회환경적 측면, 사회구조적 측면으로 나누어지며, 국가의 과제 역시 제도적 측면, 실행적 측면으로 나누어 세부적으로 언급되었다.

마지막으로 건강가정의 전망과 미래를 위한 제언에서는 앞으로 변화해 나갈 가정의 미래를 조망하고, 이러한 미래사회 속에서 건강가정의 목적을 유지 발전시켜 나가기 위한 선언적 제언을 덧붙임으로써 이 책을 마무리짓는다.

1. 건강가정을 위한 과제

2. 건강가정의 전망과 미래를 위한 제언

CHAPTER

10 건강가정을 위한 과제와 전망

1. 건강가정을 위한 과제

가정의 건강성을 향상시키기 위해서는 급격하게 변화하는 현재의 가정과 가족의 특성을 반영하여 미래를 전망하고, 이에 관련하여 구체적으로 가족원들의 욕구와 문제가 무엇인지 파악함으로써, 가족의 진정한 성장과 삶의 질을 향상시킬 수 있는 대안을 모색하고 실천하여야 한다. 또한 이러한 목적 달성을 위해서는 가족과 사회, 국가가 공동 책임이라는 의식을 가지고 상호 노력하여야 하므로, 각각의 입장에서 다음과 같이 그 과제를 살펴보고자 한다.

1) 가족의 과제

가족은 역동적인 체계로서 스스로 기능할 수 있는 유기체적 특성을 가진다는 점에서 건강가정을 형성하는 기본 중심은 가족원 스스로에게 있다. 특히 가족은 그 주기에 따라 위기와 과업이 주어지고 이의 수행 책임도 뒤따르므로, 건강가정의 형성과 유지를 위해서는 장기적인 노력이 필요하다. 따라서 건강가정의 개념을 숙지하고 이의 추구를 위하여 무엇을 할 것인가에 대한 성찰과 단계적 준비가 필수적이다.

(1) 가족관계적 측면

가족관계는 가족을 유지시키는 핵심적인 통로로서, 부부관계나 부모자녀관계는 개인의 성취 노력에 의하여 능동적으로 얻어지고 기쁨을 주기도 하지만 동시에 수동적인 관계로 전환되어 고통의 원인을 제공하기도 한다. 특히 부부관계는 가족을 형성하고 이끌어 가는 주체로서 가족의 성공과 실패를 가늠하는 잣대이며, 동시에 부모자녀관계를 비롯한 다른 가족관계에 영향을 미치는 가장 중심적인 기능을 한다. 특히 최근 들어 이혼율의 증가 등 부부관계 약화를 보여주는 다양한 신호들이 나타나고 있는 만큼, 가족의 건강성을 보장할 수 있는 일차적인 담보는 바로 부부관계라 할 것이다.

부부관계의 건강성을 나타내는 지표로서 흔히 성평등성을 거론하는데, 전통적인 가부장적 사회에서 한국의 부부관계는 남성 위주의 불평등하고 일방적인 속성이 강하였다고 본다면, 건강한 가족관계를 만들기 위한 핵심은 가족 안의 성평등성을 얼마나 확보할 수 있느냐일 것이다. 가족의 불안정성 증가나 가족문제의 급격한 증가 현상들 역시 가족 내 여성의 변화에 적절히 대응하지 못한 결과이며, 그러한 의미에서 만약 여성의 문제가 해결되지 못하고 방치된다면 이러한 가족의 불안정성은 사회불안의 강력한 동인으로 등장할 것이다. 여성이라는 대단위 집단의 문제를 우선적으로 해결하고 이들의 변화에 탄력적으로 반응하지 못하는 한, 사회의 궁극적인 발전을 기대하기 어렵기 때문이다. 토인비(Toynbee)는 1955년에 여성에 의한 혁명적 사회 변화가 시작되었다고 보고, 이에 대해 얼마나 잘 적응하느냐가 그 사회의 발전을 판가름할 것이라고 하였다.

또한 부모자녀관계는 혈연으로 맺어진 영속적인 공동 관계로서 사회화의 과정을 통하여 정서적인 관계로 결속되나, 부모의 연령과 자녀의 성장에 따라 변화, 발전하는 관계이기도 하다. 따라서 부모자녀관계는 시대적으로 다른 세대 간의 인간관계이므로 사회적 지위나 권위뿐만 아니라 사상, 가치, 취미 등에서 불가피한 격차가 생긴다. 자녀가 어릴 때는 부모에게 전면적으로 의존하지만 시간이 지남에 따라 부모자녀관계에 변화가 나타나게 되는데, 가족구성원 간의 상호작용의 수준은 감각적인 것에서 정서적인 것으로, 다시 지적인 것으로 진보된다. 자녀가 어릴 때에는 부모의 보존, 양육, 지배관계가 두드러져 자녀는 무조건 부모에게 의존하게 되다가 청년기가 되면 심리적 이유(離乳)를 시작하면서 부모자녀관계는 성장과 갈등의 관계로 발전한다. 그러자 자녀가 성숙된 인격을 갖춘 성인이 되었을 때에는 부모자녀관계는 다만 세대를 달리하는 대등한 인간관계로 변하게 된다. 그리하여 어릴 때부터 부모와의 상호작용을 통해서 형성해 온 의존욕구를 안정성 있게 지속시켜 나가는 것이다. 이처럼 부모자녀관계는 부부관계 못지않게 가족의 영속적 발전을 위해 기능하므로, 자녀의 성장과정에 합리적으로 대처하는 부모의 노력은 건강가정의 형성을 위해 필수적이다.

미드(Mead)는 문화의 전승과 전달을 위해서는 양성 삼세대가 필요하다고 하였는데, 이들 중 일부분의 상호관계가 상실되면 문화의 단절이 오고 갈등이 나타난다. 오늘날 한국 사회는 일부분이 아닌 삼세대의 관계가 모두 가치와 규범의 단절상태에 있어 사회적, 가정적 통합성을 약화시키고 있다.

그러한 의미에서 건강가정의 형성과 유지를 위해 가족구성원이 취해야 하는 개인적 과제는 다음과 같다.

첫째, 가족 간의 원활한 대화와 의사소통이 중요하다. 의사소통을 통해 서로 다른 구성원 간의 차이와 입장을 이해할 수 있으며 각자가 처해 있는 난관을 해결해나갈 수 있기 때문이다. 부모는 효율적인 의사소통의 방법을 학습하고, 자녀의 성장특성에 맞추어 일관된 양육방식으로 행동하여야 한다.

둘째, 중요한 가족원의 가치관 형성은 가정 안에서 이루어진다는 측면에서 부모는 자녀의 가치관 정립에 적극적으로 개입하여야 한다. 특히 자녀세대의 가치관을 인정하고 교육하는 것은 성인 세대의 책임이며 사회적 통합성을 이룩하는 수단이다(유인종, 1985). 따라서 무조건적으로 자녀의 가치관을 미숙함의 표현이라 보고 무시하거나 일시적인 현상으로 치부하는 태도, 자신의 세대와의 단절감을 무관심으로 일관하는 태도 등은 바람직하지 못한 부모의 태도라고 볼 수 있다. 적극적으로 자녀의 생각과 태도, 가치관을 학습하고, 수용할 것은 과감하게 수용하면서 부모가 평소에 신중하게 생각하고 소중히 여겨왔던 나름대로의 가치체계를 전달하려고 노력해야만 한다.

셋째, 가족구성원은 가족의 잠재력을 총화(總和)시켜야 한다. 한정된 자원을 나누어야하는 경쟁사회 속에서, 개인의 욕구와 사회의 필요에 잘 적응하고 대처하기 위해서는 가족구성원이 가지고 있는 자원과 잠재력을 최대한 발휘하여야 한다. 개인의 역할기대와 수행, 책임과 의무의 균형을 유지함과 동시에, 경제적 · 비경제적 자원의 활성화, 또 이를 위한 준비, 훈련, 합리적 사용 등이 관건이 될 것이다. 그러한 의미에서 가족구성원은 먼저 가족 내에서 문제의 일차적인 원인을 찾아야 하며, 이것을 사회와의 공동 노력에 의해 해결하여야 한다. 사회의 거센 물결에 도전받는 가족, 여기에 과감히 자신을 변혁시키며 응전하는 용기 있는 가족구성원을 필요로 하는 것이 오늘날의 현실이다.

(2) 가족기능적 측면

가정은 가족원의 양육과 교육, 사회화 등을 담당하는 최초의 환경으로서 다음 세대가 요구하는 인적자원을 배출하는 중요한 통로이다. 특히 지식기반사회, 정보화사회에서 인적자원의 중요성이 증가하고 있으며, 인적자원 개발의 중심지로서 가정의 기능이 더욱 중요해지고 있다.

가족이란 개인과 사회의 중간에 위치한 체계로서 전체 사회에 대하여는 하위체계로, 개인에 대하여는 상위체계로서의 양면성을 가지고 있다. 즉 가족기능은 사회지향적인 면과 개인지향적인 면을 모두 가진 야누스(Janus)인 셈이다. 따라서 가족을 어떠한 체계로 보느냐에 따라 가족기능의 내용은 대사회적 기능과 대내적인 기능, 즉 가족 내적인 기능으로 분류된다.

이와 같이 가족을 사회의 하위체계로 볼 때, 집단체계로서의 가족은 사회의 유지 · 존속에 어떤 역할을 하고 사회변동에 따라 그 내용이 어떻게 달라지며, 현재까지 유지 · 존속되어 실제로 행해지고 있는 것은 무엇인가라는 문제에 초점을 두어야 할 것이다. 반면 가족을 가족원이 구성하고 있는 상위체계라고 볼 때, 개인의 발전, 욕구충족, 자아개념 및 자아정체감 형성에 어떠한 역할을 하느냐에 대한 문제와 직결된다. 즉 가족은 외형적으로는 다른 사회체계와 같은 특성을 갖추면서도 그 목표, 기능, 감정상의 분위기 등에서는 다른 사회체계와 구별되는 특성을 갖는다(유영주 외, 2008).

이처럼 독특하고 중요한 기능을 부여받고 있음에도 현재의 가정은 여러 가지 위기에 직면하고 있다. 가족구성원에 대한 보호, 부양, 양육, 교육의 기능을 제대로 수행하지 못하고 있어, 이로 인해 발생하는 가족문제의 해결과 치료 그리고 보다 더 장기적으로는 가족문제의 예방, 가정생활의 질적 향상 및 가정의 건강성 증진을 위한 대책 마련이 필요하게 된 것이다. 예를 들어, 최근 증가하고 있는 사이버문화에 따른 인간애 상실 및 소외문제 혹은 개인의 고립화 문제를 해결하기 위해서는 민주적이고 평등한 가족문화 정착, 가족구성원 간의 개방적인 의사소통 확산, 가족유대 강화 등의 가족문화 조성이 더욱 중요한 과제로 대두되고 있다.

이처럼 쇠퇴하는 가정의 기능을 회복시킴으로써 국가가 당면한 제반 사회적 문제들에 대한 대응능력을 새로이 다져가려는 노력은 체계적이고 기술적인 제도와 방법들이 개발되고 응용됨으로써 가능할 것이다. 이러한 실천적 방법들은 제반 가정문제의 해결에 직접적인 영향을 줄 수 있으면서, 동시에 가족구성원의 안녕감을 지속적으로 증진시킬 수 있는 사명지향적인 효과를 가져올 수 있어야 한다.

(3) 가족구조적 측면

가족구조란 가족의 틀과 패러다임으로서, 역할과 규범, 문화 등 다양한 행위 준거를 가족구성원에게 부여해 준다. 따라서 가족구성원은 그 구조에 의하여 지배되고 복속되는 특성을 지닌다. 가족은 그 나름대로의 구조 원리가 있기 때문에 일정한 유형을 가지며, 거기에는 구조를 만든 보다 기층이 되는 개념이 있다. 따라서 가족은 구조에 의하여 존재할 뿐만 아니라, 구조적 특색에 의하여 일련의 속성을 갖게 된다. 이처럼 가족구조의 건강성은 그것이 총체적으로 구성원의 건강성을 규정하고 조정할 수 있다는 측면에서 매우 중요하다.

한편으로 이러한 가족구조는 사회구조와 긴밀한 연결을 가지고 상호작용하므로, 개별 가족구조의 건강성은 전체 사회구조의 건강성으로 확대될 수 있다. 반대로 사회구조의 건강성 역시 개별 가족구조의 건강성에 영향을 미치게 된다. 건강가정사업이나 프로그램도 궁극적으로는 이러한 가족구조의 건강성에 도달하고자 하는 것이며, 이러한 구조적 건강성은 일단 확립되었을 때 사회적 비용을 절약하게 하고 사회구성원의 응집성을 강화시키게 된다.

예를 들어 건강하지 못한 사회구조는 가족해체를 양산하게 된다. 산업화와 함께 가족해체로 인한 무의탁 대상이 증가하면서 이에 대한 대안으로 다양한 사회복지제도를 마련해 왔지만 그것이 이상적인 모델이 될 수는 없었다. 복지제도란 가족해체의 사후장치에 불과할 뿐 가족해체를 예방하기 위한 방법이 아니기 때문이다. 바로 이러한 점에서 가족을 더 이상 사적 생활단위로만 생각할 수 없고, 사회공동체 안에서 가족의 변화에 대한 심도 있는 진단과 더불어 가족구조적 측면에서 가족위기에 대한 대안이 적극적으로 논의되어야 할 것이다.

2) 사회의 과제

(1) 사회구성원적 측면

사회구성원은 근본적으로 가족구성원으로 탄생하고 살아가게 된다. 그러한 의미에서 사회구성원은 가족구성원으로서의 의무를 지니며 공헌하게 된다. 그럼에도 불구하고 현대사회는 가족이 사회에 기여하여야 할 규범과 의무를 규정하지 않고 구성원 개인만을 규제함으로써 가족이기주의가 발생하게 된다. 즉, 사회구성원은 가족구성원으로서 살아감에도 불구하고 타 가족에게 무관심하며 심지어 경쟁하게 된다.

개별 가족의 발전은 전체 사회의 발전으로 이어지기도 하나, 타 개별 가족에 대해서는 위협이 되기도 한다. 현대사회의 이러한 경쟁성은 공동체의식의 상실로 인한 구성원 간 갈등과 불안을 가중시킴으로써 궁극적으로 사회발전을 저해한다.

공동체(community)란 상호작용, 공동의 유대, 공간을 구성요소로 하는데, 일정한 공간을 중심으로 구성원들끼리 지속적인 상호작용을 하며 공동의 유대와 귀속감을 발전시킬 때 존재한다. 공동체의 구성요소는 친숙함, 안정된 관계, 질서, 정서, 의식이다. 친숙함이란 공동체 성원들이 서로 잘 알고 있음을 뜻한다. 안정된 관계란 관계가 지속적이고 안정되어 있을 때 공동체로 볼 수 있다는 것이다. 질서는 구성원들이 공통적으로 추구하는 가치와 규범이 있고, 그것을 실현하기 위한 제재수단을 가지고 있을 때 공동체가 형성됨을 의미한다. 정서적 측면은 소속감을 의미하고, 의식적 측면은 헌신 또는 책임의식을 의미한다. 구성원들은 공동체를 위해 어떤 역할인가를 수행해야 한다는 책임의식을 갖는다. 이러한 점에서 공동체는 구성원들의 주체의식을 필요로 한다. 이러한 요소 위에 공동체가 형성되고, 그것은 곧 유대(solidarity)의 형태로 표현되며, 유대관계는 전인격적 관계로 발전한다(윤영민, 1999).

건강가정을 형성하고 확대해 나가기 위한 중요한 측면은 네트워킹과 사회적 유대이다. 그러한 의미에서 사회구성원은 누구나 어느 시점에서나 공동체의식과 활동을 통하여 건강가정의 실현에 기여하여야 한다.

(2) 사회환경적 측면

인간소외, 물질만능주의 사조, 성의 상품화 등 여러 현상은 산업사회에 속하는 대부분의 국가에서 나타나는 보편적인 현상이나, 국가에 따라 고유한 전통이나 산업화 또는 경제나 사회의 발전단계에 따라 다소 다른 양상으로 전개된다. 1960년대 이후 30여 년간의 급속한 경제성장을 경험한 우리나라에서는 부정적인 측면에서 향락풍조의 만연과 각종 퇴폐업소의 범람 같은 문제가 제기되고 있다. 이런 문제는 서구

선진국에서도 부분적으로 나타나는 경우가 없지는 않지만, 우리나라는 서구처럼 경제규모에 맞게 적정 성장된 '생산적 서비스산업'과는 다른 양상을 보이고 있다. 시장경제체제가 도입되는 단계나 급속한 성장을 경험하는 경우에 나타나는 혼란된 현상이 지배적이며, 가장 큰 희생양은 젊은 세대들이다.

우리나라에서 향락풍조와 퇴폐업소가 무분별하게 증가한 것은 정부 주도에 의한 고도성장의 부산물이라 볼 수 있다. 구체적으로 정경유착에 따른 접대경제의 만연, 투기 등 불로소득의 증대, 불균등 배분, 건전한 투자기회의 부족, 대기업 중심의 정책 등 향락산업에 대한 수요와 재원 공급이 존재했다는 것과, 고도경제성장을 향한 수출주도형 공업화정책에 따라 농촌을 떠나거나 떠날 수밖에 없었던 이농인구의 도시집중에 의한 과잉도시화가 이루어졌다는 점을 배경으로, 도시의 비공식 부분이 이상 비대화된 결과이다. 이와 함께 힘든 노동을 기피하는 편의주의, 수단보다는 목적을 중시하는 도구주의적 성향, 어떤 방법으로든지 돈만 벌면 된다는 비도덕적 사고, 돈이면 다 된다는 황금만능주의 등 부정적인 가치관이 사회에 팽배한 것은 향락화와 수반되어 나타난 문제들이다(김경신 외, 2007).

최근에는 인터넷 등 온라인이 활성화되면서 개인과 개인, 가족과 가족, 가족과 사회의 경계가 급속하게 무너지면서 부모의 역할이나 공동체 집단의 영향력이 무력화되고 있다. 특히 물질만능주의적, 개인주의적, 찰나적인 사조에 의하여 향락적 상업행위가 일반화되면서 판단력이 확고하지 않은 자녀세대들이 직접적인 타깃(target)이 되고 있다.

따라서 사회적으로 이러한 유해환경을 일소하고 가족원 보호를 위한 사회적 책임을 강화하기 위해서는 사회적 감시활동이 더욱 강화되어야 할 것이며, 정부의 정책적 의지뿐만 아니라 민간활동이나 관련 기관의 적극적 참여, 우리 사회구성원들의 책임의식 등이 수반되어야 한다.

(3) 사회구조적 측면

사회구조는 한 사회를 정의하는 표상적인 틀로서, 가족구조와 마찬가지로 그 구성원의 행위 패턴과 사고방식, 문화적 양식 등을 규정한다. 이러한 사회구조는 가족구조와 같은 그 사회 내부의 조직들에 대해 영향력을 가진다.

사회구조는 한번 형성되면 비교적 장기적으로 유지되면서 그 사회의 해석에 유용한 준거를 제공하며 사회적 안정에 기여하여 왔으나, 최근 들어 이러한 사회구조의 정체성이 빈번하게 흔들리고 급격히 변화되면서 개인적, 사회적, 국가적 측면에서 수많은 갈등상황에 봉착하게 되었다.

사회변동은 사회에 현존하는 질서, 체제, 개념, 가치의 내용이 전체 또는 일부가 변화하는 과정이다. 다시 말해서, 사회변동이란 사회조직, 즉 사회의 구조와 기능에서 발생하는 변모라 하겠다. 한 사회의 구조, 질서, 구성요소가 어떤 내부적·외부적 요인에 의하여 부분적·전체적 또는 단기적·장기적으로 변화하고 있는 과정을 의미한다. 이러한 사회변동은 어느 정도 발생할 수밖에 없는 것이고, 또한 이러한 사회변동을 통하여 인류가 발전해 가는 것이 사실이지만, 최근 우리 사회의 급격한 변화와 다양성은 개인과 가족의 적응력과 안정성을 크게 침해하고 있다. 또한 이러한 변동과정에서 사회해체현상이 나타난다. 사회해체란 사회를 구성하고 있는 여러 요소 중에서 어느 한 요소가 급격하게 발전하고 다른 요소가 뒤떨어지는 불균등한 발전으로, 균형이 깨지고 혼란상태에 빠지게 되며, 사회병리적 현상이 나타나는 것을 말한다. 그러나 이러한 사회해체뿐만 아니라 어떠한 사회변동에서도 크든 작든 간에 여러 요소 간의 모순과 대립, 긴장, 불균형이 복잡하게 얽히면서 진행된다.

사회변동의 원인은 외부에서 오는 경우도 있고 내부에서 일어나는 경우도 있다. 또한 사회변동은 부분적·국부적일 수도 있고, 전체적·전면적일 수도 있다. 그러나 이러한 사실들은 서로 밀접하게 작용하면서 사회생활 전 부분에 침투하여 사회변동의 조류를 이루게 한다. 어차피 미래사회의 사회변동이나 안정된 구조의 상실이 예견되고 있는 것이라면 이러한 사회구조의 변화를 주도하고 만들어가는 노력도 필요한 것이다. 따라서 여러 과정 하나하나를 독립적 · 단일적으로 파악할 것이 아니라, 사회의 전체 기구와 관련시켜 통일적으로 파악해야 한다. 그러한 의미에서 건강가정을 위한 노력은 사회구성원이나 개별 가족의 힘만이 아닌, 사회구조의 변동에 대응해 나가는 총합적인 노력이 필요하다. 건강가정기본법의 제정이나 이의 실천 역시 이러한 목적을 위한 하나의 과정이지만, 더욱 체계적이고 효율적인 방법을 통하여 보다 총합적으로 대처하는 사회 전체의 노력이 요구된다 하겠다.

3) 국가의 과제

(1) 제도적 측면

가족에 대한 국가의 책임은 명백하게 규정되어야 한다. 지금까지 가족의 경우 가족구성원 각자의 책임으로 막연하게 규정하여 왔으나, 포괄적인 복지의 주체가 국가라는 점에서 가족에 대한 궁극적 책임 역시 국가가 져야 한다.

지금까지 정부는 가족정책 영역에 다각도로 많은 노력을 기울이고 있지만, 환경적 변화가 극심하고 예산 지원 등의 이유로 실질적 사업 진행이 미미하여 전체적으로 가족정책의 실효는 높지 않은 실정이다. 특히 개인의 삶에 경제적 가치가 미치는 영향력이 증대하고 경기침체 등의 사회변동 요인이 발생하면서, 가정의 해체에 따른 가족원의 탈선과 가족문제가 증가하고 있다. 그러나 이에 대한 실질적인 대책이 미흡하다고 할 수 있으며, 특히 인터넷 등 정보매체의 공격에도 무방비한 상태이다. 또한 정부의 전형적인 유관 부처 간 상호협조 체제의 미흡과 업무 중복에 따른 정책 혼선도 지적할 수가 있다.

이러한 정책의 문제점을 고려한 향후 개선방향 및 과제를 살펴보면 다음과 같다. 먼저, 가족적 요건의 결손 혹은 가족문제나 불안 요인 등의 예방 및 치료에 대한 제도적 체계가 확충되어야 한다. 또한 유해환경 등 사회적 자극을 최소화하고 차단할 수 있는 장치를 가동함으로써 기초적이고 근원적인 자원들을 정비해 나가야 한다.

또한 중앙정부나 지방정부의 행정적 제도도 개선되어 가족 전담 조직이 체계화되어야 하고, 이를 통한 가족정책의 통합 수립과 관리가 요청된다. 또한 건강가정을 지원하는 유관기관들이 정부의 지원에 의하여 상호 소통체제를 원활히 유지하도록 국가가 포괄적인 서비스를 실시해야 한다.

그리고 법과 제도에서 가족정책 및 관련 사업의 명확한 자리매김이 이루어져야 한다. 가족 관련 법제는 산발적이어서 주관부서가 다를 뿐만 아니라 개인과 가족정책이 혼재되어 있어 진정한 가족정책으로서의 기능을 하지 못하고 있다. 즉 '여성', '노인', '청소년' 등 개별적 접근이 주를 이루고 있는 실정이다. 건강가정기본법의 경우에도 법이 규정하고 있는 내용은 포괄적임에도 불구하고 그 해석과 적용은 아직 개별 정책의 차원에 머물러 있는 경우가 많다. 따라서 가족정책의 수행을 위한 중요한 근거가 되는 법체계와 관련해서 통합적인 조직화 노력이 이루어지지 못하고 있는 것은 매우 아쉬운 일이며, 관련 법체계 간의 유기적인 연계의 부족과 법조항의 실효성 부족 등도 문제점으로 나타나고 있다.

특히 최근에 나타나고 있는 사회적 문제들, 예를 들어 저출산, 가족의 다양화 등의 가족문제에 대한 접근에서는 가족정책적 시각이 좀 더 강화될 필요가 있다. 왜냐하면 이러한 문제들은 과거에 가족적 요구에 대한 대응이 적절하지 못하여 누적된 결과로서 출현한 것이거나 체계적인 초기대응에 실패한 결과로, 사회적 비용을 가중시키고 있기 때문이다.

(2) 실행적 측면

① 가족사업 및 프로그램의 확충

현재는 정부 주도의 가족사업들이 저소득계층 등 요보호가족을 대상으로 하는 경우가 일반적이어서 일반 가정에 대한 생활권 단위의 가족정책 및 복지사업이 구현되지 못하고 있다. 이를 위해서는 다양한 가족의 기능 강화를 위한 사업의 확대, 또 이의 실현이 가능한 시설 등 공간 확대, 또한 보다 활성화된 프로그램을 운영하고 유지할 전문인력의 투입이 적극적으로 고려되어야 한다. '건강가정지원센터'의 사업들도 한정된 재원과 제한된 기준들로 인하여 포괄적인 가족정책사업을 충분히 수행하지 못하고 있는 실정이다.

그리고 일반 가족들이 수혜적 의미가 아니고 보다 사회친화적으로 사회적 활동에 참여할 수 있는 기회가 활성화되어야 하겠다. 또한 가족단위의 민간단체활동, 지역개발활동, 자원봉사활동, 사회적 평가와 자문활동 등이 확대되어야 한다. 가족구성원들이 풍부한 상상력과 창조력, 활동력을 발휘할 수 있는 여건을 조성해 줌으로써 가족적, 사회적 응집성을 강화하고 사회 주인의식을 고취시켜 주어야 한다.

그리고 기존의 가족 관련 시설 및 프로그램에 대한 다양화와 전문화가 이루어져야 한다. 현재는 가족의 문제별 접근이 다양하게 이루어지지 못하고 있으나, 가족의 문제와 상황에 맞는 개별화, 전문화된 지도와 보호가 가능하여야 하며 이에 맞도록 시설이 확대되고 프로그램이 활성화되어야 하겠다.

② 가족문제의 예방과 치료 강화

가족문제 예방과 치료를 위한 사회적 접근은 가족원들이 민주시민으로 성장하고 자기의 역할을 충분히 발휘할 수 있도록 지원해 준다는 차원에서 매우 중요하다. 그러한 의미에서 가족문제를 예방하고 치료하기 위해서는 국가 단위의 지원활동뿐만 아니라 지역사회 내 활동을 활발히 전개해 나가게 하고 이를 국가에서 지원해 줄 필요가 있다. 지역사회조직사업을 통하여 교육기관, 종교단체, 사회복지단체, 가족 관련 단체, 경찰, 법원, 지역주민협의회 등이 주체가 되어 가족문제 예방을 위한 활동을 함은 물론, 네트워킹을 통하여 건강한 사회문화를 형성하고 전파시키는 역할을 할 수 있다.

또한 가족문제 해결을 위한 효과적인 보호체계를 만들어야 한다. 예를 들어 학교사회사업가는 학생들의 문제행동을 통하여 가족의 문제가 노출되었을 때 가족 관련 정책의 지원을 받아야 하며, 경찰은 위기상황에 처한 가족원들에게 전문적인 개입을 할 수 있도록 훈련받아야 한다.

최근 온라인 문화가 활성화되면서 사회적 유해환경이 폭발적으로 증가하고 있다. 이러한 환경 변화는 가족을 약화시키는 중요 요인이라는 점에서 적극적인 방어가 필요하다. 국가는 건강한 가족생활을 방해하는 유해환경에 대한 철저하고 지속적인 단속과 처벌뿐만 아니라 예방 및 차단 시스템을 구축하여야 한다.

③ 사회적 자원 발굴 및 공급

사회적 자원은 가족에게 매우 유용하다. 이러한 자원은 인적 · 물적자원을 포괄한다. 사회는 기존의 한계자원을 유용화하는 데 집중하는 것 이외에 새로운 자원을 끊임없이 발굴하여야 한다. 가족은 이 두 가지 자원을 융합적으로 생산해 낼 수 있는 매우 중요한 터전이다. 가족은 사회적 자원 그 자체이기도 하며 동시에 사회적 자원을 개발할 수 있는 근거이기도 하다. 심지어 위기가족이라 할지라도 이러한 위기를 극복해 내기 위해 가족원들이 노력하는 모든 행위는 큰 사회적 자원이 될 수 있다. 또한 이러한 위기가족을 지원하기 위한 사회 각 분야의 노력도 사회적 자원화할 수 있다. 따라서 사회적 자원의 발굴은 그 유형에 상관없이 지속적으로 개발되어야 하고 이러한 개발과정에는 전 사회구성원이 참여할 수 있다. 다만 이렇게 발굴된 자원을 유용화하는 과정에 정책적인 체계가 관여되어야 할 것이다.

가족이 그 존재를 상실하게 되면 사회는 자원을 개발 육성하기 위해 많은 비용을 지불하여야 한다. 또한 새로운 자원의 개발이 없이 가족이 건강하게 생존하기는 점차 어려워지고 있다. 이러한 사회적 자원의 발굴은 창의성과 통찰력을 동시에 요구한다. 다만 현대사회의 여러 분야별 다각화, 세분화 추세는 자원의 능률화와 기능화를 가능하게 하지만, 한편으로 구성원들의 통합적 능력을 저해하게 된다. 이러한 자원발굴의 한계나 문제에 대한 지각과 개선 노력은 다시 국가와 정부의 의무이기도 하다. 국가는 미래지향적이어야 한다는 의미에서 구태의연한 과거의 정책에 안주하지 않고 자원개발에 대한 의지와 더불어 이를 수렴하고 과감히 시행하는 노력을 게을리 하지 않아야 한다. 이를 위해서는 가족 관련 자원개발과 응용을 위한 전담 체제나 연구조직이 갖추어질 필요가 있다.

④ 가족복지사업 및 교육, 상담체제 강화

사회구성원의 안정적 생활과 성장 발달을 위해서는 가정의 안정화가 필수적으로 요구되므로, 국가에서는 건강가정사업을 더욱 강화해 나가야 한다. 또한 한부모가족, 조손가족, 빈곤가족, 소외가족 등에 대한 가족정책을 확대해 나가야 할 것이다. 특히 새로운 가족 유형의 확대는 국가에게 새로운 과제와 부담을 주게 되는데 이에 대한 명확한 실태 파악과 조망이 필요하며 이에 근거하여 합리적이고 예방적인 사전 대처방안이 마련되어야 할 것이다.

또한 기존의 산발적인 건강가정 관련 기구들이 네트워킹을 통하여 자원을 공유하고 효과적으로 대응하도록 해야 하는데, 건강가정 담당 행정기구나 전문요원, 지역사회 내 가족상담 기관 간의 긴밀한 유대관계를 통하여 체계적인 접근이 이루어져야 한다. 특히 가족 단위의 복지사업, 교육 및 상담사업 등이 현실적인 어려움으로 인해 활성화되지 못하고 있으므로 다양한 지원 정책을 통하여 근본적인 가족단위 사업의 효율성이 제고될 수 있도록 하여야 한다.

특히 지금까지 독자적인 가족상담기관이 활성화되지 못하고 일반 상담기관에서의 병행적 접근이 이루어졌으므로 이보다는 별도의 전문적인 상담 시스템에서 가족상담이 다루어져야 할 것이다. 현재의 위기상담에 그치지 않고 여타 다른 사회적 지원서비스와 연결이 용이하도록 체제가 갖추어져야 하겠다. 건강가정지원센터에서의 상담사업도 가족 모두를 대상으로 한 진정한 가족상담사업으로 강화되어야 한다.

⑤ 행정체계 개선 및 네트워킹 강화

가정의 건강성 구현이라는 기본 목적을 잘 구현하기 위해서는 이를 전담할 기관을 정하고 기관 간의 역할분담과 함께 협력방안을 체계화시킨 전달체계를 확립하는 일이 중요하다. 현행 가족복지의 업무가 기초적인 생활지원, 아동지원, 의료지원, 직업훈련지원, 노인지원, 가족 유형별 지원 등으로 폭넓게 분산되어 있기 때문에 이의 통합 내지 협력관계 수립이 필수적이다. 또한 행정기관마다 전담체계가 달라 지역성을 고려하는 장점은 있으나 통합적 지원체계를 구축하는 데는 어려움이 있다.

또한 가족업무를 담당하는 행정기관과 민간기관의 협력관계와 네트워킹이 필수적이다. 이러한 민관의 관계는 이제까지는 관의 지배체제가 일반적인 현상이어서 민간마저 관에 의해 보호받고 지원받는 데 익숙해진 상태이다. 따라서 민관의 수평적 관계 속에서 행정가가 더 대응적이기 위해서는 시민성 회복과 지원에 대한 의식전환이 선행되어야 한다. 특히 오늘날 행정업무의 다양성과 복잡성은 관료의 전문성을 요구하고 있어, 민간의 전문성이 관에 전달될 수 있는 상호적 시스템이 무엇보다 중요하다.

사실 시민성과 행정수준이 대립적이지 않고 둘 다 높은 사례는 흔히 발견할 수 있다. 이를 위해서는 행정권력은 시민들의 것이며 공유권력이라는 인식이 뚜렷하여야 하며, 정책의 설정이나 행정 집행과정에서 시민의 참여를 필수화하여야 한다. 아직도 관은 민에 대한 지배, 피지배의 역학에 익숙한 상태이며 민간단체의 능력과 기능을 충분히 활용하는 상호 네트워킹이 부족하다. 특히 지역에서의 과학적 상호관계는 매우 부족한 상태이며 민간기구의 역량과 특성을 활용하고 이들을 체계적으로 관리하는 기능 역시 부족하다. 최근 들어 민간단체에 대한 지원이 경쟁을 통해 이루어짐에 따라 민간단체의 관에 대한 태도는 더욱 예속적이 될 가능성이 크다. 단체간 진정한 경쟁성이 보장될 수 있다면 이에 대한 우려가 크지 않을 것이나 지역단체의 영세성을 감안할 때 건강한 민관 네트워킹을 위한 노력이 더욱 요구된다.

특히 민간단체에 대한 정부나 지방자치단체의 역할은 직접적인 재정지원보다 공조체제나 일상적인 협의체계가 더욱 필요하다. 예를 들면, 창의적 사업의 연구, 개발을 위탁하거나 시민운동의 영역에서 시범 사례로 성공한 사업을 정부가 제도로 확산시키는 것 등이다.

⑥ 지속적 지원제도 구축

건강가정정책은 가족의 발달 특성상 연속적 과정으로 다루어져야 한다. 신혼기 혹은 그 이전에 시작된 지원서비스 등이 노년기까지의 사회적 적응에 연계되도록 유도해 주어야 한다. 따라서 지속적인 지원 시스템이 수립되어 개인 단위의 정책과의 통합적 효과가 나타날 수 있도록 함이 필요하다.

우리 사회의 정책 시스템은 단기적이며 발생 시점 중심으로 이루어지는 경우가 일반적이어서 장기적으로 그 효과를 검증하고 지원하는 체계는 매우 빈약하다. 그러나 가족의 특성상 일시적인 지원은 가족의 새로운 위기에 대한 대응력을 오히려 약화시킬 수 있어, 보다 지속적이고 전 생애적인 관점에서의 지원이 필요하다.

2. 건강가정의 전망과 미래를 위한 제언

미래의 가족은 어떻게 변할 것인가? 사회적 이슈들이 모두 그러하지만 가족은 그 자체만으로도 역동적인 변화를 특성으로 하고 있는 만큼, 미래사회의 변화에 매우 민감할 수밖에 없다. 가족은 사회의 축소판이며 기본 단위로서 끊임없이 사회환경의 영향을 받아 왔다. 특히, 현대사회의 급격한 변화 속에서 가족은 그 구조와 기능의 수정이 불가피했으며, 미래의 가족이 어떠한 모습으로 변화할 것인가 역시 급격한 사회변화의 속도만큼이나 예측불허이다. 실제로도 가족의 변화는 근세기 들어 다른 어떤 사회 단위의 변화보다도 극심하며 동시에 사회문제의 중심에 놓여 있다.

오늘날 가족은 사실 결혼의 누적된 실패의 경험과 성역할관계의 변화, 직업 및 교육가치의 상승, 생물학적 기술의 발달 등으로 전통적인 틀을 위협받고 있다. '가족'에 대한 정의는 변화되고 있으며 과거에 비전통적이고 특별한 가족 유형이 오늘날에는 보편적 가족으로 자리 잡아 가고 있다.

가족은 근본이 공동생활의 목적을 위해 모인 집단이다. 공동생활은 부양관계를 기초로 한다. 부양은 "혼자 살아갈 능력이 없는 사람을 돌봄"을 뜻하지만 가족생활은 서로를 필요한 존재로 여기면서 서로가 서로를 돕는 가운데 영위된다. 즉 육체적, 정신적 그리고 경제적 요건의 교환관계가 그것이다. 따라서 부부나 부모 자식도 애정관계나 양육관계만으로 유지되지 않고, 공생관계의 성격을 지닌다. 부부가 서로를 사랑하고, 자식을 낳아 키우는 것은 사랑 때문만이 아닌 정신적 안위, 역할보완, 그리고 노후 의존과 같은 보상심리를 내포한다. 이처럼 공동체생활은 구조와 기능 및 가치가 맞물려져야 하지만 오늘날 가족은 그러하지 못하다. 산업화와 함께 구조의 단일화, 기능의 전문화, 역할의 다양화 및 가치의 개별화는 공동체적 생활과 역기능적 관계를 가진다.

이제 가족은 근본 목적을 상실하고 사회적 목적에 부합하기 위한 새로운 노력이 필요한 시점에 와 있다. 그러한 의미에서 '건강한 가정'에 대한 해석과 정의 역시 가족의 기능을 어떻게 설정하느냐에 따라 달라질 것이다.

오히려 가족은 개별가족의 건강성만을 중시하다 보면 가족 전체 혹은 사회 전체의 자멸로 이르게 될 수도 있다. 왜냐하면 지구의 파괴와 자원 고갈이 극에 이르게 될 것이기 때문이다. 보다 깊은 공동체의식만이 건강가정을 유지시키고 사회를 유지시키는 대안이 될 것이다. 현재는 가족 개개인의 문제에 급급하고 있지만 오히려 지금보다는 훨씬 강력한 속도로 공동체가족으로서의 기능을 강조해 나가야 할 것이다.

이러한 시점에서 가족생활을 영위하는 우리 모두는 가족의 미래에 대한 뚜렷한 지표를 수립해야 할 필요성을 느끼게 되었다. 전통적 관념과 도전적이며 진보적인 사고가 부딪혀서 발생하는 갈등은 궁극적으로 가족구성원의 혼란과 가족문제를 파생시키므로, 가족이 어떻게, 그리고 얼마나 변화하고 있으며 변화할 것인가, 그리고 이들 변화가 얼마나 중요한가, 얼마나 유익한가, 그렇지 않은가에 대해 정의하여야 한다. 또한 그 대답은 우리가 우리 질문에 스스로 대답하고 우리의 용어를 정의하는 방법에 따라 크게 달라질 것이다.

일부 비관론적 가족학자들은 가족이 인간의 본질보다는 문화와 사회적 전통 또는 도덕적 강압에 의해 정서적으로 지탱되어 왔으므로 현대의 급변하는 사회구조 속에서 생존하기 어렵다고 하였다. 그러나 인간의 생존적인 양식과 속성은 겉으로는 그 변화의 속도가 급진적으로 보인다 할지라도 관습이 문화화된 상태라면 인식의 근저에 자리잡고 쉽게 변화하지 못하는 속성 역시 존재한다. 이것이 인류 생존의 보편적 가치로서 생산적인 발전에 기여한 경우도 있으며, 한편으로 끊임없이 인류에게 의문과 갈등을 주고 도전받고 있는 가치도 있다.

아무튼 가족은 앞으로도 끊임없이 변화할 것이며, 치명적이게도 사회적 중요성과 기능성이 예전처럼 인정받지 못할 수 있고 어쩌면 '가족의 전통성'에 대한 사회적 부담을 야기할 수도 있을 것이다. 가족이 다른 어느 사회집단보다 여전히 강한 정서적 · 감정적 영향력이 있을지라도 가족의 사회적 무게가 이전과 같지는 않을 것이다. 분명한 것은 가족이 인간의 하나의 생활양식으로서 그 존재가치를 인정받는 한, 그것은 끊임없이 자기성찰과 교정의 과정을 거치며 적응적으로 변화할 것이라는 것이다.

이처럼 사회의 변화 속도가 급격한 만큼 미래사회를 예견하기는 매우 어렵지만, 우리가 가족의 미래를 연구하고자 한다면 다음의 예측을 토대로 해야 할 것이다. 첫째 성행위나 결혼의 유형이 합법적으로 다양화되는 추세, 둘째 부모자녀관계 등 혈연을 기초로 한 관계의 감소 및 의미의 변화, 셋째 가족관계의 종류, 내용, 기간에 대한 개인적 선택가능성의 증가, 넷째 전통적인 가족을 대체할 수 있는 새로운 형태의 공동체나 공동생활 제도의 확대, 다섯째 변화하는 생활주기와 세대 개념 변화 등이 그것이다.

여기에 덧붙여 미래학자들이 예견하는 극단적인 미래가족의 사례를 보면, 미래에는 가족의 구성이 다양해지면서 심지어는 노화의 조절로 '아버지', 즉 전(前)세대가 자식, 즉 후(後)세대보다 더 젊게 오래 살 수도 있을 것으로 예견되고 있다. 출생연도에 기반한 생물학적 나이가 무의미해지는 것이다. 그렇다면 '부모와 자녀로 이루어진 가족구성원들이 70~80년 동안의 생존 기간 동안 동거와 경제공동체로서 상호 협조하면서 살아가는' 전통적인 가족의 모습은 과연 언제까지 가능할 것인가? 미래학자들은 2070년엔 평균 수명이 120세가 되고, 평범한 사람도 평생 결혼을 두세 차례 할 것으로 예견하고 있다. 자식을 낳는 주 이유 중 하나는 자녀를 통하여 자신의 영속성을 확인하고자 하는 욕구도 존재하는데, 인간의 수명이 이처럼 길어진다면 자녀양육에 대한 욕구는 건재할 것인가? 장수하는 시간 동안의 경제적인 자원문제를 각 가족은 어떻게 해결할 것인가? 부부간의 의무와 부모자녀 간의 협력적 관계는 과연 어느 수준까지 가능할 것인가? 건강한 가족이 환경파괴와 자원고갈로 점철될 인류의 암울한 미래에 대한 대안이 될 것인가?

이처럼 무수한 질문과 예상할 수 없는 답이 존재한다 하여도, 우리는 현재 우리가 바라보고 정의하는 '가족문제'에 대해 결코 좌시할 수 없다. 고통은 현재진행형이며 현재의 문제를 해결하지 않고 어떠한 미래도 내다볼 수 없기 때문이다. 물론 전통적으로 유지되어 왔던 가족의 사회적 기능이 제거된다면 '가정의 건강성'에 대한 해석은 변화될 수밖에 없을 것이다. 건강한 가정에 대한 해석은 매우 개인적인 차원에 머무를 것이며, 소수집단의 선택적 행위가 될 수도 있을 것이다.

그럼에도 불구하고 가족의 순기능은 가족을 선택하는 사람들에게 여전히 하나의 대안이 되리라 보며, 그들이 가족의 문제를 해결하고자 노력하는 한, 가족을 보호하고 지원하기 위한 사회적 노력 역시 멈추어서는 안 될 것이다. 가족이 과거의 의무에서 선택이라는 보다 자유로운 입장으로 선회할 수 있다는 것은 그만큼 가족을 선택하는 자들에게 그 중요성이 커지고 있음을 의미하는 것이며 이를 위한 사회적 노력도 반드시 그 의미를 찾게 될 것이다.

분명히 몇 십 년 안에 어떤 기본적이고 역행할 수 없는 변화가 있을 것이며, 인간의 새로운 공존 형태가 출현할 것이다. 만일, 우리가 아무런 가족의 변화를 고려하지 않고 대비하지 않는다면 결국 미래를 예측하고 대응할 수 없게 된다. 가족의 미래는 불확실하지만 인간 존재의 궁극적인 의미를 부여해 줄 수 있는 기능을 하는 한 가족은 존속할 것이며 또한 존속되어야 할 것이다. 그러므로 변화하는 시대 속에서 가족의 의미와 기능을 재발견하려는 노력은 꾸준히 이루어져야 한다.

다수의 개인이 집단으로서 공존하기 위한 원리는 근본적으로 동일하다. 평등과 상호존중, 이해와 상호교류, 교환과 상호지원이라는 공동체적 원리가 그것이며, 그 비중과 작동법이 달라질지라도 인류가 함께 생존하기 위한 기본 기술이라 할 것이다. 이러한 기술을 여전히 우리는 가정 안에서 배우며 실천해 나간다. 아마도 미래에 우리 주변에 누군가가 이러한 유용한 기술에 대해 배우지 못하였다면, 선험자로서 또 누군가(가족을 경험한 사람들)가 이를 가르쳐야 할 것이다. 그러한 의미에서 새로운 변화에 대응하는 선구자로서 '가정의 건강성'에 대한 새로운 해석과 적용을 모색해 가는 것은 가족을 영위하고 지지하는 우리 사회 모든 구성원들의 공동 사명이기도 하다.

생각해 볼 문제

1. 미래사회의 변화에 대한 자료를 토대로 이러한 변화가 구체적으로 가정의 미래에 어떤 영향을 미칠지 토론해 보시오. 또한 이러한 변화에 대해 어떻게 대응할 것인지 각자의 대안들을 제시해 보시오.
2. 미래의 건강가정전문가로서 활동한다면 어떠한 영역에 가장 관심을 가지고 활동할 것인지, 또한 그 이유는 무엇인지 설명해 보시오.

4부 참고문헌

김경신, 박옥임, 임형택, 이민창, 김오남 (2007). 청소년복지론. 서울: 청목출판사.

유영주, 김순옥, 김경신 (2013). 가족관계학. 파주: 교문사.

유인종 (1985). 한국사회에서의 세대차 문제. 청년연구 제8집. 유네스코 한국위원회.

윤영민 (1999). 인터넷시대 민족공동체: 이론적 접근. 한림대학교 민족통합연구소, 399.

APPENDIX
부록

1. 건강가정기본법
2. 건강가정기본법 시행령
3. 건강가정기본법 시행규칙
4. 다문화가족지원법
5. 건강가정사업 프로그램 예
6. 실습일지

[부록 1] 건강가정기본법

[시행 2020.5.19.] [법률 제17280호, 2020.5.19., 일부개정]

제1장 총칙

제1조(목적) 이 법은 건강한 가정생활의 영위와 가족의 유지 및 발전을 위한 국민의 권리·의무와 국가 및 지방자치단체 등의 책임을 명백히 하고, 가정문제의 적절한 해결방안을 강구하며 가족구성원의 복지증진에 이바지할 수 있는 지원정책을 강화함으로써 건강가정 구현에 기여하는 것을 목적으로 한다.

제2조(기본이념) 가정은 개인의 기본적인 욕구를 충족시키고 사회통합을 위하여 기능할 수 있도록 유지·발전되어야 한다.

제3조(정의) 이 법에서 사용하는 용어의 정의는 다음과 같다.

1. "가족"이라 함은 혼인·혈연·입양으로 이루어진 사회의 기본단위를 말한다.
2. "가정"이라 함은 가족구성원이 생계 또는 주거를 함께 하는 생활공동체로서 구성원의 일상적인 부양·양육·보호·교육 등이 이루어지는 생활단위를 말한다.

2의2. "1인가구"라 함은 1명이 단독으로 생계를 유지하고 있는 생활단위를 말한다.

3. "건강가정"이라 함은 가족구성원의 욕구가 충족되고 인간다운 삶이 보장되는 가정을 말한다.
4. "건강가정사업"이라 함은 건강가정을 저해하는 문제(이하 "가정문제"라 한다)의 발생을 예방하고 해결하기 위한 여러 가지 조치와 가족의 부양·양육·보호·교육 등의 가정기능을 강화하기 위한 사업을 말한다.

제4조(국민의 권리와 의무) ① 모든 국민은 가정의 구성원으로서 안정되고 인간다운 삶을 유지할 수 있는 가정생활을 영위할 권리를 가진다.

② 모든 국민은 가정의 중요성을 인식하고 그 복지의 향상을 위하여 노력하여야 한다.

제5조(국가 및 지방자치단체의 책임) ① 국가 및 지방자치단체는 건강가정을 위하여 필요한 제도와 여건을 조성하고 이를 위한 시책을 강구하여 추진하여야 한다.

② 국가 및 지방자치단체는 제1항의 시책을 강구함에 있어 가족구성원의 특성과 가정유형을 고려하여야 한다.

③ 국가 및 지방자치단체는 민주적인 가정형성, 가정친화적 환경조성, 양성평등한 가족가치 실현 및 가사노동의 정당한 가치평가를 위하여 노력하여야 한다.

제6조(다른 법률과의 관계) 국가는 건강가정사업과 관련되는 다른 법률을 제정 또는 개정하는 경우에는 이 법에 부합되도록 하여야 한다.

제7조(가족가치) 가족구성원은 부양·자녀양육·가사노동 등 가정생활의 운영에 함께 참여하여야 하고 서로 존중하며 신뢰하여야 한다.

제8조(혼인과 출산) ① 모든 국민은 혼인과 출산의 사회적 중요성을 인식하여야 한다.

② 국가 및 지방자치단체는 출산과 육아에 대한 사회적 책임을 인식하고 모·부성권 보호 및 태아의 건강보장 등 적절한 출산·육아환경을 조성하기 위하여 적극적으로 지원하여야 한다. 〈개정 2016.5.29.〉

제9조(가족해체 예방) ① 가족구성원 모두는 가족해체를 예방하기 위하여 노력하여야 한다.

② 국가 및 지방자치단체는 가족해체를 예방하기 위하여 필요한 제도와 시책을 강구하여야 한다.

제10조(지역사회자원의 개발·활용) 국가 및 지방자치단체는 건강한 가정구현에 기여할 수 있도록 지역사회자원을 최대한 개발하고 활용하여야 한다.

제11조(정보제공) 국가 및 지방자치단체는 자녀양육, 가족교육·상담 등 가족구성원에게 건강한 가정생활을 영위하는데 도움이 되는 정보를 최대한 제공하고 가정생활에 관한 정보관리체계를 확립하여야 한다.

제12조(가정의 날) 가정의 중요성을 고취하고 건강가정을 위한 개인·가정·사회의 적극적인 참여분위기를 조성하기 위하여 매년 5월을 가정의 달로 하고, 5월 15일을 가정의 날로 한다.

제2장 건강가정정책

제13조 삭제 〈2011.9.15.〉

제14조 삭제 〈2011.9.15.〉

제15조(건강가정기본계획의 수립) ① 여성가족부장관은 관계 중앙행정기관의 장과 협의하여 건강가정기본계획(이하 "기본계획"이라 한다)을 5년마다 수립하여야 한다. 〈개정 2005.3.24., 2008.2.29., 2010.1.18., 2011.9.15.〉

② 기본계획에는 다음 각호의 사항이 포함되어야 한다. 〈개정 2018.1.16.〉

1. 가족기능의 강화 및 가정의 잠재력개발을 통한 가정의 자립 증진 대책
2. 사회통합과 문화계승을 위한 가족공동체문화의 조성
3. 다양한 가족의 욕구충족을 통한 건강가정 구현
4. 민주적인 가족관계와 양성평등적인 역할분담
5. 가정친화적인 사회환경의 조성
6. 가족의 양육 · 부양 등의 부담완화와 가족해체예방을 통한 사회비용 절감
7. 위기가족에 대한 긴급 지원책
8. 가족의 건강증진을 통한 건강사회 구현
9. 가족지원정책의 추진과 관련한 재정조달 방안
10. 1인가구의 복지증진을 위한 대책

③ 기본계획은 국무회의의 심의를 거쳐 확정한다.

④ 여성가족부장관은 확정된 기본계획을 지체없이 국회 소관 상임위원회에 보고하고, 관계 중앙행정기관의 장 및 지방자치단체의 장에게 통보하여야 한다. 〈개정 2005.3.24., 2008.2.29., 2010.1.18., 2011.9.15.〉

제16조(연도별 시행계획의 수립 · 시행 등) ① 여성가족부장관, 관계중앙행정기관의 장 및 지방자치단체의 장은 매년 기본계획에 따라 건강가정시행계획(이하 "시행계획"이라 한다)을 수립 · 시행 및 평가하여야 한다. 이 경우 관계중앙행정기관의 장 및 지방자치단체의 장은 그 시행계획 및 추진실적을 매년 여성가족부장관에게 제출하여야 한다. 〈개정 2005.3.24., 2008.2.29., 2010.1.18., 2011.9.15.〉

② 시행계획의 수립 · 추진 및 평가에 관하여 필요한 사항은 대통령령으로 정한다.

제17조(시 · 도별 시행계획의 조정 등) ① 여성가족부장관은 기본계획에 기초하여 지방자치단체별 시행계획을 조정하고 그 이행상황을 점검하여야 한다. 〈개정 2005.3.24., 2008.2.29., 2010.1.18., 2011.9.15.〉

② 여성가족부장관은 지방자치단체별 시행계획이 기본계획 및 중앙행정기관의 시행계획에 위배되는 경우에는 해당 지방자치단체의 장에게 이를 변경하도록 요구할 수 있다. 〈개정 2005.3.24., 2008.2.29., 2010.1.18., 2011.9.15., 2016.12.20.〉

제18조(계획수립의 협조) ① 여성가족부장관, 관계중앙행정기관의 장 및 지방자치단체의 장은 기본계획 또는 시행계획의 수립 · 시행을 위하여 필요한 때에는 관계공공기관 · 사회단체 그 밖의 민간기업체의 장에게 협조를 요청할 수 있다. 〈개정 2005.3.24., 2008.2.29., 2010.1.18., 2011.9.15.〉

② 제1항의 규정에 의하여 협조요청을 받은 자는 특별한 사유가 없는 한 이에 응하여야 한다.

제19조(교육 · 연구의 진흥) ① 국가 및 지방자치단체는 건강가정과 관련된 연구를 진흥하고 전문가를 양성하여야 한다.

② 국가 및 지방자치단체는 건강가정을 위한 교육프로그램을 지속적으로 개발 · 제공하여야 한다.

제20조(가족실태조사) ① 국가 및 지방자치단체는 개인과 가족의 생활실태를 파악하고, 건강가정 구현 및 가정문제 예방 등을 위한 서비스의 욕구와 수요를 파악하기 위하여 3년마다 가족실태조사를 실시하고 그 결과를 발표하여야 한다.

② 제1항에 따른 가족실태조사에는 1인가구의 연령별 · 성별 · 지역별 현황과 정책 수요 등에 관한 사항이 포함되어야 한다. 〈신설 2018.1.16.〉

③ 제1항의 규정에 의한 가족실태조사를 위하여 필요한 사항은 여성가족부령으로 정한다. 〈개정 2005.3.24., 2008.2.29., 2010.1.18., 2018.1.16.〉

제3장 건강가정사업

제21조(가정에 대한 지원) ① 국가 및 지방자치단체는 가정이 원활한 기능을 수행하도록 지원하여야 한다.

② 제1항의 규정에 의하여 지원하여야 할 사항은 다음 각호와 같다.

1. 가족구성원의 정신적 · 신체적 건강지원
2. 소득보장 등 경제생활의 안정
3. 안정된 주거생활
4. 태아검진 및 출산 · 양육의 지원
5. 직장과 가정의 양립
6. 음란물 · 유흥가 · 폭력 등 위해환경으로부터의 보호
7. 가정폭력으로부터의 보호
8. 가정친화적 사회분위기의 조성
9. 그 밖에 건강한 가정의 기능을 강화 · 지원할 수 있는 관련 사항

③ 국가 및 지방자치단체는 임신 · 출산 · 수유 및 육아와 관련된 모 · 부성권 보장을 위한 육아휴직 및 유급휴가시책이 확산되도록 노력하여야 한다. 〈개정 2016.5.29.〉

④ 국가 및 지방자치단체는 한부모가족, 노인단독가정, 장애인가정, 미혼모가정, 공동생활가정, 자활공동체 등 사회적 보호를 필요로 하는 가정에 대하여 적극적으로 지원하여야 한다. 〈개정 2007.10.17.〉

⑤ 제2항 및 제4항의 규정에 의한 국가 및 지방자치단체의 지원에 관한 세부적 사항은 관계법률이 정하는 바에 의한다.

제21조의2(위기가족긴급지원) ① 국가와 지방자치단체는 「재난 및 안전관리 기본법」 제3조제1호에 따른 재난 중 대통령령으로 정하는 재난에 의하여 가족의 부양·양육·보호·교육 등 가족기능이 현저하게 저하된 경우 원활한 가족기능을 수행하는 데에 긴급하게 필요한 범위에서 지원(이하 "위기가족긴급지원"이라 한다)을 하여야 한다.

② 위기가족긴급지원의 종류 및 내용은 다음 각 호와 같다.

1. 아이돌봄지원, 가사돌봄지원 등 가족돌봄
2. 가족상담, 집단프로그램, 자조모임 운영 등 가족의 심리·정서지원
3. 법률구조, 의료지원, 복지서비스 등 연계
4. 그 밖에 여성가족부장관이 필요하다고 인정하는 지원

③ 제2항의 지원기간은 1년 이내로 한다. 다만, 제2항제2호의 심리·정서지원의 지원기간은 3년 이내로 하되, 필요한 경우 1년의 범위에서 한 번 연장할 수 있다.

④ 위기가족긴급지원의 절차 및 방법 등에 필요한 사항은 대통령령으로 정한다.

⑤ 「긴급복지지원법」 등 다른 법률에 따른 이 법의 지원내용과 동일한 내용의 지원을 받고 있는 경우에는 이 법에 따른 지원을 하지 아니한다.

[본조신설 2016.5.29.]

제21조의3(위기가족긴급지원에 관한 정보의 이용) 여성가족부장관 또는 지방자치단체의 장은 위기가족긴급지원을 위하여 필요한 경우 국가 및 지방자치단체, 공공기관에서 확보하고 있는 위기가족긴급지원 관련 성명, 주소, 연락처 등의 정보를 요청할 수 있으며, 수집된 정보를 가공 또는 이용할 수 있다.

[본조신설 2016.5.29.]

제21조의4(위기가족긴급지원에 대한 비용의 지원) 국가와 지방자치단체는 위기가족긴급지원에 필요한 비용의 전부 또는 일부를 지원할 수 있다.

[본조신설 2016.5.29.]

제22조(자녀양육지원의 강화) ① 국가 및 지방자치단체는 자녀를 양육하는 가정에 대하여 자녀양육으로 인한 부담을 완화하고 아동의 행복추구권을 보장하기 위하여 보육, 방과

후 서비스, 양성이 평등한 육아휴직제 등의 정책을 적극적으로 확대 시행하여야 한다. 〈개정 2011.9.15.〉

② 국가 및 지방자치단체는 다양한 가족형태를 고려하여 아동양육지원사업 시책(아이돌보미 서비스를 포함한다. 이하 같다)을 수립 · 시행하여야 한다. 〈신설 2011.9.15.〉

③ 국가 및 지방자치단체는 아동양육지원사업을 예산의 범위에서 지원할 수 있다. 〈신설 2011.9.15.〉

④ 국가 및 지방자치단체는 가사노동의 가치에 대한 사회적 인식을 제고하고 이를 관련법 · 제도 및 가족정책에 반영하도록 노력하여야 한다. 〈개정 2011.9.15.〉

제23조(가족단위 복지증진) ① 국가 및 지방자치단체는 사회보험 · 공공부조 등 사회보장제도의 운용과 관련하여 보험료의 산정 · 부과, 급여 등을 운용함에 있어서 가족을 지지하는 시책을 개발 · 추진하여야 한다.

② 국가 및 지방자치단체는 경제 · 사회, 교육 · 문화, 체육, 지역사회개발 등 각 분야의 제도 · 정책 및 사업을 수립 · 추진함에 있어 가족을 우대하는 방안을 강구하여야 한다.

제24조(가족의 건강증진) 국가 및 지방자치단체는 영 · 유아, 아동, 청소년, 중 · 장년, 노인 등 생애주기에 따르는 가족구성원의 종합적인 건강증진대책을 마련하여야 한다. 〈개정 2011.9.15.〉

제25조(가족부양의 지원) ① 국가 및 지방자치단체는 영 · 유아 혹은 노인 등 부양지원을 요하는 가족구성원이 있는 가정에 대하여 부양부담을 완화하기 위한 시책을 적극적으로 강구하여야 한다.

② 국가 및 지방자치단체는 질환이나 장애로 가족내 수발을 요하는 가족구성원이 있는 가정을 적극 지원하며, 보호시설을 이용할 수 있도록 전문보호시설을 확대하여야 한다.

③ 국가 및 지방자치단체는 가족구성원중 장기요양을 필요로 하는 질병이나 사고로 간병을 요할 경우 가족간호를 위한 휴가 등의 시책을 마련하여야 한다.

제26조(민주적이고 양성평등한 가족관계의 증진) ① 국가 및 지방자치단체는 부부 및 세대간에 가족갈등이 있는 경우 이를 예방 · 상담하고, 민주적이고 양성평등한 가족관계를 증진시킬 수 있도록 가족지원서비스를 확대하고, 다양한 가족생활교육 · 부모교육 · 가족상담 · 평등가족홍보 등을 추진하여야 한다.

② 국가 및 지방자치단체는 가정폭력이 있는 가정의 경우 가정폭력피해자와 피해자 가족에 대한 개입에 있어 전문가의 체계적인 개입과 서비스가 이루어지도록 노력하여야 한다.

제27조(가족단위의 시민적 역할증진) ① 국가 및 지방자치단체는 가족의 결속력과 가족구성원의 발전을 위하여 가족이 시민으로서의 역할을 증진할 수 있는 기회와 서비스를 제공하여야 한다.

② 국가 및 지방자치단체는 가족단위의 자원봉사참여가 확대되도록 노력하여야 한다.

제28조(가정생활문화의 발전) ① 국가 및 지방자치단체는 건강가정의 생활문화를 고취하고 그에 대한 지원정책을 수립하여야 한다.

② 국가 및 지방자치단체가 지원하여야 하는 건강가정의 생활문화는 다음 각호의 사항을 포함한다.

1. 가족여가문화
2. 양성평등한 가족문화
3. 가족단위 자원봉사활동
4. 건강한 의식주 생활문화
5. 합리적인 소비문화
6. 지역사회 공동체문화
7. 그 밖에 건강가정의 생활문화와 관련된 사항

제29조(가정의례) ① 개인과 가정은 건전한 가정의례를 확립하도록 노력하여야 한다.

② 국가 및 지방자치단체는 건전한 가정의례를 확립하기 위한 지원정책을 수립하여야 한다.

제30조(가정봉사원) ① 국가 및 지방자치단체는 건강한 가정을 유지하기 위하여 필요한 경우에는 가정을 방문하여 가사 · 육아 · 산후조리 · 간병 등을 돕는 가정봉사원(이하 "가정봉사원"이라 한다)을 지원할 수 있다.

② 가정봉사원은 여성가족부령이 정하는 바에 따라 교육을 받아야 한다. 〈개정 2005. 3.24., 2008.2.29., 2010.1.18.〉

③ 국가 및 지방자치단체는 가정봉사원에게 예산의 범위안에서 일정금액을 지급할 수 있다.

④ 가정봉사원의 지원에 관하여 필요한 사항은 여성가족부령으로 정한다. 〈개정 2005. 3.24., 2008.2.29., 2010.1.18.〉

제31조(이혼예방 및 이혼가정지원) ① 국가 및 지방자치단체는 이혼하고자 하는 부부가 이혼 전 상담을 받을 수 있게 하는 등 이혼조정을 내실화 할 수 있도록 필요한 조치를 강구하여야 한다.

② 국가 및 지방자치단체는 이혼의 의사가 정해진 가족에 대하여 이들 가족이 자녀양육 · 재산 · 정서 등의 제반문제를 준비할 수 있도록 도움을 주는 지원서비스를 제공하도록 하여야 한다.

③ 국가 및 지방자치단체는 이혼한 가족에 대하여 양육비에 대한 집행력의 실효성을 강화하고 그 적용대상을 확대하도록 하여야 한다.

제32조(건강가정교육) ① 국가 및 지방자치단체는 건강가정교육을 실시하여야 한다.

② 제1항의 규정에 의한 교육내용에는 다음 각호의 사항이 포함되어야 한다.

1. 결혼준비교육
2. 부모교육
3. 가족윤리교육
4. 가족가치실현 및 가정생활관련 교육 등

③ 제1항의 규정에 의한 건강가정교육에 관하여 필요한 사항은 여성가족부령으로 정한다. 〈개정 2005.3.24., 2008.2.29., 2010.1.18.〉

제33조(자원봉사활동의 지원) 국가 및 지방자치단체는 건강가정과 관련되는 자원봉사활동사업을 육성하고 장려하여야 한다.

제4장 건강가정전담조직 등

제34조(건강가정사업의 전담수행) 여성가족부 및 지방자치단체는 건강가정사업에 관한 업무를 전담하여 수행할 수 있도록 하여야 한다. 〈개정 2005.3.24., 2008.2.29., 2010.1.18., 2011.9.15.〉

제34조의2(한국건강가정진흥원의 설립 등) ① 다양한 가족의 삶의 질 제고 및 가족역량 강화를 위한 가족정책을 효율적이고 체계적으로 지원하기 위하여 한국건강가정진흥원(이하 "진흥원"이라 한다)을 설립한다.

② 진흥원은 법인으로 한다.

③ 진흥원은 그 주된 사무소의 소재지에서 설립등기를 함으로써 성립한다.

④ 진흥원의 정관에는 다음 각 호의 사항이 포함되어야 한다. 〈신설 2020.5.19.〉

1. 목적
2. 명칭
3. 주된 사무소가 있는 곳

4. 자산에 관한 사항
5. 임원 및 직원에 관한 사항
6. 이사회의 운영
7. 사업범위 및 내용과 그 집행
8. 회계
9. 공고의 방법
10. 정관의 변경
11. 그 밖에 진흥원의 운영에 관한 중요 사항

⑤ 진흥원이 정관의 기재사항을 변경하려는 경우에는 여성가족부장관의 인가를 받아야 한다. 〈신설 2020.5.19.〉

⑥ 진흥원에는 정관으로 정하는 바에 따라 임원과 필요한 직원을 둔다. 〈개정 2020.5.19.〉

⑦ 진흥원은 다음 각 호의 사업을 한다. 〈개정 2020.5.19.〉

1. 가족상담 및 가족교육 사업
2. 가족친화 사회환경 조성사업
3. 아이돌봄 및 자녀양육지원 사업
4. 「양육비 이행확보 및 지원에 관한 법률」에 따른 양육비 이행 전담기관 운영
5. 다문화가족, 한부모가족, 조손가족 등 취약 가족의 역량강화 지원 사업
6. 다문화가족의 사회통합지원 사업
7. 제35조의 건강가정지원센터, 「다문화가족지원법」 제12조의 다문화가족지원센터 및 「가족친화 사회환경의 조성 촉진에 관한 법률」 제19조의 가족친화지원센터의 사업 관리 및 종사자 교육훈련
8. 가족사업 관련 대내외 교류 및 협력 사업
9. 가족정책 및 사업개발을 위한 조사, 연구
10. 제1호부터 제9호까지의 사업에 부수되는 사업 또는 이와 관련하여 국가기관 등으로부터 위탁받은 사업
11. 그 밖에 진흥원의 목적달성을 위하여 정관으로 정하는 사항

⑧ 정부는 예산의 범위에서 진흥원의 사업과 운영에 필요한 경비를 출연할 수 있다. 〈개정 2020.5.19.〉

⑨ 진흥원은 「기부금품의 모집 및 사용에 관한 법률」에도 불구하고 자발적으로 기탁되는 금품을 사업목적에 부합하는 범위에서 접수할 수 있으며 접수 절차 등에 관한 사항은 진

흥원의 장이 별도로 정한다. 〈신설 2016.3.2., 2020.5.19.〉

⑩ 진흥원에 관하여는 이 법에서 규정한 것을 제외하고는 「민법」 중 재단법인에 관한 규정을 준용한다. 〈개정 2016.3.2., 2020.5.19.〉

[본조신설 2014.3.24.]

제35조(건강가정지원센터의 설치) ① 국가 및 지방자치단체는 가정문제의 예방 · 상담 및 치료, 건강가정의 유지를 위한 프로그램의 개발, 가족문화운동의 전개, 가정관련 정보 및 자료제공 등을 위하여 건강가정지원센터(이하 "센터"라 한다)를 설치 · 운영하여야 한다. 〈개정 2011.9.15.〉

② 센터에는 건강가정사업을 수행하기 위하여 관련분야에 대한 학식과 경험을 가진전문가(이하 "건강가정사"라 한다)를 두어야 한다.

③ 건강가정사는 다음 각 호의 요건을 모두 갖춘 사람이어야 한다. 〈개정 2018.1.16.〉

1. 대학 또는 이와 동등 이상의 학교를 졸업할 것(법령에 따라 이와 같은 수준 이상의 학력이 있다고 인정되는 경우를 포함한다)
2. 제1호에 따른 학력 취득과정이나 그 밖에 여성가족부장관이 인정하는 방법으로 사회복지학 · 가정학 · 여성학 등 여성가족부령으로 정하는 관련 교과목을 이수할 것

④ 센터의 조직 · 운영 및 건강가정사의 자격 · 직무에 관하여 필요한 사항은 대통령령으로 정한다.

⑤ 센터의 운영은 여성가족부령이 정하는 바에 의하여 민간에 위탁할 수 있다. 〈개정 2005.3.24., 2008.2.29., 2010.1.18.〉

⑥ 국가 및 지방자치단체는 센터의 설치 · 운영에 필요한 비용의 전부 또는 일부를 지원할 수 있다. 〈신설 2020.5.19.〉

제35조의2(유사명칭의 사용금지) 이 법에 따른 센터가 아닌 자는 건강가정지원센터 또는 이와 유사한 명칭을 사용하지 못한다.

[본조신설 2011.9.15.]

제5장 보칙

제36조(민간단체 등의 지원) 국가 및 지방자치단체는 건강가정사업을 수행하는 단체 또는 개인에 대하여 필요한 비용의 전부 또는 일부를 보조하거나 그 업무수행에 필요한 지원을 할 수 있다.

제37조(과태료) ① 제35조의2를 위반한 자에게는 300만원 이하의 과태료를 부과한다.

② 제1항에 따른 과태료는 대통령령으로 정하는 바에 따라 여성가족부장관 또는 지방자치단체의 장이 부과·징수한다.

[본조신설 2011.9.15.]

부칙 〈제14440호, 2016.12.20.〉

이 법은 공포한 날부터 시행한다.

[부록 2] 건강가정기본법 시행령

[시행 2019.1.1.] [대통령령 제29421호, 2018.12.24., 타법개정]

제1조(목적) 이 영은 「건강가정기본법」에서 위임된 사항과 그 시행에 필요한 사항을 규정함을 목적으로 한다.

제2조(연도별 시행계획의 수립 · 평가 등) ① 여성가족부장관은 「건강가정기본법」(이하 "법"이라 한다) 제16조제1항에 따라 관계 중앙행정기관의 장 및 지방자치단체의 장이 건강가정시행계획(이하 이 조에서 "시행계획"이라 한다)을 수립할 수 있도록 필요한 지침을 정하여 매년 11월 30일까지 관계 중앙행정기관의 장 및 지방자치단체의 장에게 통보하여야 한다.

② 시장 · 군수 · 구청장(자치구의 구청장을 말한다. 이하 같다)은 매년 12월 31일까지 해당 연도의 시행계획 추진실적과 제1항의 지침에 따라 수립한 다음 연도의 시행계획을 특별시장 · 광역시장 · 도지사에게 제출하여야 한다.

③ 관계 중앙행정기관의 장, 특별시장 · 광역시장 · 도지사 및 특별자치도지사는 매년 1월 31일까지 전년도의 시행계획 추진실적과 제1항의 지침에 따라 수립한 해당 연도의 시행계획을 여성가족부장관에게 제출하여야 한다. 이 경우 특별시장 · 광역시장 · 도지사는 제2항에 따라 시장 · 군수 · 구청장이 제출한 시행계획 및 추진실적을 포함하여 제출하여야 한다.

④ 여성가족부장관은 제3항에 따라 제출받은 관계 중앙행정기관 및 지방자치단체의 시행계획 추진실적과 여성가족부의 시행계획 추진실적을 종합하여 성과를 평가하여야 한다. 이 경우 여성가족부장관은 평가에 필요한 조사 · 분석 등을 전문기관에 의뢰할 수 있다.

⑤ 여성가족부장관은 제3항에 따라 제출받은 지방자치단체의 시행계획을 법 제17조에 따라 조정하거나 그 변경을 요구하기 위하여 필요한 경우 관련 분야 전문가의 의견을 들을 수 있다.

제2조의2(재난의 범위) 법 제21조의2제1항에서 "대통령령으로 정하는 재난"이란 다음 각 호의 어느 하나에 해당하는 재난을 말한다.

1. 「재난 및 안전관리 기본법」 제60조제1항에 따른 재난
2. 제1호의 재난에 준하는 재난으로서 여성가족부장관이 법 제21조의2제1항에 따른 위

기가족긴급지원(이하 "위기가족긴급지원"이라 한다)을 위하여 필요하다고 인정하는 재난

[본조신설 2016.11.22.]

제2조의3(위기가족긴급지원의 절차 및 방법) ① 누구든지 제2조의2에 따른 재난으로 가족의 부양·양육·보호·교육 등 가족기능이 현저하게 저하된 가족(이하 "위기가족긴급지원대상 가족"이라 한다)을 발견한 경우에는 관할 지방자치단체의 장에게 위기가족긴급지원을 요청할 수 있다.

② 제1항에 따른 요청을 받은 지방자치단체의 장은 지체 없이 위기가족긴급지원 업무를 수행하는 공무원 또는 법 제35조에 따른 건강가정지원센터(이하 "위기가족긴급지원 담당공무원등"이라 한다)로 하여금 위기가족긴급지원대상 가족의 거주지 등을 방문하여 위기가족긴급지원이 필요한지를 확인하게 하여야 한다.

③ 지방자치단체의 장은 제2항에 따른 확인을 위하여 필요한 경우에는 관할 경찰관서 또는 관할 소방관서 등 관계 행정기관의 장에게 협조를 요청할 수 있다. 이 경우 관계 행정기관의 장은 정당한 사유가 없으면 그 요청에 따라야 한다.

④ 지방자치단체의 장은 제2항에 따른 확인 결과 위기가족긴급지원이 필요하다고 인정하는 경우에는 지체 없이 위기가족긴급지원의 종류와 내용을 결정하여 지원을 하여야 한다.

⑤ 제4항에도 불구하고 지방자치단체의 장은 위기가족긴급지원대상 가족에 대하여 신속히 지원할 필요가 있다고 판단되는 경우에는 위기가족긴급지원의 종류와 내용을 결정하기 전에 위기가족긴급지원 담당공무원등으로 하여금 필요한 지원을 하게 할 수 있다.

⑥ 제2항에 따른 확인을 하는 위기가족긴급지원 담당공무원등은 권한을 표시하는 증표를 지니고 이를 관계인에게 보여 주어야 한다.

[본조신설 2016.11.22.]

제3조(건강가정지원센터의 조직 등) ① 법 제35조제1항에 따라 국가 및 지방자치단체가 설치·운영하는 건강가정지원센터에는 센터장과 건강가정사업의 수행에 필요한 팀을 둔다.

② 제1항에 따라 국가가 설치·운영하는 건강가정지원센터의 센터장은 연도별로 사업계획을 수립하고, 해당 건강가정지원센터의 조직·인사·복무·보수·회계·물품·문서의 처리에 관한 규정을 정한 후 이에 따라 사무를 처리하여야 한다.

③ 제1항에 따라 지방자치단체가 설치·운영하는 건강가정지원센터의 조직과 운영에

필요한 사항은 해당 지방자치단체의 조례로 정한다.

제4조(건강가정사의 직무) 법 제35조제2항에 따른 건강가정사의 직무는 다음 각 호와 같다.

1. 가정문제의 예방 · 상담 및 개선
2. 건강가정의 유지를 위한 프로그램의 개발
3. 건강가정 실현을 위한 교육[민주적이고 양성(兩性) 평등적인 가족관계 교육을 포함한다]
4. 가정생활문화운동의 전개
5. 가정 관련 정보 및 자료 제공
6. 가정에 대한 방문 및 실태 파악
7. 아동보호전문기관 등 지역사회자원과의 연계
8. 그 밖에 건강가정사업과 관련하여 여성가족부장관이 정하는 활동

제4조의2 삭제 〈2018.12.24.〉

제5조(과태료의 부과 · 징수) 법 제37조제2항에 따른 과태료는 별표의 부과기준에 따라 여성가족부장관이 부과 · 징수한다.

부칙 〈제27600호, 2016.11.22.〉

이 영은 2016년 11월 30일부터 시행한다.

[부록 3] 건강가정기본법 시행규칙

[시행 2016.6.7.] [여성가족부령 제91호, 2016.6.7., 일부개정]

여성가족부(가족정책과) 02-2100-6325

제1조(목적) 이 규칙은 건강가정기본법 및 동법시행령에서 위임된 사항과 그 시행에 관하여 필요한 사항을 규정함을 목적으로 한다.

제2조(가족실태조사의 실시 등) ① 건강가정기본법(이하 "법"이라 한다) 제20조의 규정에 의하여 여성가족부장관은 2005년을 기준연도로 하여 전국을 대상으로 하는 가족실태조사를 실시하고, 특별시장 · 광역시장 · 도지사(이하 "시 · 도지사"라 한다) 또는 시장 · 군수 · 구청장(자치구의 구청장에 한한다. 이하 같다)은 관할 지역을 대상으로 필요한 경우에 가족실태조사를 실시한다. 〈개정 2005.6.23., 2008.3.3., 2010.3.19.〉

② 제1항의 규정에 의한 가족실태조사에는 다음 각호의 사항이 포함되어야 한다. 〈개정 2005.6.23., 2008.3.3., 2010.3.19.〉

1. 성별 · 연령 · 학력 · 혼인상태 · 취업상태 · 건강상태 등 가족구성원의 일반특성에 관한 사항
2. 소득 · 지출 · 자산 등 가족의 경제상태에 관한 사항
3. 가정의 형성 · 유지와 관련한 가족의 가치관에 관한 사항
4. 혼인 · 출산 · 자녀양육 · 가족부양 · 가족역할 등 가족행태에 관한 사항
5. 부부관계 · 부모자녀관계 등 가족관계에 관한 사항
6. 의식주 · 소비 · 여가 · 정보이용 등 생활양식에 관한 사항
7. 가족갈등 · 가족해체 등 가족문제에 관한 사항
8. 건강가정관련 교육 · 상담 · 가정봉사원의 이용 등 서비스 욕구에 관한 사항
9. 그 밖에 건강가정에 관한 사항으로서 여성가족부장관이 필요하다고 인정하는 사항

③ 여성가족부장관은 사회환경의 급격한 변동 등으로 추가적인 조사가 필요한 때에는 제1항의 규정에 의한 가족실태조사 외에 임시조사를 실시하여 이를 보완할 수 있다. 〈개정 2005.6.23., 2008.3.3., 2010.3.19.〉

제3조(가정봉사원의 교육 등) ① 법 제30조제2항의 규정에 의하여 가정봉사원은 법 제35조제1항의 규정에 의한 건강가정지원센터에서 가사 · 육아 · 산후조리 · 간병 등에 관한 이론

교육과 실습교육을 매년 16시간 이상 받아야 한다. 이 경우 이론교육은 건강가정지원센터에 출석하여 받는 교육과 동일한 내용의 시청각교육으로 갈음할 수 있다.

② 여성가족부장관 및 지방자치단체의 장은 제1항의 규정에 의한 가정봉사원의 교육에 소요되는 비용의 전부 또는 일부를 건강가정지원센터에 보조할 수 있다. 〈개정 2005.6.23., 2008.3.3., 2010.3.19.〉

제4조(건강가정교육계획의 수립 등) 여성가족부장관 및 시 · 도지사는 법 제32조제1항의 규정에 의하여 매년 건강가정교육에 관한 계획을 수립 · 시행하고, 건강가정에 관한 교재 · 교구 등을 개발 · 보급하여야 한다. 〈개정 2005.6.23., 2008.3.3., 2010.3.19.〉

제5조(건강가정사의 이수교과목) 법 제35조제3항의 규정에 의한 관련 교과목은 별표와 같다.

제6조(건강가정지원센터의 위탁운영) 국가 및 지방자치단체는 법 제35조제5항의 규정에 의하여 다음 각호의 어느 하나에 해당하는 민간기관에 건강가정지원센터의 운영을 위탁할 수 있다. 〈개정 2016.6.7.〉

1. 「민법」 제32조에 따라 설립된 건강가정사업 관련 비영리법인
2. 「고등교육법」 제2조에 따른 학교
3. 「사회복지사업법」 제2조제3호에 따른 사회복지법인
4. 「공익법인의 설립 · 운영에 관한 법률」 제2조에 따른 공익법인
5. 「비영리민간단체지원법」 제2조에 따른 건강가정사업 관련 비영리단체
6. 「협동조합 기본법」 제2조제3호에 따른 사회적협동조합
7. 그 밖에 여성가족부장관이 건강가정사업을 위한 시설 및 전문인력을 갖추었다고 인정하는 비영리법인 또는 단체

제7조(규제의 재검토) 여성가족부장관은 제5조 및 별표에 따른 건강가정사의 이수교과목에 대하여 2015년 1월 1일을 기준으로 매 2년마다(매 2년이 되는 해의 기준일과 같은 날 전까지를 말한다) 그 타당성을 검토하여 개선 등의 조치를 하여야 한다.

[본조신설 2014.12.12.]

부칙 〈제91호, 2016.6.7.〉

이 규칙은 공포한 날부터 시행한다.

별표 / 서식

[별표] 건강가정사가 되기 위하여 이수하여야 하는 관련 교과목(제5조 관련)

[별표] 〈개정 2007.9.10〉

건강가정사가 되기 위하여 이수하여야 하는 관련 교과목(제5조 관련)

구 분		교 과 목
핵심과목(5)		건강가정론, (건강)가정(족)정책론, 가족상담(및 치료), 가정(족)생활교육, 가족복지론, 가족과 젠더, 가족(정)과 문화, 건강가정현장실습, 여성과 (현대)사회, 비영리기관 운영관리 중 5과목 이상
관련과목(7)	기초이론(4)	가족학, 가족관계(학), 가족법, 아동학, 보육학, 아동(청소년)복지론, 노년학, 노인복지론, 인간발달, 인간행동과 사회환경, 가족(정)(자원)관리, 가계경제, 가사노동론, 여가관리론, 주거학, 생애주기 영양학, 여성복지(론), 여성주의이론, 정신건강(정신보건사회복지)론, 장애인복지론, 가정생활복지론, 상담이론, 자원봉사론, 성과 사랑, 법여성학, 여성과 문화, 일과 가족(정), 사회복지(개)론 중 4과목 이상
	상담 · 교육 등 실제(3)	생활설계상담, 아동상담, 영양상담 및 교육, 소비자 상담, 주거상담, 부모교육, 부부교육, 소비자교육, 가정생활과 정보, 가계재무관리,주택관리, 의생활관리, 지역사회 영양학, 프로그램 개발과 평가,사회복지실천기술론, 지역사회복지론, 연구(조사)방법론, 부부상담, 집단상담, 가족(정)과 지역사회, 여성과 교육, 여성과 리더십, 여성주의 상담, 사회복지실천론, 위기개입론, 사례관리론 중 3과목 이상

비고

1. 대학원에서 관련 교과목을 이수하는 경우에는 같은 표의 교과목 중 핵심과목 4과목 이상, 관련과목 4과목(기초이론 2과목, 상담 · 교육 등 실제 2과목) 이상을 각각 이수하여야 한다. 다만, 핵심과목 및 관련과목 각각의 2분의 1의 범위에서 대학 또는 이와 동등 이상의 학교에서 이수한 교과목도 이를 대학원에서 이수한 것으로 본다.
2. 교과목의 명칭이 동일하지 아니하더라도 교과의 내용이 동일한 것으로 여성가족부장관이 인정하는 경우에는 동일 교과목으로 본다.
3. 관련 교과목 이수는 12과목 36학점(대학원에서 이수하는 경우 8과목 24학점) 또는 12과목 이상 36학점(대학원에서 이수하는 경우 8과목 이상 24학점)으로 한다.

[부록 4] 다문화가족지원법(약칭: 다문화가족법)

[시행 2020.5.19.] [법률 제17281호, 2020.5.19., 일부개정]

여성가족부(다문화가족과) 02-2100-6372

제1조(목적) 이 법은 다문화가족 구성원이 안정적인 가족생활을 영위하고 사회구성원으로서의 역할과 책임을 다할 수 있도록 함으로써 이들의 삶의 질 향상과 사회통합에 이바지함을 목적으로 한다. 〈개정 2015.12.22.〉

제2조(정의) 이 법에서 사용하는 용어의 뜻은 다음과 같다. 〈개정 2011.4.4., 2015.12.1.〉

1. "다문화가족"이란 다음 각 목의 어느 하나에 해당하는 가족을 말한다.
   가. 「재한외국인 처우 기본법」 제2조제3호의 결혼이민자와 「국적법」 제2조부터 제4조까지의 규정에 따라 대한민국 국적을 취득한 자로 이루어진 가족
   나. 「국적법」 제3조 및 제4조에 따라 대한민국 국적을 취득한 자와 같은 법 제2조부터 제4조까지의 규정에 따라 대한민국 국적을 취득한 자로 이루어진 가족
2. "결혼이민자등"이란 다문화가족의 구성원으로서 다음 각 목의 어느 하나에 해당하는 자를 말한다.
   가. 「재한외국인 처우 기본법」 제2조제3호의 결혼이민자
   나. 「국적법」 제4조에 따라 귀화허가를 받은 자
3. "아동 · 청소년"이란 24세 이하인 사람을 말한다.

제3조(국가와 지방자치단체의 책무) ① 국가와 지방자치단체는 다문화가족 구성원이 안정적인 가족생활을 영위하고 경제 · 사회 · 문화 등 각 분야에서 사회구성원으로서의 역할과 책임을 다할 수 있도록 필요한 제도와 여건을 조성하고 이를 위한 시책을 수립 · 시행하여야 한다. 〈개정 2015.12.22.〉

② 특별시 · 광역시 · 특별자치시 · 도 · 특별자치도 및 시 · 군 · 구(자치구를 말한다. 이하 같다)에는 다문화가족 지원을 담당할 기구와 공무원을 두어야 한다. 〈신설 2012.2.1., 2015.12.1.〉

③ 국가와 지방자치단체는 이 법에 따른 시책 중 외국인정책 관련 사항에 대하여는 「재한외국인 처우 기본법」 제5조부터 제9조까지의 규정에 따른다. 〈개정 2012.2.1.〉

제3조의2(다문화가족 지원을 위한 기본계획의 수립) ① 여성가족부장관은 다문화가족 지원을

위하여 5년마다 다문화가족정책에 관한 기본계획(이하 "기본계획"이라 한다)을 수립하여야 한다.

② 기본계획에는 다음 각 호의 사항을 포함하여야 한다. 〈개정 2015.12.22.〉

1. 다문화가족 지원 정책의 기본 방향
2. 다문화가족 지원을 위한 분야별 발전시책과 평가에 관한 사항
3. 다문화가족 지원을 위한 제도 개선에 관한 사항

3의2. 다문화가족 구성원의 경제 · 사회 · 문화 등 각 분야에서 활동 증진에 관한 사항

4. 다문화가족 지원을 위한 재원 확보 및 배분에 관한 사항
5. 그 밖에 다문화가족 지원을 위하여 필요한 사항

③ 여성가족부장관은 기본계획을 수립할 때에는 미리 관계 중앙행정기관의 장과 협의하여야 한다.

④ 기본계획은 제3조의4에 따른 다문화가족정책위원회의 심의를 거쳐 확정한다. 이 경우 여성가족부장관은 확정된 기본계획을 지체 없이 국회 소관 상임위원회에 보고하고, 관계 중앙행정기관의 장과 특별시장 · 광역시장 · 특별자치시장 · 도지사 · 특별자치도지사(이하 "시 · 도지사"라 한다)에게 알려야 한다. 〈개정 2015.12.1., 2020.5.19.〉

⑤ 여성가족부장관은 기본계획을 수립하기 위하여 필요하다고 인정하는 경우 관계 기관의 장에게 기본계획의 수립에 필요한 자료의 제출을 요구할 수 있다.

⑥ 제5항에 따라 자료의 제출을 요구받은 관계 기관의 장은 정당한 사유가 없으면 이에 따라야 한다.

[본조신설 2011.4.4.]

제3조의3(연도별 시행계획의 수립 · 시행) ① 여성가족부장관, 관계 중앙행정기관의 장과 시 · 도지사는 매년 기본계획에 따라 다문화가족정책에 관한 시행계획(이하 "시행계획"이라 한다)을 수립 · 시행하여야 한다.

② 관계 중앙행정기관의 장과 시 · 도지사는 전년도의 시행계획에 따른 추진실적 및 다음 연도의 시행계획을 대통령령으로 정하는 바에 따라 매년 여성가족부장관에게 제출하여야 한다.

③ 시행계획의 수립 · 시행 및 추진실적의 평가 등에 필요한 사항은 대통령령으로 정한다.

[본조신설 2011.4.4.]

제3조의4(다문화가족정책위원회의 설치) ① 다문화가족의 삶의 질 향상과 사회통합에 관한 중요 사항을 심의 · 조정하기 위하여 국무총리 소속으로 다문화가족정책위원회(이하 "정책

위원회"라 한다)를 둔다.

② 정책위원회는 다음 각 호의 사항을 심의 · 조정한다.

1. 제3조의2에 따른 다문화가족정책에 관한 기본계획의 수립 및 추진에 관한 사항
2. 제3조의3에 따른 다문화가족정책의 시행계획의 수립, 추진실적 점검 및 평가에 관한 사항
3. 다문화가족과 관련된 각종 조사, 연구 및 정책의 분석 · 평가에 관한 사항
4. 각종 다문화가족 지원 관련 사업의 조정 및 협력에 관한 사항
5. 다문화가족정책과 관련된 국가 간 협력에 관한 사항
6. 그 밖에 다문화가족의 사회통합에 관한 중요 사항으로 위원장이 필요하다고 인정하는 사항

③ 정책위원회는 위원장 1명을 포함한 20명 이내의 위원으로 구성하고, 위원장은 국무총리가 되며, 위원은 다음 각 호의 사람이 된다.

1. 대통령령으로 정하는 중앙행정기관의 장
2. 다문화가족정책에 관하여 학식과 경험이 풍부한 사람 중에서 위원장이 위촉하는 사람

④ 정책위원회에서 심의 · 조정할 사항을 미리 검토하고 대통령령에 따라 위임된 사항을 다루기 위하여 정책위원회에 실무위원회를 둔다.

⑤ 그 밖에 정책위원회 및 실무위원회의 구성 및 운영 등에 필요한 사항은 대통령령으로 정한다.

[본조신설 2011.4.4.]

제4조(실태조사 등) ① 여성가족부장관은 다문화가족의 현황 및 실태를 파악하고 다문화가족 지원을 위한 정책수립에 활용하기 위하여 3년마다 다문화가족에 대한 실태조사를 실시하고 그 결과를 공표하여야 한다. 〈개정 2010.1.18.〉

② 여성가족부장관은 제1항에 따른 실태조사를 위하여 관계 공공기관 또는 관련 법인 · 단체에 대하여 필요한 자료의 제출 등 협조를 요청할 수 있다. 이 경우 자료의 제출 등 협조를 요청받은 관계 공공기관 또는 관련 법인 · 단체 등은 특별한 사유가 없는 한 이에 협조하여야 한다. 〈개정 2010.1.18.〉

③ 여성가족부장관은 제1항에 따른 실태조사를 실시함에 있어서 외국인정책 관련 사항에 대하여는 법무부장관과, 다문화가족 구성원인 아동 · 청소년의 교육현황 및 아동 · 청소년의 다문화가족에 대한 인식 등에 관한 사항에 대하여는 교육부장관과 협의를 거쳐

실시한다. 〈개정 2010.1.18., 2011.4.4., 2013.3.23., 2015.12.1., 2017.3.21.〉

④ 제1항에 따른 실태조사의 대상 및 방법 등에 필요한 사항은 여성가족부령으로 정한다. 〈개정 2010.1.18.〉

제5조(다문화가족에 대한 이해증진) ① 국가와 지방자치단체는 다문화가족에 대한 사회적 차별 및 편견을 예방하고 사회구성원이 문화적 다양성을 인정하고 존중할 수 있도록 다문화 이해교육을 실시하고 홍보 등 필요한 조치를 하여야 한다. 〈개정 2011.4.4., 2013.3.22.〉

② 여성가족부장관은 제1항에 따른 조치를 함에 있어 홍보영상을 제작하여「방송법」제2조제3호에 따른 방송사업자에게 배포하여야 한다. 〈신설 2015.12.1.〉

③ 여성가족부장관은「방송법」제2조제3호에 따른 방송사업자(이하 이 조에서 "방송사업자"라 한다)에게 같은 법 제73조제4항에 따라 대통령령으로 정하는 비상업적 공익광고 편성비율의 범위에서 제2항의 홍보영상을 채널별로 송출하도록 요청할 수 있다. 〈신설 2015.12.1., 2020.5.19.〉

④ 방송사업자는 제2항의 홍보영상 외에 독자적으로 홍보영상을 제작하여 송출할 수 있다. 이 경우 여성가족부장관에게 필요한 협조 및 지원을 요청할 수 있다. 〈신설 2015.12.1., 2020.5.19.〉

⑤ 교육부장관과 특별시 · 광역시 · 특별자치시 · 도 · 특별자치도의 교육감은「유아교육법」제2조,「초 · 중등교육법」제2조 또는「고등교육법」제2조에 따른 학교에서 다문화가족에 대한 이해를 돕는 교육을 실시하기 위한 시책을 수립 · 시행하여야 한다. 이 경우 제4조에 따른 실태조사의 결과 중 다문화가족 구성원인 아동 · 청소년의 교육현황 및 아동 · 청소년의 다문화가족에 대한 인식 등에 관한 사항을 반영하여야 한다. 〈신설 2011.4.4., 2013.3.23., 2015.12.1., 2017.3.21.〉

⑥ 교육부장관과 특별시 · 광역시 · 특별자치시 · 도 · 특별자치도의 교육감은「유아교육법」제2조 및「초 · 중등교육법」제2조에 따른 학교의 교원에 대하여 대통령령으로 정하는 바에 따라 다문화 이해교육 관련 연수를 실시하여야 한다. 〈신설 2017.12.12.〉

제6조(생활정보 제공 및 교육 지원) ① 국가와 지방자치단체는 결혼이민자등이 대한민국에서 생활하는데 필요한 기본적 정보(아동 · 청소년에 대한 학습 및 생활지도 관련 정보를 포함한다)를 제공하고, 사회적응교육과 직업교육 · 훈련 및 언어소통 능력 향상을 위한 한국어교육 등을 받을 수 있도록 필요한 지원을 할 수 있다. 〈개정 2011.4.4., 2016.3.2.〉

② 국가와 지방자치단체는 결혼이민자등의 배우자 및 가족구성원이 결혼이민자등의 출

신 국가 및 문화 등을 이해하는 데 필요한 기본적 정보를 제공하고 관련 교육을 지원할 수 있다. 〈신설 2017.12.12.〉

③ 국가와 지방자치단체는 제1항 및 제2항에 따른 교육을 실시함에 있어 거주지 및 가정환경 등으로 인하여 서비스에서 소외되는 결혼이민자등과 배우자 및 그 가족구성원이 없도록 방문교육이나 원격교육 등 다양한 방법으로 교육을 지원하고, 교재와 강사 등의 전문성을 강화하기 위한 시책을 수립·시행하여야 한다. 〈신설 2011.4.4., 2017.12.12.〉

④ 국가와 지방자치단체는 제3항의 방문교육의 비용을 결혼이민자등의 가구 소득수준, 교육의 종류 등 여성가족부장관이 정하여 고시하는 기준에 따라 차등지원할 수 있다. 〈신설 2015.12.1., 2017.12.12.〉

⑤ 국가와 지방자치단체가 제4항에 따른 비용을 지원함에 있어 비용 지원의 신청, 금융정보 등의 제공, 조사·질문 등은 「아이돌봄 지원법」 제22조부터 제25조까지의 규정을 준용한다. 〈신설 2015.12.1., 2017.12.12.〉

⑥ 결혼이민자등의 배우자 등 다문화가족 구성원은 결혼이민자등이 한국어교육 등 사회적응에 필요한 다양한 교육을 받을 수 있도록 노력하여야 한다. 〈신설 2015.12.1., 2017.12.12.〉

⑦ 그 밖에 제1항 및 제2항에 따른 정보제공 및 교육에 필요한 사항은 대통령령으로 정한다. 〈개정 2011.4.4., 2015.12.1., 2017.12.12.〉

제7조(평등한 가족관계의 유지를 위한 조치) 국가와 지방자치단체는 다문화가족이 민주적이고 양성평등한 가족관계를 누릴 수 있도록 가족상담, 부부교육, 부모교육, 가족생활교육 등을 추진하여야 한다. 이 경우 문화의 차이 등을 고려한 전문적인 서비스가 제공될 수 있도록 노력하여야 한다.

제8조(가정폭력 피해자에 대한 보호·지원) ① 국가와 지방자치단체는 「가정폭력방지 및 피해자보호 등에 관한 법률」에 따라 다문화가족 내 가정폭력을 예방하기 위하여 노력하여야 한다. 〈개정 2011.4.4.〉

② 국가와 지방자치단체는 가정폭력으로 피해를 입은 결혼이민자등을 보호·지원할 수 있다. 〈신설 2011.4.4.〉

③ 국가와 지방자치단체는 가정폭력의 피해를 입은 결혼이민자등에 대한 보호 및 지원을 위하여 외국어 통역 서비스를 갖춘 가정폭력 상담소 및 보호시설의 설치를 확대하도록 노력하여야 한다. 〈개정 2011.4.4.〉

④ 국가와 지방자치단체는 결혼이민자등이 가정폭력으로 혼인관계를 종료하는 경우 의

사소통의 어려움과 법률체계 등에 관한 정보의 부족 등으로 불리한 입장에 놓이지 아니하도록 의견진술 및 사실확인 등에 있어서 언어통역, 법률상담 및 행정지원 등 필요한 서비스를 제공할 수 있다. 〈개정 2011.4.4.〉

제9조(의료 및 건강관리를 위한 지원) ① 국가와 지방자치단체는 결혼이민자등이 건강하게 생활할 수 있도록 영양 · 건강에 대한 교육, 산전 · 산후 도우미 파견, 건강검진 등의 의료서비스를 지원할 수 있다. 〈개정 2011.4.4.〉

② 국가와 지방자치단체는 결혼이민자등이 제1항에 따른 의료서비스를 제공받을 경우 외국어 통역 서비스를 제공할 수 있다. 〈신설 2011.4.4.〉

[제목개정 2011.4.4.]

제10조(아동 · 청소년 보육 · 교육) ① 국가와 지방자치단체는 아동 · 청소년 보육 · 교육을 실시함에 있어서 다문화가족 구성원인 아동 · 청소년을 차별하여서는 아니 된다. 〈개정 2015.12.1.〉

② 국가와 지방자치단체는 다문화가족 구성원인 아동 · 청소년이 학교생활에 신속히 적응할 수 있도록 교육지원대책을 마련하여야 하고, 특별시 · 광역시 · 특별자치시 · 도 · 특별자치도의 교육감은 다문화가족 구성원인 아동 · 청소년에 대하여 학과 외 또는 방과 후 교육 프로그램 등을 지원할 수 있다. 〈개정 2015.12.1.〉

③ 국가와 지방자치단체는 다문화가족 구성원인 18세 미만인 사람의 초등학교 취학 전 보육 및 교육 지원을 위하여 노력하고, 그 구성원의 언어발달을 위하여 한국어 및 결혼이민자등인 부 또는 모의 모국어 교육을 위한 교재지원 및 학습지원 등 언어능력 제고를 위하여 필요한 지원을 할 수 있다. 〈개정 2013.3.22., 2015.12.1.〉

④ 「영유아보육법」 제10조에 따른 어린이집의 원장, 「유아교육법」 제7조에 따른 유치원의 장, 「초 · 중등교육법」 제2조에 따른 각급 학교의 장, 그 밖에 대통령령으로 정하는 기관의 장은 아동 · 청소년 보육 · 교육을 실시함에 있어 다문화가족 구성원인 아동 · 청소년이 차별을 받지 아니하도록 필요한 조치를 하여야 한다. 〈신설 2015.12.1.〉

[제목개정 2015.12.1.]

제11조(다국어에 의한 서비스 제공) 국가와 지방자치단체는 제5조부터 제10조까지의 규정에 따른 지원정책을 추진함에 있어서 결혼이민자등의 의사소통의 어려움을 해소하고 서비스 접근성을 제고하기 위하여 다국어에 의한 서비스 제공이 이루어지도록 노력하여야 한다.

제11조의2(다문화가족 종합정보 전화센터의 설치 · 운영 등) ① 여성가족부장관은 다국어에 의

한 상담 · 통역 서비스 등을 결혼이민자등에게 제공하기 위하여 다문화가족 종합정보 전화센터(이하 "전화센터"라 한다)를 설치 · 운영할 수 있다. 이 경우 「가정폭력방지 및 피해자보호 등에 관한 법률」 제4조의6제1항 후단에 따른 외국어 서비스를 제공하는 긴급전화센터와 통합하여 운영할 수 있다.

② 여성가족부장관은 전화센터의 설치 · 운영을 대통령령으로 정하는 기관 또는 단체에 위탁할 수 있다.

③ 여성가족부장관은 전화센터의 설치 · 운영을 위탁할 경우 예산의 범위에서 그에 필요한 비용의 전부 또는 일부를 지원할 수 있다.

④ 전화센터의 설치 · 운영에 필요한 사항은 여성가족부령으로 정한다.

[본조신설 2013.8.13.]

제12조(다문화가족지원센터의 설치 · 운영 등) ① 국가와 지방자치단체는 다문화가족지원센터(이하 "지원센터"라 한다)를 설치 · 운영할 수 있다.

② 국가 또는 지방자치단체는 지원센터의 설치 · 운영을 대통령령으로 정하는 법인이나 단체에 위탁할 수 있다.

③ 국가 또는 지방자치단체 아닌 자가 지원센터를 설치 · 운영하고자 할 때에는 미리 시 · 도지사 또는 시장 · 군수 · 구청장(자치구의 구청장을 말한다. 이하 같다)의 지정을 받아야 한다.

④ 지원센터는 다음 각 호의 업무를 수행한다. 〈개정 2020.5.19.〉

1. 다문화가족을 위한 교육 · 상담 등 지원사업의 실시
2. 결혼이민자등에 대한 한국어교육
3. 다문화가족 지원서비스 정보제공 및 홍보
4. 다문화가족 지원 관련 기관 · 단체와의 서비스 연계
5. 일자리에 관한 정보제공 및 일자리의 알선
6. 다문화가족을 위한 통역 · 번역 지원사업
7. 다문화가족 내 가정폭력 방지 및 피해자 연계 지원
8. 그 밖에 다문화가족 지원을 위하여 필요한 사업

⑤ 지원센터에는 다문화가족에 대한 교육 · 상담 등의 업무를 수행하기 위하여 관련 분야에 대한 학식과 경험을 가진 전문인력을 두어야 한다.

⑥ 국가와 지방자치단체는 제3항에 따라 지정한 지원센터에 대하여 예산의 범위에서 제4항 각 호의 업무를 수행하는 데에 필요한 비용 및 지원센터의 운영에 드는 비용의 전부

또는 일부를 보조할 수 있다. 〈개정 2016.3.2.〉

⑦ 제1항, 제2항 및 제3항에 따른 지원센터의 설치 · 운영 기준, 위탁 · 지정 기간 및 절차 등에 필요한 사항은 대통령령으로 정하고, 제5항에 따른 전문인력의 기준 등에 필요한 사항은 여성가족부령으로 정한다.

[전문개정 2012.2.1.]

제12조의2(보수교육의 실시) ① 여성가족부장관 또는 시 · 도지사는 지원센터에 두는 전문인력의 자질과 능력을 향상시키기 위하여 보수교육을 실시하여야 한다.

② 제1항에 따른 보수교육의 내용 · 기간 및 방법 등은 여성가족부령으로 정한다.

[본조신설 2012.2.1.]

제12조의3(유사명칭 사용 금지) 이 법에 따른 지원센터가 아니면 다문화가족지원센터 또는 이와 유사한 명칭을 사용하지 못한다.

[본조신설 2013.8.13.]

제13조(다문화가족 지원업무 관련 공무원의 교육) 국가와 지방자치단체는 다문화가족 지원 관련 업무에 종사하는 공무원의 다문화가족에 대한 이해증진과 전문성 향상을 위하여 교육을 실시할 수 있다.

제13조의2(다문화가족지원사업 전문인력 양성) ① 국가 또는 지방자치단체는 다문화가족지원 및 다문화 이해교육 등의 사업 추진에 필요한 전문인력을 양성하는 데 노력하여야 한다.

② 여성가족부장관은 제1항에 따른 전문인력을 양성하기 위하여 대통령령으로 정하는 바에 따라 대학이나 연구소 등 적절한 인력과 시설 등을 갖춘 기관이나 단체를 전문인력 양성기관으로 지정하여 관리할 수 있다.

③ 국가 또는 지방자치단체는 제2항에 따라 지정된 전문인력 양성기관에 대하여 예산의 범위에서 필요한 경비의 전부 또는 일부를 지원할 수 있다.

④ 제2항에 따른 전문인력 양성기관의 지정 기준 및 절차 등은 대통령령으로 정한다.

[본조신설 2012.2.1.]

제14조(사실혼 배우자 및 자녀의 처우) 제5조부터 제12조까지의 규정은 대한민국 국민과 사실혼 관계에서 출생한 자녀를 양육하고 있는 다문화가족 구성원에 대하여 준용한다.

제14조의2(다문화가족 자녀에 대한 적용 특례) 다문화가족이 이혼 등의 사유로 해체된 경우에도 그 구성원이었던 자녀에 대하여는 이 법을 적용한다.

[본조신설 2013.8.13.]

제15조(권한의 위임과 위탁) ① 여성가족부장관은 이 법에 따른 권한의 일부를 대통령령으

로 정하는 바에 따라 시·도지사 또는 시장·군수·구청장에게 위임할 수 있다. 〈개정 2010.1.18., 2011.4.4., 2012.2.1.〉

② 국가와 지방자치단체는 이 법에 따른 업무의 일부를 대통령령으로 정하는 바에 따라 비영리법인이나 단체에 위탁할 수 있다.

제15조의2(정보 제공의 요청) ① 여성가족부장관 또는 지방자치단체의 장은 이 법의 시행을 위하여 필요한 경우에는 법무부장관에게 다음 각 호의 정보 중 결혼이민자등의 현황 파악을 위한 정보로서 대통령령으로 정하는 정보의 제공을 요청할 수 있다. 이 경우 지방자치단체의 장은 해당 관할구역의 결혼이민자등에 관한 정보에 한정하여 요청할 수 있다.

1. 「재한외국인 처우 기본법」 제2조제3호에 따른 결혼이민자의 외국인 등록 정보
2. 「국적법」 제6조제2항에 따라 귀화허가를 받은 사람의 귀화허가 신청 정보

② 제1항에 따라 정보의 제공을 요청받은 법무부장관은 정당한 사유가 없으면 이에 따라야 한다.

③ 제1항에 따라 정보를 제공받은 여성가족부장관 또는 지방자치단체의 장은 제공받은 정보를 제12조제1항·제3항에 따른 지원센터에 제공할 수 있다.

[본조신설 2012.2.1.]

제16조(민간단체 등의 지원) ① 국가와 지방자치단체는 다문화가족 지원 사업을 수행하는 단체나 개인에 대하여 필요한 비용의 전부 또는 일부를 보조하거나 그 업무수행에 필요한 행정적 지원을 할 수 있다.

② 국가와 지방자치단체는 결혼이민자등이 상부상조하기 위한 단체의 구성·운영 등을 지원할 수 있다.

제17조(과태료) ① 제12조의3을 위반한 자에게는 300만원 이하의 과태료를 부과한다.

② 제1항에 따른 과태료는 대통령령으로 정하는 바에 따라 여성가족부장관 또는 지방자치단체의 장이 부과·징수한다.

[본조신설 2013.8.13.]

부칙 〈제17281호, 2020.5.19.〉

제1조(시행일) 이 법은 공포한 날부터 시행한다.

제2조(다문화가족정책에 관한 기본계획에 관한 적용례) 제3조의2제4항의 개정규정은 이 법 시행 후 최초로 여성가족부장관이 수립하는 기본계획부터 적용한다.

[부록 5] 건강가정사업 프로그램 예

● 건강가정 교육 프로그램[1)]

❖ 예비부부교육 : 서울 가족학교 예비부부교실

목적	건강한 가정을 유지하고 예방적 가족지원을 목적으로 예비부부를 대상으로 교육을 실시함. 결혼생활에 대한 구체적인 준비와 가정에 대한 올바른 가치관 정립을 돕고, 결혼 초기에 발생할 수 있는 갈등이나 문제 상황을 사전에 예방할 수 있도록 도움	
구성 내용 (회기별 내용)	1. 서로의 차이 이해하기 (달라도 괜찮아요!)	• DISC를 이용한 서로의 차이 이해하고 적용하기
	2. 행복한 커플 대화법 (사랑도 통역이 되나요?)	• 바람직한 의사소통방법
	3. 결혼설계와 합리적 재무관리 (우리 결혼설계하기)	• 결혼설계하기 • 합리적 재무관리
	4. 결혼의 의미와 체크리스트	• 결혼의 의미와 결혼 체크리스트 • 결혼의 의미 및 행복한 결혼을 위한 요건 알기

※ 다양한 활동 프로그램 -화분 만들기, 작은 결혼식, 감동의 프로포즈 등- 을 활용

❖ 부모교육 : 영유아기, 아동기, 청소년기 부모 대상 교육

① 영유아기 부모 대상 '사랑의 기술'

목적	영유아의 발달특성을 이해하고 아이를 건강하게 성장할 수 있도록 지원
구성 내용	행복한 아이로 키우는 '효과적 훈육법' 똑똑한 아이로 키우는 '다중지능 발달' 튼튼한 아이로 키우는 '영유아 건강과 식생활' 보건소와 함께하는 영양교실(엄마의 레시피/요리실습)

1) 건강가정 교육 프로그램 중 예비부부교육, 부모교육, 중장년기 교육은 서울 가족학교 프로그램을 소개하였으며, 맞벌이부모 대상 부모교육은 여성가족부의 워킹맘워킹대디사업의 일부임.

② 아동기 부모교실

목적	아동기 자녀의 발달특성을 이해하고 부모로서 자녀양육의 올바른 목표를 세울 수 있도록 초등학생 자녀를 둔 부모를 대상으로 부모교육 진행	
구성 내용	1. 나와 내 자녀 바로알기	• 부모로서의 나 이해하기 • 우리 가족구성원과의 관계 • 내 아이 특징과 마음 알기
	2. 내 아이 자존감 높이기	• 긍정적 소통 : 경청과 의사표현하기 • 자존감이란 무엇인가? • 우리 아이 격려하기
	3. 우리 아이 무엇이 될까	• 부모가 바라는 아이의 미래 • 아이의 강점 찾기 • 부모로서의 성장계획 작성하기

③ 청소년기 부모교실

목적	청소년기 자녀를 이해할 수 있는 부모교육을 통해 사춘기 자녀와 지혜로운 관계 형성 지원	
구성 내용	1. 바람직한 부모역할	• 부모역할의 중요성과 바람직한 부모역할 • 세대차이의 이해, 아이들의 권리
	2. 청소년기 자녀의 이해	• 청소년기 자녀와의 갈등 해결
	3. 우리 자녀의 진로	• 부모의 길 체인지 업 • 21세기 변화하는 직업의 세계 • 진로 매니저로서의 부모 • 게임중독 예방

④ 찾아가는 아버지교실

목적	아버지의 자녀를 이해하고 지원하는 데 필요한 지식, 능력, 태도 등을 습득할 수 있는 기회를 제공하고 교육의 접근성 제고를 위해 찾아가는 교육으로 운영
구성 내용	1. 아빠 자기돌봄과 스트레스 관리 2. 부모의 네 가지 유형과 아이와의 갈등해소방법 3. 효과적인 자녀훈육법

❖ 중장년기 교육 : 알찬 인생 2막을 열어주는 노후준비교육

목적	100세 사회를 맞이하여 중장년기 가족을 대상으로 은퇴 이후 새로운 가정생활에 대한 준비와 적응을 돕기 위한 교육	
구성 내용	기본	• 100세 인생 라이프 플래닝 - 똑똑하고 알찬 노후자산관리
		• 행복한 나, 행복한 가족 - 품 안의 자식, 이젠 안녕! 쿨한 부모되기 - 내 안의 보석 발견하기
	심화	• 건강한 노년기 준비하기 • 풍요로운 인생 2막 준비하기

❖ 맞벌이부모 대상 부모교육

목적	맞벌이부모의 자녀양육 부담과 어려움을 해소하고 자녀양육 능력 향상을 지원하기 위한 교육 운영	
구성 내용	영유아기	• 워킹맘 & 대디의 똑똑한 양육전략 세우기 - 영유아기 자녀 지능과 인지발달 이해 - 우리 아이 특성에 맞는 효과적인 양육전략법 세우기
	아동기	• "워킹맘 & 대디표" 우리 아이 자기주도 교육법 - 부모의 좋은 의도와 나쁜 결과 - 감정코칭 · 학습 · 중독의 순환, 자기주도성 부여법
	청소년기	• "워킹맘 & 대디표" 우리 아이 체질 공부와 멘토링 - 공부 로맨스를 만드는 양육환경과 미래 준비 - 집중력과 기억력을 높이는 아세틸콜린 공부법

● 건강가정 상담 프로그램

❖ 부부집단상담 : 부부관계 조정을 위한 '부부관계 코칭'

목적	갈등이 있는 부부를 대상으로 서로를 이해하고 의사소통능력을 길러줌으로써 부부관계 증진 도모
구성 내용	결혼생활 진단하기, 자신과 배우자 이해하기, 의사소통능력 기르기, 분노조절 훈련과 갈등 해결하기, 부모코칭, 부부관계 회복하기와 행복 가꾸기

❖ 부모집단상담 : '엄마, 아빠도 위로가 필요해'

목적	부모의 자녀양육 부담과 스트레스 해소를 지원하기 위한 프로그램
구성 내용	원가족과 나 알아보기 / 부모의 양육효능감 자녀양육의 어려움을 해결하는 5가지 포인트 / 나에 대한 알아차림

❖ 한부모집단상담 : '그래도 괜찮아'

목적	한부모의 정서적 어려움을 해소하고 부모역할 역량강화 지원
구성 내용	털어내고 활기차게 / 진정으로 나를 사랑하기 바람직한 부모역할 / 나는 내 인생의 프로그래머

❖ 기혼남성 대상 집단상담 : 남자들의 행복한 수다

목적	현재 가정 및 사회적 관계에서 경험하는 스트레스를 해소하고 건강한 삶을 원하는 기혼 남성 대상의 집단상담 프로그램
구성 내용	현재 삶에서 소망 찾기 / 다시 시작하는 설계도 안전한 여정을 준비하는 마음 / 행복한 삶은 비결이 있어요

● 건강가정 문화 프로그램

❖ 아빠와 함께하는 주말 미니운동회 : '가을엔 아빠랑 운동하자'

목적	아버지가 자녀와 함께하는 체험활동을 통해 자녀와의 관계를 증진시키고 상호작용 기회를 제공	
구성 내용	만 4~6세 유아와 아빠	• 색줄을 활용한 규칙 놀이 프로그램 • 매트를 활용한 놀이경쟁 프로그램
	초등학교 저학년과 아빠	• 훌라후프를 활용한 놀이경쟁 프로그램 • 색판을 활용한 놀이경쟁 프로그램

● 건강가정 통합서비스 프로그램

❖ 맞벌이가족 지원 – 맞벌이가족 자녀 방과후 돌봄사업 '해오름교실'(한국건강가정진흥원)

목적	맞벌이가족에게 안정적인 자녀양육 기능 지원, 아동의 건강한 발달 유도, 맞벌이가족 맞춤형 서비스 제공, 지역사회 안전망 구축
구성 내용	아동의 안전한 보호(담임제 운영, 병원동행 서비스 등), 아동의 정서, 사회적 발달 유도(학습지원, 인성체험 프로그램 제공), 맞벌이가족 맞춤형 사례관리(가족사정 및 상담, 아빠와의 나들이 등), 지역사회 안전망 구축(네트워크 구축 및 통합프로그램 제공 등)

❖ 한부모가정 지원 – 세 잎 한가정 지원을 위한 one-stop 맞춤형 서비스(서울 동작구 건강가정지원센터)

목적	다양한 한부모가정 지원사업을 통하여 한부모가정의 구성원 간 이해 증진, 긍정적 기능 회복을 돕고, 지역사회 지원망을 활용하여 지원체계 구축
구성 내용	가정봉사원 파견, 대학생 학습 도우미 파견, 부모교육(다양한 가족에 대한 이해, 하나되는 우리 가족), 가족상담(털어내고 활기차게, 나를 보여줘, 함께하는 우리 하나되는 사랑, 모두 함께), 문화체험, 자조모임(가정봉사원, 학습도우미, 세 잎 한가정), 가족캠프

❖ 부자가정지원 사례관리 사업(경남 김해시 건강가정지원센터)

목적	가족 간 유대 강화, 자녀의 사회성 향상 등을 통하여 부자가정 아버지의 역할을 강화하고 자녀의 심리적, 정서적인 안정을 도모
구성 내용	부자가정캠프(가족친목 및 여가 프로그램), 부자가정 자조모임 '당아모'(동아리활동), 자녀 사례관리(학습지원, 식생활 지원, 문화활동 지원 등), 지역사회 자원연계 및 지원(어머니 도우미 교육 및 파견)

❖ 조손가정 희망사랑 프로젝트(경기도 고양시 건강가정지원센터)

목적	조부모 손자녀 간 응집력 향상, 조부모의 부모역할 자신감 향상, 손자녀와의 의사소통능력 향상, 지역사회와 정서적 지지망 형성
구성 내용	조부모교육, 조부모집단상담, 손자녀생활교육, 손자녀집단상담, 레크리에이션, 댄스테라피, 가족캠프, 결연프로그램 등

❖ 새혼(재혼)가정 fun fun하게 살기(서울 광진구 건강가정지원센터)

목적	새(재)혼 가정의 부부관계 정착은 물론, 갈등해소방법을 익혀 갈등을 예방하게 함으로써 가족구성원 간 친밀감을 높여 건강한 가족만들기 지원
구성 내용	Ice Breaking, 교류분석 인간관, 부부관계 비전 만들기, 알쏭달쏭 우리집 경제, 이고그램 오케이그램, 결혼(재혼)의 목적 세우기, 남녀 차이, 대화기법, 행복한 부부, 건강한 자녀, 어린 시절과 부부관계, 부부의 성, fun fun한 가정 만들기, 중년기와 자아실현, 가족비전보드 만들기

❖ 가족사랑 캠프 – 가족관계 회복 프로그램(전북 군산시, 부산 해운대구 건강가정지원센터)

목적	장기수형자 및 그 가족을 대상으로 가족 간의 친밀감 및 신뢰감 형성을 통하여 가족관계 유지, 회복을 지원
구성 내용	이해의 장(가족소개, 친밀감 및 신뢰감 촉진활동, 가족 이미지 확인, 가족원의 소망 탐색), 용서와 화해의 장(의미 있는 말 나누기, 배우자 및 자녀 집단상담), 화합의 장(언어, 신체적 촉진활동, 사과와 용서 실습), 실천의 장(블루오션전략 수립, 소감문 및 실천계약서 작성 등)

❖ 장애아가족 프로그램 – 우리 가족 꿈 · 사랑 · 행복+(플러스)(서울 동대문구 건강가정지원센터)

목적	지역 내 장애아동과 그 가족을 대상으로 통합적 가족지원을 함으로써 장애아동의 건강한 성장 및 가족의 기능 강화에 기여
구성 내용	MBO사업(생활과학대학 전문 영역과의 연계를 통한 생활경험 제공), 희망을 펼치는 놀이마당, 알뜰 BOY 살뜰 GIRL(놀이를 통한 경제교육), 테마가 있는 가족 나들이, 해찬나래(자조모임), 부모교육 및 집단상담(성교육 및 자아존중감 확립, 의사소통 교육 등)

❖ 가족행복 UP! 가족 사랑 UP! – 군인가족 통합적 행복지원사업(강원도 양구군 건강가정지원센터)

목적	군인가족의 어려움과 욕구를 반영한 교육, 문화, 상담 등의 통합적 프로그램을 운영하여 건강가정을 이루기 위한 가족의 방향성을 제시하고 가족문제 예방과 정서적 안정 도모
구성 내용	- 찾아가는 아버지교육 - 나는 가족의 행복 건축가 - 통하는 대화법 - 행복한 은빛 인생을 위하여 - 군가족 중년기 가족생활교육 - 양성평등 건강가정 만들기

[부록 6] 실습일지

실습생 성명		과정명	건강가정사 현장실습
실습 날짜		실습지도자	인
실습 목표			
실습 일정	시간	내용	
실습생 의견			
다음 실습 내용			

찾아보기

인명

김성희 37
어은주 49
유범상 96
유영주 34, 36, 49
이소우 49
이영호 50
정영금 50
지영숙 50
허봉렬 37
최선희 37

미드(Mead) 65
베버(Weber) 65
브론펜브레너(Bronfenbrenner) 59
스티넷과 사우어(Stinnett & Sauer) 37
엡스타인(Epstein) 38
올슨(Olsen) 39
올슨과 드프레인(Olsen & DeFrain) 39
카머만과 칸(Kamerman & Kahn) 168
쿨리(Cooley) 65
큐란(Curran) 39

내용

가계재무관리 84
가부장적 가족제도 104
가사근로자의 고용개선 등에 관한 법률 135
가사노동 80, 104
가사노동 가치 104
가정 100
가정건강성 50
가정건강성 척도 49
가정기능의 강화 170
가정단위 사업 188
가정문제 99, 167
가정문제의 감소 172
가정문화 42
가정복지기본법안 발의 97
가정복지의 실천 29
가정 붕괴 105
가정생활문화 발전 179
가정생활의 건전도 41
가정의 건강성 31, 44, 384, 385
가정의 건강성 증진 98
가정의례 179
가정의 자립 105, 106
가정의 자립성 125

가정의 자원화 171
가정파괴현상 169
가정학계 96, 97
가족 100, 369
가족갈등 99
가족관계 42, 212, 367
가족관계의 등록 등에 관한 법률 134
가족관계지표 51
가족구조 370
가족기능 369
가족 단위 복지증진 177
가족돌봄 212
가족문제 377, 384
가족문제 예방과 치료 377
가족문제 해결 377
가족발달단계 73
가족발달적 접근 72
가족병리 170
가족복지사업 379
가족부양 169
가족부양 지원 178
가족사업 376
가족상담기관 379
가족상담사업 379
가족생태학적 접근 58
가족생활 212
가족생활주기 73
가족실태조사 32, 44
가족역할 42, 102
가족의 과제 366
가족의 미래 383, 384
가족의 변화 174
가족의 역동적 변화 17
가족의 의미 384
가족의 전체성 168
가족의 전환기적 특성 25
가족이기주의 170
가족정책 101, 138, 379
가족정책 공적 전달체계 154
가족정책의 변화 27
가족정책 전달체계 126
가족체계 61
가족친화 사회환경의 조성 촉진에 관한 법률 133
가족친화지원사업 157
가족탄력성 69
가족트렌드 22
가족해체 99
가족해체 현상 168
가족형태의 다양화 22, 26
가치관 정립 368
가치의 변화 27
간접증거 자료조사 229
강한 가족 35
개인단위 사업 187
거버넌스 140
거시체계 59
거점센터 210
건강 32
건강가정 16, 41, 166, 299, 366
건강가정교육 180
건강가정 구성요소 36, 41

건강가정 기본계획 117
건강가정기본법 17, 29, 96, 97, 139, 254
건강가정기본법 시행규칙 123
건강가정기본법 시행령 123
건강가정기본법 제정 25
건강가정기본법의 내용 112
건강가정기본법의 변화 109
건강가정기본법의 성격 109
건강가정기본법의 실현 194
건강가정기본법의 체계 108
건강가정기본법의 특징 124
건강가정론 248
건강가정사 297, 311, 319, 321, 330, 339
건강가정사업 105, 118, 172, 222, 297, 330, 379
건강가정사업의 개념 166
건강가정사업의 기능 173
건강가정사업의 내용 175
건강가정사업의 목적 169
건강가정사업의 전달자 298, 300
건강가정사업의 전달체계 248
건강가정사업의 접근방법 182
건강가정사업의 추진 190
건강가정사업의 특성 167
건강가정의 개념 32
건강가정의 구성요소 43
건강가정의 등장배경 18
건강가정의 전망 381
건강가정 이념의 실천자 298
건강가정전담조직 120
건강가정정책 116, 139
건강가정지원센터 143, 196, 248, 275, 297, 303
건강가정지원센터/가족센터 276
건강가정지원센터의 운영자 298
건강가정 프로그램 223
건강가정현장실습 348
건강가정현장실습단계 352
건강가정현장실습 종결 및 평가단계 356
건강가정현장실습 준비단계 349
건강가족 35, 36, 67
건강가족적 관점 35
건강—비건강 42
건강한 가정 33, 34, 35, 41, 98, 384
건강한 국가 98
건강한 도시 33
건강한 사람 33
건강한 사회 34, 98
건강한 시민의식 47
결혼검진 55
결혼이민자 통번역 지원사업 208
경제적 안정 44
경제학적 접근 82
고령사회 21
고령화 20
고령화 및 미래사회위원회 21
고령화사회 21
공동체 372
공동체가족 382
공동체의식 372, 382
공동체적 원리 384
공통사업 200

과정기록 346
관찰기술 344
교육 100
교육사업 183, 307
국가의 과제 375
궤적 71
규범 72
규범적 욕구 228
균형잡힌 가족 35
급진주의 여권론 79
기록기술 346
기본적인 토대 42

남녀고용평등과 일 · 가정 양립 지원에 관한 법률 134
네트워킹 강화 379
노동권 103
노동력 재생산 104
논리성 원리 225

다문화가족 23
다문화가족 방문교육 지원사업 208
다문화가족에 대한 지원 131
다문화가족 자녀 209
다문화가족 정책 130
다문화가족 지원 202
다문화가족지원법 129, 202
다문화가족지원센터 143, 203
다양한 가족 173
담당인력 251
돌봄의 공백 26

마르크스주의 여권론 78
맞벌이가구 22
맞벌이가정의 건강성 54
맞춤형 운영관리 291
명시적 가족정책 126
목표설정 230
목표지향적 접근 240
무보수 가사노동 104
문제 발견 및 예측에 대한 관리기법 236
문제중심기록 346
문제해결 38
문화 104
문화 및 정보제공 사업 184
문화사업 307
미래의 가족 381
미시체계 59
민관 네트워킹 380

반응적 접근 241
발달과업 74
별도사업 200
보편적 가족정책 125
보편적 복지 102
보호 100
부모권 103
부모자녀관계 367
부부관계 367
부양 100
부양체계의 와해 169
분위기 조성기술 340
비건강 34

비영리기관 273

사례조사 229
사업의 차별성 193
사회구성원 371
사회구조 374
사회단위 사업 188
사회변동 374
사회사업가협회(NASW) 100
사회와의 관계 42
사회의 과제 371
사회적 비용 107
사회적 응집성 377
사회적 자원 378
사회적 자원 발굴 및 공급 378
사회주의 여권론 79
사회환경 372
사후치료 107
사후 치료적 성격 175
산업화 18
상담사업 184, 306
상대적 욕구 229
상호작용적 접근 64
생애과정적 접근 70
생태이론 58, 61
생태학(ecology) 58
생태학적 접근 187
생활 104
생활공동체 98, 99, 100, 124
생활 단위 99, 101
서비스 이용자 만족도 평가 244
세대적 재생산 103
시간체계 60
실천적 운영관리 과제 281
실행적 측면 376
실험적 접근 240

아이돌보미사업 308
아이돌봄서비스 143, 158
아이돌봄지원법 135
양성평등 81, 102, 104
양육 100
여성가족부 97
여성의 취업률 증가 27
여성주의적 접근 78
역할 73
연계사업 188
열린 대화 45, 102
예방적 가족정책 125
예방적 지원 107
외부관계지표 51
외체계 59
요구도 조사 335
요보호가정 105
요약기록 346
욕구 및 문제 파악 227
월별 활동카드 238
위기가족 지원 177
유관기관과의 네트워크 구축 283
융통성 40
응집성 40
의사결정중심적 접근 240

의사소통 38, 40, 368
의사소통 및 상담기술 340
이용자 지향적 접근 241
이중언어가족환경 조성사업 208
이차분석 337
이혼가정 지원 179
인적자본 82
인적자원관리 289
인지적 욕구 228
일 · 가정의 균형 47
일본 가정학회 41
일상생활 105

자격관리 체계화 316
자녀양육 지원 177
자녀출산 기피 103
자원개발 사업 185
자원관리지표 51
자유주의 여권론 78
잠재력을 총화 369
장애아가족 아동양육지원사업 309
재생산권 103
재정 251
저출산 18
저출산 · 고령사회기본법 133
적극적 경청기술 342
전달체계 142, 277
전달체계 개편 195
전달체계도 261
전이 71, 73
전환기 사회 170
전환점 71
전환체계 59
정보처리기술 347
정책 96
정치의 삼각형 96
제1차 건강가정기본계획 144
제2차 건강가정기본계획 144
제3차 건강가정기본계획 144
제4차 건강가정기본계획 144, 145
제도적 측면 375
조직과 기구 251
조직화 264
조직화의 개념 263
중간체계 59
중앙정부 142
지방정부 142
지속적 지원제도 구축 380
지역사회 공동체 125
지역사회 공청회 338
지역사회 자원개발 286
지역사회 중심의 서비스 174
지위 73
직업윤리 319
직접관찰법 229
질문기술 343
질문지조사법 336

참가자 232
창조성 원리 224
체계이론 61
총괄진행도표 239

총괄책임 영역 306
총괄평가 242
추진 전략 191
출산율 감소 27

커리큘럼 223
코호트 71

타깃 373
타이밍 73
탄력적인 가족 35
통계분석방법 338
통합센터 210
통합적 가족정책 124
통합적인 서비스 102
통합/혼합평가 242
투입/노력 평가 243

패러다임 변화 25
평가도구 55
평가지표 51
표출적 욕구 228
프로그램 222
프로그램 개발 224, 225
프로그램 관리체계의 유형 236
프로그램 설계 231
프로그램 운영 · 관리 236
프로그램 운영조직의 구성 236
프로그램의 개념 222
프로그램의 준비 및 설계 227
프로그램의 평가 239
프로그램 진행에 대한 관리기법 236
프로그램 평가검토기술 238

하위체계 60
한국건강가정진흥원 266
한부모가구 24
한부모가정의 건강성 54
한부모가족지원법 133
행정지원사업 308
행정체계 개선 379
현실성 원리 225
협동 105, 106
형성평가/과정평가 241
활동별 시간계획표/공정표 238
효과성 평가 243
효과적인 피드백 방법 345
효율성/능률성 평가 244

1인가구 24
1인가구 건강성 53

저자 약력

조희금 (hkcho@daegu.ac.kr)

서울대학교 대학원 가정학 석사, 경희대학교 대학원 가정학 박사
대구대학교 명예교수, 중앙건강가정지원센터 초대 소장
(사)가정을건강하게하는시민의모임 이사장
저서: 가정생활복지론(공저) 외
논문: 건강가정기본법의 이념과 체계 외

김경신 (kks@chonnam.ac.kr)

서울대학교 대학원 가정학 석사, 동국대학교 대학원 이학 박사
전남대학교 생활환경복지학과 명예교수
저서: 가족관계학, 사회문제론 외
논문: 한부모가족을 위한 교육 및 상담 활성화 방안 및 효율적 정보전달체계 연구 외

정민자 (mjagnes@ulsan.ac.kr)

서울대학교 대학원 가정관리학과 석사, 서울대학교 대학원 아동가족학과 박사 수료
중앙건강가정지원센터 3대 소장, 울산광역시 건강다문화가족지원센터장 역임
울산대학교 아동가정복지학과 교수, 울산성가족상담소 대표
저서: 성과 사랑, 결혼과 가족 외
논문: 건강가정기본법의 실천을 위한 정책적 지원 외

송혜림 (hrsong@ulsan.ac.kr)

서울대학교 대학원 가정관리학과 석사, 독일 Justus-Liebig-Univ. Giessen 박사
한국방송통신대학교 행정학 석사
울산대학교 아동가정복지학과 교수
저서: 생활과학에 대한 새로운 이해(공저), 비영리기관 운영관리(공저) 외
논문: 청년 1인가구의 여가생활과 여가의 의미(단독), 1인가구 건강성 척도 개발 연구(공동) 외

이승미 (smlee@woosuk.ac.kr)

서울대학교 대학원 소비자아동학과 석사, 서울대학교 대학원 소비자아동학과 문학박사
우석대학교 아동복지학과 교수, 중앙건강가정지원센터 2대 소장
저서: 가정생활복지론(공저) 외
논문: 가정복지종합계획 및 프로그램개발연구 외

성미애 (eliza_s@knou.ac.kr)

서울대학교 대학원 소비자아동학과 석사, 서울대학교 대학원 소비자아동학과 문학박사
한국방송통신대학교 생활과학부 교수
저서: 빈곤 여성가장의 삶, Korean Families: Continuity and Change 외
논문: 남성퇴직자의 생활태도 유형화 및 유형별 퇴직 후 적응도, Family Policy in South Korea: Development, Current Status, and Challenges 외

이현아 (leehyun@snu.ac.kr)

서울대학교 대학원 소비자아동학과 석사, 서울대학교 대학원 소비자아동학과 문학박사
한국방송통신대학교 생활과학부 교수
저서: 가족자원관리학, 가사노동과 돌봄정책, 학부모교육론 외
논문: 가족영향평가 도입방안 탐색연구, 건강가정다문화가족지원센터의 아버지 참여 프로그램의 효과분석 외

건강가정론 5판

1판발행 2005년 9월 10일 **1판 1쇄 발행** | 2009년 3월 10일 **1판 8쇄 발행**
2판발행 2010년 3월 10일 **2판 1쇄 발행** | 2012년 3월 10일 **2판 5쇄 발행**
3판발행 2013년 3월 10일 **3판 1쇄 발행** | 2017년 9월 10일 **3판 7쇄 발행**
4판발행 2018년 3월 10일 **4판 1쇄 발행** | 2022년 3월 10일 **4판 8쇄 발행**
5판발행 2023년 3월 10일 **5판 1쇄 발행** | 2024년 9월 10일 **5판 2쇄 발행**
2026년 3월 10일 **5판 3쇄 발행**

지은이 조희금 김경신 정민자 송혜림 이승미 성미애 이현아
펴낸이 최용구 | **펴낸곳 도서출판 신정**
주소 (04316) 서울시 용산구 원효로 89길 19 (원효로1가)
전화 02)3211-4782, 0266(영업부), 3211-4783(편집부), 3211-4784(팩스)
이메일 sjbook2002@naver.com | **홈페이지** www.sjbook.co.kr
등록 2001년 5월 11일 제13-702호
기획마케팅 최용구 장만동 최충구 송대용 | **책임편집** 석기은 황가연

ISBN 978-89-5912-837-2 93590
정가 25,000원